B.C.Info

XGB(XGK)
SIEMENS-S7
MELSEC_Q

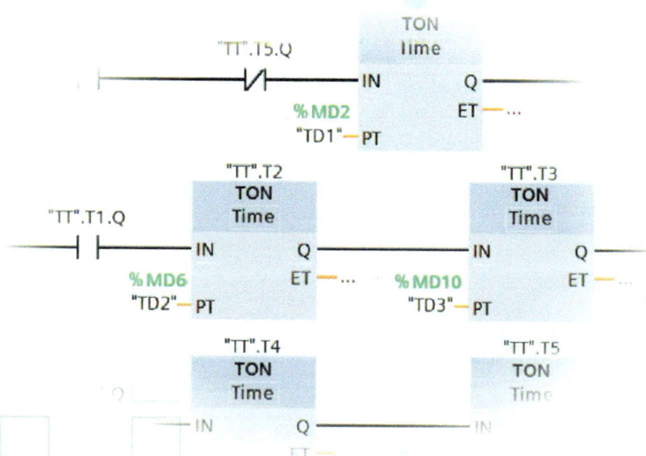

CIMON을 활용한 HMI 제어 기술

황석렬 · 서진우 · 김상원 공저

머리말

현대 산업 자동화 시스템의 핵심은 설비와 운영자 간의 원활한 소통이며, 이를 가능하게 하는 것이 바로 HMI(Human-Machine Interface) 기술입니다. HMI는 복잡한 산업 공정을 시각화하고, 운영자가 직관적으로 설비를 제어하며, 시스템 상태를 실시간으로 모니터링할 수 있도록 지원함으로써 생산성과 효율성을 극대화하는 데 필수적인 역할을 수행합니다. 특히 CIMON SCADA와 Xpanel Designer는 강력하고 직관적인 HMI 솔루션을 제공하여 국내외 다양한 산업 분야에서 널리 활용되고 있습니다.

이 책 "CIMON을 활용한 HMI 제어 기술"은 CIMON 소프트웨어를 기반으로 HMI 제어 시스템을 구축하고 운영하는 데 필요한 핵심 지식과 실용적인 기술을 체계적으로 학습할 수 있도록 구성되었습니다. 자동화 시스템 엔지니어, PLC 프로그래머, 그리고 HMI/SCADA 시스템에 입문하고자 하는 학생과 실무자들에게 실질적인 도움이 될 수 있도록 이론과 실습을 균형 있게 다루었습니다. 또한 국내외 다양한 산업 현장에서 그 성능과 안정성을 인정받고 있는 LS Electric의 XGB(XGK) 시리즈, Siemens의 S7 시리즈, 그리고 Mitsubishi Electric의 MELSEC Q 시리즈 PLC를 CIMON HMI 소프트웨어와 연동하여 구현할 수 있는 HMI 제어 기술에 대해 다양한 예제를 통하여 쉽게 설명하고자 합니다.

주요 내용 및 특징

이 책은 총 6개의 장으로 구성되어 있으며, CIMON SCADA의 기본부터 시작하여 다양한 PLC(XGB(XGK), SIEMENS S7, MELSEC Q)와의 연동, 그리고 CIMON Xpanel Designer를 활용한 고급 HMI 설계 방법까지 폭넓은 내용을 포함하고 있습니다.

제1장: CIMON SCADA

SCADA 시스템의 개념을 소개하고, CIMON SCADA의 기본적인 기능들, 예를 들어 오브젝트 속성 설정, 화면 요소의 출몰, 점멸, 동적인 변화(수직/수평 변화 및 이동), 색상 변화, 회전, 터치 인터페이스 설정 방법 등을 상세히 설명하여 사용자가 HMI 화면을 구성하는 데 필요한 기초를 다질 수 있도록 하였습니다.

제2장: CIMON SCADA와 XGB(XGK) PLC 연동

LS Electric의 XGB(XGK) PLC를 CIMON SCADA와 연동하여 제어하는 다양한 실습 예제를 제공합니다. 타이머를 이용한 순차 제어, 실린더 제어, 센서를 활용한 회전수 제어, 그리고 수 입력기를 통한 타이머, 카운터, 램프 제어 등 현장에서 자주 접하는 제어 시나리오를 통해 실무 응용 능력을 키울 수 있도록 하였습니다.

제3장: CIMON SCADA와 SIEMENS S7 PLC 연동

SIEMENS의 S7 PLC를 CIMON SCADA와 통합하여 제어하는 방법을 다룹니다. 타이머 순차 제어와 실린더 제어 예제를 통해 SIEMENS PLC 환경에서의 HMI 구축 경험을 쌓을 수 있습니다.

제4장: CIMON SCADA의 가상 태그 활용

실제 PLC 없이도 HMI 시스템을 시뮬레이션하고 테스트할 수 있는 가상 태그의 활용법을 소개합니다. 기계 장치의 가상 제어, 정역 가상 제어, 컴퓨터 시각을 이용한 시간 제어, 가상 태그를 활용한 스톱워치 및 실린더 제어 등 다양한 예제를 통해 가상 환경에서의 HMI 프로그래밍 기법을 익힐 수 있습니다.

제5장: CIMON Xpanel Designer 소개

터치패널 HMI 설계를 위한 CIMON Xpanel Designer의 개요와 소프트웨어 설치 방법, 그리고 새로운 프로젝트를 생성하는 과정 등을 안내하여 사용자가 Xpanel Designer 환경에 쉽게 적응할 수 있도록 돕습니다.

제6장: CIMON Xpanel Designer와 다양한 PLC 연동 실습

CIMON Xpanel Designer를 사용하여 SIEMENS S7, XGB(XGT), MELSEC-Q 등 다양한 종류의 PLC와 연동하는 고급 제어 예제들을 제공합니다. 4단 스톱워치 제어, 계산기 제어, 보행자 신호등 제어, 플리커 램프 제어, 10단 스톱워치 제어, 그리고 3기종 PLC를 동시에 제어하는 통합 프로젝트까지 다루어 복합적인 HMI 시스템 설계 능력을 배양할 수 있도록 하였습니다.

이 책을 통해 독자 여러분들이 CIMON을 활용한 HMI 제어 기술을 깊이 이해하고, 실제 산업 현장에서 마주하는 다양한 자동화 과제를 해결하는 데 필요한 실질적인 역량 갖추시기를 바랍니다. 자동화 기술의 발전과 함께 더욱 중요해지고 있는 HMI 분야의 전문가로 성장하시는데 이 책이 든든한 길잡이가 되어줄 것이라 믿습니다.

2025년 여름 저자 씀

차례

CHAPTER 1 CIMON SCADA

CHAPTER 2 CIMON SCADA_XGB(XGK) PLC

CHAPTER 1

CIMON SCADA

1.1 CIMON SCADA 개요

1) SCADA 개요

스카다 또는 **감시 제어** 및 데이터 취득(Supervisory Control And Data Acquisition, SCADA)은 일반적으로 산업 제어 시스템(Industrial Control Systems, ICS), 즉 다음과 같은 산업 공정/기반 시설/설비를 바탕으로 한 작업 공정을 감시하고 제어하는 컴퓨터 시스템을 말한다. 인간-기계 인터페이스(Human-Machine Interface, HMI)는 기계제어에 사용되는 데이터를 인간에게 친숙한 형태로 변환하여 보여주는 장치로, 이것을 통해 관리자가 해당 공정을 감시하고 제어하게 된다.

- 감시(컴퓨터) 시스템 : 프로세스와 관련된 자료를 수집하고, 하드웨어 제어를 위한 실질적인 명령을 내린다.
- 원격 단말기(Remote Terminal Unit, RTU) : 공정에 설치된 센서와 직접 연결되며, 여기서 나오는 신호를 컴퓨터가 인식할 수 있는 디지털 데이터로 상호 변환하고, 그 데이터를 감시 시스템에 전달한다.
- 프로그래머블 로직 컨트롤러(Programmable Logic Controller, PLC) : 실제 현장에 배치되는 기기로서, 특정 용도를 위해 설계된 원격 단말기(RTU)보다 경제적이고 다목적으로 사용이 가능하다.
- 통신 시설 : 제어 시스템, 원격 단말기 등 멀리 떨어져 있는 요소들이 서로 통신할 수 있도록 해준다.

1.2 CIMON SCADA 기본 기능

1) 오브젝트 속성

그림 설정은 오브젝트가 표시할 수 있는 기능 속성들을 설정하고 터치에 관한 동작들을 설정하게 된다. 오브젝트 그림 설정은 해당 오브젝트를 더블클릭하여 설정창을 열 수 있다. 설정 방법은 해당 기능에 데이터베이스의 태그를 사용하거나 직접어드레스를 사용하여 태그 또는 어드레스를 입력하여 그 데이터에 따른 변화를 설정한다.

2) 출몰

출몰 기능은 오브젝트를 상태에 따라서 화면에 보여주게 하거나 사라지게 하는 기능이다. 출몰 기능은 디지털 태그로 제어한다. 출몰 조건이 ON일 경우, 태그값이 1(ON)일 때 오브젝트를 화면에 표시하고 0(OFF)일 때 오브젝트를 화면에서 사라지게 한다.

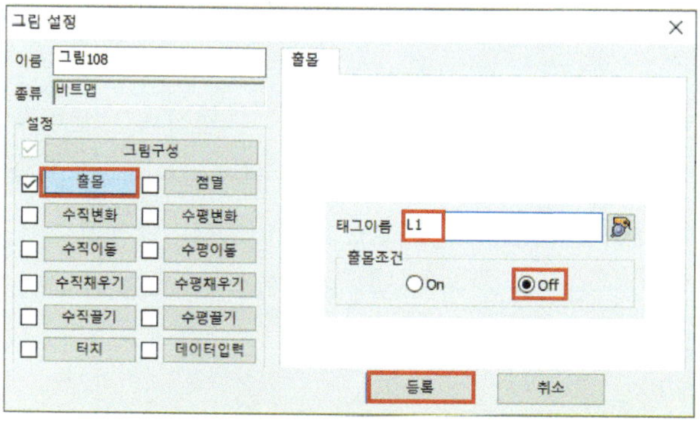

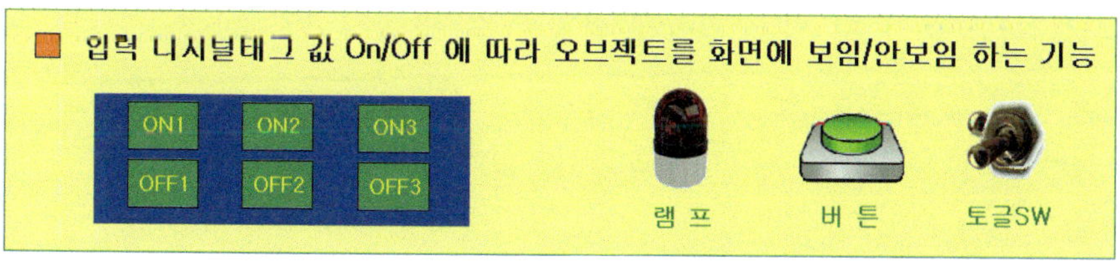

3) 점멸

점멸 기능은 오브젝트를 상태에 따라서 화면에 깜빡이게 하고자 할 때 사용된다. 점멸 기능은 디지털 태그로 제어를 한다. 점멸 조건이 ON일 경우, 태그값이 1(ON)일 때 오브젝트가 화면에 깜빡이고 0(OFF)일 때 오브젝트의 깜빡임이 멈추게 된다.

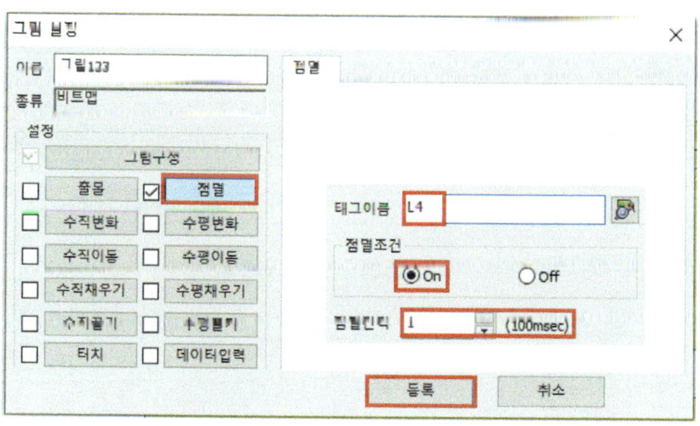

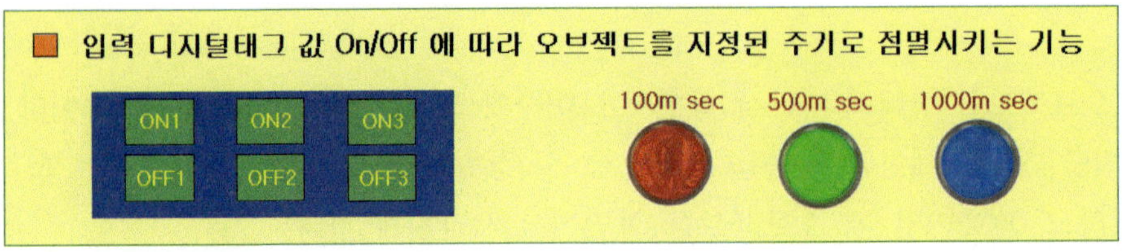

4) 수직 변화

수직 변화 기능은 데이터값에 따라 오브젝트를 상하로 모두 표시하거나 단계적으로 보여주는 기능이다. 많이 사용되고 있는 막대그래프와 같다. 오브젝트의 그림 설정에서 수직 변화 기능을 체크한다. 그리고 데이터베이스에서 제어할 태그를 선택하고 데이터 변화 영역에 최소값과 최대값을 입력한다. 태그값이 데이터 변화 영역에 설정된 최소값일 때 오브젝트가 최소 크기로 표시가 되고 최대값일 때 오브젝트를 모두 보여주게 된다.

[변화기준설정]에서 데이터 증가 및 감소 방향을 설정할 수 있다.

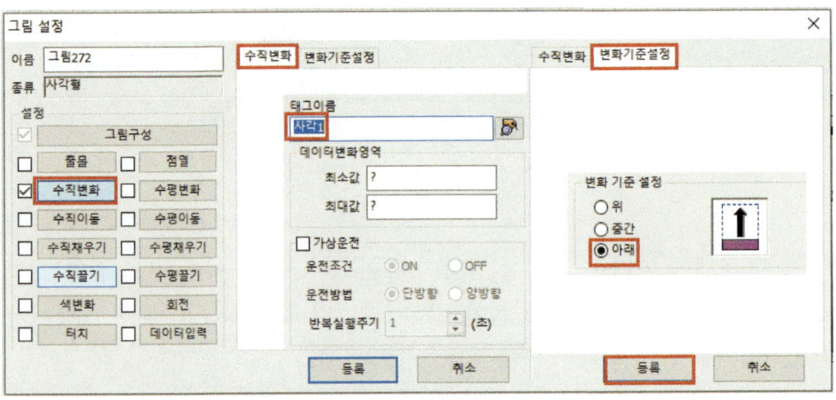

5) 수평 변화

수평 변화 기능은 데이터 값에 따라 오브젝트를 좌우로 모두 표시하거나 단계적으로 보여주는 기능이다. 오브젝트의 그림 설정에서 수평 변화 기능을 체크한다. 그리고 데이터베이스에서 제어할 태그를 선택하고 데이터 변화 영역에 최대값과 최소값을 입력한다.

아날로그 태그를 이용하여 스크립터를 사용할 경우는 데이터 변화 영역에 최대값과 최소값을 생략할 수 있다. 태그값이 데이터 변화 영역에 설정된 최소값일 때 오브젝트가 최소 크기로 표시가 되고 최대값일 때 오브젝트를 모두 보여주게 된다.

[변화기준설정]에서 데이터 증가 및 감소 방향을 설정할 수 있다.

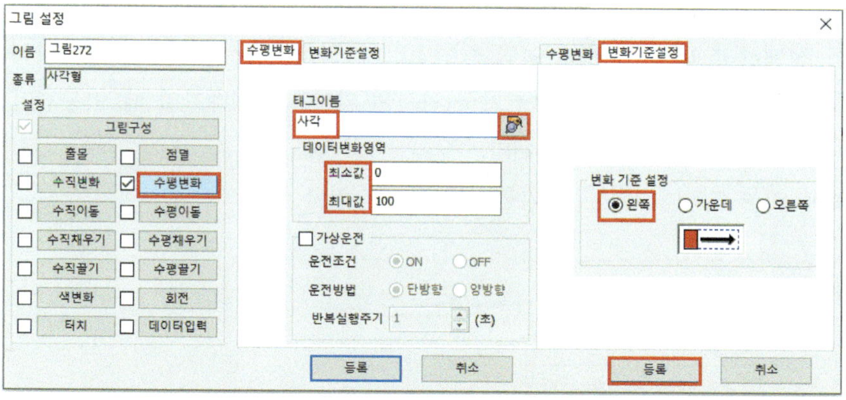

6) 수직이동

수직이동은 태그 및 데이터의 현재 값에 따라 오브젝트가 수직으로 이동한다. 데이터베이스에서 제어할 태그를 선택하고 데이터 변화 영역에 최소값과 최대값을 입력한다. 태그값이 데이터 변화 영역에 설정된 최소값일 때 오브젝트가 원위치에 위치하고 최대값일 때 '이동거리'에서 설정한 최대 이동 Pixel만큼 이동하게 된다.

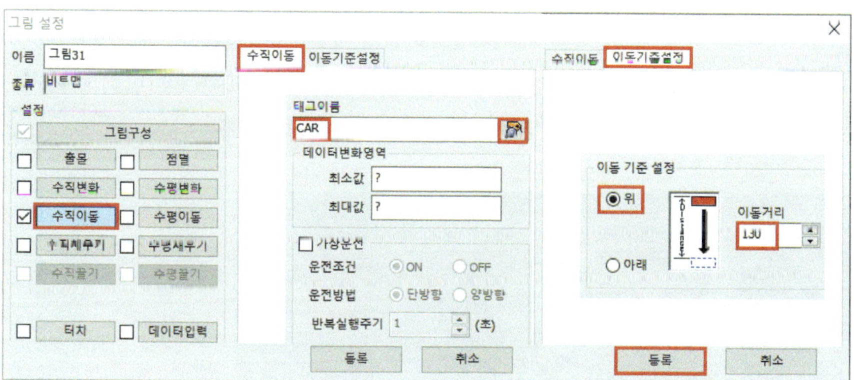

[변화기준설정]에서 이동 방향과 이동 거리를 설정할 수 있다.

7) 수평 이동

수평 이동은 태그 및 데이터의 현재 값에 따라 오브젝트가 수평으로 이동한다. 데이터베이스에서 제어할 태그를 선택하고 데이터 변화 영역에 최소값과 최대값을 입력한다. 태그값이 데이터 변화 영역에 설정된 최소값일 때 오브젝트가 원위치에 위치하고 최대값일 때 '이동거리'에서 설정한 최대 이동 Pixel만큼 이동하게 된다.

[변화기준설정]에서 이동 방향과 이동 거리를 설정할 수 있다.

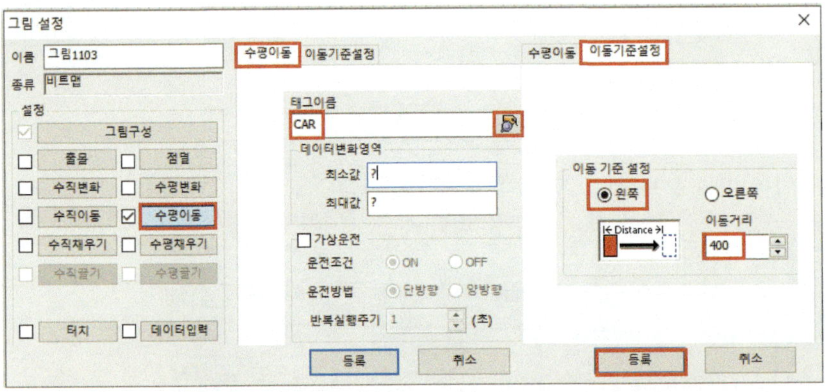

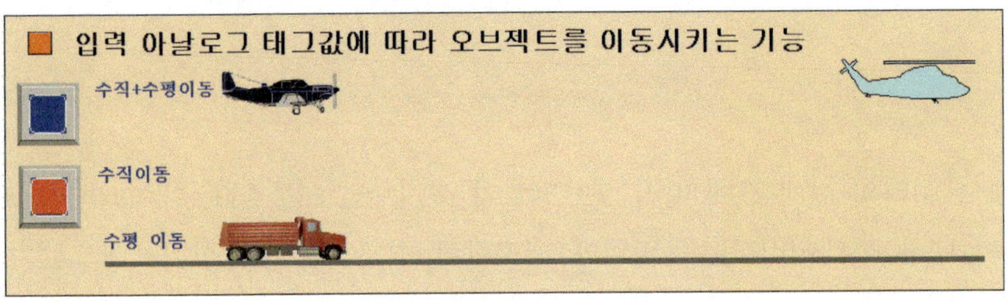

8) 색 변화

색 변화 기능은 오브젝트의 색을 아날로그 데이터값의 변화에 따라 변화를 주는 기능이다. 최대 8단계의 색 변화 단계를 설정할 수 있다. 오브젝트의 그림 설정에서 색 변화 기능을 체크한다. 그리고 데이터베이스에서 제어할 태그 또는 어드레스를 선택한다.

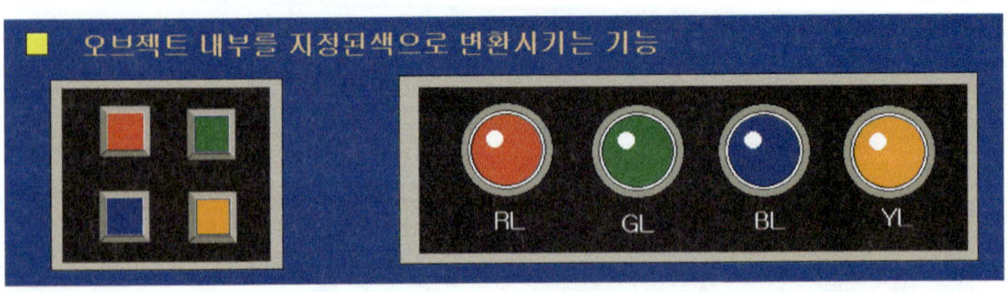

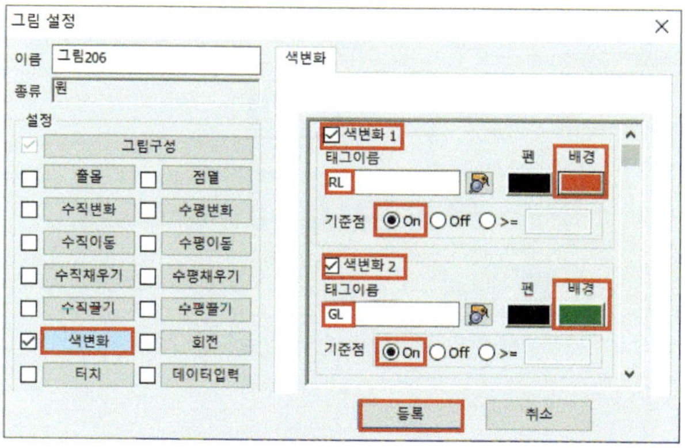

▌색변화 기준 입력 가능 항목

① 10, 100 등과 같은 상수

② 데이터베이스에 선언된 디지털/아날로그 태그

③ I/O 디바이스의 Bit/Word 영역 어드레스

④ 1, 2, 3을 사용한 연산식.

태그값은 반드시 다음 단계의 태그 값이 더 큰 값을 갖는 것을 권장한다. 즉, 색 변화 2는 색 변화 1보다 더 큰 태그 값으로 설정하는 것을 권장한다. 색 변화 1 < 색 변화 2 < 색 변화 3 < 색 변화 4 < 색 변화 5 < …. 이와 같이 설정되어 있는 경우, 색 변화 5부터 색 변화 조건이 맞는지 검사하여 색 변화 1까지 역순으로 검사한다.

만약 색 변화 4에서 조건을 만족하는 경우 색 변화 3, 색 변화 2, 색 변화 1은 검사하지 않으며, 조건을 만족시킨 색 변화 4에 해당하는 색으로 변경된다.

9) 회전

회전 기능은 아날로그 태그의 값에 따라 오브젝트를 회전시키는 기능이다. 오브젝트의 그림 설정에서 회전 기능을 체크한다.

[회전방법설정]에서 최대 회전 범위와 회전중심 회전 방향을 설정할 수 있다.

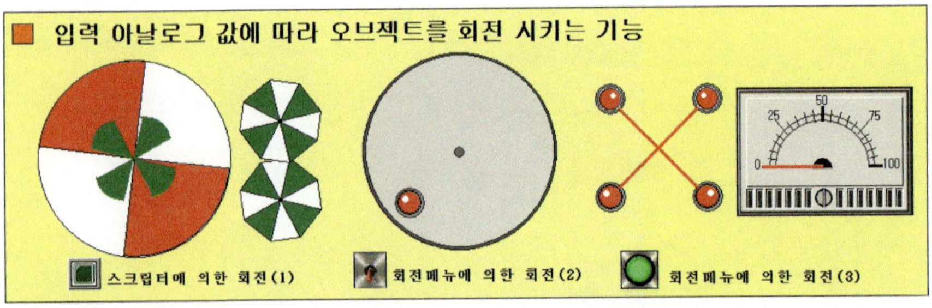

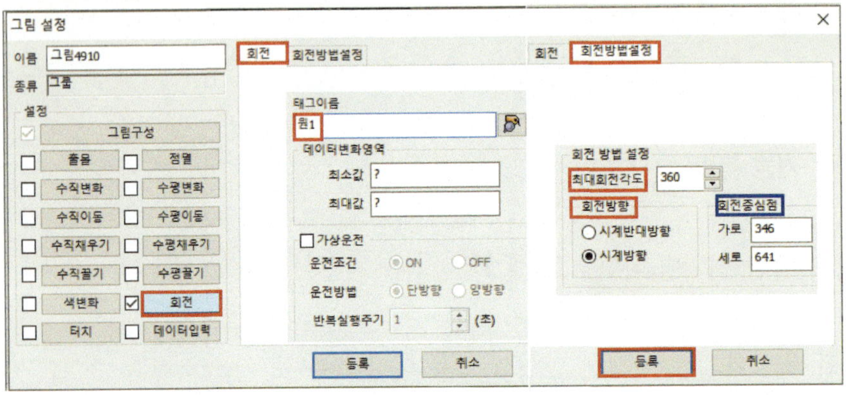

10) 터치

터치 기능에는 다양한 기능을 담고 있다. 아날로그 데이터를 입력하기 위한 데이터 입력을 제외하고 터치와 관련된 기능은 모두 터치에서 이루어지게 된다.

(1) 페이지 열기

터치를 체크한 후 **[동작]** 페이지 열기로 선택한다. 열어볼 페이지 파일을 선택 후 등록 버튼을 눌러 설정을 완료한다.

(2) 페이지 닫기

터치를 체크 후 **[동작]** 페이지 닫기로 선택한다. 닫을 페이지 파일을 선택한 등록 버튼을 눌러 설정을 완료한다.

(3) 페이지 전환

터치를 체크 후 **[동작]** 페이지 전환으로 선택한다. 전환 페이지 파일을 선택 후 등록 버튼을 눌러 설정을 완료한다.

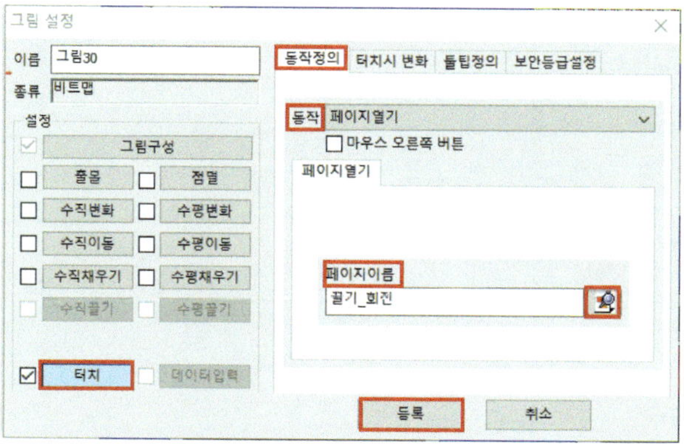

(4) 태그값 쓰기

태그값 쓰기 기능은 터치 동작으로 미리 지정된 하나의 아날로그 데이터값을 쓰게 된다. 이 기능은 특정 값을 무조건 쓰게 되는 시스템에 유용하게 적용될 수 있다. **[동작]**을 태그값 쓰기로 선택한 후 값을 입력할 **[태그이름]** 설정한 후 **[쓰기값]**은 설정한다.

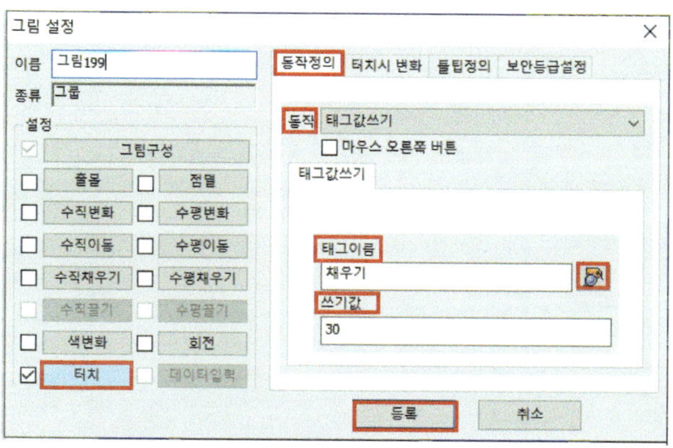

(5) 디지털값 쓰기

디지털값 쓰기 기능은 터치 동작으로 미리 지정된 하나의 디지털값을 쓰게 된다. 이 기능은 쓰기값에 따라 Set, Reset, Toggle 기능이 있다. **[동작]**을 디지털값 쓰기를 선택한 후 값을 입력할 **[태그이름]** 설정한 후 **[쓰기값]**을 설정한다.

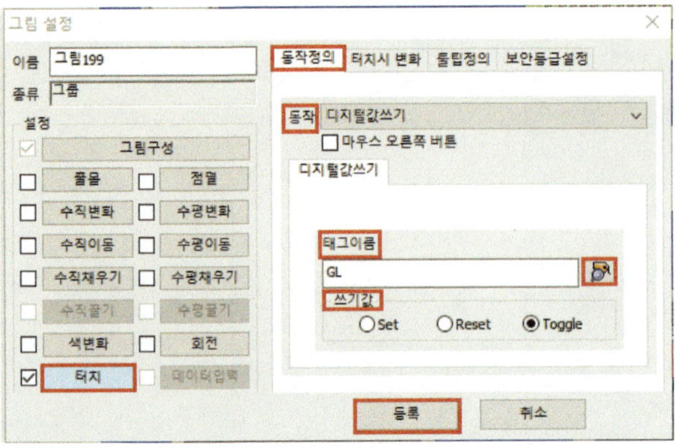

(6) 명령식

명령식 기능은 버튼을 이용하여 ON/OFF 기능, 스크립터 RUN/STOP 기능 등에 유용하게 사용된다. **[동작]**을 명령식을 선택한 후 명령식-Down, 명령식-Up 탭을 사용하여 버튼의 기능을 입력한다.

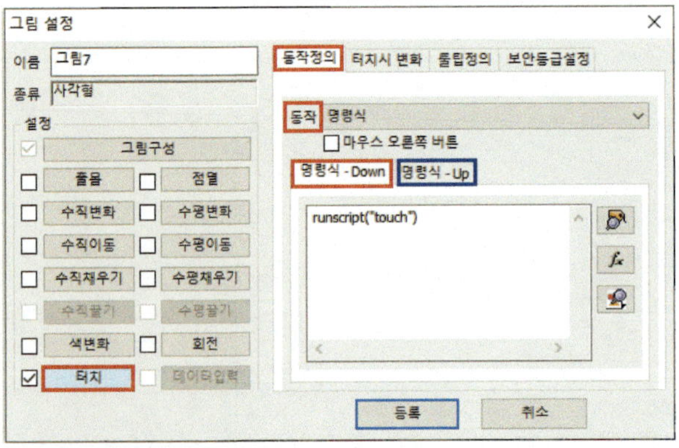

(7) 순시값 쓰기

순시값 쓰기 기능은 버튼을 이용하여 ON/OFF 기능 유용하게 사용된다. **[동작]**을 순시값 쓰기를 선택한 후 태그이름을 선택, 쓰기값을 그림과 같이 선택하면 버튼의 기능을 입력한다.

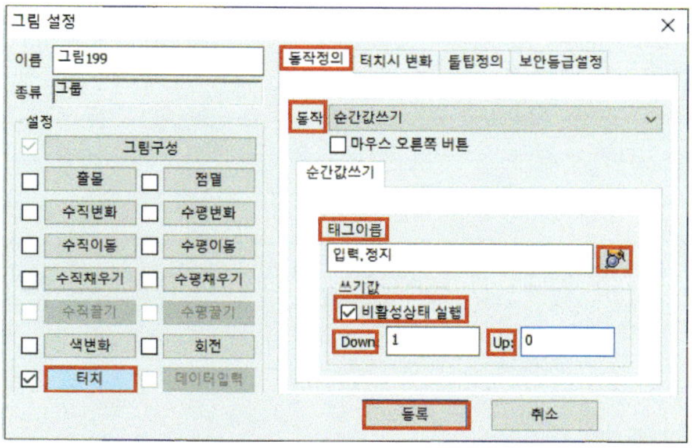
그림 설정
이름 그림199
종류 그룹
설정
그림구성
출몰
점멸
수직변화
수평변화
수직이동
수평이동
수직채우기
수평채우기
수직끌기
수평끌기
색변화
회전
터치
데이터입력
동작정의
터치시 변화
툴팁정의
보안등급설정
동작 순간값쓰기
마우스 오른쪽 버튼
순간값쓰기
태그이름
입력.정지
쓰기값
비활성상태 실행
Down 1
Up 0
등록
취소

CHAPTER 2

CIMON SCADA_XGB(XGK) PLC

2.1 타이머 순차제어

1) 컴퓨터 모니터 전체화면

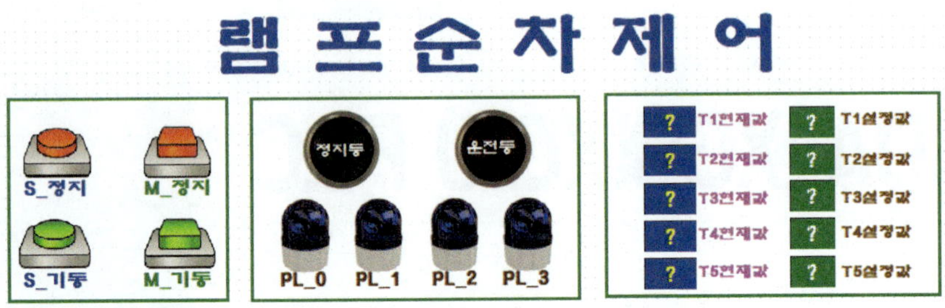

2) 제어방식

- 통신 케이블 : RS 232(컴퓨터측 9핀, PLC측 원형 6핀)

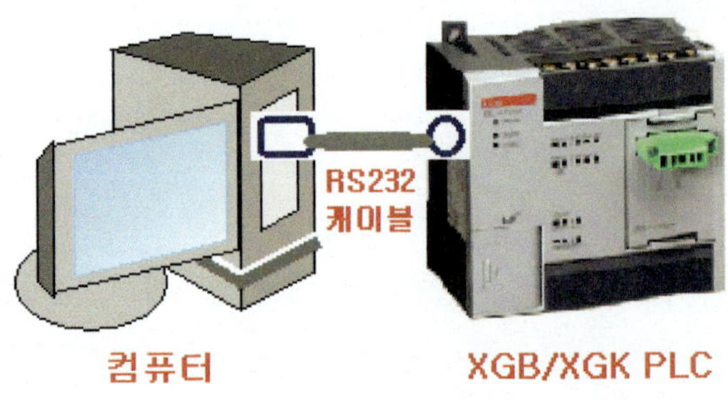

- 작화와 기능이 입력된 컴퓨터 모니터에서 마우스로 버튼 동작과 데이터를 입력하면 램프가 순차적으로 제어된다.

3) PLC 프로그램 작성

(1) 실습 목적

- XGB(XBC) PLC와 컴퓨터 모니터간 통신을 할 수 있다.
- 컴퓨터 모니터에서 PLC를 제어할 수 있다.

- 컴퓨터 모니터에서 PLC의 입, 출력 모니터링을 할 수 있다.
- PLC 디바이스를 이용하여 실태그 데이터베이스를 작성할 수 있다.
- 출몰, 색변환, 태그값표시, 데이터 입력, 터치 기능을 작성할 수 있다.

(2) 제어 방법

- PLC 입력 P0001(P0000)을 ON 하면 실행 화면에서 S_기동 버튼(S_정지 버튼)이 ON으로 모니터링이 되면서 순차제어 동작이 기동(정지) 되어야 한다.
- 실행 화면에서 M_기동 버튼을 ON 하면 순차제어 동작이 되어야 한다.
- 실행 화면에서 M_정지 버튼을 ON 하면 순차제어 동작이 정지되어야 한다.
- 실행 화면에서 T1~T5 설정값이 입력되고 동작이 설정값으로 제어되어야 한다.
- 실행 화면에서 순차제어 할 때 T1~T5 현재값이 태그값 표시가 되어야 한다.

(3) I/O 할당표

구분	명칭	기능설명	I/O 할당
PLC 버튼 입력	S_정지	입력 버튼으로 정지 기능	P0000
	S_기동	입력 버튼으로 운전 기능	P0001
모니터 버튼 입력	M_정지	PC 화면에서 버튼으로 정지 기능	M0000
	M_기동	PC 화면에서 버튼으로 운전 기능	M0001
출력	PL0	LAMP_0 출력	P0020
	PL1	LAMP_1 출력	P0021
	PL2	LAMP_2 출력	P0022
	PL3	LAMP_3 출력	P0023
타이머	T_1 ~ T_5	타이머 순차제어	T0001~T0005
아날로그입력	TD1 ~ TD5	타이머 설정값 데이터 입력	D0001~D0005

(4) 프로그램

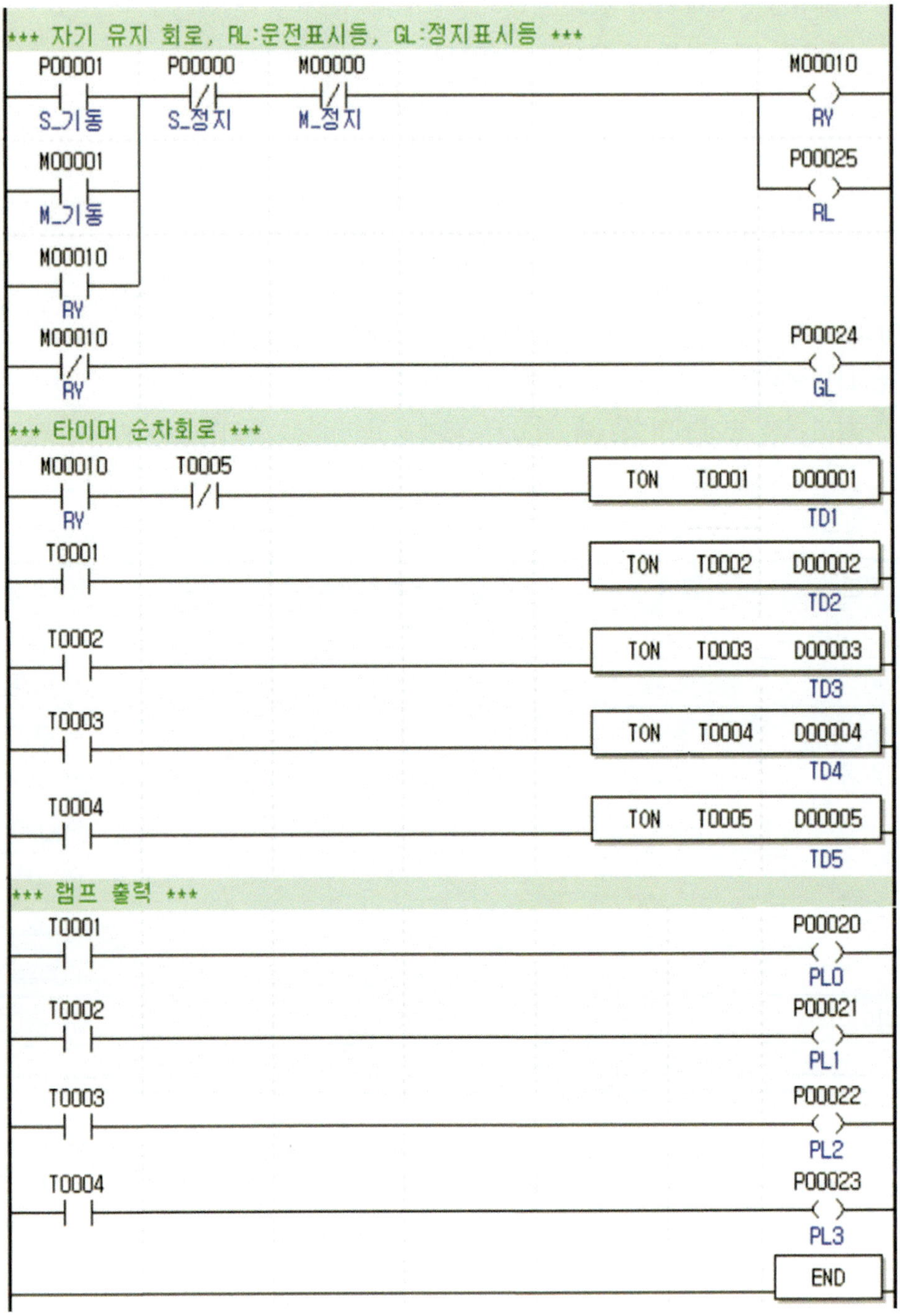
*** 자기 유지 회로, RL:운전표시등, GL:정지표시등 ***
P00001
S_기동
P00000
S_정지
M00000
M_정지
M00010
RY
P00025
RL
M00001
M_기동
M00010
RY
M00010
RY
P00024
GL
*** 타이머 순차회로 ***
M00010
RY
T0005
TON T0001 D00001
TD1
T0001
TON T0002 D00002
TD2
T0002
TON T0003 D00003
TD3
T0003
TON T0004 D00004
TD4
T0004
TON T0005 D00005
TD5
*** 램프 출력 ***
T0001
P00020
PL0
T0002
P00021
PL1
T0003
P00022
PL2
T0004
P00023
PL3
END

(5) PLC 통신

① PLC와 RS-232 통신을 위하여 아래와 같이 설정한다.

- 프로그램을 **[온라인]-[접속]-[쓰기]**를 한다.
  이때 통신 포터를 확인하여 HMI 작업시 I/O 디바이스 설정의 통신 포터와 일치하여야 한다.

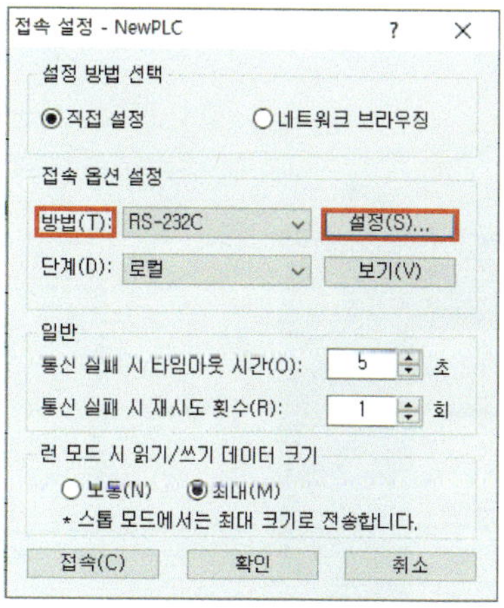

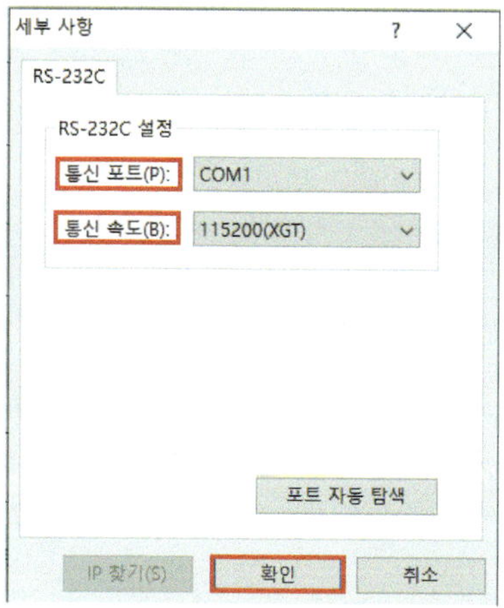

- 동작 확인 후 **[온라인]-[접속 끊기]**를 한다.

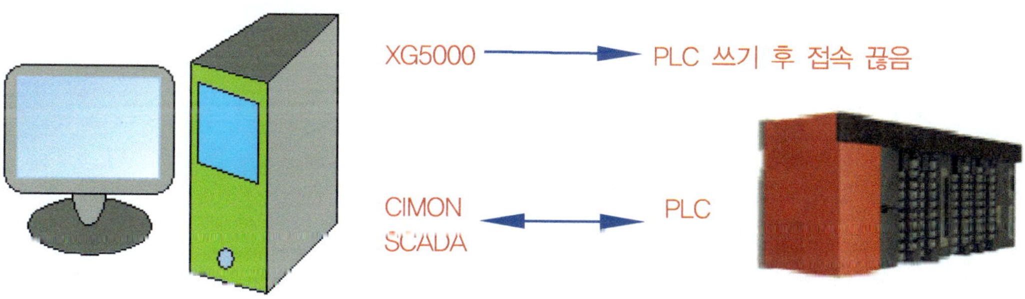

- PLC 프로그램 수정 후 PLC 쓰기를 할 때 CIMON_X 실행(PLC와 통신)을 끝낸 후 한다.

*** RS232 통신은 PLC 쓰기, CIMON-X실행 동시에 통신 불가능하므로 한쪽은 끝낸 후 실행한다.

4) HMI 작업

(1) 새 프로젝트 만들기

① 바탕화면에 설치된 CIMON D를 실행한다.

② **[새 프로젝트 열기]**를 선택한다.

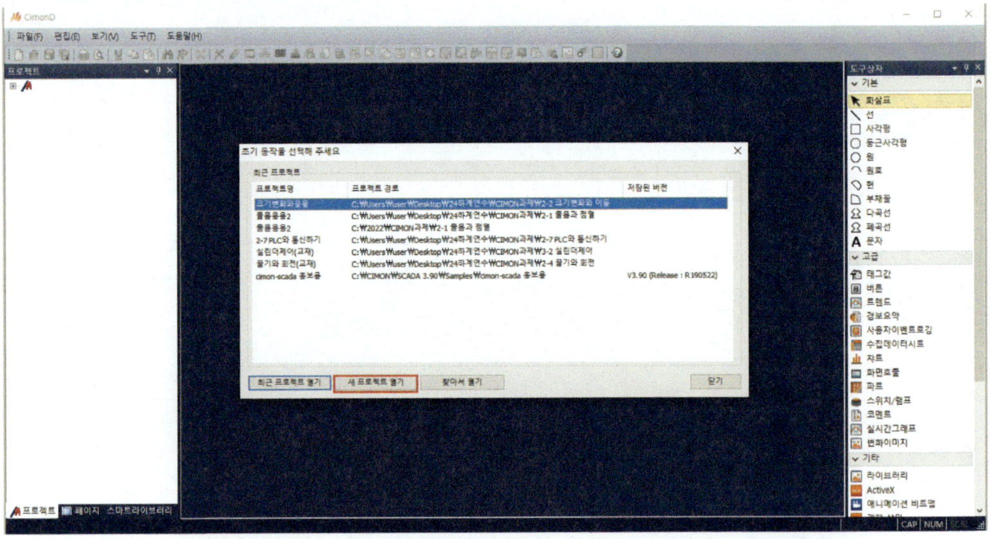

③ 새 프로젝트 만들기 창이 나타나면 **[프로젝트 이름] [프로젝트 개요] [작업 경로]**를 설정한 후 생성 버튼을 누른다.

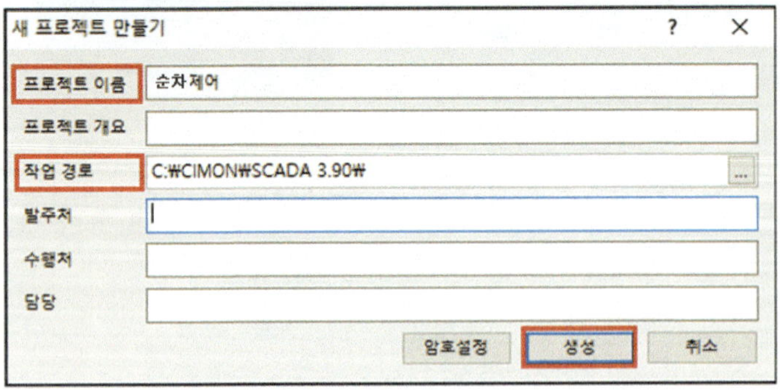

④ 프로젝트를 생성하면 아래와 같이 Page1 창이 나타난다.

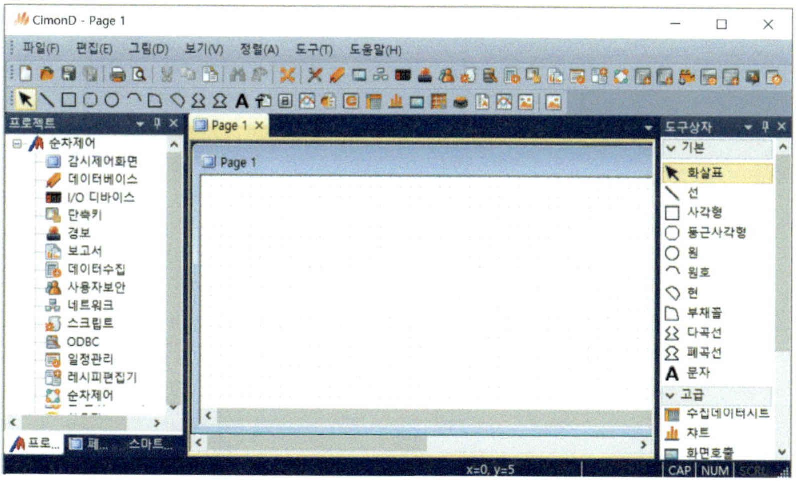

⑤ 도구 - **[페이지 환경 설정]**을 클릭하면 **[페이지 환경 설정]** 창이 나타난다.

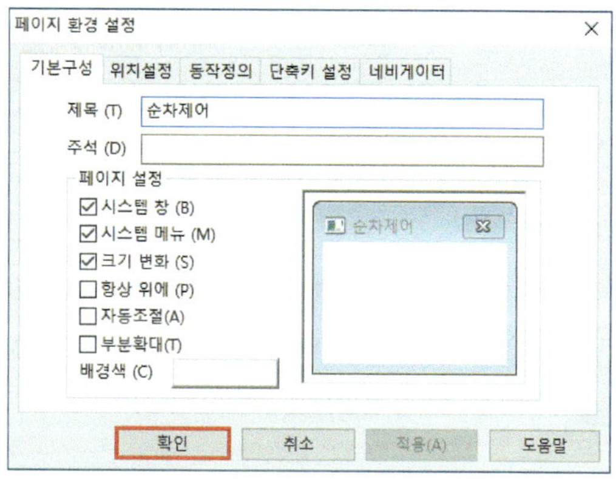

(2) I/O 디바이스 설정 : **[도구] - [I/O 디바이스]**

① **[I/O 디바이스 설정]** 창에서 **[새 디바이스]**를 누른다.

② **[I/O 디바이스 종류 선택]** 창에서 **[디바이스 이름]**과 사용할 PLC를 선택한 후 확인을 누른다.

- 디바이스 이름 : XG
- PLC 선택 : LS산전 XGK/XGB PLC Loader Port

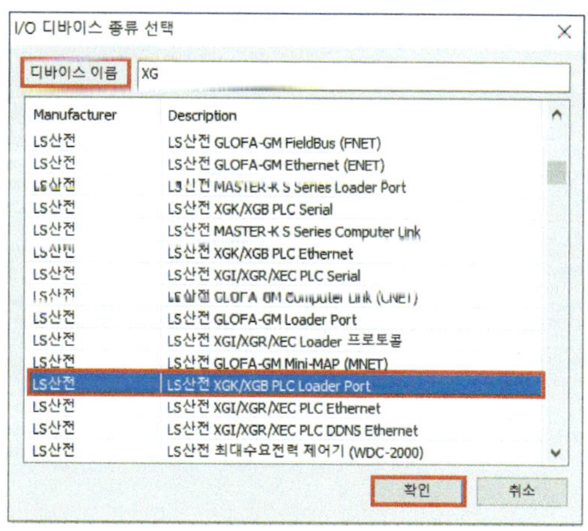

③ [XGT Loader 설정] 창에서 [스테이션 추가]를 누른다.

- [스테이션 설정] 창에서 오른쪽과 같이 설정하고 [등록]을 누른다.

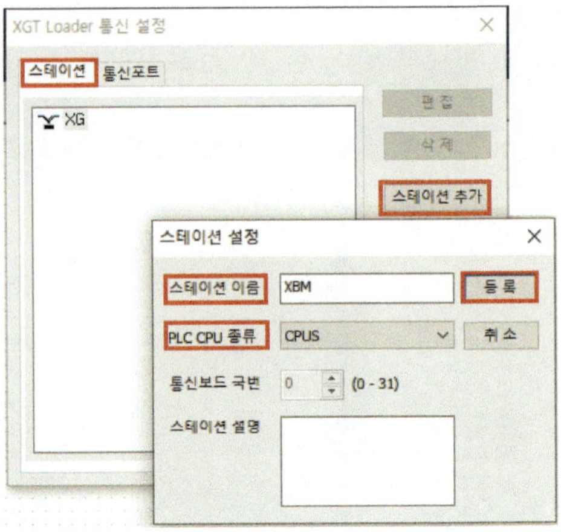

- [XGT Loader 설정] 창에서 [통신 블록 추가]를 누르고 통신 블록 설정을 입력부터 차례로 워드 번호를 입력하고 등록 후 다시 [통신블록 추가]를 누른다.

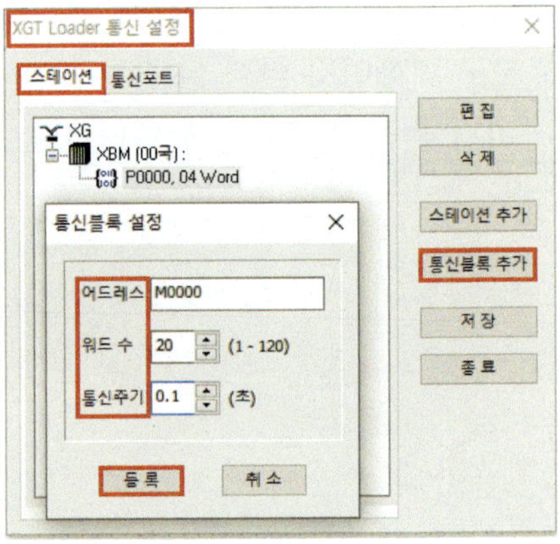

- 통신 블록 설정 창에서 D영역, 타이머, 카운터를 차례로 입력하고 통신포트 탭을 누른다.

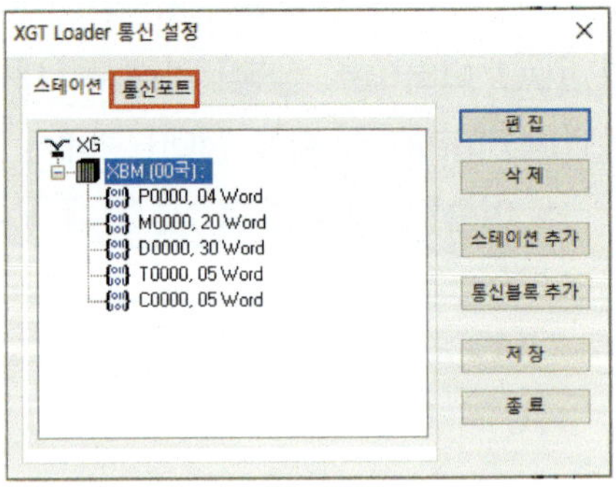

• [XGT Loader 설정] 창에서 통신포트 탭에서 다음과 같이 설정하고 저장, 종료한다.

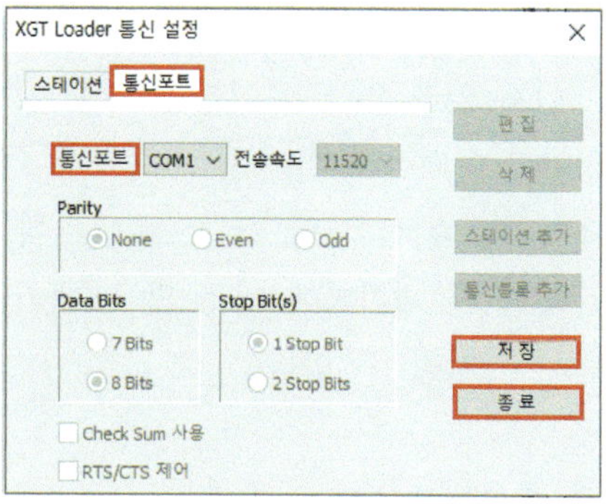

• I/O 디바이스 설정이 끝나면 오른쪽과 같은 화면이 나옵니다. 오른쪽 화면에서 스테이션 이름 "XBM"을 더블 클릭하면 스테이션에서 입력한 내용들이 나타난다.

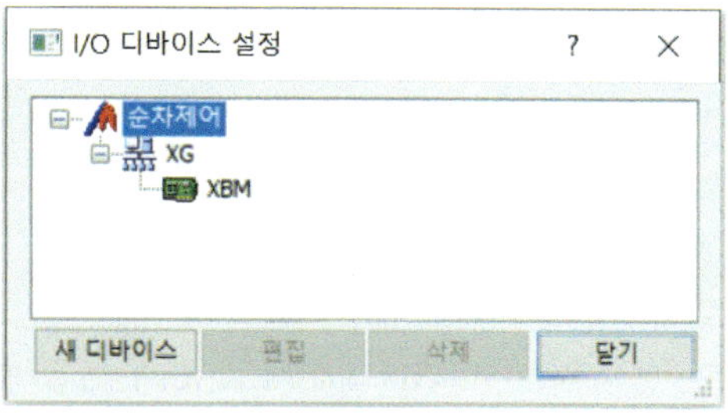

(3) 데이터베이스 개요

데이터베이스란 통신을 하기 위해 만들어진 태그를 관리하기 위한 목적으로 사용된다. 데이터베이스는 디바이스와 연관된 다양한 데이터와 HMI 내부에서 사용하는 데이터를 태그 기반으로 통합 관리하는 도구이다.

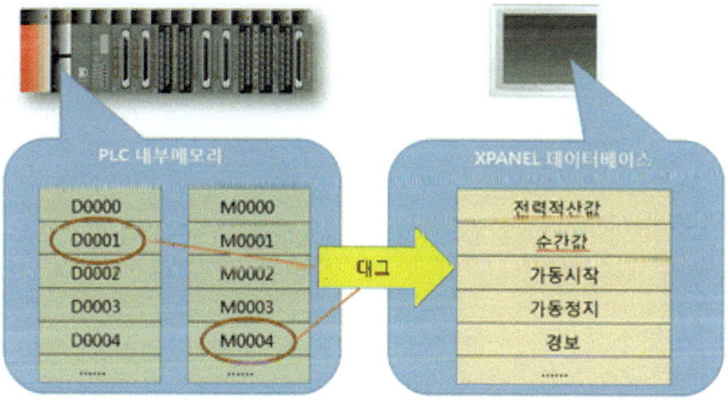

① 데이터베이스 태그

기본적으로 디바이스에서 사용할 어드레스에 이름을 붙여 데이터베이스에 저장해 놓은 다음, 이것을 작화할 때 다시 가져와서 사용하게 된다. 이와 같이 어드레스에 사용 용도나 특징에 따라 사용자가 임의로 이름을 붙인 것을 태그라고 한다.

② 통신 운영 방식

현재 열려 있는 페이지를 기준으로 통신이 된다. 데이터베이스에 등록된 태그가 아무리 많다고 하더라도 실제 통신 속도에 영향을 주지 않는다. 또한 현재 열려 있는 페이지에 있는 데이터만 통신이 되므로 프로젝트에 작성된 페이지의 수 역시 통신에 영향을 주지 않는다. 따라서 한 페이지에 너무 많은 데이터를 표시하거나 사용하게 되면 통신 부하가 증가하게 되어 느려질 수 있다.

③ 데이터베이스 태그 종류

데이터베이스는 디바이스의 다양한 종류의 메모리 타입을 처리하기 위하여 여러 종류의 태그를 지원한다.

- 디지털 태그 : 0과 1의 상태값을 가지는 BIT 어드레스의 값을 가지는 태그
- 아날로그 태그 : 워드, 더블워드로 이루어진 어드레스의 데이터 값을 가지는 태그
- 문자열 : ASCII 데이터로 이루어진 연속된 워드 어드레스를 텍스트로 입력받는 태그
- 그룹 : 같은 속성이나 분류가 필요한 태그들을 담기 위한 폴더를 데이터베이스에 만들어 준다. 단지 분류하기 위한 용도로 사용되면 이 자체로는 어떠한 속성도 가지지 않는다. 그룹 안에 새로운 태그를 등록할 수 있으며, 그룹 안에 들어가는 태그의 풀네임은 **[그룹명]. [태그이름]**이 된다.

(4) 데이터베이스 설정

① 프로젝트를 생성하여 화면 왼쪽 프로젝트 창의 메뉴에서 데이터베이스를 더블 클릭한다.

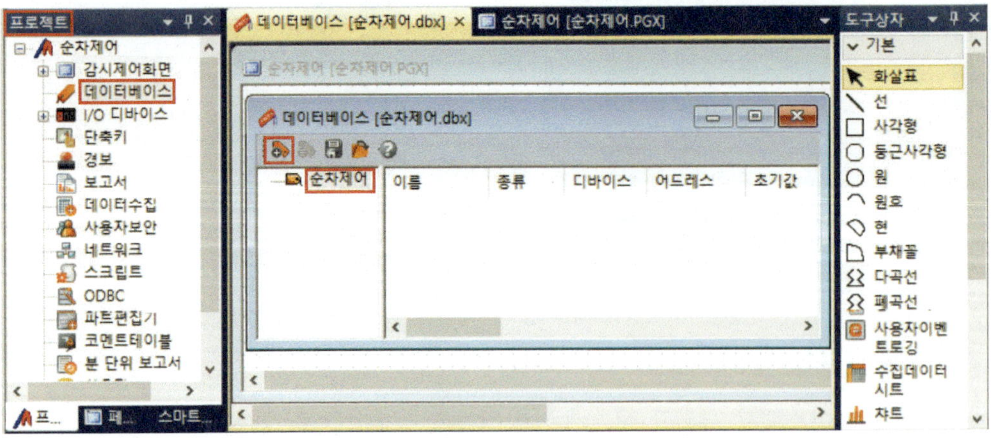

② 위 그림의 데이터베이스 창에서 **[새 태그]** 단축아이콘을 눌러 태그를 추가한다.

③ 태그편집 화면에서 태그의 **[이름]**, **[종류]**를 아래와 같이 설정한 후 새 태그를 누른다.

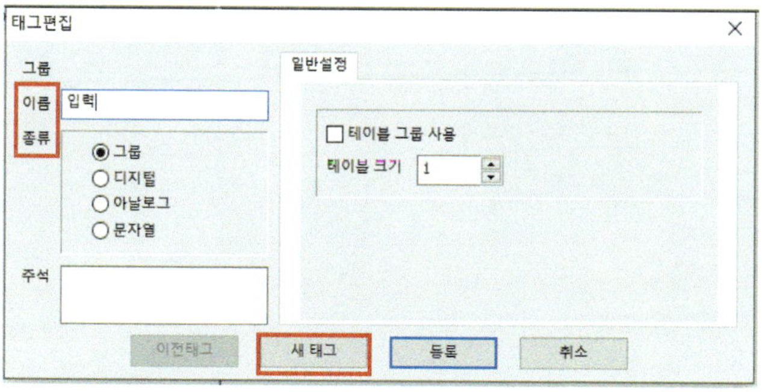

- 이름 : 입력
  종류 : 그룹

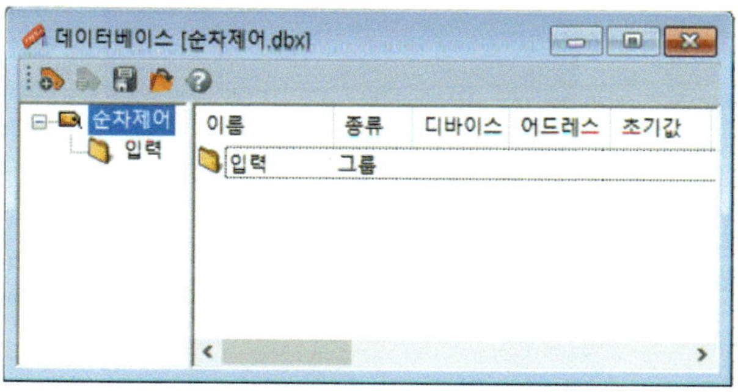

- 같은 방법으로 **[새 태그]** 버튼을 클릭하여 출력, T현재값, T설정값 그룹 태그를 아래와 같이 생성한다.

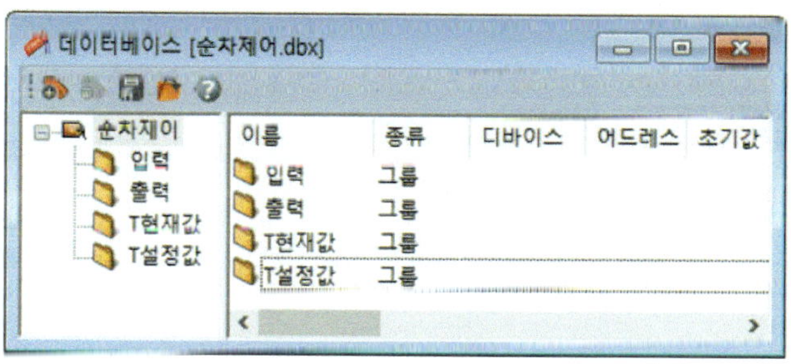

④ 입력 그룹 내의 태그를 작성하기 위하여 왼쪽 창의 입력 그룹 태그를 선택하고 **[새태그]** 아이콘을 클릭하여 아래와 같이 설정한다.

ⓐ 입력그룹

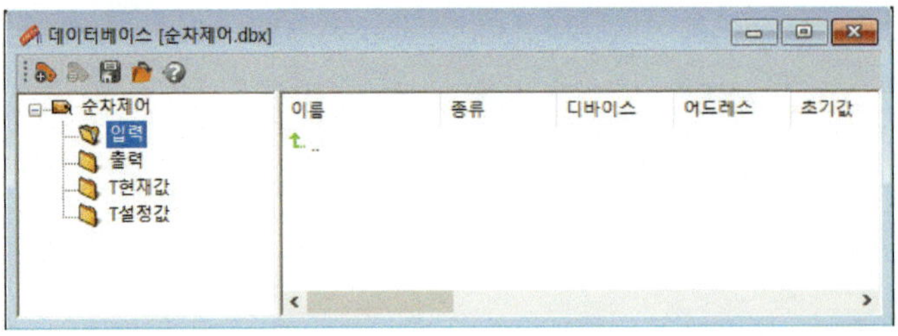

- 태그 편집기에서

  ㉮ 이름 : S_정지

  종류 : 디지털

  I/O 디바이스 : XG.XBM(디바이스 이름.스테이션 이름)

  I/O 어드레스 : P0000

  *** PLC 주소를 사용하면 실태그를 선택한다.

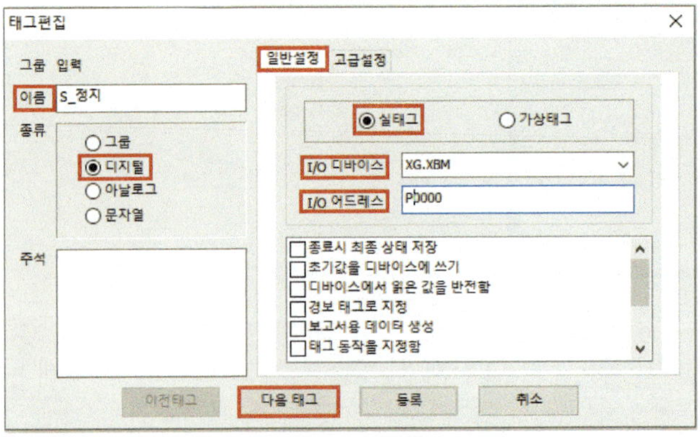

- 다음 태그를 누르면

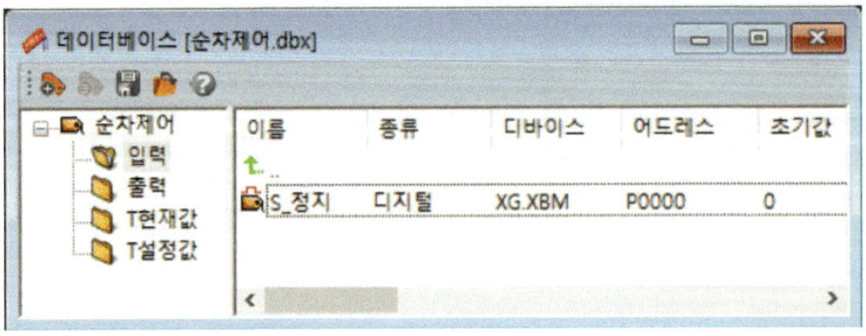

- 같은 방법으로 **[새 태그]** 버튼을 클릭하여 입력그룹 내의 태그를 아래와 같이 생성한다.

그룹	이름	종류	I/O 디바이스	I/O 어드레스
입력	S_정지	디지털	XG.XBM	P0000
	S_기동	“	“	P0001
	M_정지	“	“	M0000
	M_기동	“	“	M0001

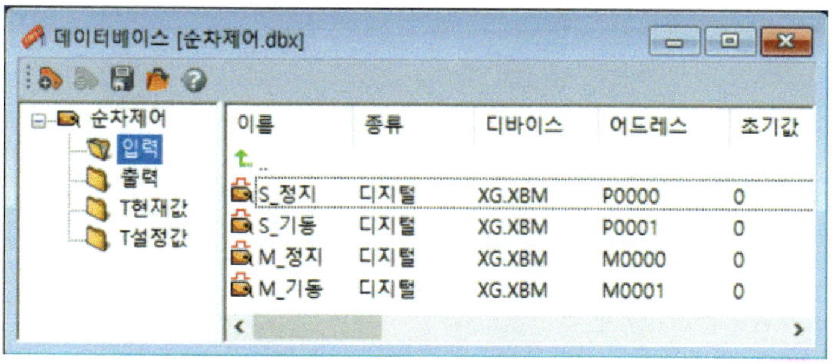

ⓑ 출력그룹

- 태그 편집기에서

㉮ 이름 : PL0

종류 : 디지털

I/O 디바이스 : XG.XBM (디바이스 이름.스테이션 이름)

I/O 어드레스 : P0020

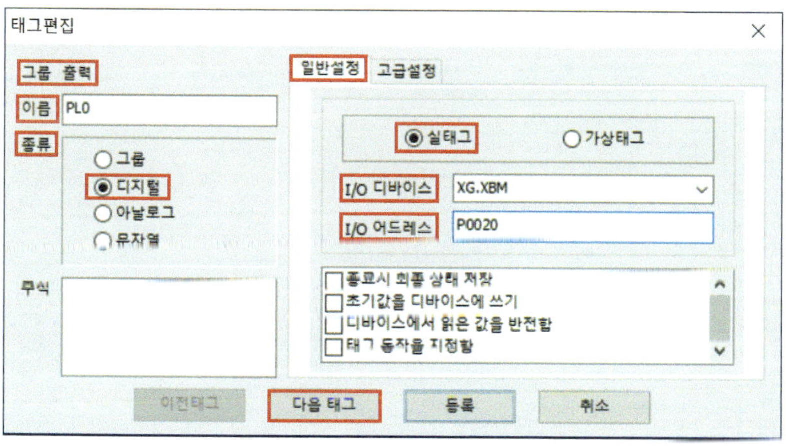

- 같은 방법으로 [다음 태그] 버튼을 클릭하여 출력그룹 내의 태그를 아래와 같이 입력한다.

그룹	이름	종류	I/O 디바이스	I/O 어드레스
출력	PL0	디지털	XG.XBM	P0020
	PL1	〃	〃	P0021
	PL2	〃	〃	P0022
	PL3	〃	〃	P0023

그룹	이름	종류	I/O 디바이스	I/O 어드레스
출력	GL	디지털	XG.XBM	P0024
	RL	〃	〃	P0025

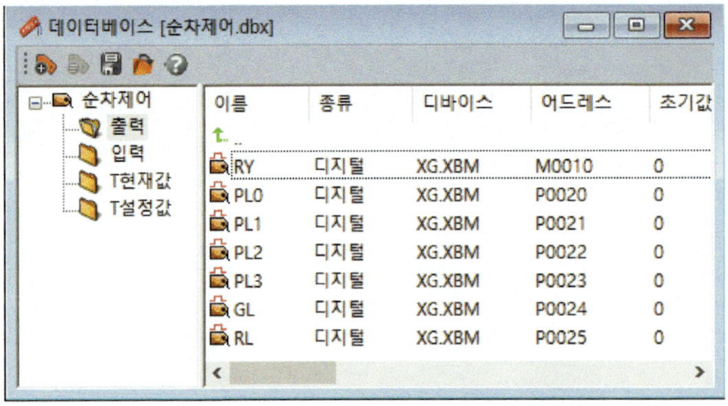

ⓒ T현재값 그룹

- 태그 편집기에서

㉮ 이름 : TP_1

종류 : 아날로그

I/O 디바이스 : XG.XBM (디바이스 이름.스테이션 이름)

I/O 어드레스 : T0001

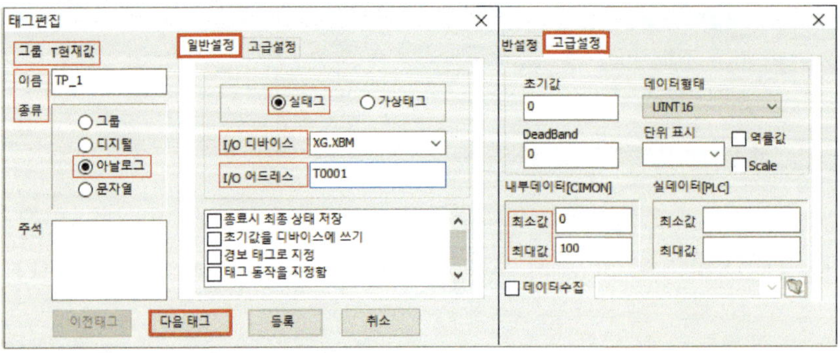

- 같은 방법으로 **[다음 태그]** 버튼을 클릭하여 T현재값 그룹 내의 태그를 아래와 같이 입력한다.

그룹	일반설정				고급설정	
	이름	종류	I/O 디바이스	I/O 어드레스	최소값	최대값
T현재값	TP_1	아날로그	XG.XBM	T0001	0	100
	TP_2	〃	〃	T0002	〃	〃
	TP_3	〃	〃	T0003	〃	〃
	TP_4	〃	〃	T0004	〃	〃
	TP_5	〃	〃	T0005	〃	〃

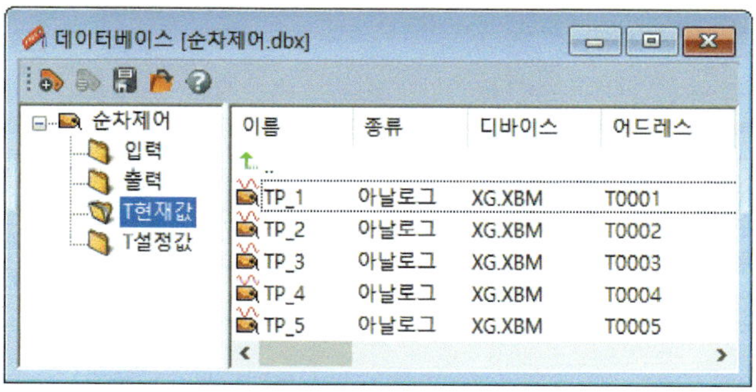

ⓓ T설정값 그룹

- 태그 편집기에서

  ㉮ 이름 : TD_1

  종류 : 아날로그

  I/O 디바이스 : XG.XBM (디바이스 이름.스테이션 이름)

  I/O 어드레스 : D0001

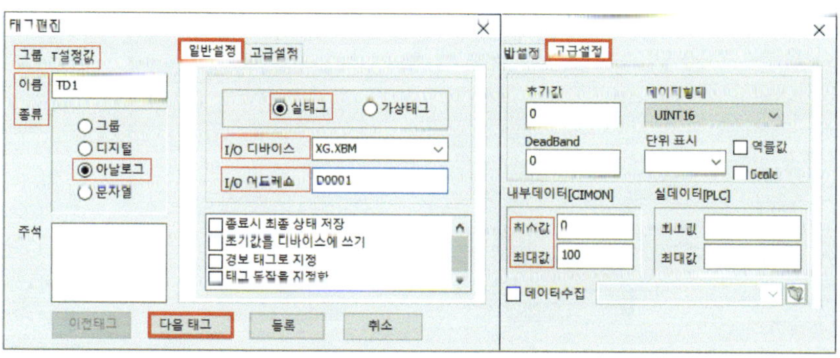

- 같은 방법으로 **[다음 태그]** 버튼을 클릭하여 T설정값 그룹 내의 태그를 아래와 같이 입력한다.

그룹	일반설정				고급설정	
	이름	종류	I/O 디바이스	I/O 어드레스	최소값	최대값
T설정값	TD_1	아날로그	XG.XBM	D0001	0	100
	TD_2	〃	〃	D0002	〃	〃
	TD_3	〃	〃	D0003	〃	〃
	TD_4	〃	〃	D0004	〃	〃
	TD_5	〃	〃	D0005	〃	〃

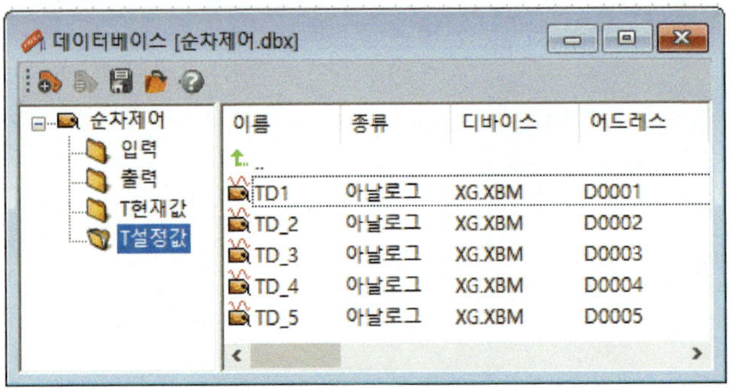

(5) 작화와 기능부여

① S_정지, S_기동

: 입력 버튼은 [그림]-[라이브러리]-[Button New 01]에서 드래그하여 생성한다.

: 실제 버튼(P0000, P0001) ON, OFF 하면 모니터에서 모니터링 하는 기능.

ⓐ S_정지

㉮ 아래와 같이 출몰 기능을 각각 입력한다.

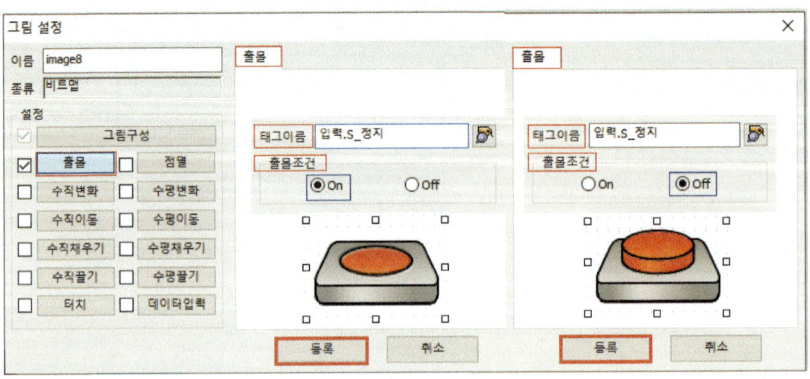

㉯ 입력된 두 버튼을 선택하여 정확하게 겹치게 하여 한 개의 버튼이 동작되는 모양으로 되어야 한다.

- **[정열]-[정열]-[맞춤설정]** 창에서 가로, 세로 방향 모두 가운데를 선택하여 확인을 클릭한다.

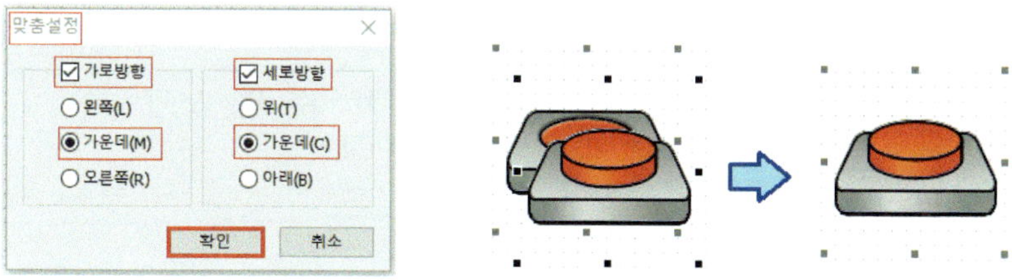

ⓑ S_기동

㉮ 아래와 같이 출몰 기능을 각각 입력한다.

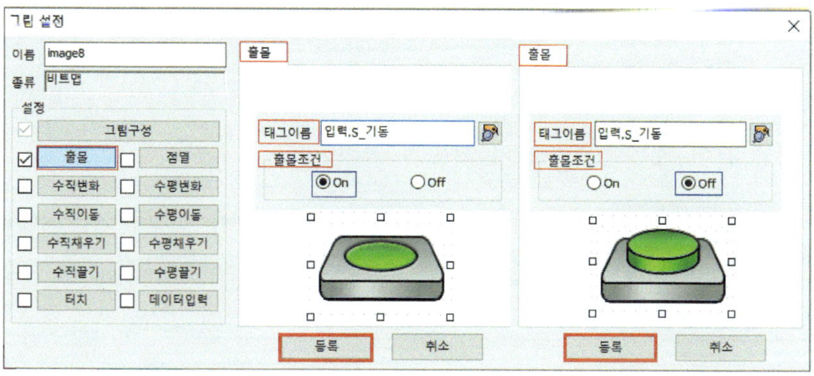

㉯ 입력된 두 버튼을 선택하여 정확하게 겹치게 하여 한 개의 버튼이 동작되는 모양으로 되어야 한다. (S_정지 참고)

[정열]-[정열]-[맞춤설정] 창에서 가로, 세로 방향 모두 가운데를 선택하여 확인을 클릭한다.

② M_정지, M_기동

: 내부 메모리 M 디바이스 버튼(M0000, M0001) 모니터에서 ON, OFF 하면 PLC 프로그램을 제어하는 기능.

ⓐ M_정지

㉮ 아래와 같이 출몰 기능, 터치 기능을 입력한다.

<table>
<tr><td></td><td>– 기능 : 출몰,
– 태그이름 : 입력.M_정지
– 출몰조건 : ON</td></tr>
</table>

<table>
<tr><td rowspan="2"></td><td>– 기능 : 출몰,
– 태그이름 : 입력.M_정지
– 출몰조건 : OFF</td></tr>
<tr><td>– 기능 : 터치, 동작 : 순간값 쓰기
– 태그이름 : 입력.M_정지
– 쓰기값 :

</td></tr>
</table>

㉮ 입력된 두 버튼을 선택하여 정확하게 겹치게 하여 한 개의 버튼이 동작되는 모양으로 되어야 한다. **(S_정지 참고)**

ⓐ M_기동

㉮ 아래와 같이 출몰 기능, 터치 기능을 입력한다.

<table>
<tr><td></td><td>– 기능 : 출몰,
– 태그이름 : 입력.M_기동
– 출몰조건 : ON</td></tr>
</table>

<table>
<tr><td rowspan="2"></td><td>– 기능 : 출몰,
– 태그이름 : 입력.M_기동
– 출몰조건 : OFF</td></tr>
<tr><td>– 기능 : 터치, 동작 : 순간값 쓰기
– 태그이름 : 입력.M_기동
– 쓰기값 :
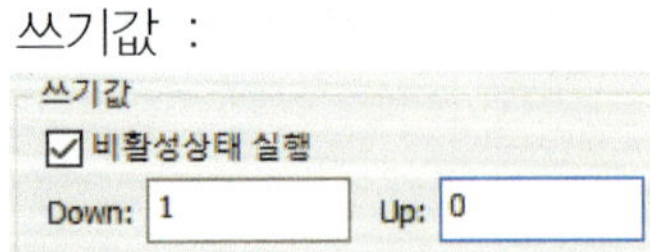
</td></tr>
</table>

㉯ 입력된 두 버튼을 선택하여 정확하게 겹치게 하여 한 개의 버튼이 동작되는 모양으로 되어야 한다. **(S_정지 참고)**

③ PL0~PL4(표시등)

: 출력 램프는 **[그림]-[라이브러리]-[Lamp_S New]**에서 드래그하여 생성한다.

: 순차적으로 점등하는 Pilot Lamp(표시등) 기능.

ⓐ PL0

㉮ 아래와 같이 출몰 기능을 각각 입력한다.

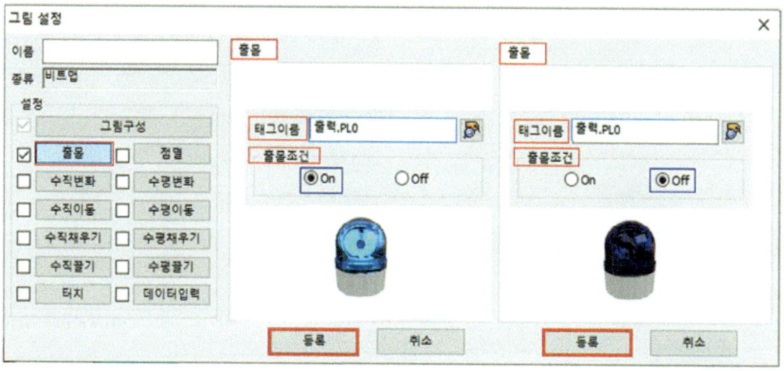

㉯ 입력된 두 램프를 선택하여 정확하게 겹치게 하여 한 개의 램프가 동작되는 모양으로 되어야 한다.

- **[정열]-[정열]-[맞춤설정]** 창에서 가로, 세로 방향 모두 가운데를 선택하여 확인을 클릭한다.

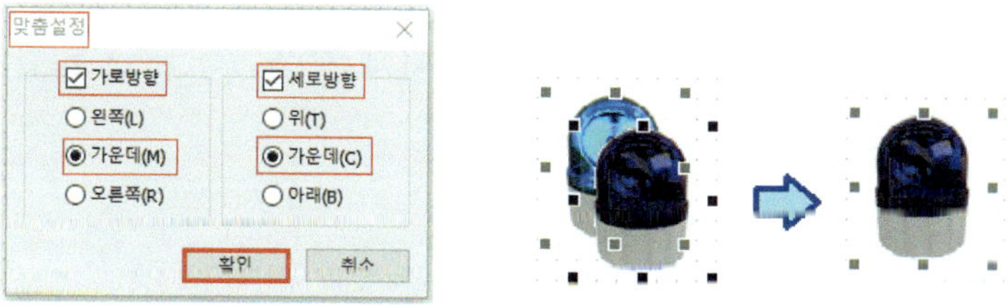

ⓑ PL1~PL3

㉮ 기능이 입력된 PL0를 3개를 복사하여 **[편집]-[바꾸기]**를 이용하여 PL1, PL2, PL3 램프를 완성한다.

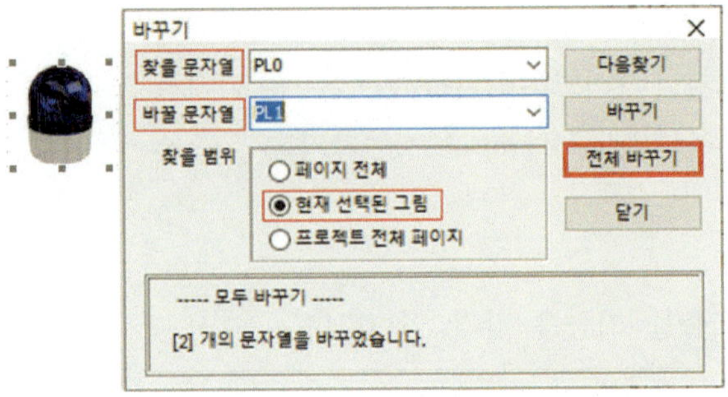

④ 정지등, 운전등

: 정지 표시등(GL:Green Lamp), 운전 표시등(RL:Red Lamp) 기능.

ⓐ 정지등

㉮ 아래와 같이 출몰 기능을 각각 입력한다.

	– 기능 : 출몰, – 태그이름 : 출력.GL – 출몰조건 : ON

 	– 기능 : 출몰, – 태그이름 : 출력.GL – 출몰조건 : OFF

㉯ 입력된 두 램프를 선택하여 정확하게 겹치게 한다. **(S_정지 참고)**

ⓑ 운전등

㉮ 아래와 같이 출몰 기능을 각각 입력한다.

	– 기능 : 출몰, – 태그이름 : 출력.RL – 출몰조건 : ON

 	– 기능 : 출몰, – 태그이름 : 출력.RL – 출몰조건 : OFF

㉯ 입력된 두 램프 선택하여 정확하게 겹치게 한다. **(S_정지 참고)**

⑤ TP_1~TP_5

: 타이머 현재값은 **[그림]-[라이브러리]-[태그값 표시]**에서 드래그하여 생성한다.

: 각 타이머의 현재값을 표시하는 기능.

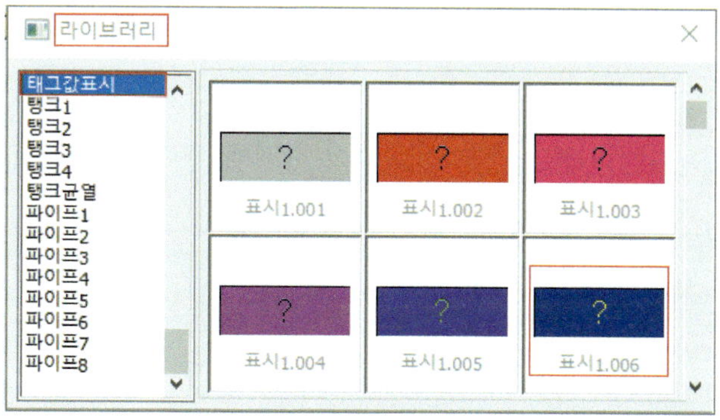

ⓐ TP_1

㉮ 아래와 같이 태그값 표시 기능을 입력한다.

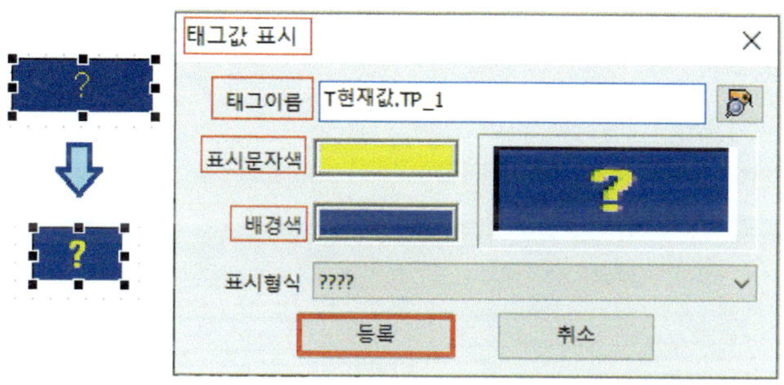

㉯ 글자 크기와 글씨체는 **[도구]-[글꼴 설정]**에서 입력한다.

ⓑ TP_2~TP_5

㉮ TP_1을 복사하여 아래와 같이 태그 이름을 입력한다.

	– 태그이름 : T현재값.TP_2
	태그이름 : T현재값.TP_3
	– 태그이름 : T현재값.TP_4
	– 태그이름 : T현재값.TP_5

⑥ TD_1~TD_5

: 타이머 설정값은 **[그림]-[태그값]**에서 클릭하여 생성한다.

: 설정값 표시는 **[그림]-[라이브러리]-[태그값 표시]**에서 드래그하여 생성한다.

: 각 타이머의 설정값을 입력하고 표시하는 기능.

ⓐ TD_1

㉮ 아래와 같이 **[그림]-[태그값]**을 선택하여 화면에 클릭하여 태그값 기능을 등록한다.

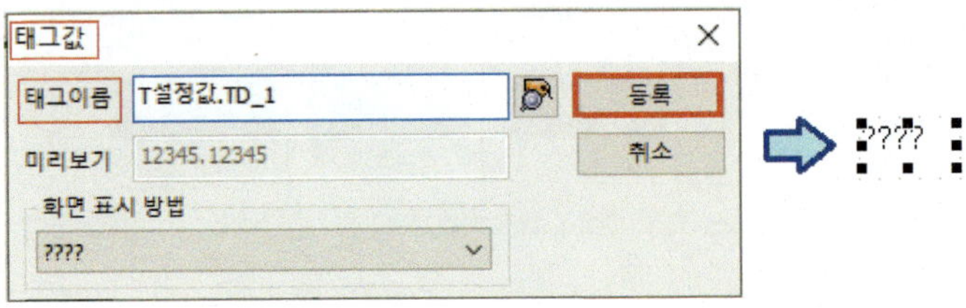

㉯ 등록된 태그값(????)을 선택하여 더블 클릭하여 데이터 입력을 클릭하여 아래와 같이 입력하고 등록한다.

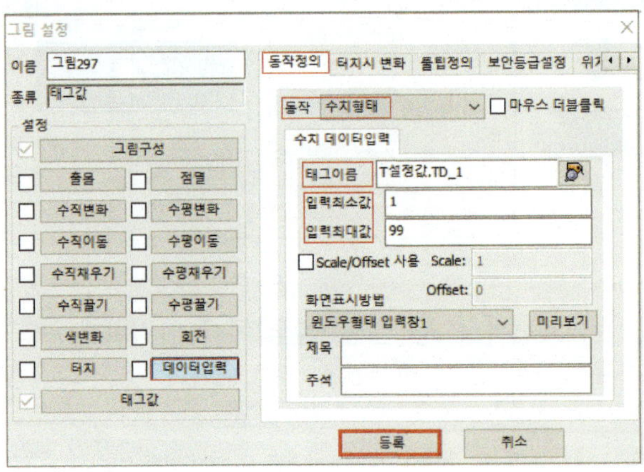

㉰ 등록된 데이터 입력 태그값을 표시하기 위하여 **[그림]-[라이브러리]-[태그값 표시]**에서 생성하여 두 기능이 표현되게 한다.

㉣ ㉯에서 생성된 데이터 입력 태그값(????)과 ㉰에서 생성된 태그값 표시(?)를 겹치게 하여 하나의 태그 모양으로 그룹으로 생성한다.

ⓑ TD_2~TD_5

㉮ 기능이 입력된 TD_1을 4개를 복사하여 **[편집]-[바꾸기]**를 이용하여 TD_2, TD_3, TD_4, TD5를 완성한다.

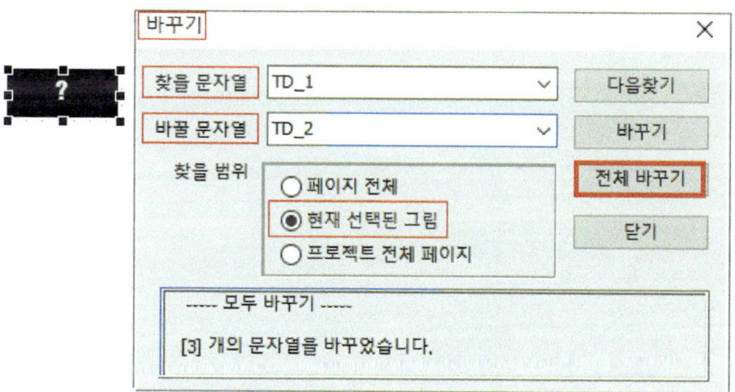

ⓒ 문자는 **[그림]-[문자]**에서 작성하여 복사하여 붙여서 **[그림설정]-[문자편집]**에서 작성한다.

(6) 초기화면 저장 및 실행

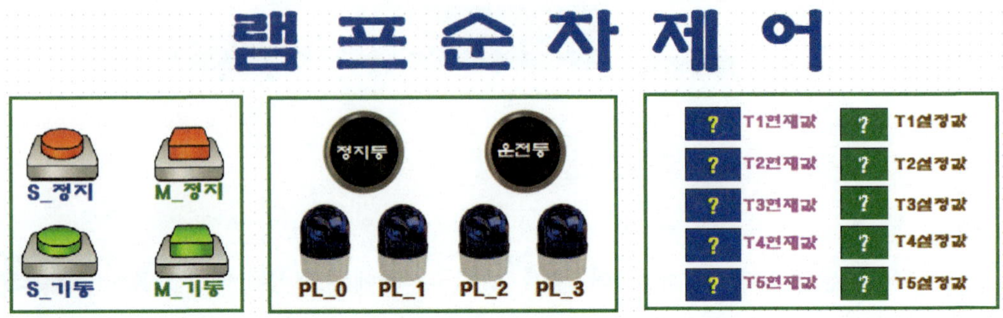

① [파일]-[저장] 선택하여 "순차제어"로 저장한다.

② 초기화면 지정

모든 내용을 저장 후 [도구]-[Cimon–X 환경설정] 선택하여 Cimon-X 환경설정 창에서 **초기화면**을 지정한다.

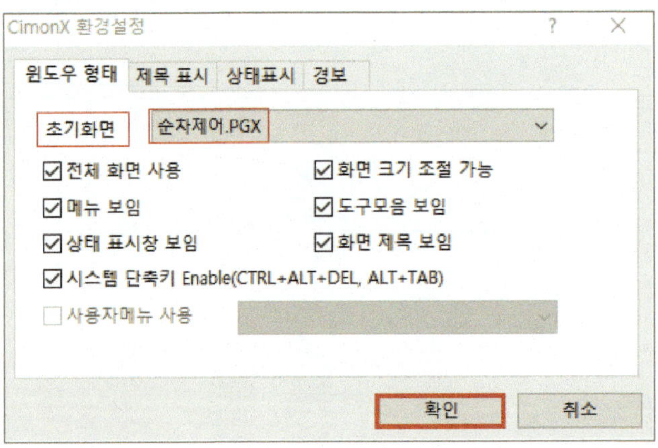

③ 동작을 확인

[도구]-[Cimon–X 실행] 선택하여 동작을 확인한다.

2.2 실린더 제어

1) 컴퓨터 모니터 전체화면

(1) PAGE 1 화면

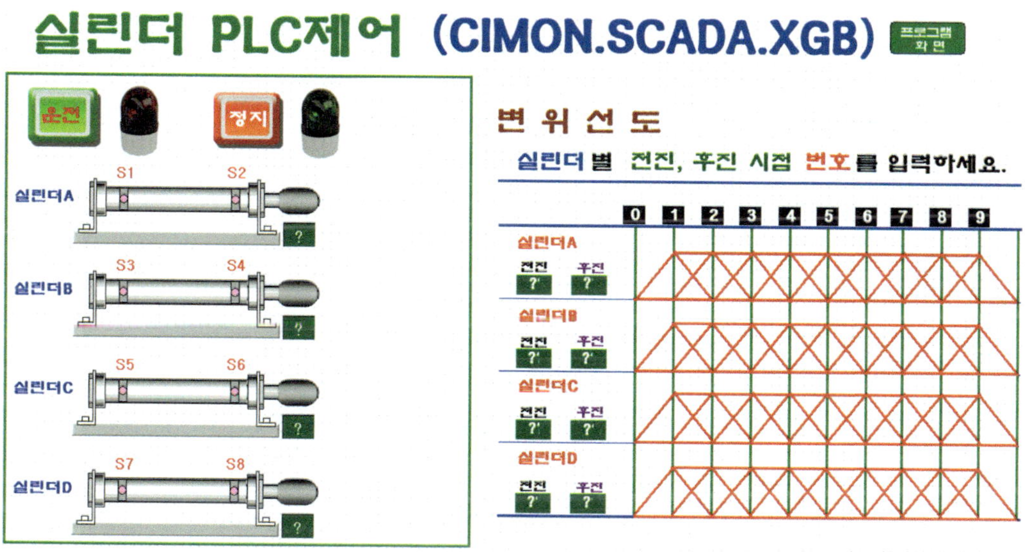

(2) PAGE 2 화면

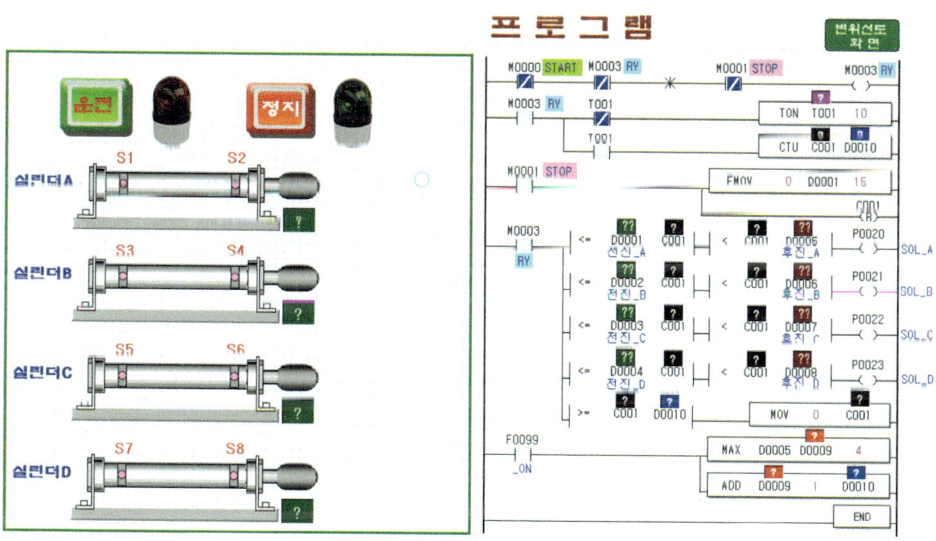

2) 제어방식

RS-232 통신으로 작화와 기능이 입력된 컴퓨터 모니터에서 마우스로 버튼 동작과 데이터를 입력하면 실린더가 변위 선도와 같이 제어된다.

3) PLC 프로그램 작성

(1) 실습 목적

- XGB(XBC) PLC와 컴퓨터 모니터간 통신을 할 수 있다.
- 컴퓨터 모니터에서 PLC를 제어할 수 있다.
- 컴퓨터 모니터에서 PLC의 입, 출력 모니터링을 할 수 있다.
- PLC 디바이스를 이용하여 실태그 데이터베이스를 작성할 수 있다.
- 출몰, 색변환, 태그값표시, 데이터 입력, 터치, 스크립터 기능을 작성할 수 있다.

(2) 제어 방법

- 실행 화면에서 운전, 정지 버튼을 ON 하면 실린더 제어 동작이 되어야 한다.
- 실행 화면에서 실린더별 전진, 후진 시점이 입력되어야 한다.
- 실행 화면에서 작성된 변위 선도와 같이 반복 제어되어야 한다.
- PAGE 2 화면에서 PLC 프로그램 모니터링이 되어야 한다.

(3) I/O 할당표

구분	명칭	기능설명	I/O 할당
모니터 버튼 입력	START	PC 화면에서 버튼으로 운전 기능	M0000
	STOP	PC 화면에서 버튼으로 정지 기능	M0001
출력	SOL_A	실린더_A 편솔	P0020
	SOL_B	실린더_B 편솔	P0021
	SOL_C	실린더_C 편솔	P0022
	SOL_D	실린더_D 편솔	P0023
변위 선도 번호	전진_A	A 실린더 전진 시점 번호입력	D0001
	전진_B	B 실린더 전진 시점 번호입력	D0002
	전진_C	C 실린더 전진 시점 번호입력	D0003
	전진_D	D 실린더 전진 시점 번호입력	D0004
	후진_A	A 실린더 후진 시점 번호입력	D0005
	후진_B	B 실린더 후진 시점 번호입력	D0006
	후진_C	C 실린더 후진 시점 번호입력	D0007
	후진_D	D 실린더 후진 시점 번호입력	D0008

(4) 프로그램

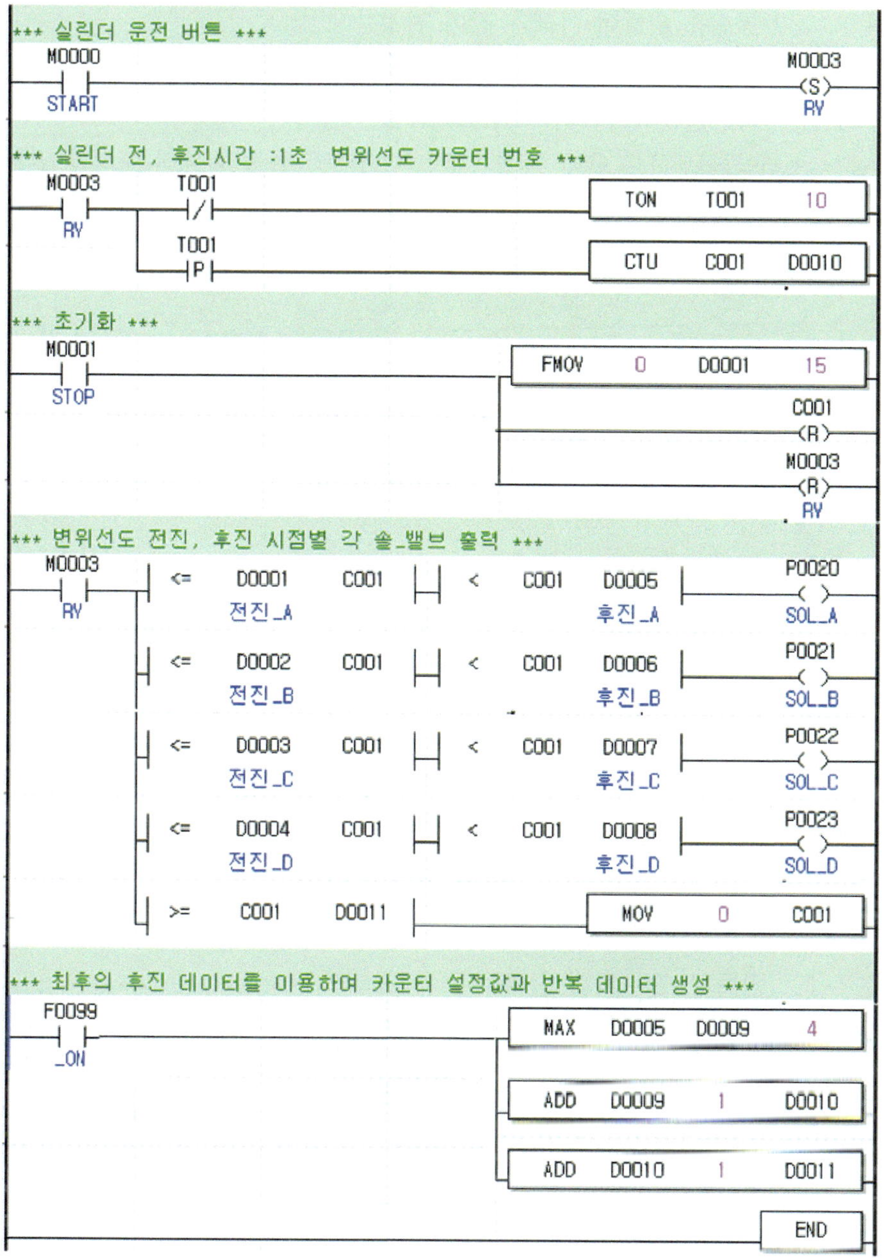
*** 실린더 운전 버튼 ***
M0000
START
M0003
(S)
RY
*** 실린더 전, 후진시간 :1초 변위선도 카운터 번호 ***
M0003
RY
T001
TON T001 10
CTU C001 D0010
*** 초기화 ***
M0001
STOP
FMOV 0 D0001 15
C001
(R)
M0003
(R)
RY
*** 변위선도 전진, 후진 시점별 각 솔_밸브 출력 ***
<= D0001 C001 < C001 D0005
전진_A
후진_A
P0020
SOL_A
<= D0002 C001 < C001 D0006
전진_B
후진_B
P0021
SOL_B
<= D0003 C001 < C001 D0007
전진_C
후진_C
P0022
SOL_C
<= D0004 C001 < C001 D0008
전진_D
후진_D
P0023
SOL_D
>= C001 D0011
MOV 0 C001
*** 최후의 후진 데이터를 이용하여 카운터 설정값과 반복 데이터 생성 ***
F0099
_ON
MAX D0005 D0009 4
ADD D0009 1 D0010
ADD D0010 1 D0011
END

(5) PLC 통신

① PLC와 RS-232 통신을 위하여 아래와 같이 설정한다.

- 프로그램을 **[온라인]-[접속]-[쓰기]**를 한다.
  이때 통신 포터를 확인하여 HMI 작업시 I/O 디바이스 설정의 통신 포터와 일치하여야 한다.

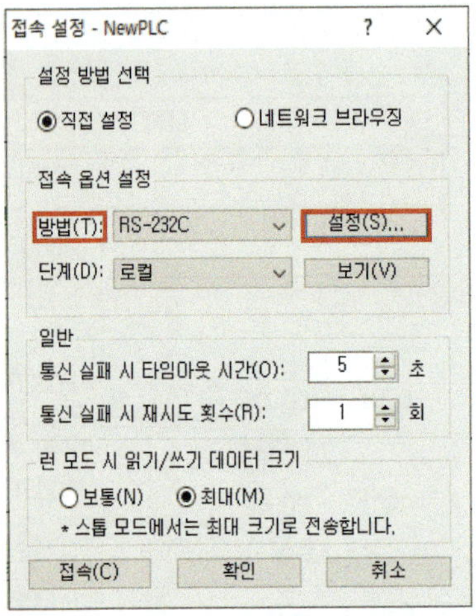

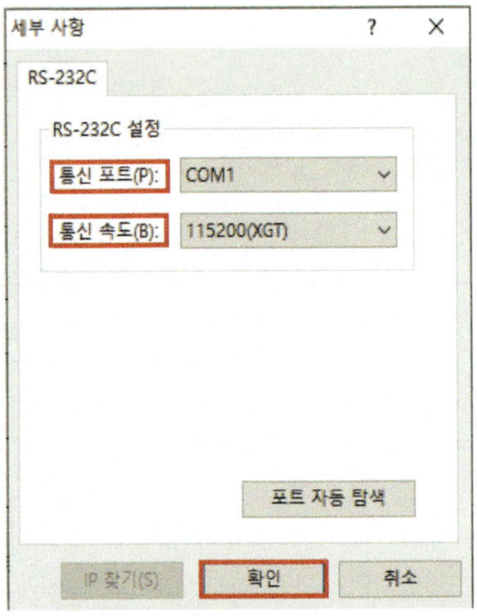

- 동작 확인 후 **[온라인]-[접속 끊기]**를 한다.

4) HMI 작업

(1) 새 프로젝트 만들기 (2-1과제 참고)

① 바탕화면에 설치된 CIMON D를 실행한다. 

② **[새 프로젝트 열기]**를 선택한다.

③ 새 프로젝트 만들기 창이 나타나면 **[프로젝트 이름] [프로젝트 개요] [작업 경로]**를 설정한 후 생성 버튼을 누른다.

- 프로젝트 이름 : 실린더 제어

④ 프로젝트를 생성하면 Page1 창이 나타난다.

(2) I/O 디바이스 설정 (2-1과제 참고)

: [도구] - [I/O 디바이스]

① [I/O 디바이스 설정] 창에서 [새 디바이스]를 누른다.

② [I/O 디바이스 종류 선택] 창에서 [디바이스 이름]과 사용할 PLC를 선택한 후 확인을 누른다.

- 디바이스 이름 : XGB
- PLC 선택 : LS산전 XGK/XGB PLC Loader Port

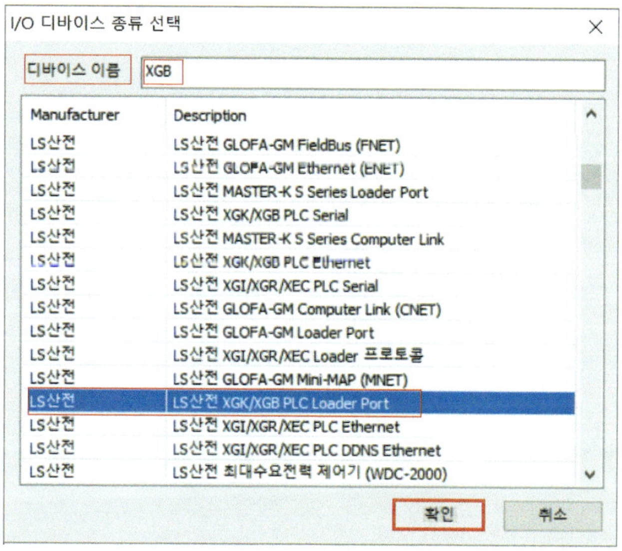

③ [XGT Loader 통신 설정] 창에서 [스테이션 추가]를 누른다.

ⓐ [스테이션 설정] 창에서 오른쪽과 같이 설정하고 [등록]을 누른다.

- 스테이션 이름 : XBM
- PLC CPU 종류 : CPUS

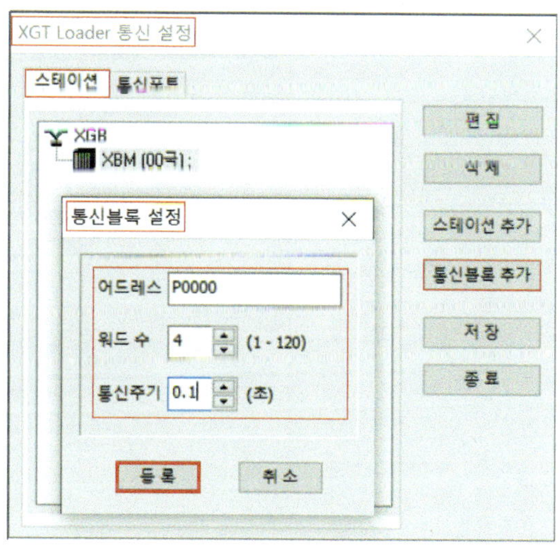

ⓑ **[XGT Loader 통신 설정]** 창에서 **[통신 블록 추가]**를 누르고 통신 블록 설정 창에서 아래와 같이 입력부터 차례로 워드 번호를 입력하고 등록 후 다시 **[통신블록 추가]**를 누른다.

- 어드레스 : P0000
- 워드 수 : 4조
- 통신주기 : 0.1초

ⓒ 통신 블록 설정 창에서 M영역, D영역, 타이머, 카운터를 차례로 입력 후 저장하고 통신포트 탭을 누른다.

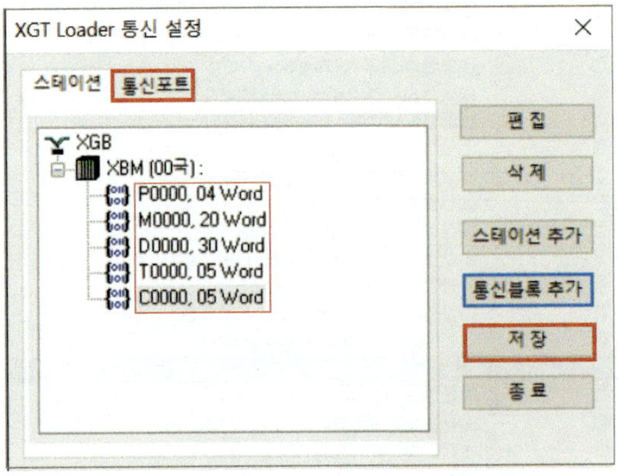

ⓓ **[XGT Loader 설정]** 창에서 통신포트 탭에서 다음과 같이 설정하고 저장, 종료한다. (통신포트는 PLC 접속 설정시 COM 번호와 일치)

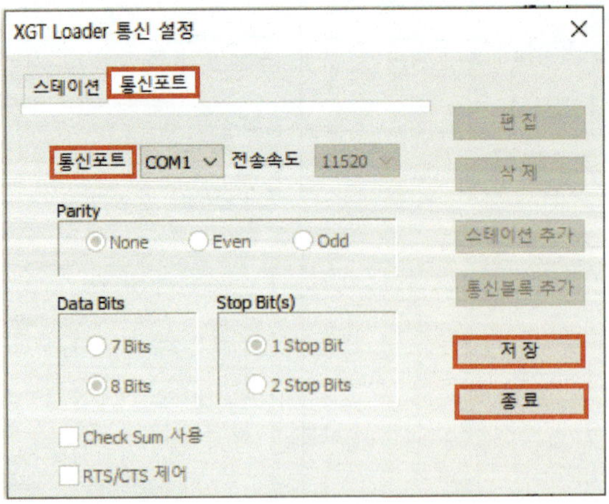

ⓔ I/O 디바이스 설정이 끝나면 아래와 같은 화면이 나온다. 아래 화면에서 스테이션 이름 "XBM"을 더블 클릭하면 스테이션에서 입력한 내용들이 나타난다.

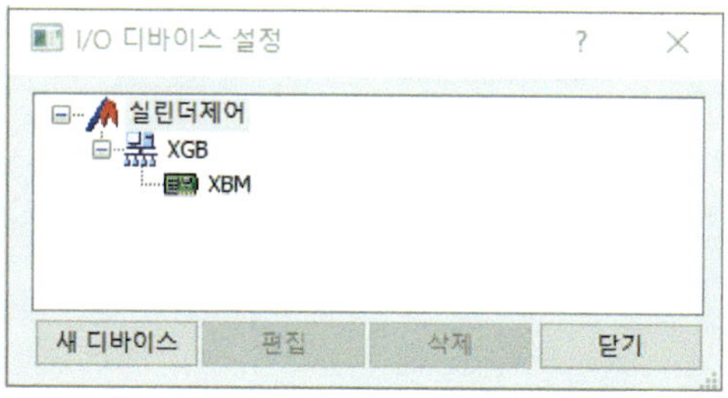

(3) 데이터베이스 설정 (2-1과제 참고)

① 프로젝트를 생성하여 화면 왼쪽 프로젝트 창의 메뉴에서 데이터베이스를 더블클릭한다.

② 데이터베이스 창에서 [새 태그] 단축아이콘을 눌러 태그를 추가한다.

③ 태그편집 화면에서 태그의 [이름], [종류]를 아래와 같이 설정한 후 새 태그를 누른다.

- 이름 : 입력
  종류 : 그룹
- 같은 방법으로 [새 태그] 버튼을 클릭하여 전진, 후진, SOL, 실린더, 릴레이, 램프, ANA 그룹 태그를 아래와 같이 생성한다.

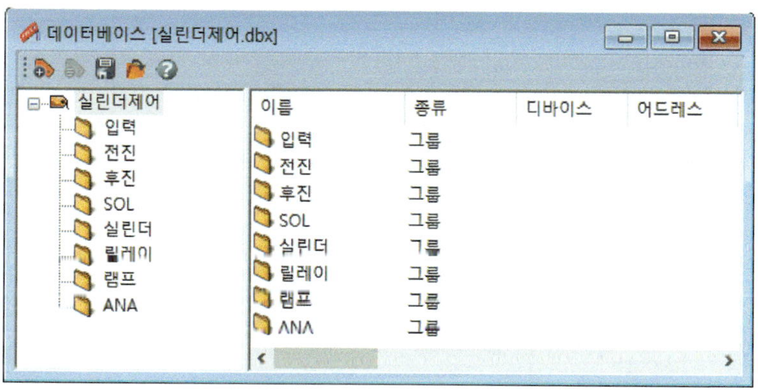

① 입력그룹의 태그를 작성하기 위하여 왼쪽 창의 입력 그룹 태그를 선택하고 [새태그] 아이콘을 클릭하여 아래와 같이 설정한다.

ⓐ 입력그룹

그룹	이름	종류	I/O 디바이스	I/O 어드레스
입력	STR	디지털	XGB.XBM	M0000
	STO	〃	〃	M0001

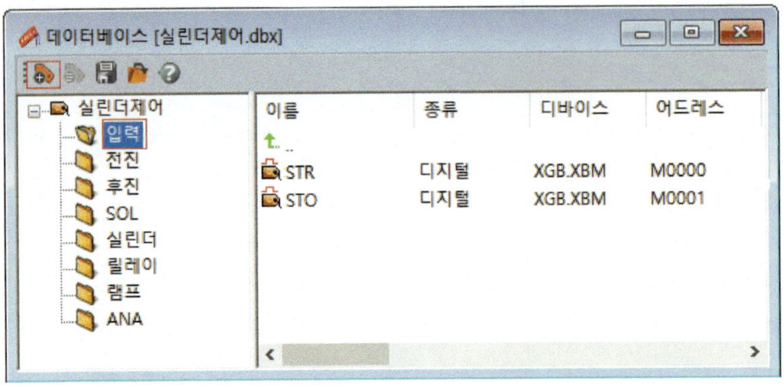

ⓑ 전진 그룹

그룹	일 반 설 정				고급설정	
	이름	종류	I/O 디바이스	I/O 어드레스	최소값	최대값
전진	A	아날로그	XGB.XBM	D0001	0	10
	B	〃	〃	D0002	〃	〃
	C	〃	〃	D0003	〃	〃
	D	〃	〃	D0004	〃	〃

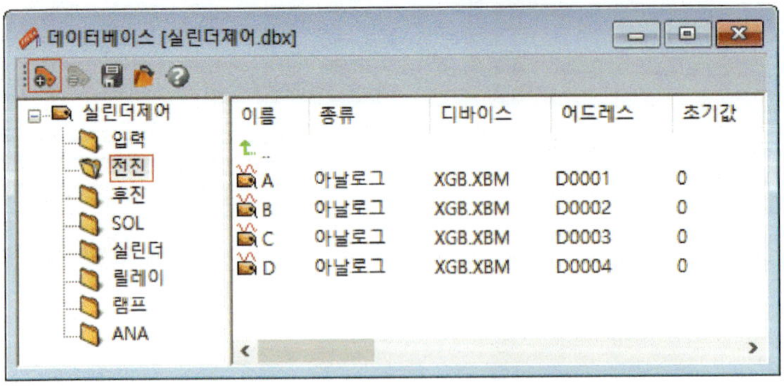

ⓒ 후진 그룹

그룹	일반 설정				고급 설정	
	이름	종류	I/O 디바이스	I/O 어드레스	최소값	최대값
후진	A	아날로그	XGB.XBM	D0005	0	10
	B	〃	〃	D0006	〃	〃
	C	〃	〃	D0007	〃	〃
	D	〃	〃	D0008	〃	〃

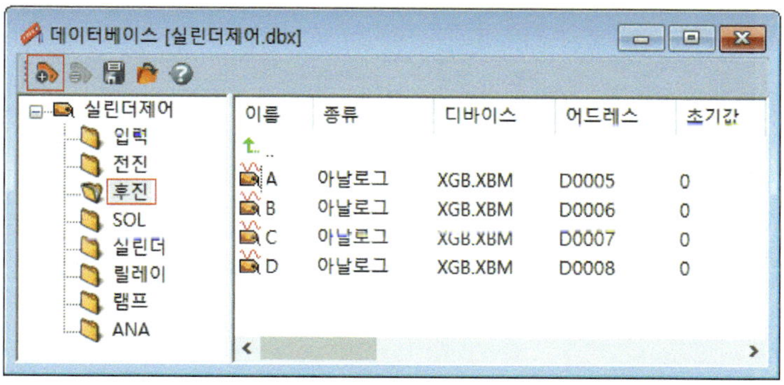

ⓓ SOL 그룹

그룹	이름	종류	I/O 디바이스	I/O 어드레스
SOL	A	디지털	XGB.XBM	P0020
	B	〃	〃	P0021
	C	〃	〃	P0022
	D	〃	〃	P0023

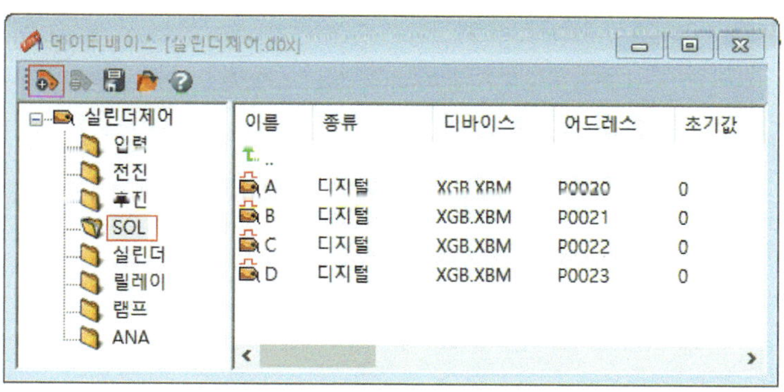

ⓔ 실린더 그룹 : 가상태그 사용

그룹	일반 설정				고급 설정	
	이름	종류	I/O 디바이스	I/O 어드레스	최소값	최대값
실린더	A	아날로그			0	100
	B	〃			〃	〃
	C	〃			〃	〃
	D	〃			〃	〃

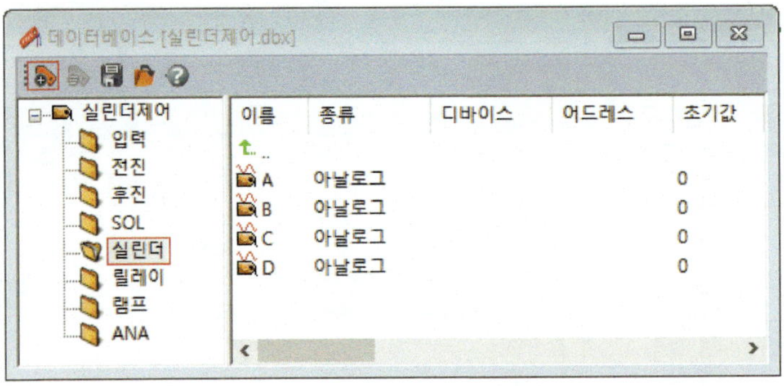

ⓕ ANA 그룹

그룹	일반 설정				고급 설정	
	이름	종류	I/O 디바이스	I/O 어드레스	최소값	최대값
ANA	CNT	아날로그	XGB.XBM	C001	0	100
	TTR	〃	〃	T001	〃	〃
	최대치	〃	〃	D0009	〃	〃
	CNT_설정값	〃	〃	D0010	〃	〃
	비교치	〃	〃	D0011	〃	〃

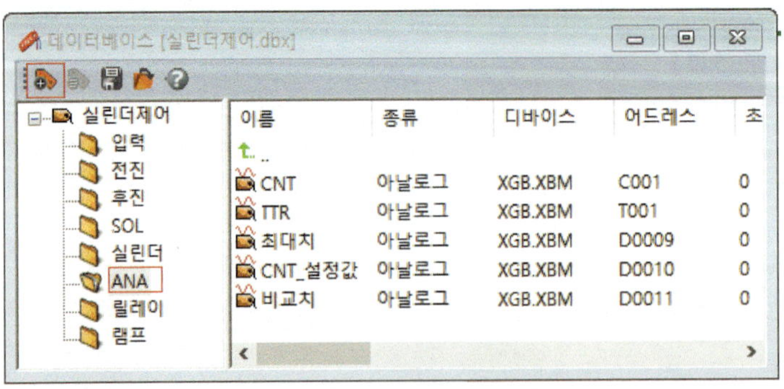

ⓖ 릴레이 그룹

그룹	이름	종류	I/O 디바이스	I/O 어드레스
릴레이	_ON	디지털	XGB.XBM	F0099
	RY	"	"	M0003

- F0099 : PLC를 RUN 하면 항시 ON 되는 내부 특수 릴레이

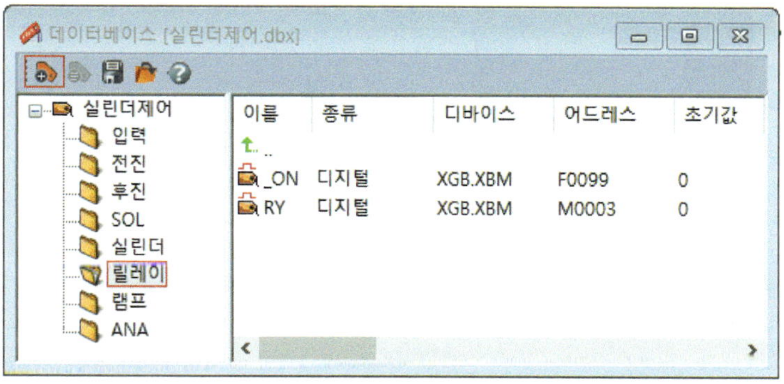

ⓗ 램프 그룹

그룹	이름	종류	I/O 디바이스	I/O 어드레스
램프	RL	디지털	XGB.XBM	P0024
	GL	"	"	P0025

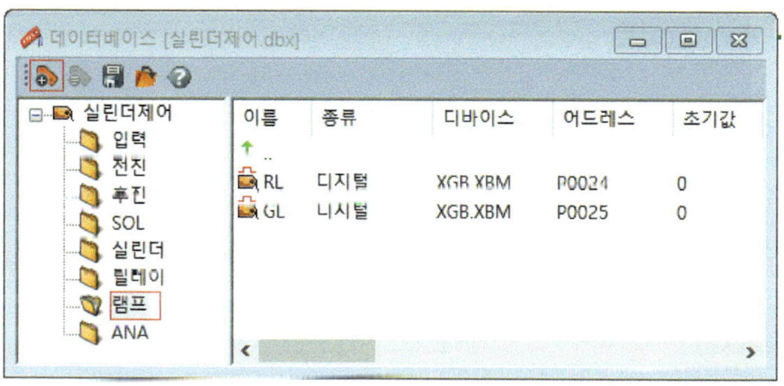

(4) 작화와 기능부여

① STR, STO

: 입력 버튼은 [그림]-[라이브러리]-[Button New 01]에서 드래그하여 생성한다.

: 내부 메모리 M 디바이스 버튼(M0000, M0001) 모니터에서 ON, OFF 하면 PLC 프로그램을 제어하는 기능.

ⓐ STR

㉮ 아래와 같이 터치 기능을 입력한다.

	– 기능 : 터치, – 동작 : 명령식 – 명령식–Down : 입력.STR=1 .명령식–Up : **입력.STR=0** *** 문자와 그룹화 하여 기능을 부여한다.

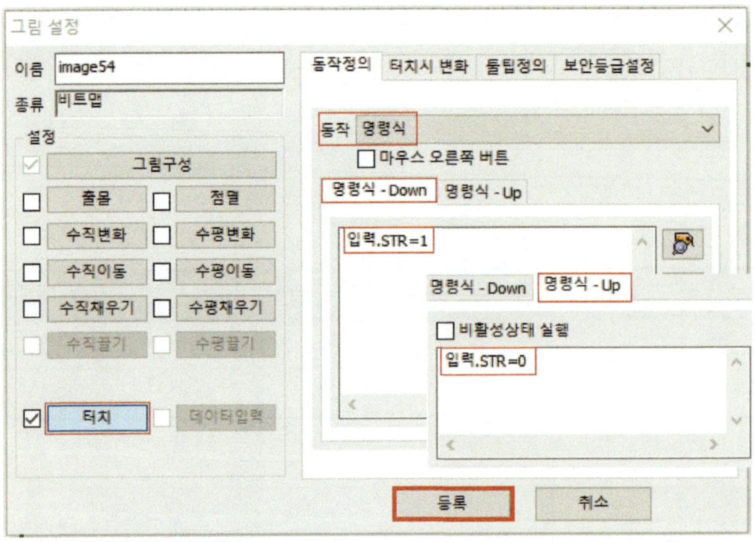

ⓑ STO

	– 기능 : 터치, – 동작 : 명령식 – 명령식–Down : **입력.STO=1** .명령식–Up : **입력.STO=0** *** 문자와 그룹화 하여 기능을 부여한다.

② 램프.RL, 램프.GL

: 램프는 **[그림]-[라이브러리]-[Lamp_S_New]**에서 드래그하여 생성한다.

: 운전시, 정지시 점등하는 Pilot Lamp(표시등) 기능.

ⓐ RL

㉮ 아래와 같이 출몰 기능을 각각 입력한다.

	– 기능 : 출몰, – 태그이름 : 램프.RL – 출몰조건 : ON
	– 기능 : 출몰, – 태그이름 : 램프.RL – 출몰조건 : OFF

㉯ 입력된 두 램프를 선택하여 정확하게 겹치게 하여 한 개의 램프가 동작되는 모양으로 되어야 한다.

- **[정열] [정열]-[맞춤설정]** 창에서 가로, 세로 방향 모두 가운데를 선택하여 확인을 클릭한다.

ⓑ GL

㉮ 위와 같은 방법으로 출몰 기능을 각각 입력한다.

	– 기능 : 출몰, – 태그이름 : 램프.GL – 출몰조건 : ON
	– 기능 : 출몰, – 태그이름 : 램프.GL – 출몰조건 : OFF

③ 실린더.A ~ 실린더.D

: 4-5 과제(21페이지)를 참고하여 실린더를 작화한다.

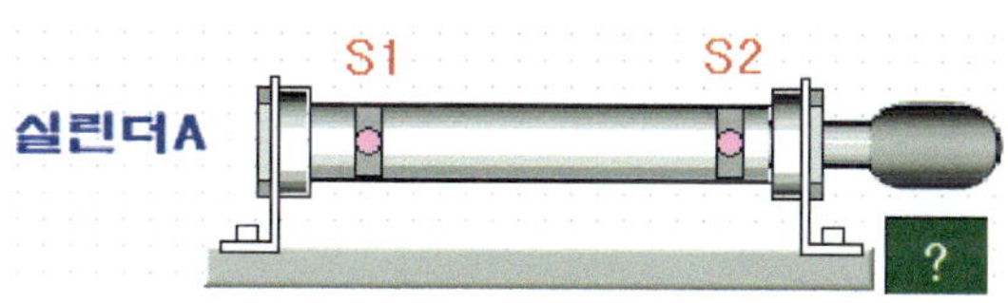

ⓐ 실린더.A

㉮ 아래와 같이 출몰 기능을 각각 입력한다.

실린더 로더 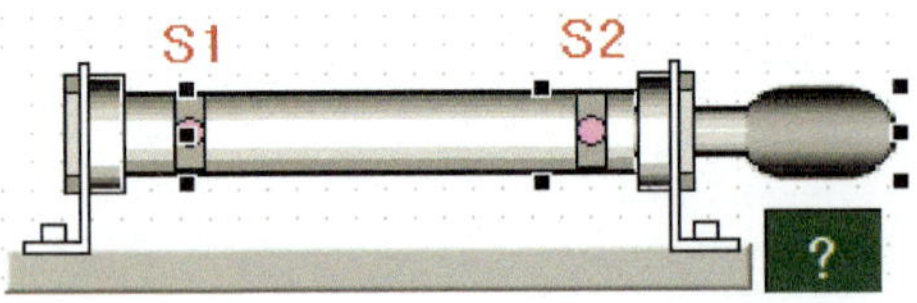	– 기능 : **수평이동** – 태그이름 : 실린더.A – 이동기준설정 : 왼쪽 – 이동거리 : 150
실린더 센서(S1, S2) 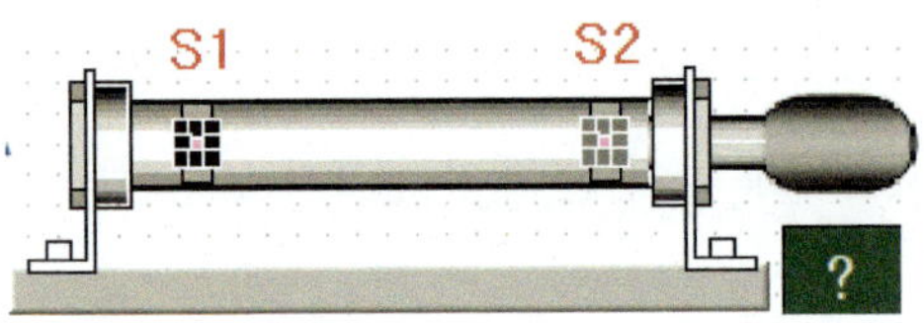	– 기능 : **색변환** – 태그이름 : 실린더.A – 배경 : 적색 – 기준점 (센서 S1) : OFF 기준점 (센서 S2) : ◉>=90
실린더 태그값 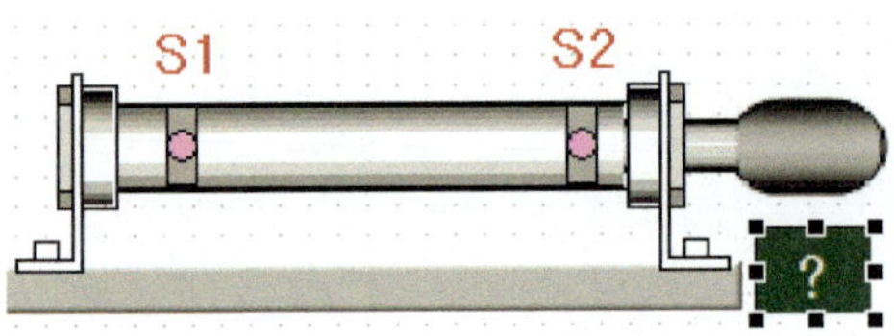	– 기능 : **태그값 표시** – 태그이름 : 실린더.A – 표시 문자색 : 흰색 – 배경색 : 녹색

ⓑ 실린더.B ~ 실린더.D

㉮ 작화와 기능이 부여된 실린더.A를 복사하여 붙이고 태그 이름을 각각 실린더.B, 실린더.C, 실린더.D로 변경한다.

④ 전진, 후진 그룹

: 변위선도에 전진, 후진 번호를 입력하여 각 실린더의 동작 데이터를 PLC 프로그램에 전송하여 실린더를 제어한다.

ⓐ 실린더.A 전진, 후진 데이터 입력 태그값

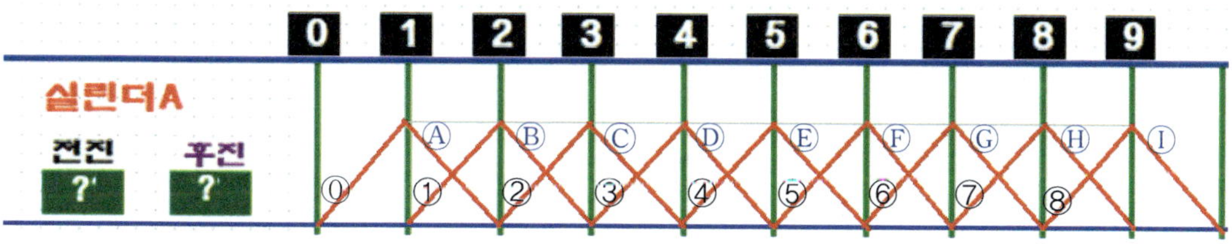

▸ 전진 태그값

: 태그값은 **[그림]-[태그값]**을 선택하여 화면에 클릭하면 태그값 창이 나타난다.

㉮ 태그값 창에서 아래와 같이 입력한다.

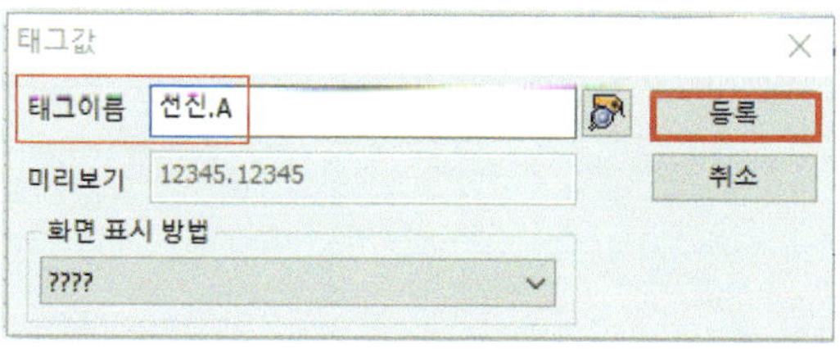

㉯ 등록 버튼을 누르면 태그값 입력(????)이 나타난다.

㉰ 태그값 입력(????)을 더블 클릭하면 기능 입력창이 나타난다.

㉱ 기능 입력창에서 태그값의 태그 이름을 확인하고 데이터 입력을 클릭하여 아래와 같이 입력한다.

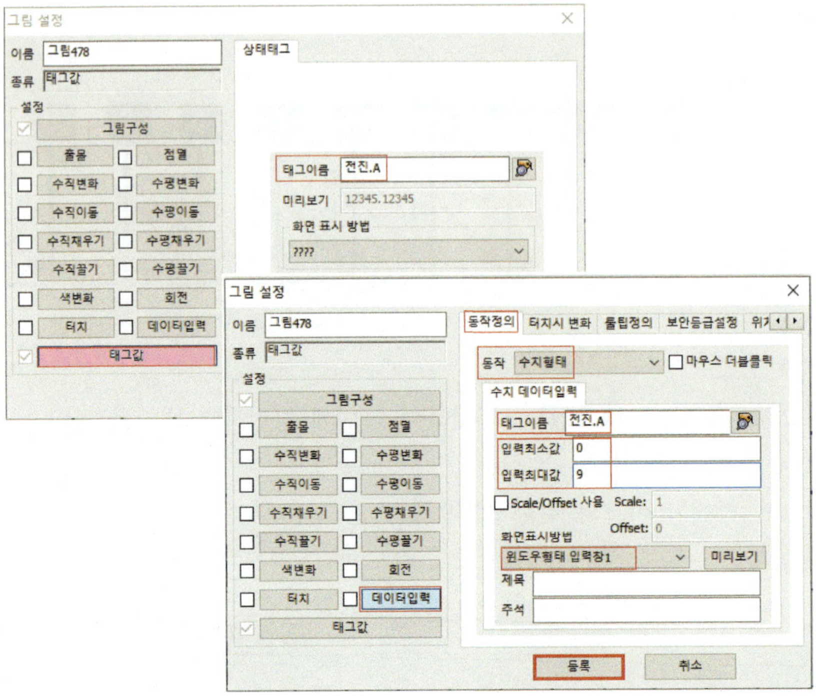

㉤ 태그값 입력(????)을 더블 클릭하여 그림 구성에서 펜색과 배경색을 지정한다.

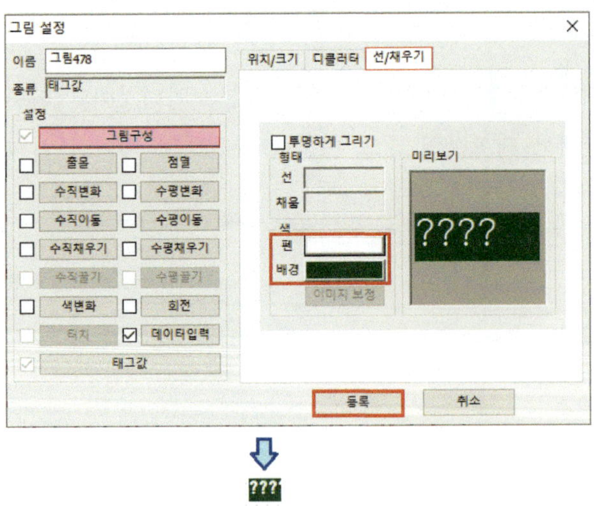

㉥ 색이 지정된 데이터 입력 태그값(???)을 **[도구]-[글꼴 설정]**에서 글꼴과 스타일, 크기를 설정한다.

▸ 후진 태그값

: 완성된 후진 데이터 입력 태그값()을 복사하여 붙여넣고 **[편집]-[바꾸기]**에서 전진을 후진으로 바꾼다.

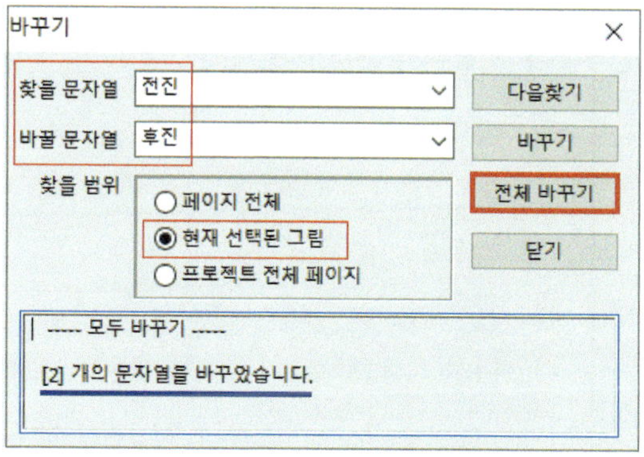

▸ 변위선도 표시

: 출몰 기능을 이용하여 태그 이름에 조건을 부여하여 출몰되게 한다.

㉮ 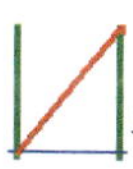의 를 더블클릭하여 출몰 기능을 아래와 같이 입력한다.

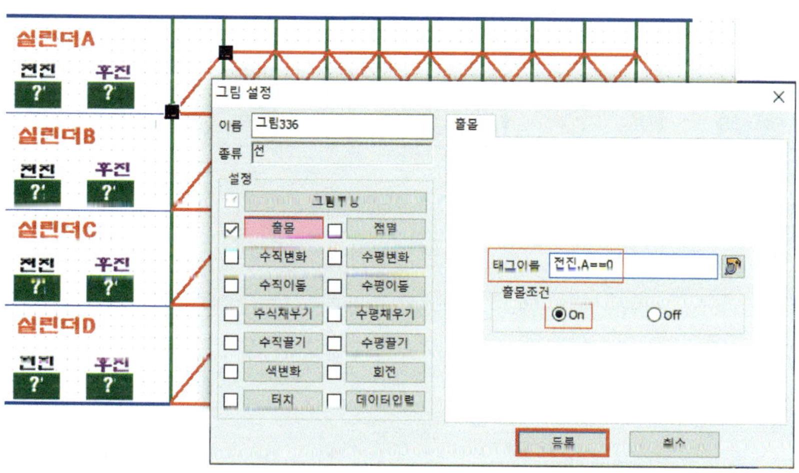

㉯ 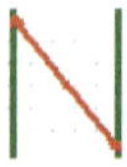의 를 더블클릭하여 출몰 기능을 아래와 같이 입력한다.

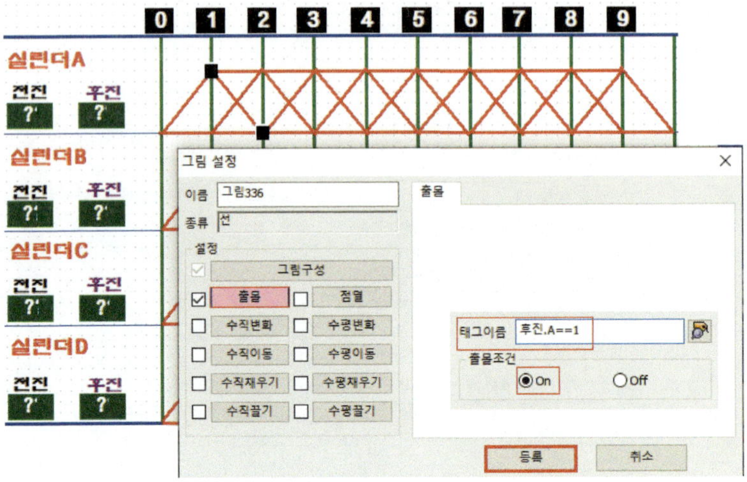

㉰ 위의 ㉮, ㉯와 같이 태그 이름을 작성하여 등록한다.

⓪ ~ ⑧ : 전진을 표시한다.

Ⓐ ~ Ⓘ : 후진을 표시한다.

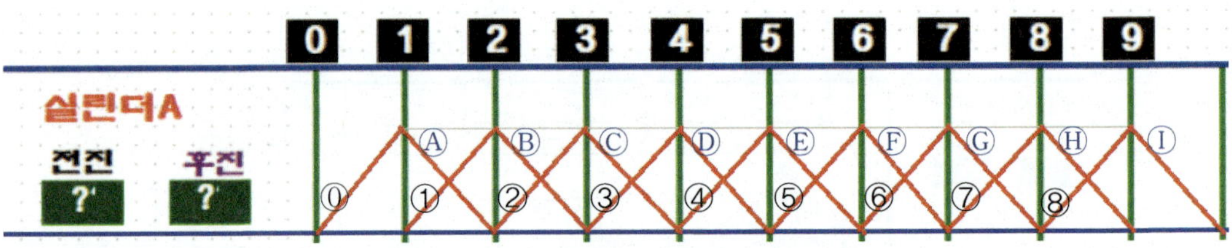

번호	태그 이름	기능	번호	태그 이름	기능
⓪	전진.A==0	전진 0 이면 나타남			
①	전진.A==1		Ⓐ	후진.A==1	후진 1 이면 나타남
②	전진.A==2		Ⓑ	후진.A==2	
③	전진.A==3		Ⓒ	후진.A==3	
④	전진.A==4		Ⓓ	후진.A==4	
⑤	전진.A==5		Ⓔ	후진.A==5	
⑥	전진.A==6		Ⓕ	후진.A==6	
⑦	전진.A==7		Ⓖ	후진.A==7	
⑧	전진.A==8	전진 8 이면 나타남	Ⓗ	후진.A==8	
			Ⓘ	후진.A==9	후진 9 이면 나타남

예) 전진 : 2, 후진 : 7을 실행하면 아래와 같다.

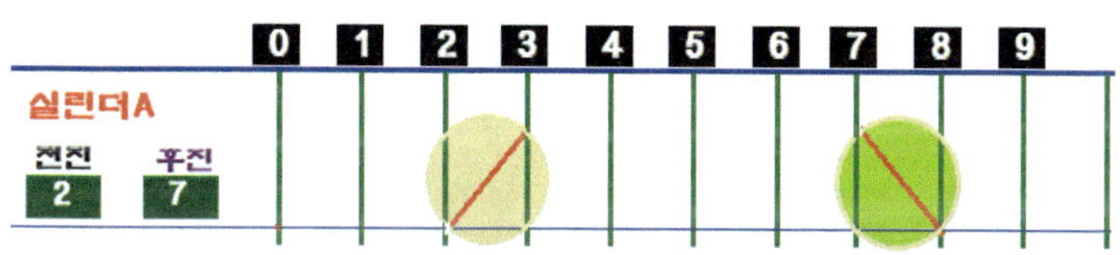

㉱ 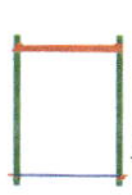 의 ____ 를 더블클릭하여 출몰 기능을 아래와 같이 입력한다.

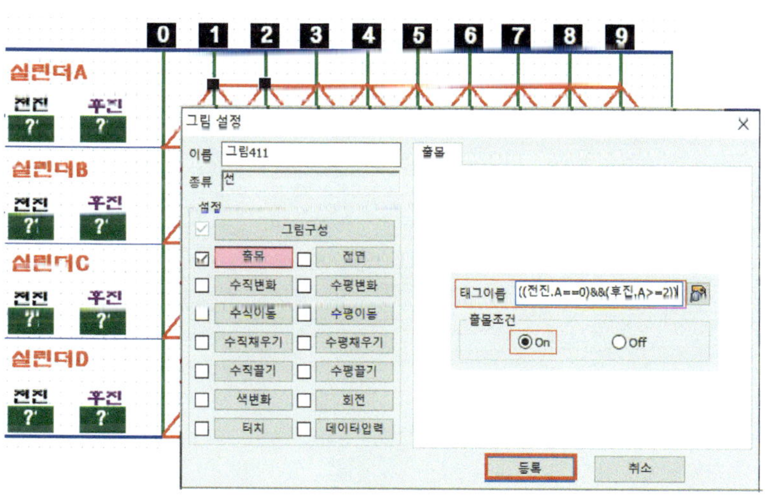

㉤ 의 ―― 를 더블클릭하여 출몰 기능을 아래와 같이 입력한다.

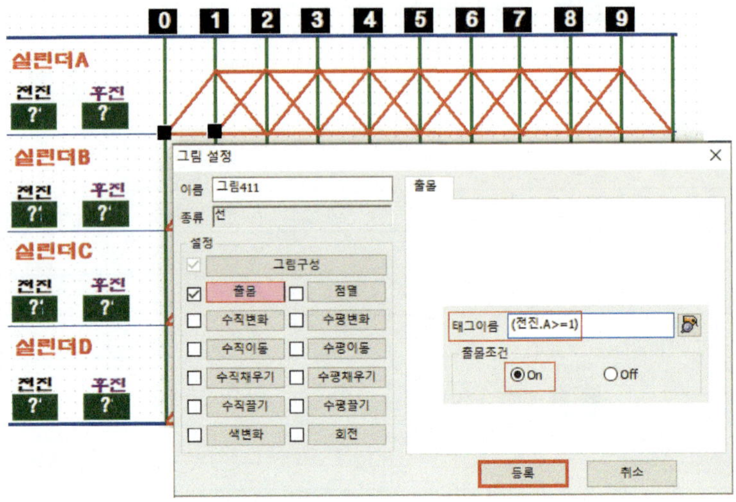

㉥ 위의 ㉣, ㉤와 같이 태그 이름을 작성하여 등록한다.

① ~ ⑧ : 전진된 상태를 표시한다.

⓪ ~ Ⓘ : 후진된 상태를 표시한다.

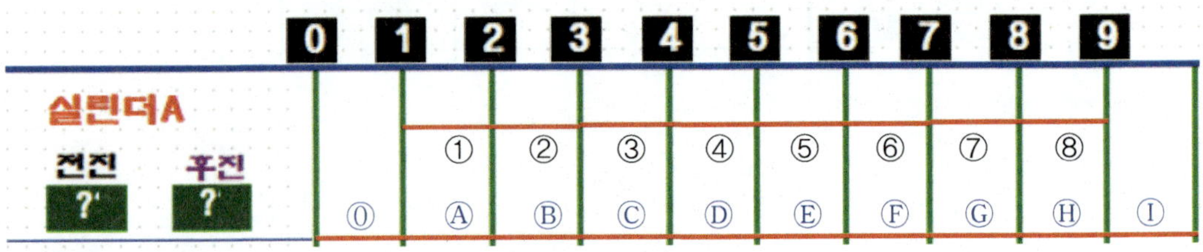

번호	태그 이름	번호	태그 이름
		⓪	(전진. A>=1)
①	((전진. A==0)&&(후진. A>=2))	Ⓐ	(전진. A>=2)
②	((전진. A<2)&&(후진. A>=3))	Ⓑ	((전진. A>=3)||(후진. A<=1))
③	((전진. A<3)&&(후진. A>=4))	Ⓒ	((전진. A>=4)||(후진. A<=2))
④	((전진. A<4)&&(후진. A>=5))	Ⓓ	((전진. A>=5)||(후진. A<=3))
⑤	((전진. A<5)&&(후진. A>=6))	Ⓔ	((전진. A>=6)||(후진. A<=4))
⑥	((전진. A<6)&&(후진. A>=7))	Ⓕ	((전진. A>=7)||(후진. A<=5))
⑦	((전진. A<7)&&(후진. A>=8))	Ⓖ	((전진. A>=8)||(후진. A<=6))
⑧	((전진. A<8)&&(후진. A>=9))	Ⓗ	(후진. A<=7)
		Ⓘ	(후진. A<=8)

예) 전진 : 2, 후진 : 7을 실행하면 아래와 같다.

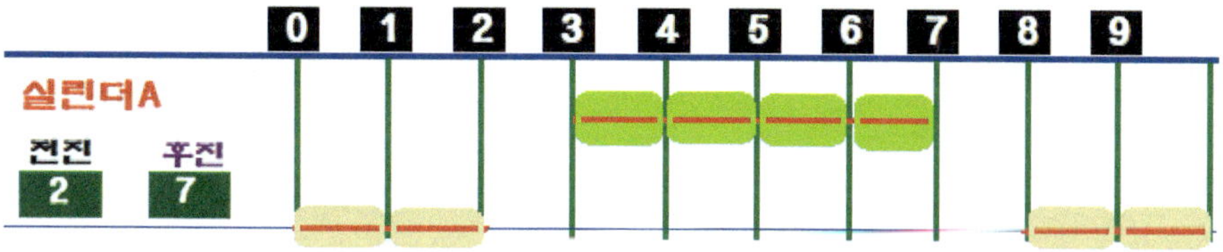

㉳ 예) 실린더A를 전진 : 2, 후진 : 7을 실행한 전체 모양은 아래와 같다.

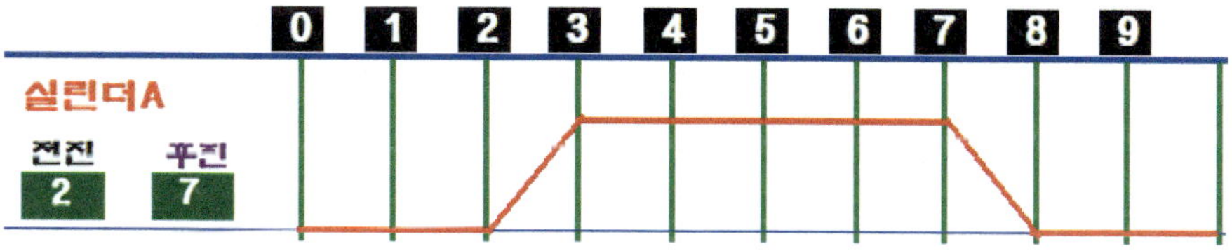

ⓑ 실린더B ~ 실린더D의 전진, 후진 데이터 입력 및 변위 선도

- 작화와 기능이 입력된 실린더A 전체를 선택하여 그룹화 시킨다.

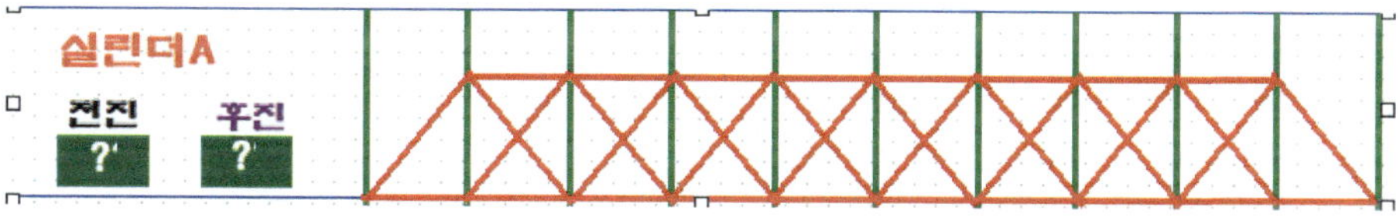

- 복사하여 3개를 붙이기 한다.

- **[편집] [바꾸기]**에서 A를 각각 B, C, D로 바꾼다.
  : 기능 부여에서 출볼 태그 이름이 실린더A : 전진.A, 후진.A 이므로
  실린더B : 전진.B, 후진.B
  실린더C : 전진.C, 후진.C
  실린더D : 전진.D, 후진.D

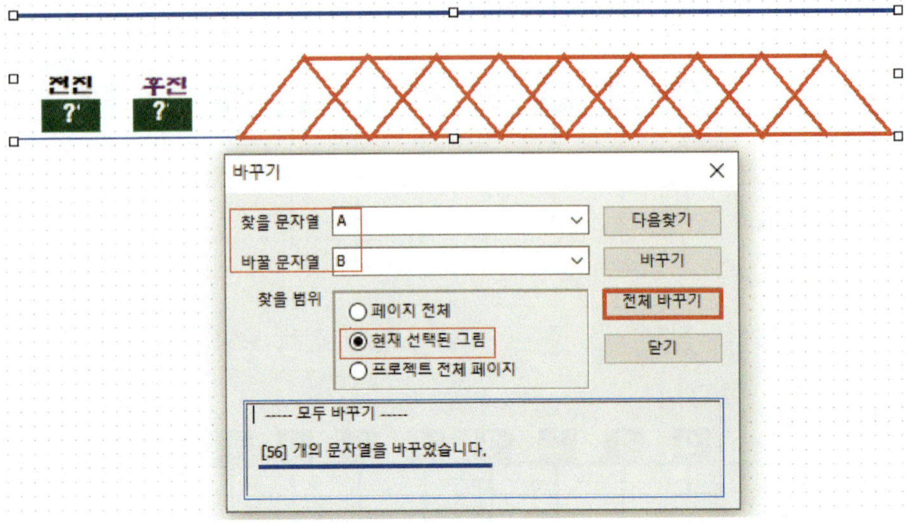

▸ 완성된 변위선도 전체 모양은 아래와 같다.

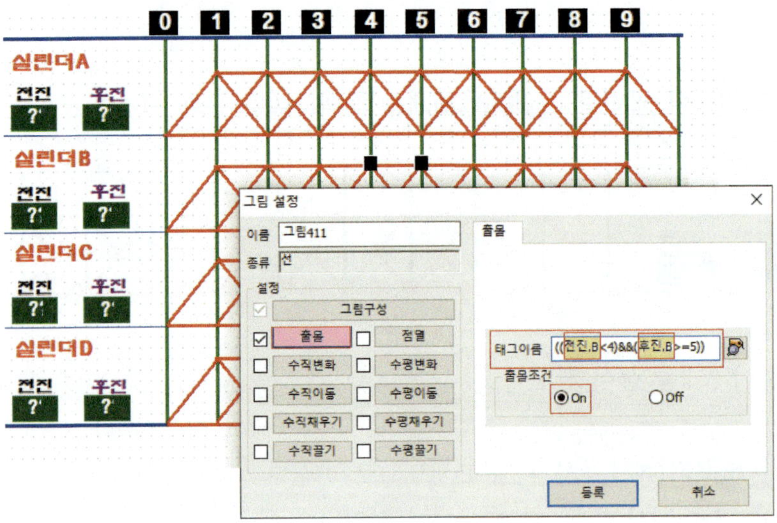

▸ 완성된 변위선도 전체 실행 화면은 아래와 같다.

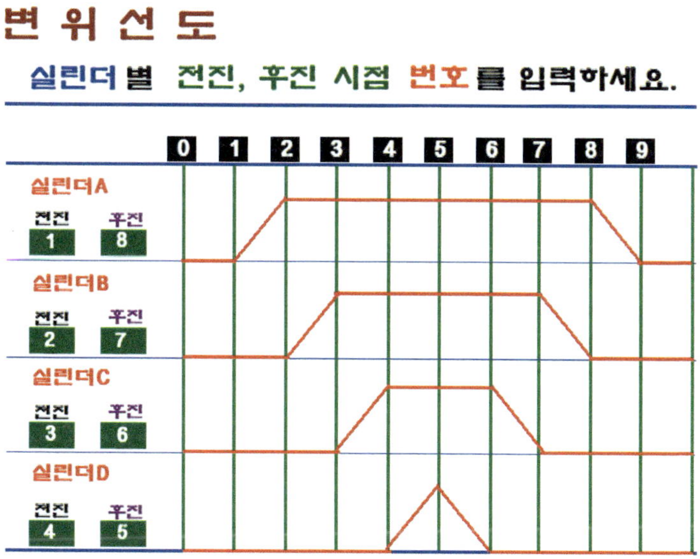

⑤ PAGE 2 PLC 프로그램 삭화와 기능

: PLC 프로그램에 변위선도 데이터가 전송되어 실린더가 제어된다.

ⓐ XG5000에서 작성된 프로그램을 컴퓨터**[그림판]**에서 편집한다.

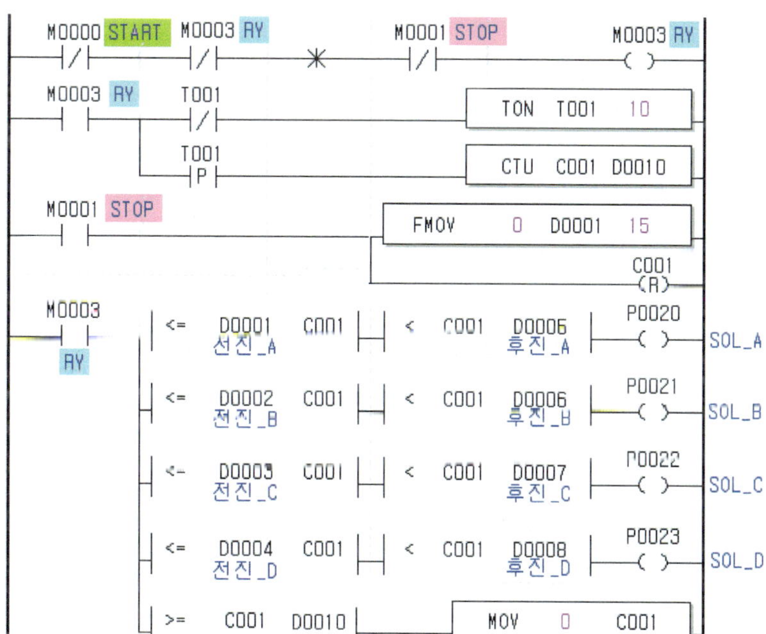

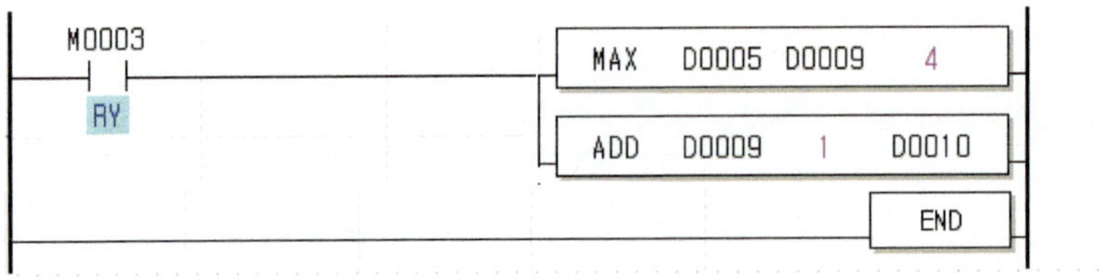

ⓑ A(N.O) 접점

: 색변환 기능을 이용하여 흰색에서 청색으로 변환시킨다.

▸ M0001 : STOP 접점

㉮ M0001 ─┤ ├의 접점 크기와 같게 **[메뉴]-[사각형]**을 이용하여 사각형을 그린다.

㉯ □을 더블 클릭하여 **[그림구성]-[선/채우기]**에서

- 펜색 : 연푸른색(하늘색), 배경색 : 흰색

㉰ **[색변화]**에서

- 태그이름 : 입력.STO, 배경색 : 청색, 기준점 : ◉ON

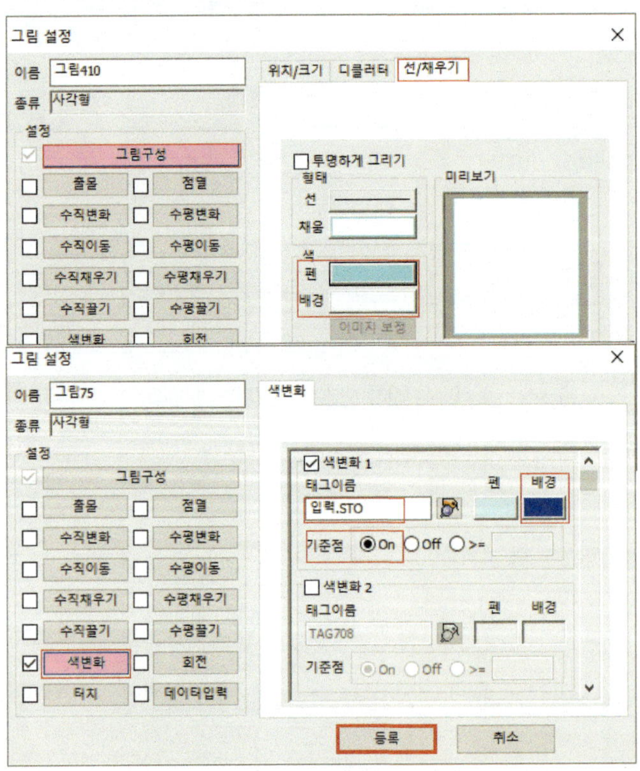

㉣ 실행하여 ON 되면 아래와 같다.

▸ M0003 : RY 접점, T001 : 타이머 접점

㉮ 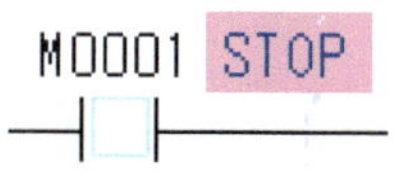

의 " "을 복사하여 접점에 붙인다.

㉯ 

와 같이 선택 후 더블클릭하여 색변환의 태그 이름을 변경한다.

- M0003 : 입력.STO 를 릴레이.RY
- T0001 : 입력.STO 를 ANA.TTR, 기준점 : ◉〉= 9

ⓒ B(N.C) 접점

: 색변환 기능을 이용하여 청색에서 흰색으로 변환시킨다.

- M0000 : START 접점

- 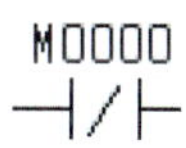

의 접점 크기와 같게 **[메뉴]-[사각형]**과 **[선]**을 이용하여 사각형을 그린 후 그룹화한다.

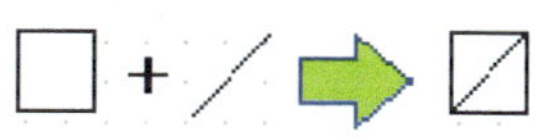

- 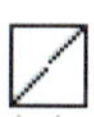 을 더블 클릭하여 **[그림구성]-[선/채우기]**에서

⇨ 펜색 : 연푸른색(하늘색), 배경색 : 청색

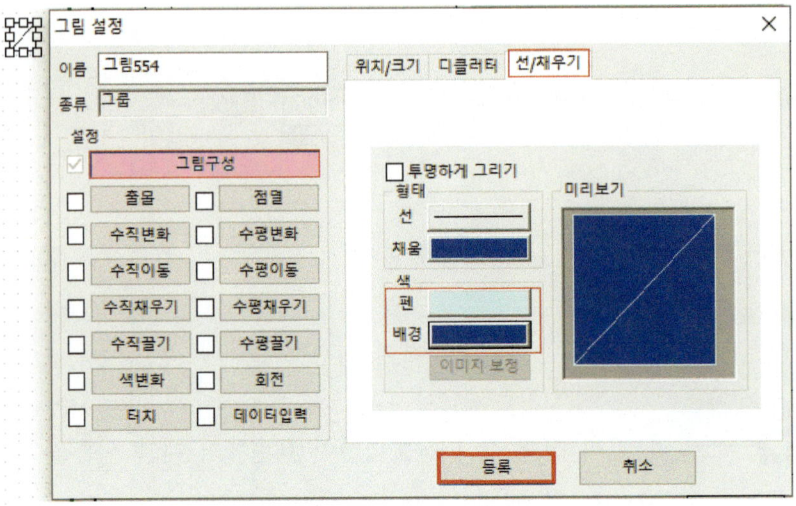

- [색변화]에서

⇨ 태그이름 : 입력.STR, 펜색 : 흑색, 배경색 : 흰색, 기준점 : ◉ON

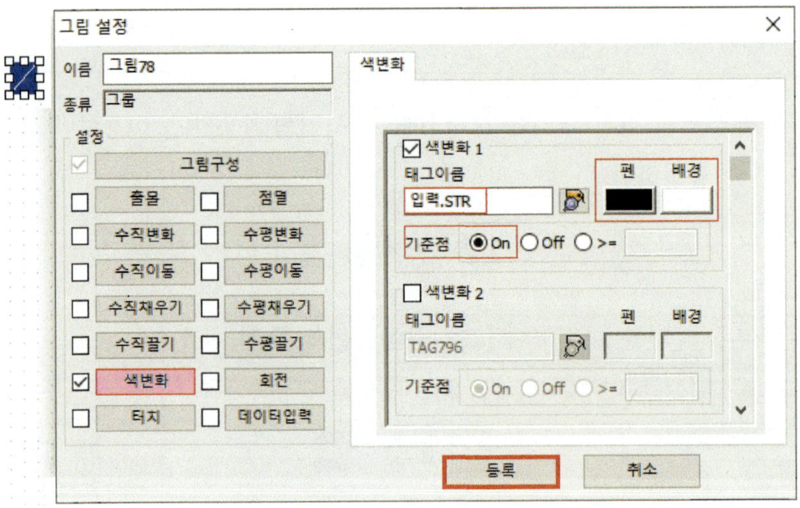

- 실행하여 ON 되면 아래와 같다.

• M0001 : STOP 접점, T001 : 타이머 접점

- M0000 START ─┤/├── 의 "/"을 복사하여 접점에 붙인다.

- M0001 STOP ─┤/├──. 와 같이 선택 후 더블클릭하여 색변환의 태그 이름을 변경한다.

  ⇨ M0001 : 입력.STR 를 입력.STO

  ⇨ T0001 : 입력.STR 를 ANA.TTR, 기준점 : ◉〉= 9

ⓓ 코일 출력

: 색변환 기능을 이용하여 연푸른색(하늘색)에서 적색으로 변환시킨다.

• P0020 : SOL.A 코일

- P0020 ─( )─ 의 접점 크기와 같게 **[메뉴]-[원]**을 이용하여 원(○)을 그린다.

- ○을 더블 클릭하여 **[그림구성]-[선/채우기]**에서

  ⇨ 펜색 : 연푸른색(하늘색), 배경색 : 흰색

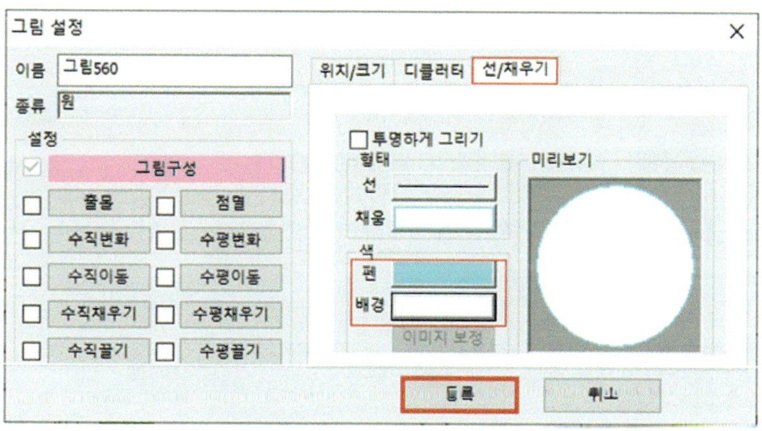

[색변화]에서

⇨ 태그이름 : SOL.A, 배경색 : 적색, 기준점 : ◉ON

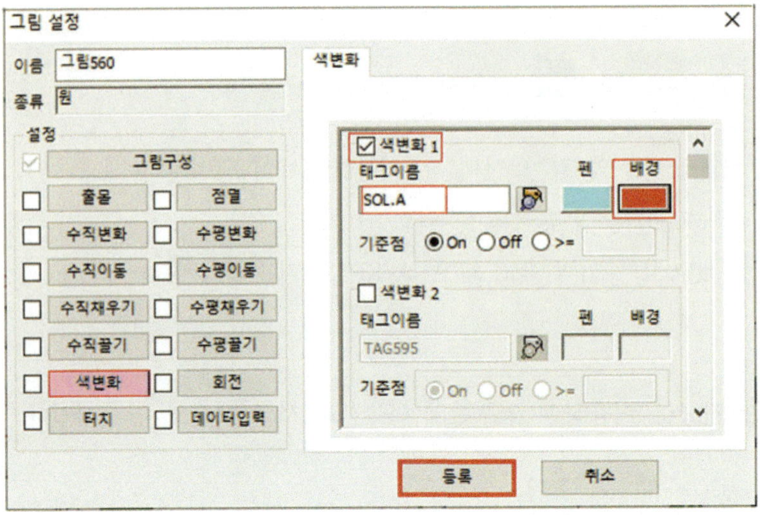

- 실행하여 ON 되면 아래와 같다.

- P0021~P0023 (SOL.B~SOL.D), M0003 (RY)
  - P0020의 "○"을 복사하여 접점에 붙인다..
  - P0021 와 같이 선택 후 더블클릭하여 색변환의 태그 이름을 다음과 같이 변경한다.

출력코일	디바이스	태그이름
P0021	P0021	SOL.B
P0022	P0022	SOL.C
P0023	P0023	SOL.D
M0003 RY	M0003	릴레이.RY

ⓔ D0001~D0010

: 태그값 표시 기능을 이용하여 D0001~D0010의 데이터를 표시한다.

- D0001 : 전진.A 데이터
  - **[그림]-[라이브러리]-[태그값 표시]**를 이용

    ⇨ 아래와 같이 태그값 표시 기능을 입력한다.

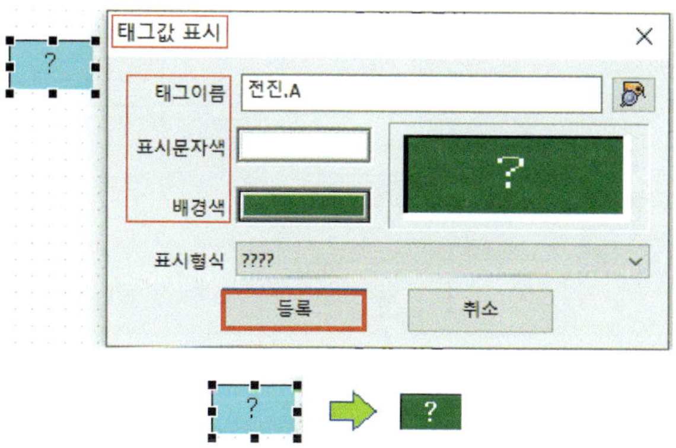

⇨ 글자 크기와 글씨체는 **[도구]-[글꼴 설정]**에서 입력한다.

- D0002~D0010
  - D0001(전진.A) 데이터 ? 를 복사하여 아래와 같이 태그 이름을 입력한다.

태그값 표시	디바이스	태그이름	태그값 표시	디바이스	태그이름
?	D0001	전진.A	?	D0006	후진.B
?	D0002	전진.B	?	D0007	후진.C
?	D0003	전진.C	?	D0008	후진.D
?	D0004	전진.D	?	D0009	ANA.최대치
?	D0005	후진.A	?	D0010	ANA. CNT_설정값

- 배경색과 글자색은 태그값 표시창에서 한다.

ⓕ T001, C001

: 태그값 표시 기능을 이용하여 T001, C001의 현재값의 데이터를 표시한다.

- T001 : T001의 현재값 표시
  - [그림]-[라이브러리]-[태그값 표시]를 이용

    ⇨ 아래와 같이 태그값 표시 기능을 입력한다.

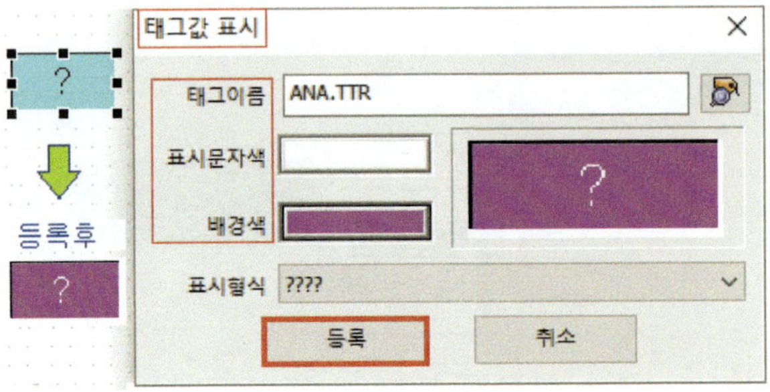

⇨ 글자 크기와 글씨체는 [도구]-[글꼴 설정]에서 입력한다.

- C001 : C001의 현재값 표시
  - [그림]-[라이브러리]-[태그값 표시]를 이용

    ⇨ 아래와 같이 태그값 표시 기능을 입력한다.

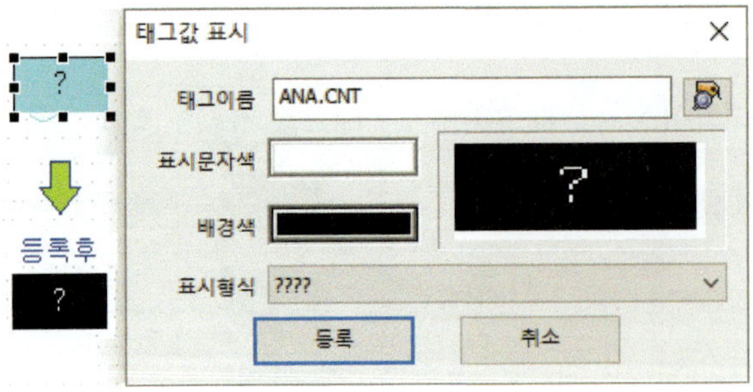

ⓖ 페이지 열기 버튼

: [터치]-[페이지 열기] 기능을 이용하여 지정된 페이지를 연다.

- 프로그램 화면
  - [그림]-[둥근사각형]과 [문자]를 이용하여 버튼 모양으로 작성하여 그룹화
  - [터치]-[페이지 열기] 기능을 이용

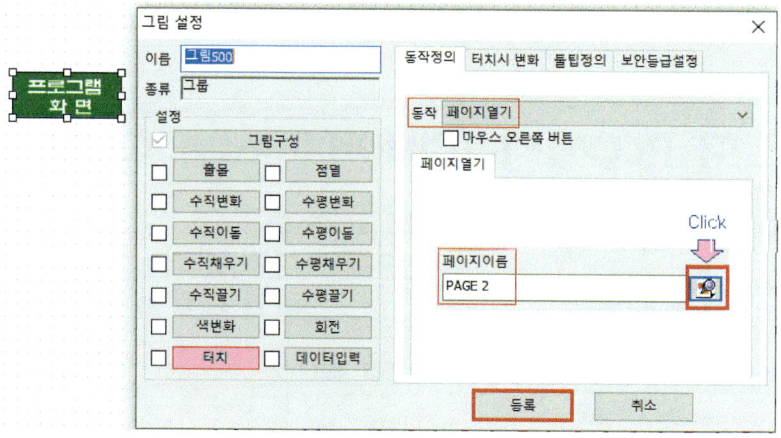

- 페이지 열기 창에서 [아이콘] 을 Click 하여 저장된 페이지 번호를 선택한다.

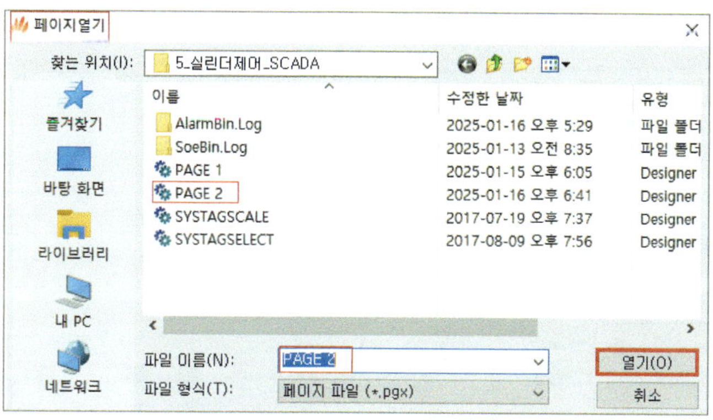

- 변위선도 화면

  - 같은 방법으로 문자와 둥근사각형을 그룹화 한다.
  - [터치]-[페이지 열기] 기능을 이용하여 "PAGE 1"을 선택하여 등록한다.

ⓗ 완성된 화면

• PAGE 1 화면

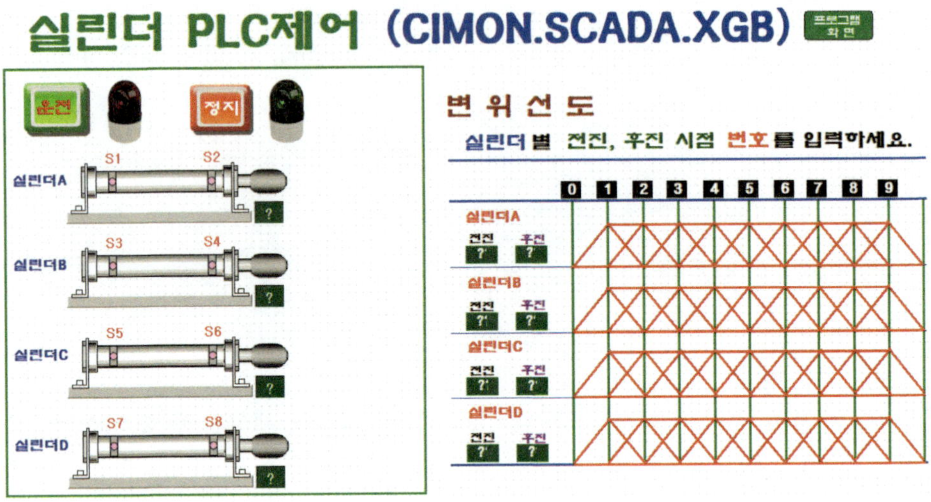

• PAGE 2 화면

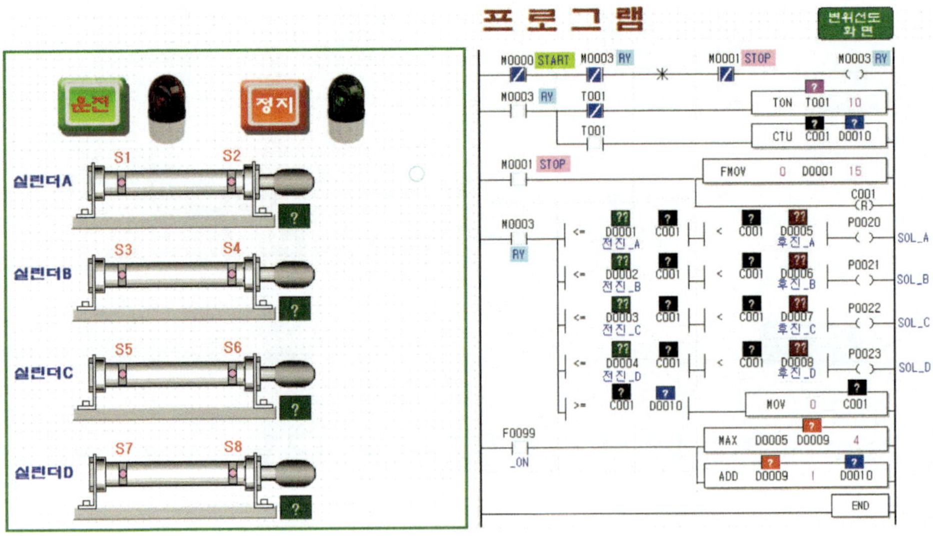

(5) 스크립터

① 스크립터 작성

```
Sub 실린더()

    While 1
         Tag1= GetTagVal("실린더.A")
         Tag2= GetTagVal("실린더.B")
         Tag3= GetTagVal("실린더.C")
         Tag4= GetTagVal("실린더.D")

         Tag11= GetTagVal("SOL.A")
         Tag22= GetTagVal("SOL.B")
        Tag33= GetTagVal("SOL.C")
         Tag44= GetTagVal("SOL.D")

/* 실린더_A 전진, 후진 */
        IF(Tag11=1) Then                    /* SOL.A(P0020) ON이면 */
            SetTagVal  "실린더.A", Tag1+20  /* 실린더.A가 20씩 증가 */
        elseif(Tag11=0) Then                /* SOL.A(P0020) OFF이면 */
           SetTagVal "실린더.A", Tag1-20    /* 실린더.A가 20씩 감소 */
        end if
           sleep (10)                       /* sleep(1000): 약 1초 */
 /* 실린더_B 전진, 후진 */
        IF(Tag22=1) Then
              SetTagVal  "실린더.B", Tag2+20
        elseif(Tag22=0) Then
               SetTagVal "실린더.B", Tag2-20
        end if
              sleep (10)

/* 실린더_C 전진, 후진 */
        IF(Tag33=1) Then
              SetTagVal  "실린더.C", Tag3+20
        elseif(Tag33=0) Then
               SetTagVal "실린더.C", Tag3-20
        end if
             sleep (10)

/* 실린더_D 전진, 후진 */
        IF(Tag44=1) Then
              SetTagVal  "실린더.D", Tag4+20
        elseif(Tag44=0) Then
```

```
                SetTagVal "실린더.D", Tag4-20
            end if
                sleep (10)
    Wend
End Sub
```

② 스크립터 동작 정의

⇨ 작성된 스크립터를 **[도구]-[페이지 환경설정]**을 선택하여 페이지 환경 설정 창에서 동작정의 탭을 선택한다.

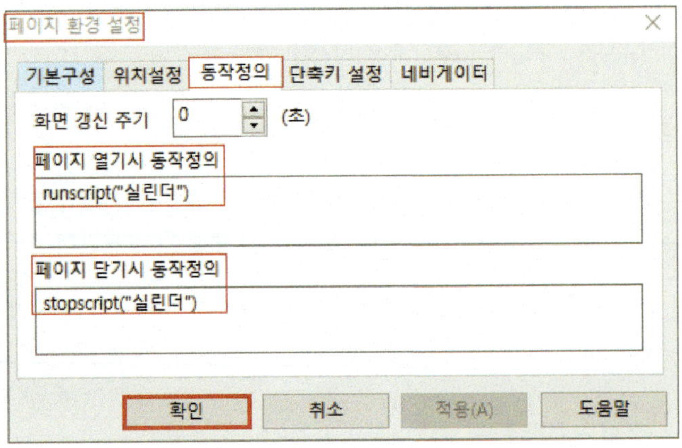

⇨ 페이지 열기시 동작정의 : RUNSCRIPT("실린더")

⇨ 페이지 닫기시 동작정의 : STOPSCRIPT("실린더")

(6) 초기화면 저장 및 실행

모든 내용을 저장 후 **[도구]-[Cimon-X 환경설정]** 선택하여 Cimon-X 환경설정창에서 초기화면을 지정한다.

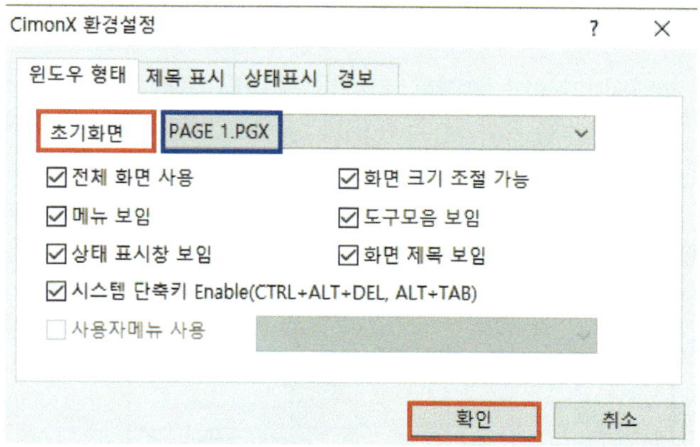

- 동작을 확인

[도구]-[Cimon-X 실행] 선택하여 동작을 확인한다.

2.3 센서에 의한 회전수 제어

1) 컴퓨터 모니터 전체화면

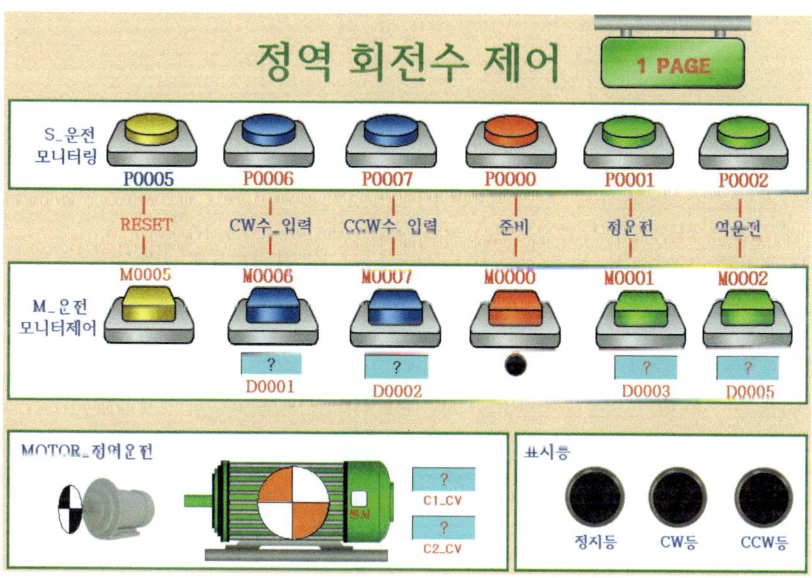

2) 제어방식

RS-232 통신으로 작화와 기능이 입력된 컴퓨터 모니터에서 마우스로 버튼 동작과 데이터(D0001, D0002)를 입력하면 모터가 정역 회전수와 같이 제어된다.

3) 입출력 외부 배선

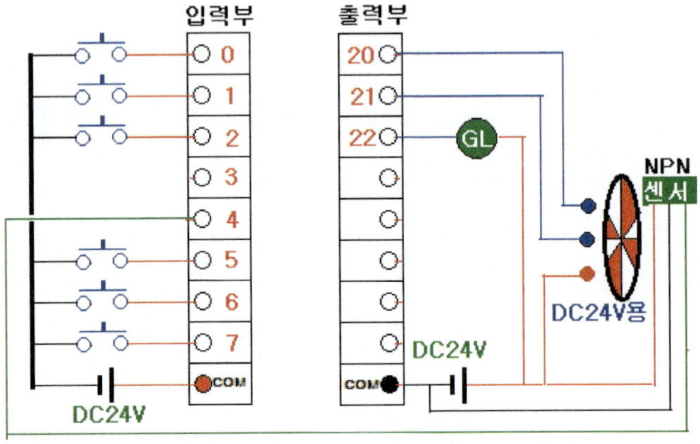

4) PLC 프로그램 작업

(1) 실습 목적

- 정역 제어 프로그램을 이해할 수 있다.
- XGB(XBC) PLC와 컴퓨터 모니터간 통신을 할 수 있다.
- PLC 디바이스를 이용하여 실태그 데이터베이스를 작성할 수 있다.
- 출몰, 색변환, 태그값표시, 데이터 입력, 터치, 스크립터 기능을 작성할 수 있다.

(2) 동작 조건

- RESET 버튼을 ON하면 모든 동작이 정지되고 데이터는 초기화되어야 한다.
- CW수 버튼을 ON_OFF 하면 정방향의 회전수가 1회씩 저장되어야 한다.
- CCW수 버튼을 ON_OFF 하면 역방향의 회전수가 1회씩 저장되어야 한다.
- 준비 버튼을 ON하면 운전 준비상태가 되어야 한다.
- 정운전, 역운전 버튼에 의하여 입력된 데이터에 따라 센서로 정역 운전되어야 한다.
- M_운전 모니터제어 버튼은 모니터 화면에서 제어되어야 한다.

(3) I/O 할당표

구분	명칭	기능설명	I/O 할당
PLC 버튼 입력	S_준비	운전준비, 일시정지기능	P0000
	S_정운전	정방향(CW) 운전	P0001
	S_역운전	역방향(CCW) 운전	P0002
	SENSOR	데이터에 의해 회전수 감지	P0004
	S_RESET	모든 동작이 정지, 데이터 초기화	P0005
	S_CW수_입력	CW 회전수 데이터 입력 버튼	P0006
	S_CCW수_입력	CW 회전수 데이터 입력 버튼	P0007
출력	CW	정방향 출력	P0020
	CCW	역방향 출력	P0021
	GL	정지등(GL)	P0022
모니터 버튼 입력	M_준비	운전준비, 일시정지기능	M0000
	M_정운전	정방향(CW) 운전	M0001
	M_역운전	역방향(CCW) 운전	M0002
	M_RESET	모든 동작이 정지, 데이터 초기화	M0005
	M_CW수_입력	CW 회전수 데이터 입력 버튼	M0006
	M_CCW수_입력	CW 회전수 데이터 입력 버튼	M0007
	기동준비	운전준비 표시등	M0015
아날로그 태그값	CW_DATA	정방향 회전수*4 데이터	D0001
	CCW DATA	역방향 회전수*4 데이터	D0002
	CW 회전수	정방향 회전수	D0003
	CCW 회전수	역방향 회전수	D0005

(4) 프로그램

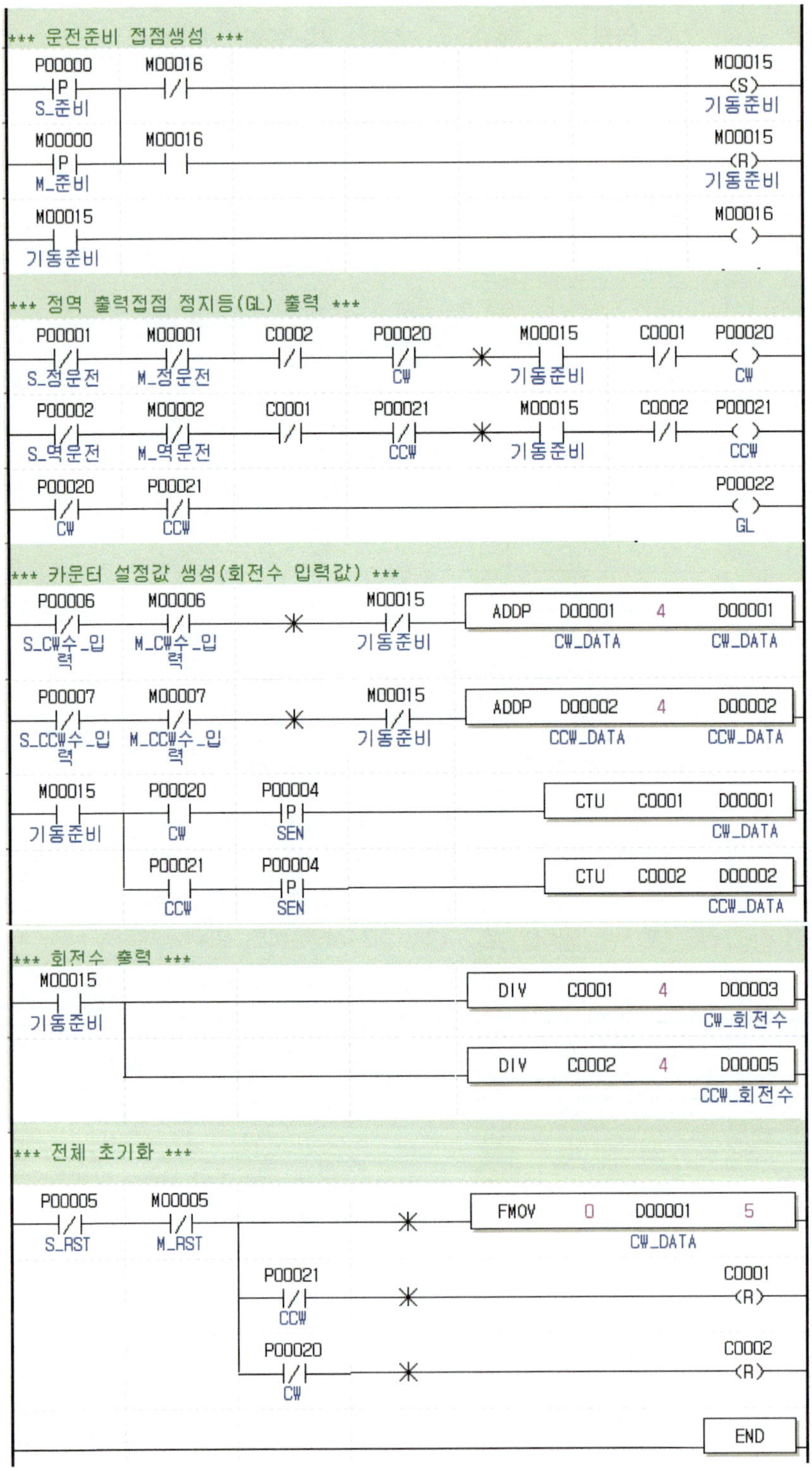
*** 운전준비 접점생성 ***
P00000 S_준비 M00016 M00015 (S) 기동준비
M00000 M_준비 M00016 M00015 (R) 기동준비
M00015 기동준비 M00016
*** 정역 출력접점 정지등(GL) 출력 ***
P00001 S_정운전 M00001 M_정운전 C0002 P00020 CW M00015 기동준비 C0001 P00020 CW
P00002 S_역운전 M00002 M_역운전 C0001 P00021 CCW M00015 기동준비 C0002 P00021 CCW
P00020 CW P00021 CCW P00022 GL
*** 카운터 설정값 생성(회전수 입력값) ***
P00006 S_CW수_입력 M00006 M_CW수_입력 M00015 기동준비 ADDP D00001 4 D00001 CW_DATA CW_DATA
P00007 S_CCW수_입력 M00007 M_CCW수_입력 M00015 기동준비 ADDP D00002 4 D00002 CCW_DATA CCW_DATA
M00015 기동준비 P00020 CW P00004 SEN CTU C0001 D00001 CW_DATA
P00021 CCW P00004 SEN CTU C0002 D00002 CCW_DATA
*** 회전수 출력 ***
M00015 기동준비 DIV C0001 4 D00003 CW_회전수
DIV C0002 4 D00005 CCW_회전수
*** 전체 초기화 ***
P00005 S_RST M00005 M_RST FMOV 0 D00001 5 CW_DATA
P00021 CCW C0001 (R)
P00020 CW C0002 (R)
END

(5) PLC 통신

① PLC와 RS-232 통신을 위하여 아래와 같이 설정한다.

- 프로그램을 **[온라인]-[접속]-[쓰기]**를 한다.
  이때 통신 포터를 확인하여 HMI 작업시 I/O 디바이스 설정의 통신 포터와 일치하여야 한다.

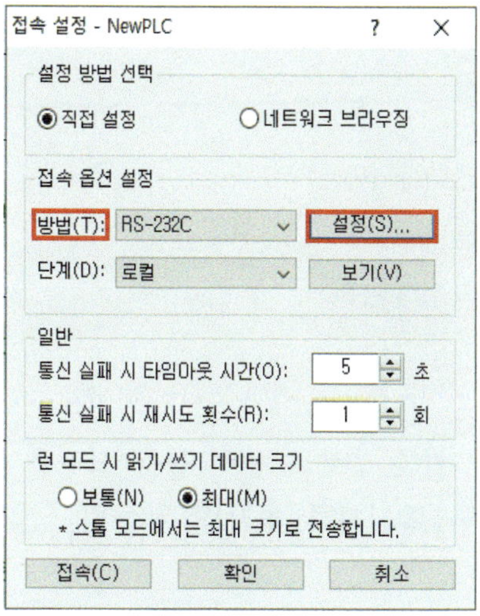

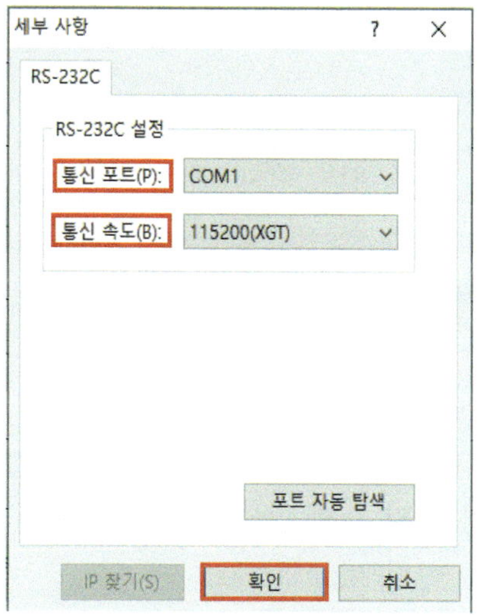

- 동작 확인후 **[온라인]-[접속끊기]**를 한다.

5) HMI 작업

(1) 새 프로젝트 만들기

① 바탕화면에 설치된 CIMON D를 실행한다.

② **[새 프로젝트 열기]**를 선택한다

③ 새 프로젝트 만들기 창이 나타나면 **[프로젝트 이름] [프로젝트 개요] [작업 경로]**를 설정한 후 생성 버튼을 누른다.

- 프로젝트 이름 : 정역 제어

④ 프로젝트를 생성하면 아래와 같이 Page1 창이 나타난다.

⑤ 도구- **[페이지 환경 설정]**을 클릭하면 **[페이지 환경 설정]** 창이 나타난다.

(2) I/O 디바이스 설정

: 도구 - I/O 디바이스

① **[I/O 디바이스 설정]** 창에서 **[새 디바이스]**를 누른다.

② **[I/O 디바이스 종류 선택]** 창에서 **[디바이스 이름]**과 사용할 PLC를 선택한 후 확인을 누른다.

- 디바이스 이름 : XG
- PLC 선택 : LS산전 XGK/XGB PLC Loader Port

③ **[XGT Loader 설정]**창에서 **[스테이션 추가]**를 누른다.

ⓐ **[스테이션 설정]** 창에서 아래와 같이 설정하고 **[등록]**을 누른다.

- 스테이션 이름 : XBM
- PLC CPU 종류 : CPUS

ⓑ **[XGT Loader 설정]** 창에서 **[통신 블록 추가]**를 누르고 통신 블록 설정을 입력부터 차례로 워드 번호를 입력하고 등록 후 다시 **[통신블록 추가]**를 누른다.

- 어드레스 : P0000
- 워드 수 : 4조
- 통신주기 : 0.1초

ⓒ 통신 블록 설정 창에서 D영역, 타이머, 카운터를 차례로 입력하고 통신포트 탭을 누른다.

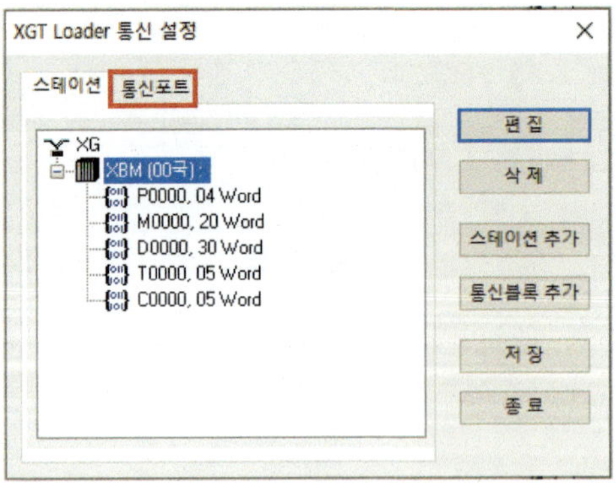

ⓓ **[XGT Loader 설정]** 창에서 통신포트 탭에서 설정하고 저장, 종료한다.
(통신포트는 PLC 접속 설정시 COM 번호와 일치)

ⓔ I/O 디바이스 설정이 끝나면 아래와 같은 화면이 나타난다. 화면에서 스테이션 이름 "XBM"을 더블클릭하면 스테이션에서 입력한 내용들이 나타난다.

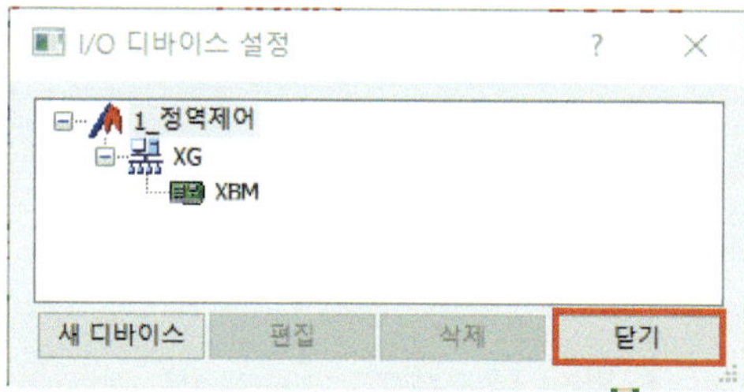

(3) 데이터베이스 설정

① 프로젝트를 생성하여 화면 왼쪽 프로젝트 창의 메뉴에서 데이터베이스를 더블클릭한다.
② 데이터베이스 창에서 **[새 태그]** 단축아이콘을 눌러 태그를 추가한다.
③ 태그편집 화면에서 태그의 **[이름]**, **[종류]**를 아래와 같이 설정한 후 새 태그를 누른다.
- 이름 : 입력, 종류 : 그룹

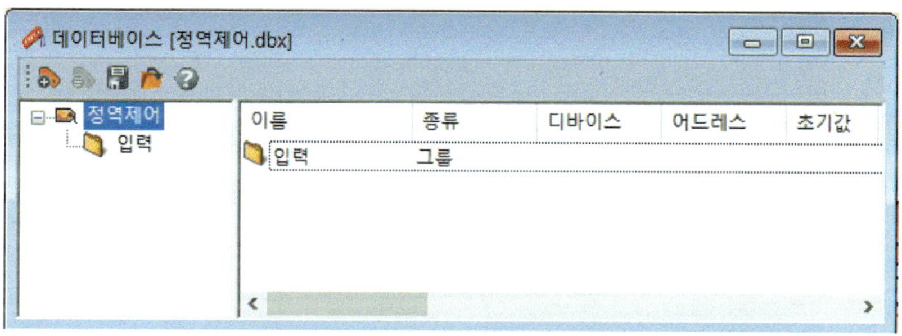

- 같은 방법으로 **[새 태그]** 버튼을 클릭하여 출력, ANA, 가상 그룹 태그를 아래와 같이 생성한다.

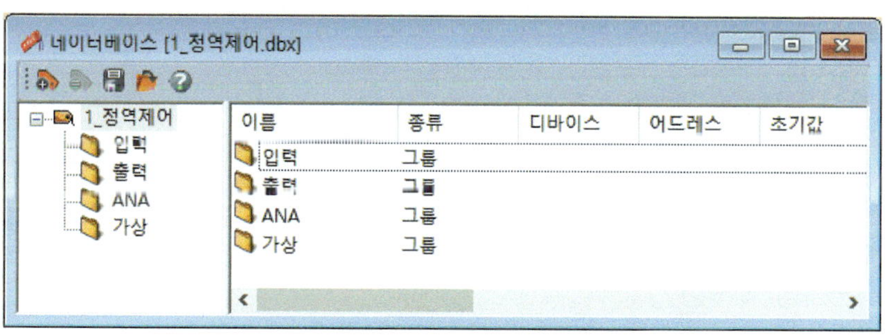

④ 그룹 내의 태그를 작성하기 위하여 왼쪽 창의 그룹 태그를 선택하고 **[새태그]** 아이콘을 클릭하여 아래와 같이 설정한다.

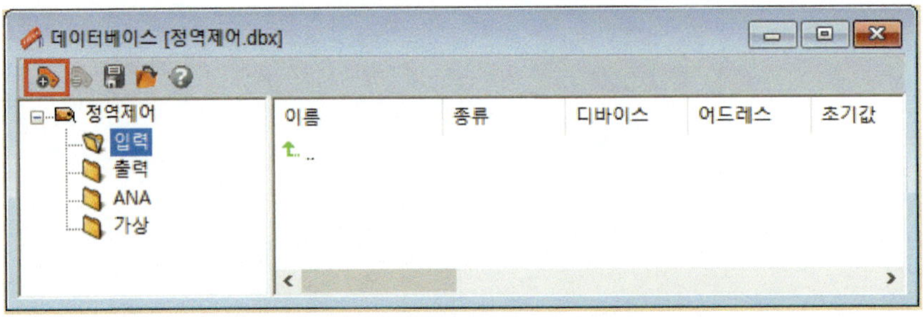

ⓐ 입력 그룹

- 태그 편집기에서 아래와 같이 작성한다.

*** PLC 주소를 사용하면 실태그를 선택한다.

그룹	이름	종류	I/O 디바이스	I/O 어드레스	비고
입력	S_준비	디지털	XG.XBM	P0000	기입력
	S_정운전	"	"	P0001	PLC 입력 버튼이 모니터에서 모니터링이됨
	S_역운전	"	"	P0002	
	SENSOR	"	"	P0004	
	S_RESET	"	"	P0005	
	S_CW수_입력	"	"	P0006	
	S_CCW수_입력	"	"	P0007	
	M_준비	디지털	XG.XBM	M0000	모니터에서 제어 버튼
	M_정운전	"	"	M0001	
	M_역운전	"	"	M0002	
	M_RESET	"	"	M0005	
	M_CW수_입력	"	"	M0006	
	M_CCW수_입력	"	"	M0007	

- 입력그룹 내의 태그가 아래와 같이 생성된다.

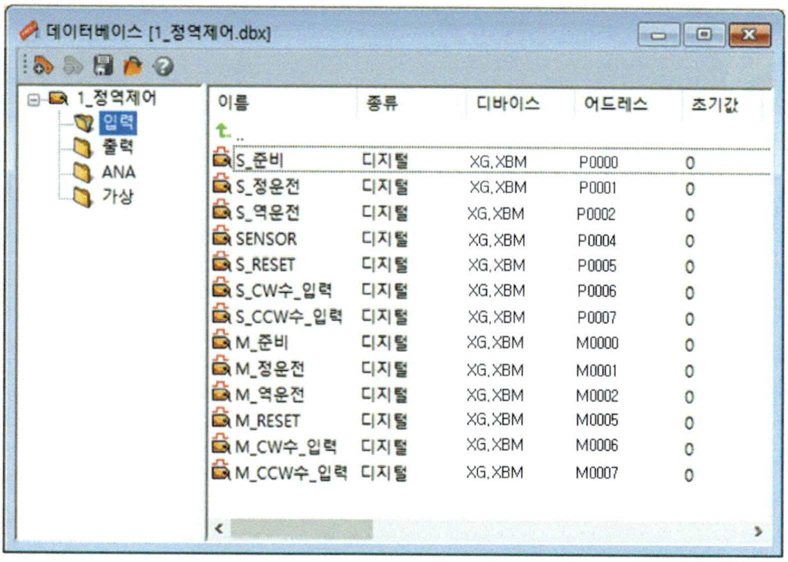

ⓑ 출력그룹

- 태그 편집기에서 아래와 같이 작성한다.
- 다음 태그를 버튼을 눌러 다음 내용을 입력한다.

그룹	이름	종류	I/O 디바이스	I/O 어드레스	비고
출력	CW	디지털	XG.XBM	P0020	기입력
	CCW	"	"	P0021	
	GL	"	"	P0022	
	기동준비	"	"	M0015	

- 출력그룹 내의 태그가 아래와 같이 생성된다.

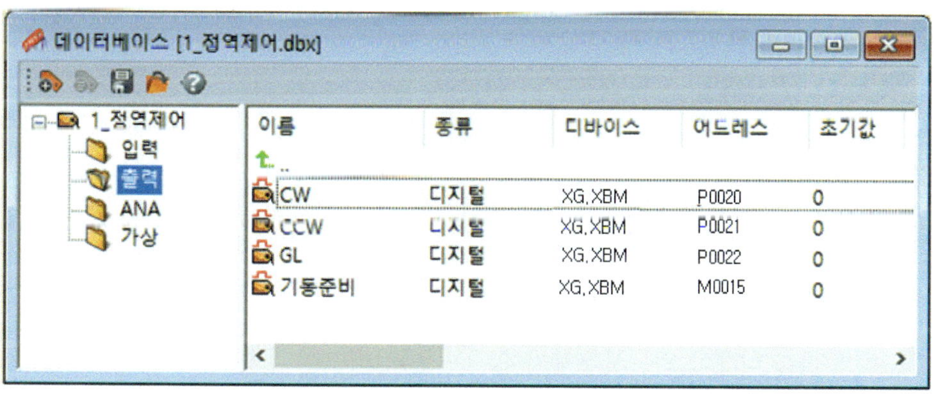

ⓒ ANA 그룹

- 태그 편집기 일반 설정 탭에서

  이름 : CW_DATA

  종류 : 아날로그

  I/O 디바이스 : XG.XBM (디바이스 이름.스테이션 이름)

  I/O 어드레스 : D0001

- 태그 편집기 고급 설정 탭에서

  데이터 형태 : UINT16

  내부데이터 : 최소값 0, 최대값 100

그룹	일반 설정				고급 설정 (내부데이터)	
	이름	종류	I/O 디바이스	I/O 어드레스	최소값	최대값
ANA	CW_DATA	아날로그	XGB.XBM	D0001	0	100
	CCW_DATA	“	“	D0002	“	“
	CW_회전수	“	“	D0003	“	“
	CCW_회전수	“	“	D0005	“	“

- ANA 그룹 내의 태그가 아래와 같이 생성된다.

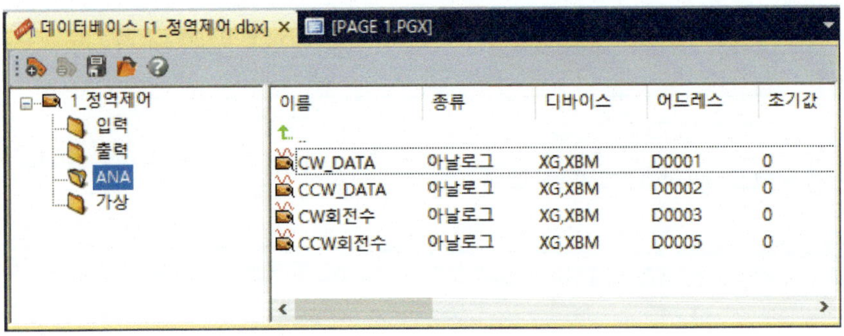

ⓓ 가상 그룹

- 태그 편집기 일반 설정 탭에서

  이름 : 원

  종류 : 아날로그

  *** PLC 디바이스를 사용하지 않으면 가상태그를 선택한다.

- 태그 편집기 고급 설정 탭에서
  데이터 형태 : UINT8
  내부데이터 : 최소값 0, 최대값 100

(4) 작화 및 기능부여

① 전체 화면

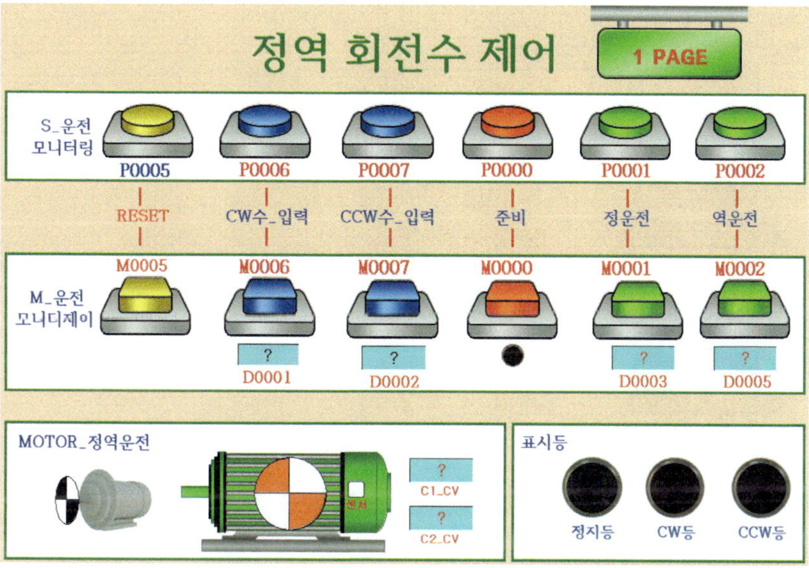

② S_운전 모니터링 화면 작화 및 기능부여

: 버튼은 [그림]-[라이브러리]-[Button New 01]에서 드래그하여 생성한다.

ⓐ S_RESET 버튼 작화 및 기능

- 이 부분은 PLC 입력 P0005 스위치로 제어하며 입력 스위치의 ON, OFF를 모니터하는 부분이다.

㉮ 아래와 같이 출몰 기능을 각각 입력한다.

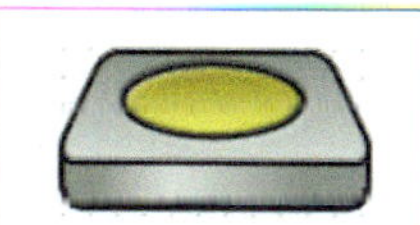	– 기능 : 출몰 – 태그이름 : 입력.S_RESET – 출몰조건 : ON

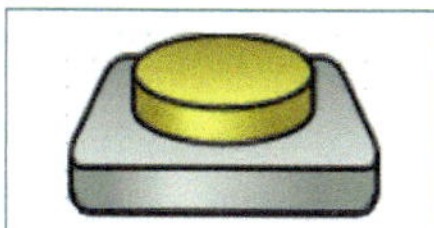	– 기능 : 출몰 – 태그이름 : 입력.S_RESET – 출몰조건 : OFF

㉯ 입력된 두 버튼을 선택하여 정확하게 겹치게 하여 한 개의 버튼이 동작되는 모양으로 되어야 한다.

- **[정열]-[정열]-[맞춤설정]** 창에서 가로, 세로 방향 모두 가운데를 선택하여 확인을 클릭한다.

ⓑ S_CW수_입력 버튼 작화 및 기능

이 부분은 PLC 입력 P0006 스위치로 제어하면 입력 스위치의 ON, OFF를 모니터하는 부분이다.

㉮ 아래와 같이 출몰 기능을 각각 입력한다.

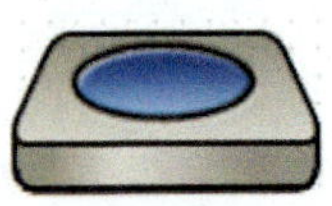	– 기능 : 출몰 – 태그이름 : 입력.S_CW수_입력 – 출몰조건 : ON

	– 기능 : 출몰 – 태그이름 : 입력.S_CW수_입력 – 출몰조건 : OFF

㉯ 입력된 두 버튼을 선택하여 정확하게 겹치게 하여 한 개의 버튼이 동작되는 모양으로 되어야 한다.

ⓒ S_CCW수_입력 버튼 작화 및 기능

이 부분은 PLC 입력 P0007 스위치로 제어하면 입력 스위치의 ON, OFF를 모니터하는 부분이다.

㉮ 아래와 같이 출몰 기능을 각각 입력한다.

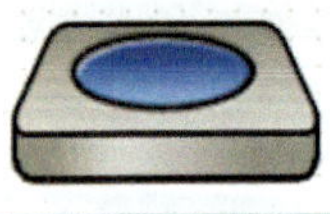	– 기능 : 출몰 – 태그이름 : 입력.S_CCW수_입력 – 출몰조건 : ON

	– 기능 : 출몰 – 태그이름 : 입력.S_CCW수_입력 – 출몰조건 : OFF

㉯ 입력된 두 버튼을 선택하여 정확하게 겹치게 하여 한 개의 버튼이 동작되는 모양으로 되어야 한다.

ⓓ S_준비 버튼 작화 및 기능

이 부분은 PLC 입력 P0000 스위치로 제어하면 입력 스위치의 ON, OFF를 모니터하는 부분이다.

㉮ 아래와 같이 출몰 기능을 각각 입력한다.

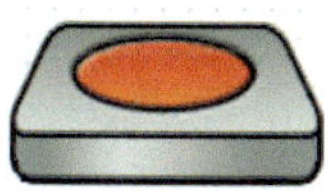	- 기능 : 출몰 - 태그이름 : 입력.S_준비 - 출몰조건 : ON

	- 기능 : 출몰 - 태그이름 : 입력.S_준비 - 출몰조건 : OFF

㉯ 입력된 두 버튼을 선택하여 정확하게 겹치게 하여 한 개의 버튼이 동작되는 모양으로 되어야 한다.

ⓔ S_정운전 버튼 작화 및 기능

이 부분은 PLC 입력 P0001 스위치로 제어하면 입력 스위치의 ON, OFF를 모니터하는 부분이다.

㉮ 아래와 같이 출몰 기능을 각각 입력한다.

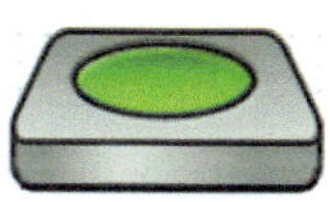	- 기능 : 출몰 - 태그이름 : 입력.S_정운전 - 출몰조건 : ON

	- 기능 : 출몰 - 태그이름 : 입력.S_정운전 - 출몰조건 : OFF

㉯ 입력된 두 버튼을 선택하여 정확하게 겹치게 하여 한 개의 버튼이 동작되는 모양으로 되어야 한다.

ⓕ S_역운전 버튼 작화 및 기능

이 부분은 PLC 입력 P0002 스위치로 제어하면 입력 스위치의 ON, OFF를 모니터하는 부분이다.

㉮ 아래와 같이 출몰 기능을 각각 입력한다.

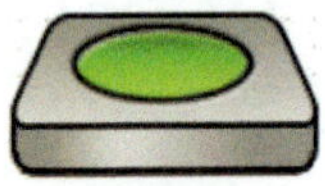	– 기능 : 출몰 – 태그이름 : 입력.S_역운전 – 출몰조건 : ON

	– 기능 : 출몰 – 태그이름 : 입력.S_역운전 – 출몰조건 : OFF

㉯ 입력된 두 버튼을 선택하여 정확하게 겹치게 하여 한 개의 버튼이 동작되는 모양으로 되어야 한다.

③ M_운전 모니터제어 화면 작화 및 기능부여

: 이 부분은 PLC의 내부 메모리 M 디바이스를 이용하여 모니터에서 직접 제어하는 부분이다.

ⓐ M_RESET 버튼 작화 및 기능

㉮ 아래와 같이 출몰 기능, 터치 기능을 입력한다.

	– 기능 : 출몰, – 태그이름 : 입력.M_RESET – 출몰조건 : ON

	– 기능 : 출몰, – 태그이름 : 입력.M_RESET – 출몰조건 : OFF
	– 기능 : 터치, 동작 : 순간값 쓰기 – 태그이름 : 입력.M_RESET – 쓰기값 : 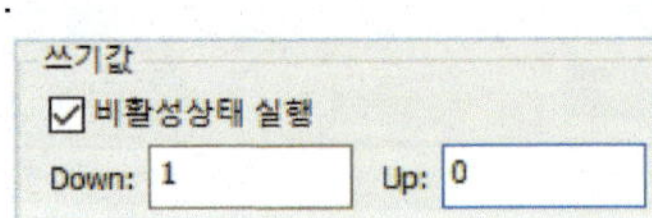

㉯ 기능 부여된 두 버튼 합치기

ⓑ M_CW수_입력 버튼 작화 및 기능

㉮ 아래와 같이 출몰 기능, 터치 기능을 입력한다.

<table>
<tr><td>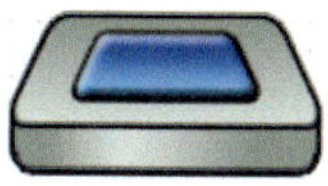</td><td>– 기능 : 출몰,
– 태그이름 : 입력.M_CW수_입력
– 출몰조건 : ON</td></tr>
</table>

<table>
<tr><td rowspan="2"></td><td>– 기능 : 출몰,
– 태그이름 : 입력.M_CW수_입력
– 출몰조건 : OFF</td></tr>
<tr><td>– 기능 : 터치, 동작 : 순간값 쓰기
– 태그이름 : 입력.M_CW수_입력
– 쓰기값 :
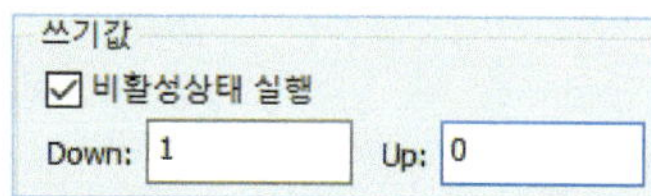
</td></tr>
</table>

㉯ 기능 부여된 두 버튼 합치기

ⓒ M_CCW수_입력 버튼 작화 및 기능

㉮ 아래와 같이 출몰 기능, 터치 기능을 입력한다.

<table>
<tr><td></td><td>– 기능 : 출몰,
– 태그이름 : 입력.M_CCW수_입력
– 출몰조건 : ON</td></tr>
</table>

<table>
<tr><td rowspan="2"></td><td>– 기능 : 출몰,
– 태그이름 : 입력.M_CCW수_입력
– 출몰조건 : OFF</td></tr>
<tr><td>– 기능 : 터치, 동작 : 순간값 쓰기
– 태그이름 : 입력.M_CCW수_입력
– 쓰기값 :
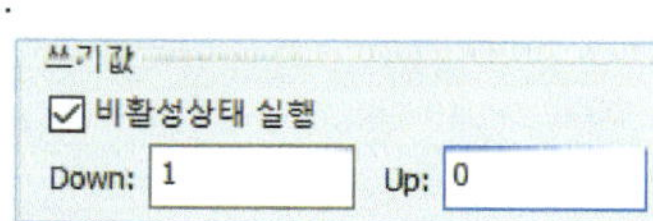
</td></tr>
</table>

㉯ 기능 부여된 두 버튼 합치기

ⓓ M_준비 버튼 작화 및 기능

㉮ 아래와 같이 출몰 기능, 터치 기능을 입력한다.

<table>
<tr><td></td><td>– 기능 : 출몰,
– 태그이름 : 입력.M_준비
– 출몰조건 : ON</td></tr>
</table>

<table>
<tr><td rowspan="2"></td><td>– 기능 : 출몰,
– 태그이름 : 입력.M_준비
– 출몰조건 : OFF</td></tr>
<tr><td>– 기능 : 터치, 동작 : 순간값 쓰기
– 태그이름 : 입력.M_준비
– 쓰기값 :
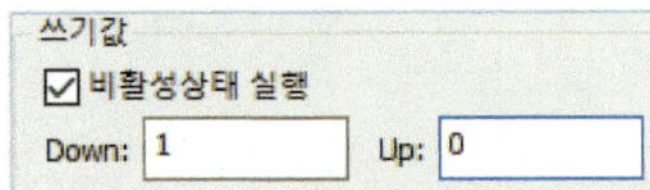
</td></tr>
</table>

㉯ 기능 부여된 두 버튼 합치기

ⓔ M_정운전 버튼 작화 및 기능

㉮ 아래와 같이 출몰 기능, 터치 기능을 입력한다.

<table>
<tr><td></td><td>– 기능 : 출몰,
– 태그이름 : 입력.M_정운전
– 출몰조건 : ON</td></tr>
</table>

<table>
<tr><td rowspan="2"></td><td>– 기능 : 출몰,
– 태그이름 : 입력.M_정운전
– 출몰조건 : OFF</td></tr>
<tr><td>– 기능 : 터치, 동작 : 순간값 쓰기
– 태그이름 : 입력.M_정운전
– 쓰기값 :
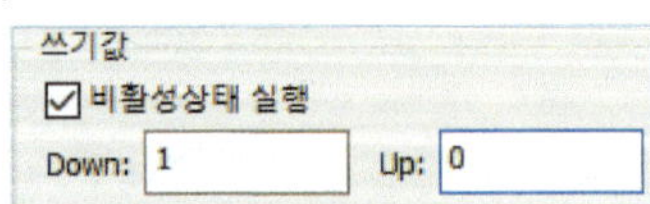
</td></tr>
</table>

㉯ 기능 부여된 두 버튼 합치기

ⓔ M_역운전 버튼 작화 및 기능

㉮ 아래와 같이 출몰 기능, 터치 기능을 입력한다.

<table>
<tr><td></td><td>– 기능 : 출몰,
– 태그이름 : 입력.M_역운전
– 출몰조건 : ON</td></tr>
</table>

<table>
<tr><td rowspan="2"></td><td>– 기능 : 출몰,
– 태그이름 : 입력.M_역운전
– 출몰조건 : OFF</td></tr>
<tr><td>– 기능 : 터치, 동작 : 순간값 쓰기
– 태그이름 : 입력.M_역운전
– 쓰기값 :
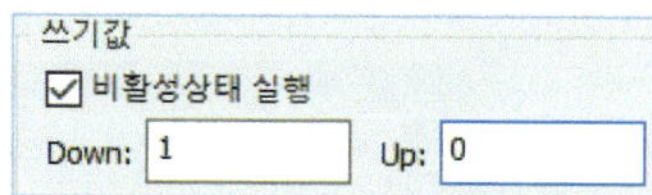
</td></tr>
</table>

㉯ 기능 부여된 두 버튼 합치기

④ 태그값 표시 화면 작화 및 기능부여

: 이 부분은 아날로그 태그값을 표시하는 부분이다.

ⓐ CW_DATA 태그 작화

- **[그림]** - **[라이브러리]**를 클릭한다.
- 라이브러리 창에서 태그값 표시에서 클릭하여 표시된 사각형 모양 드래그하여 태그값 표시 기능을 넣는다.

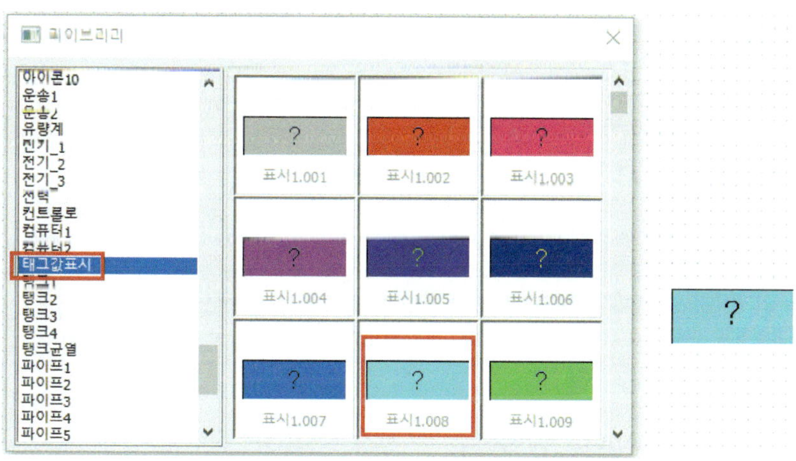

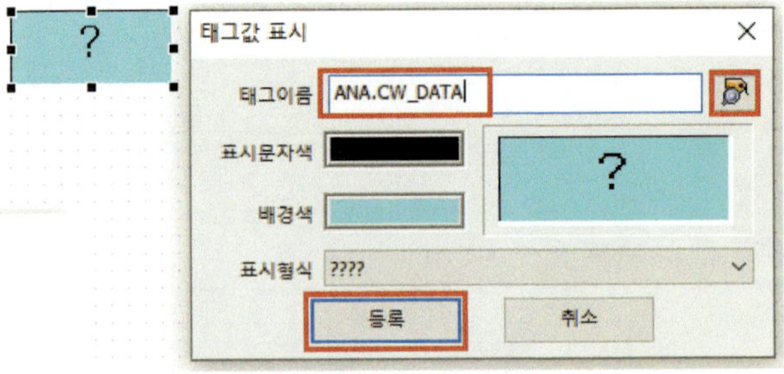

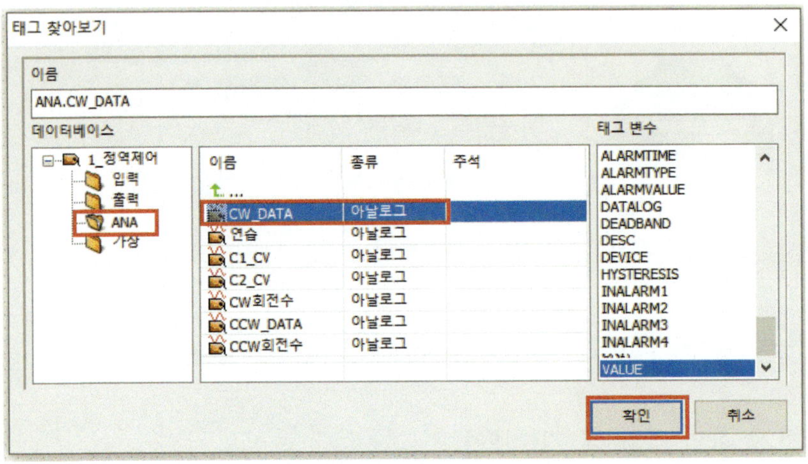

-  선택하고 더블클릭하면 태그값 표시창이 나타난다. 태그 이름을  클릭하여 태그 찾아보기 창에서 찾아 확인 버튼을 누른다.
- 태그 이름이 "ANA.CW_DATA"으로 입력된다.
- 등록 버튼을 누른다.
- 정방향 카운터 설정값 데이터이다.

  ** 태그값 글자 크기, 굵기, 글씨체는 **[도구] - [글꼴설정]**에서 한다.

ⓑ CCW_DATA 태그

- 태그 이름 : ANA.CCW_DATA (역방향 카운터 설정값 데이터)

ⓒ CW_회전수

- 태그 이름 : **ANA.CW회전수** (정방향 MOTOR 회전수)

ⓓ CCW_회전수

- 태그 이름 : **ANA.CCW회전수** (역방향 MOTOR 회전수)

⑤ 표시등 화면 작화 및 기능부여

: 이 부분은 MOTOR의 운전에 따라 동작하는 표시등 부분이다.

ⓐ 정지등 작화 및 기능부여

- **[그림]** - **[라이브러리]**를 클릭한다.
- 라이브러리 창에서 [Lamp_S_New]을 클릭하여 표시된 램프의 ON, OFF 모양인 램프를 드래그하여 출몰 기능을 입력한다.

㉮ 아래와 같이 출몰 기능을 각각 입력한다.

	– 기능 : 출몰 – 태그이름 : 출력.GL – 출몰조건 : ON
	– 기능 : 출몰 – 태그이름 : 출력.GL – 출몰조건 : OFF

㉯ 입력된 두 램프를 선택하여 정확하게 겹치게 하여 한 개의 램프가 동작되는 모양으로 되어야 한다.

ⓑ CW등 작화 및 기능부여

㉮ 아래와 같이 출몰 기능을 각각 입력한다.

	– 기능 : 출몰 – 태그이름 : 출력.CW 출몰조건 : ON
	– 기능 : 출몰 – 태그이름 : 출력.CW – 출몰조건 : OFF

㉯ 입력된 두 램프를 선택하여 정확하게 겹치게 하여 한 개의 램프가 동작되는 모양으로 되어야 한다.

ⓒ CCW등 작화 및 기능부여

㉮ 아래와 같이 출몰 기능을 각각 입력한다.

	- 기능 : 출몰 - 태그이름 : 출력.CCW - 출몰조건 : ON
	- 기능 : 출몰 - 태그이름 : 출력.CCW - 출몰조건 : OFF

㉯ 입력된 두 램프를 선택하여 정확하게 겹치게 하여 한 개의 램프가 동작되는 모양으로 되어야 한다.

⑥ MOTOR_정역운전 화면 작화 및 기능부여

: 이 부분은 MOTOR의 정역 운전에 따라 스크립터에 의해 표시되는 부분이다.

ⓐ 가상 원 작화 및 기능부여

- **[그림]** - **[라이브러리]**를 클릭한다.
- 라이브러리 창에서 기타에서 클릭하여 원 모양 드래그하여 회전 기능을 넣는다.

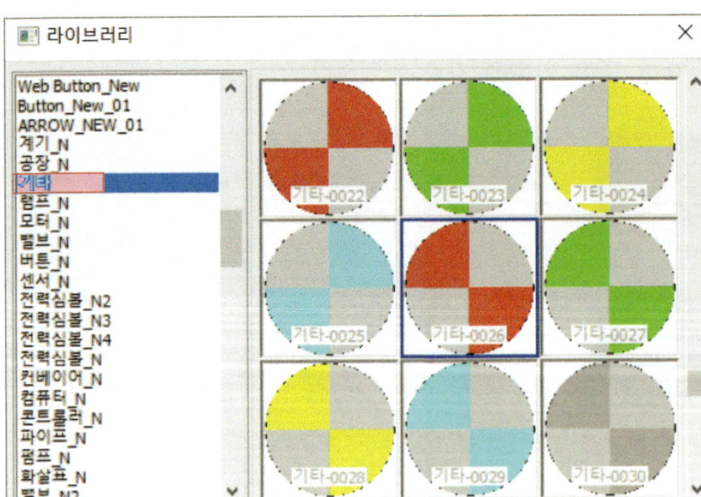

• 작화

- 크기 조절을 한다.

⇨ 부분에 커서를 지정하고 **컴퓨터 자판의 "Shift" 버튼을 누른 상태**에서 마우스를 트래그하여 크기를 조절한다.

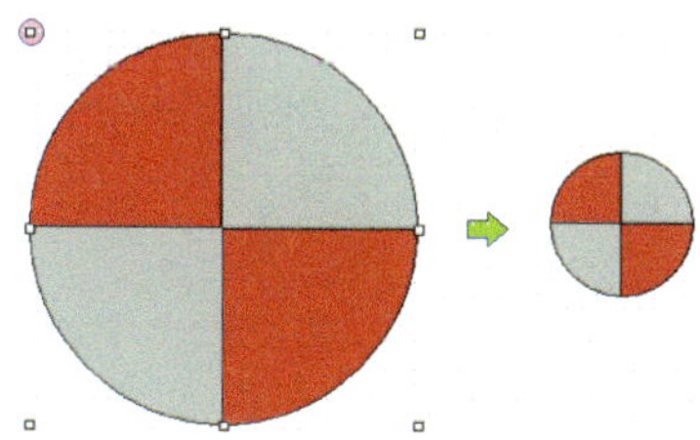

• 기능 부여

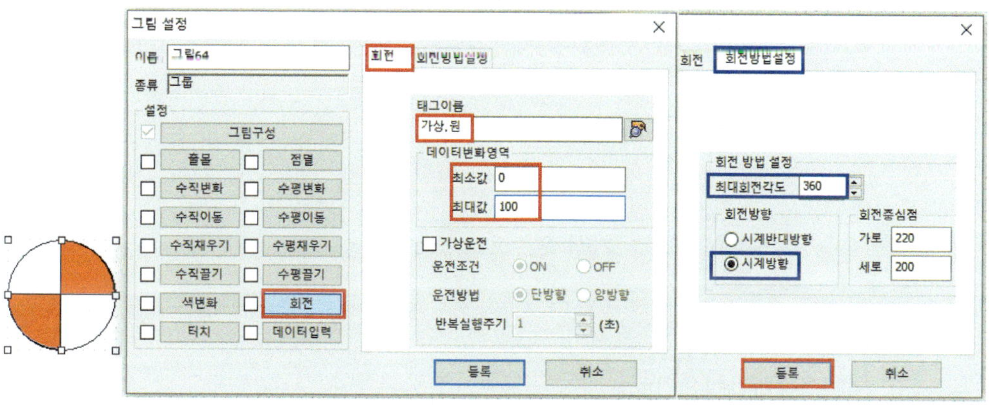

- 기능 : 회전

⇨ 회전 창에서

대그이름 : 가상.원

데이터 변화 영역 : 최소값 0, 최대값 100

⇨ 회전 방법설정 창에서

최대회전각도 : 360

회전방향 : 시계방향

회전중심점 : 원의 위치에 따라 설정됨.

(5) 스크립터

① **[도구]** - **[스크립터]**를 선택한다.

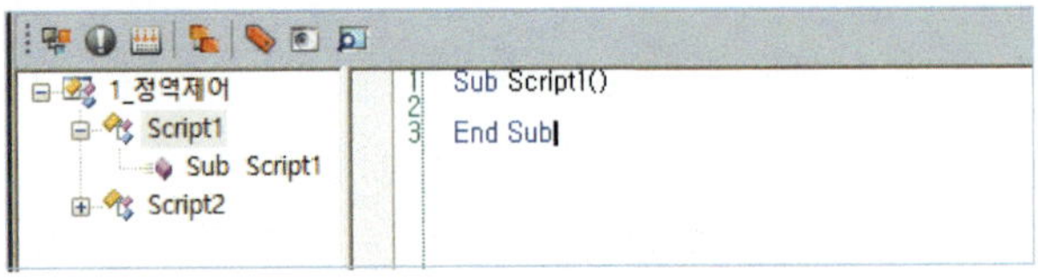

② 스크립터를 작성한다.

```
Sub motor()
      SetTagVal  "가상.원",1
  While 1
                Tag1= GetTagVal("가상.원")
                Tag2= GetTagVal("출력.CW")
                Tag3= GetTagVal("출력.CCW")

        if(Tag2=1) Then
            if(Tag1=100) Then
              SetTagVal  "가상.원", 0
            else
              SetTagVal  "가상.원", Tag1+1
            end if
              sleep (10)

        elseif(Tag3=1) Then
            if(Tag1=0) Then
              setTagVal "가상.원", 100
            else
              SetTagVal "가상.원", Tag1-1
            end if
              sleep (10)
       end if
  Wend
End Sub
```

③ 스크립터 작성 창의 아이콘에서 스크립터 검사( )를 클릭하여 스크립터를 검사한다. 검사가 완료되면 스크립터 이름인 "motor"가 왼쪽 창에 나타난다.

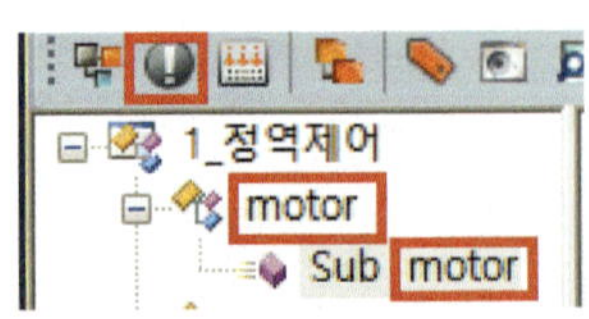

④ 스크립터 동작 정의

- 작성된 스크립터를 **[도구] - [페이지 환경설정]**을 선택하여 페이지 환경 설정 창에서 동작 정의 탭을 선택한다.

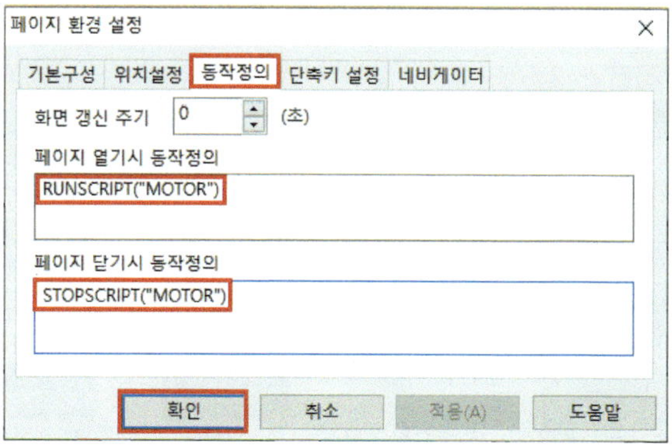

- 페이지 열기시 동작정의 : RUNSCRIPT(“MOTOR”)
- 페이지 닫기시 동작정의 : STOPSCRIPT(“MOTOR”)

CIMON-SCADA의 OLE Automation 기능을 통해 외부에서 사용자 전용의 프로그램을 작성하고 이를 실행시키는 것 외에, 스크립트 기능을 이용하면 CIMON-SCADA 내부에서 동작되는 사용자 프로그램을 작성할 수 있다.

(6) 초기화면 저장 및 실행

- 모든 내용을 저장 후 **[도구] - [Cimon-X 환경설정]** 선택하여 Cimon-X 환경 설정 창에서 **초기화면**을 지정한다.

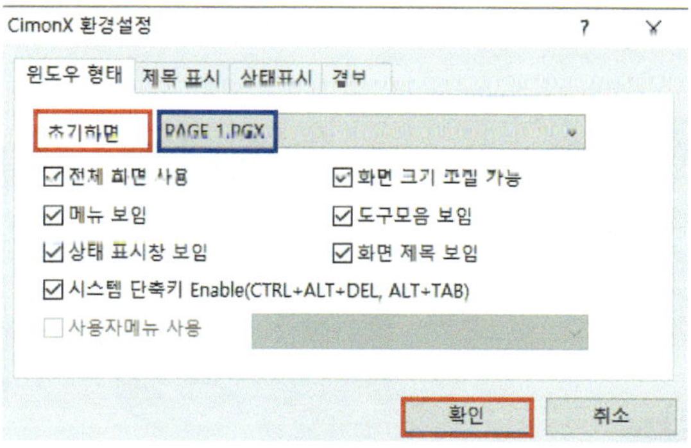

- 동작을 확인

  [도구] - [Cimon-X 실행] 선택하여 동작을 확인한다.

2.4 수입력기_타이머, 카운터, 램프 제어

1) 컴퓨터 모니터 전체화면

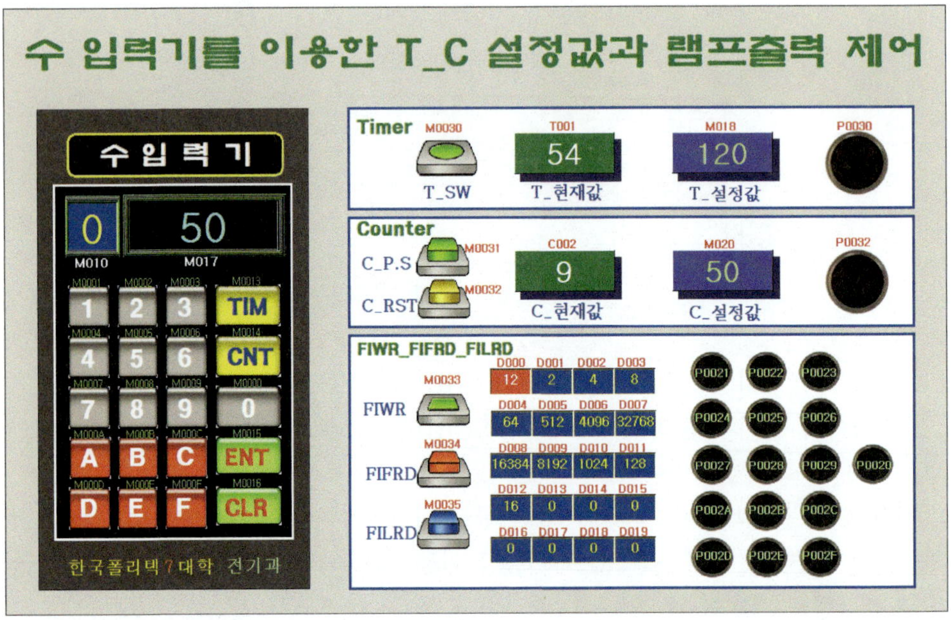

2) 제어방식

RS-232 통신으로 작화와 기능이 입력된 컴퓨터 모니터에서 마우스로 수 입력기에서 입력된 데이터를 이용하여 타이머 설정값, 카운터 설정값, 버튼의 입력 순서에 따라 램프의 선입 출력, 후입 출력이 제어된다.

3) PLC 프로그램 작성

(1) 실습 목적

- 수 입력기 프로그램을 이해할 수 있다.
- XBC(XGK) PLC와 컴퓨터 모니터 간 통신을 할 수 있다.
- 작화, 기능 부여를 통하여 PLC와 통신을 이해할 수 있다.

(2) 동작 조건

- 수 입력기의 0~9의 버튼을 클릭하면 창에 4자리까지 숫자가 입력되어야 한다.
- TIM 버튼을 누른 후 ENT 버튼을 클릭하면 타이머의 설정값이 저장되어야 한다.
- CNT 버튼을 누른 후 ENT 버튼을 클릭하면 카운터의 설정값이 저장되어야 한다.
- 입력된 수를 CLR 버튼을 클릭하면 수 입력기의 데이터는 "0"으로 초기화되어야 한다.
- Timer, Counter의 버튼을 클릭하면 동작을 확인할 수 있어야 한다.
- 수 입력기의 0~F의 버튼을 클릭하여 입력된 데이터에 의해서 램프의 출력을 제어할 수 있어야 한다.
- 입력된 (역) 순서대로 출력할 수 있어야 한다.

(3) I/O 할당표

구분	명칭	기능설명	I/O 할당
버튼 입력	수입력 버튼	0~9 숫자 입력 기능	M0000~M0009
		데이터 입력 기능	M000A~M000F
	T_설정 버튼	타이머 설정값 입력 기능	M0013
	C_설정 버튼	카운터 설정값 입력 기능	M0014
	ENT 버튼	타이머, 카운터 설정값 저장	M0015
	CLR 버튼	데이터 초기화	M0016
	T_SW	타이머 동작 확인 스위치	M0030
	C_PB	카운터 펄스 입력 버튼	M0031
	C_RST	카운터 리셋 입력 버튼	M0032
	FIWR_SW	0~A 데이터 입력 스위치	M0033
	FIFRD_SW	데이터 입력순으로 출력 스위치	M0034
	FILRD_SW	데이터 입력 역순으로 출력 스위치	M0035
출력	T_LAMP	타이머 출력	P0030
	C_LAMP	카운터 출력	P0032
	L_0 ~ L15	FIWR의 데이터에 따른 출력램프	P0020~P002F
아날로그 (WORD)	INT_출력	숫자 표시창	M017
	T_VAL	타이머 설정값	M018
	C_VAL	카운터 설정값	M020
	FIWR 저장	FIWR의 데이터 저장 디바이스	D0000~D0020

(4) 프로그램

*** 특수 명령어

- FIWR(File Write) : 데이터를 워드 단위로 저장
- FIFRD(First File Read) : 저장된 데이터를 먼저 입력된 순으로 출력
- FILRD(Last File Read) : 저장된 데이터를 먼저 입력된 역순으로 출력

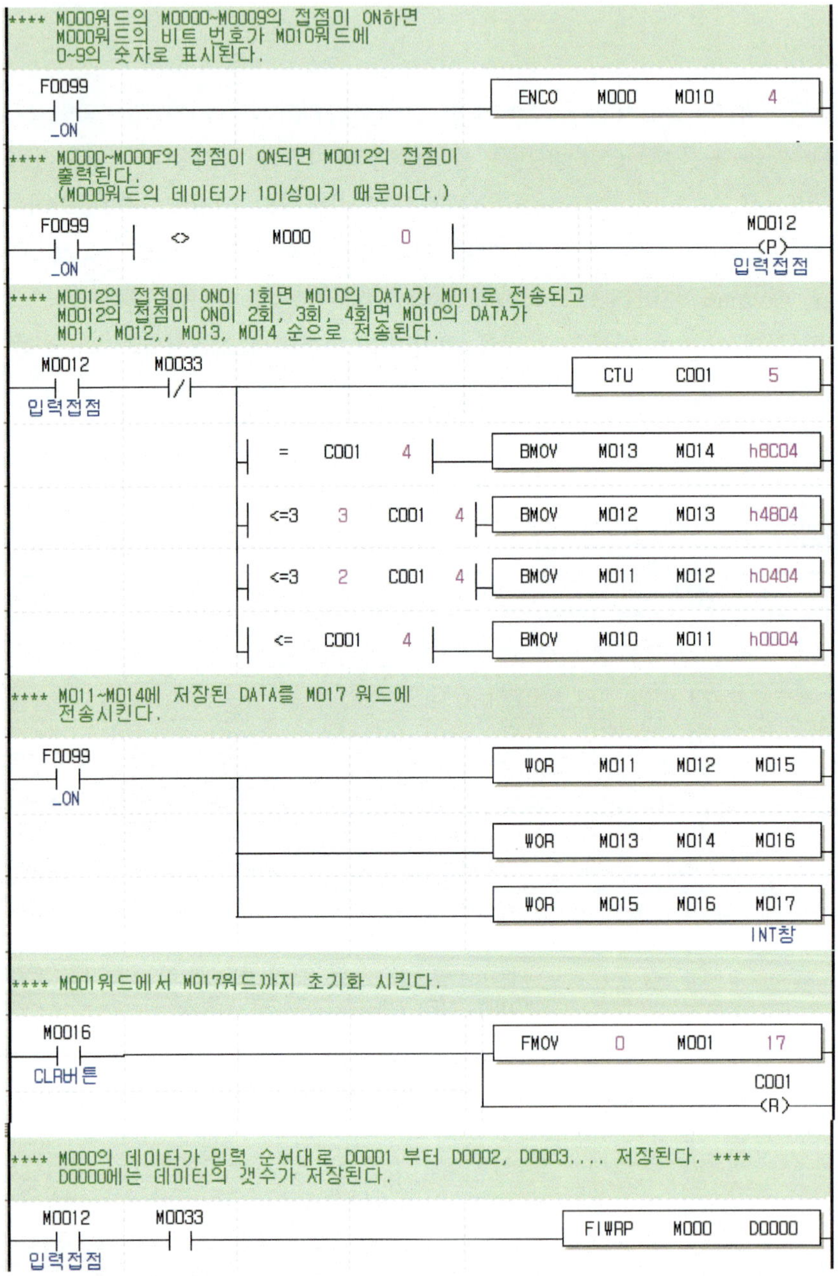

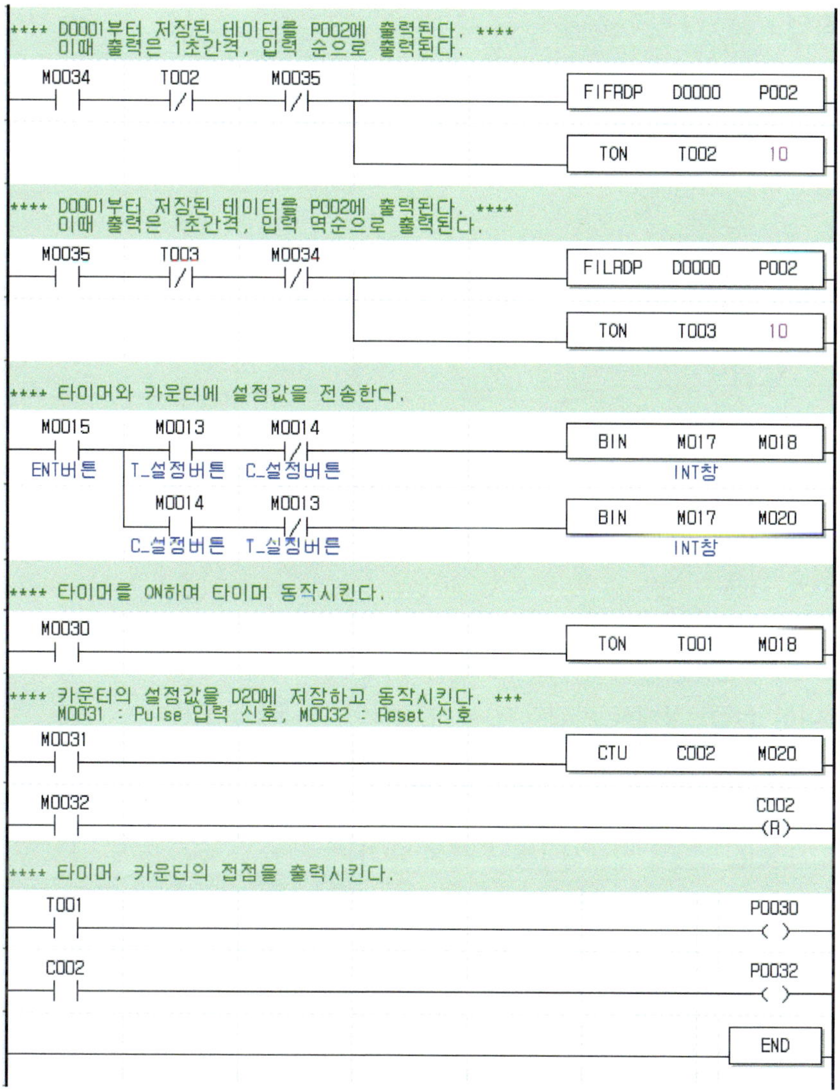

(5) PLC 통신

① PLC와 RS-232 통신을 위하여 아래와 같이 설정한다.

- 프로그램을 **[온라인]** - **[접속]** - **[쓰기]**를 한다. 이때 통신 포터를 확인하여 HMI 작업시 I/O 디바이스 설정의 통신 포터와 일치하여야 한다.
- 동작 확인후 **[온라인]** - **[접속끊기]**를 한다.

4) HMI 작업

(1) 새 프로젝트 만들기

① 4-3 "센서에 의한 정역 회전수 제어" 프로젝트 만들기를 참고하여 프로젝트 명을 입력한다.

- 프로젝트명 : 수입력기

(2) I/O 디바이스 설정

: 도구 - I/O 디바이스

① **[I/O 디바이스 설정]** 창에서 **[새 디바이스]**를 누른다.

② **[I/O 디바이스 종류 선택]** 창에서 **[디바이스 이름]**과 사용할 PLC를 선택한 후 확인을 누른다.

- 디바이스 이름 : XG
- PLC 선택 : LS산전 XGK/XGB PLC Loader Port

③ **[XGT Loader 설정]** 창에서 **[스테이션 추가]**를 누른다.

ⓐ **[스테이션 설정]** 창에서 아래와 같이 설정하고 **[등록]**을 누른다.

- 스테이션 이름 : XBM
- PLC CPU 종류 : CPUS

ⓑ **[XGT Loader 설정]** 창에서 **[통신 블록 추가]**를 누르고 통신 블록 설정을 입력부터 차례로 워드 번호를 입력하고 등록 후 다시 **[통신블록 추가]**를 누른다.

- 어드레스 : P0000
- 워드 수 : 4조
- 통신주기 : 0.1초

ⓒ 통신 블록 설정 창에서 D영역, 타이머, 카운터를 차례로 입력하고 통신포트탭을 누른다.

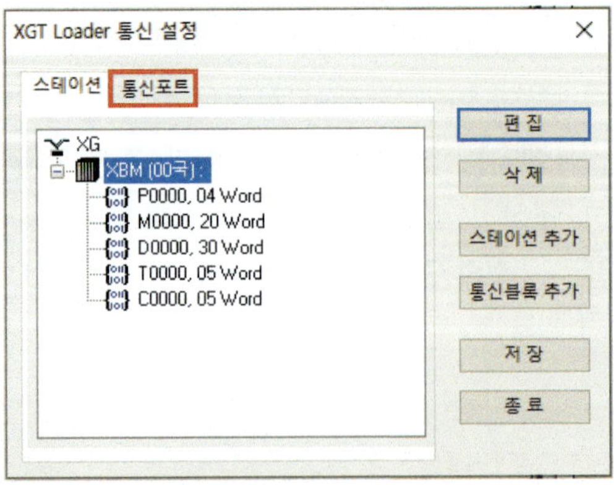

ⓓ [XGT Loader 설정] 창에서 통신포트 탭에서 설정하고 저장, 종료한다.
(통신포트는 PLC 접속 설정시 COM 번호와 일치)

ⓔ I/O 디바이스 설정이 끝나면 아래와 같은 화면이 나타난다. 화면에서 스테이션 이름 "XBM"을 더블클릭하면 스테이션에서 입력한 내용들이 나타난다.

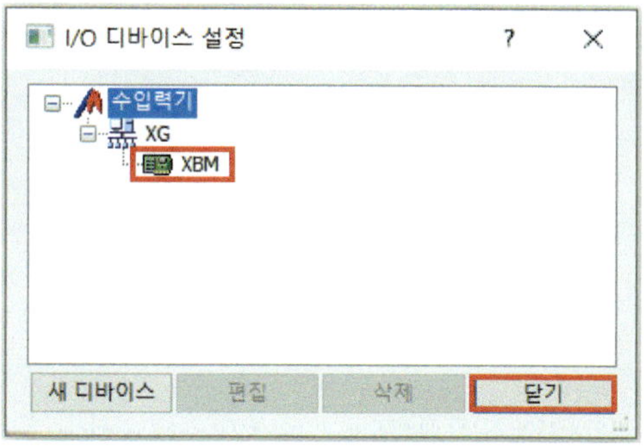

(3) 데이터베이스 설정

① 그룹 태그

- 이름 : NUM입력, DD, ANA, 버튼입력, 출력

  종류 : 그룹

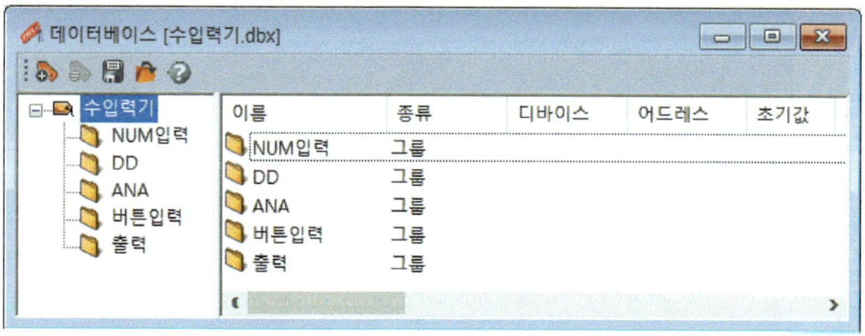

② NUM 입력 그룹의 태그를 작성

ⓐ 태그 편집기에서

- 이름 : NUM_0 종류 : 디지털
- I/O 디바이스 : XG.XBM (디바이스 이름.스테이션 이름)
- I/O 어드레스 : M0000

*** PLC 주소를 사용하면 **실태그**를 선택한다.

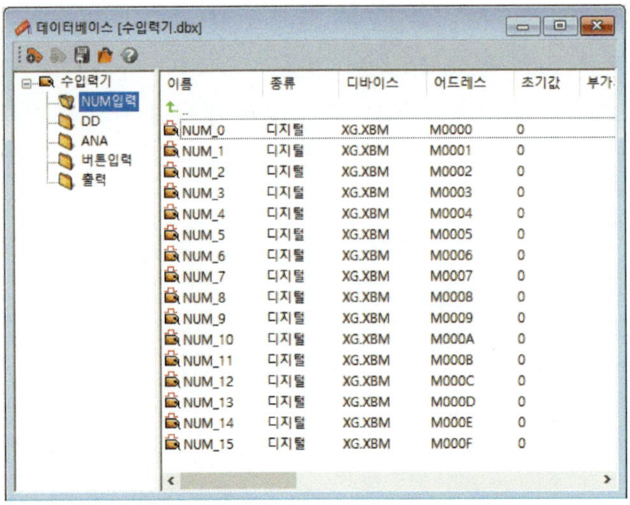

③ DD 그룹의 태그를 작성

ⓐ 일반설정

- 이름 : _00
- 종류 : 아날로그
- I/O 디바이스 : XG.XBM
- I/O 어드레스 : D0000

ⓑ 고급설정

- 데이터 형태 : UINT16
- 내부데이터 최소값 : 0, 최대값 : 65535

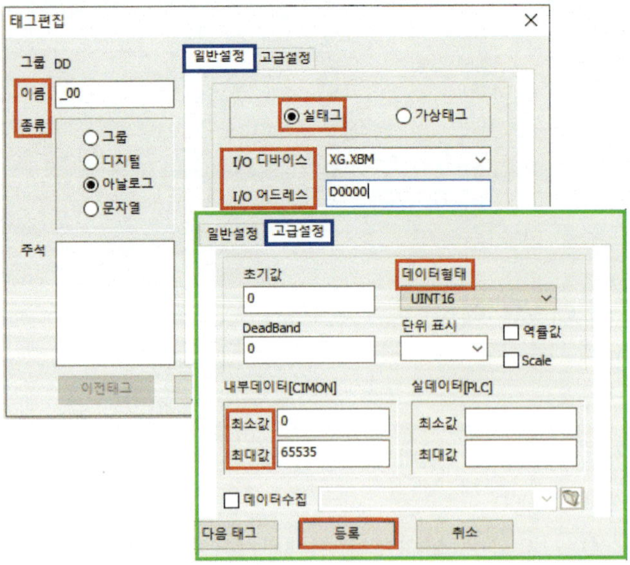

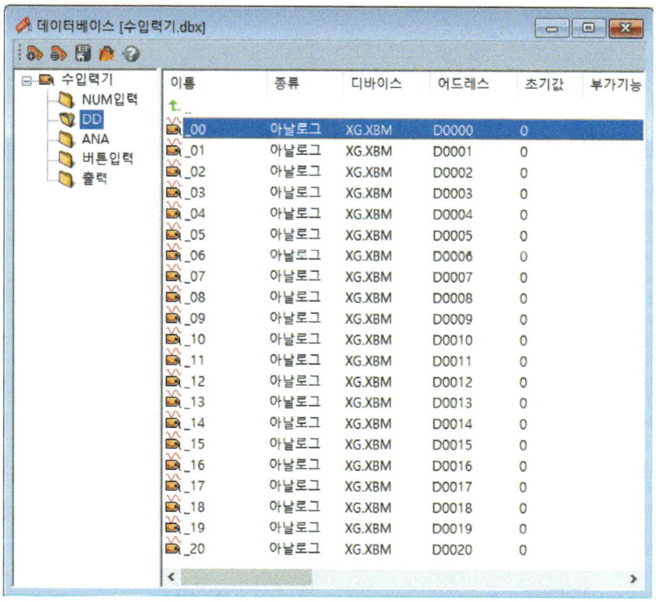

④ ANA 그룹의 태그를 작성

ⓐ 일반설정

- 이름 : INT창
- 종류 : 아날로그
- I/O 디바이스 : XG.XBM
- I/O 어드레스 : M017

ⓑ 고급설정

- 데이터 형태 : UBCD16
- 내부데이터 최소값 : 0, 최대값 : 9999

⇨ 태그별 고급 설정은 아래와 같다.

태그 이름	데이터 형태	내부 데이터	
		최소값	최대값
T_현재값	INT16	0	2000
C_현재값	INT16	0	2000
ENCO	INT16	0	20
INT 창	UBCD16	0	9999
T_VAL	INT16	0	2000
C_VAL	INT16	0	2000

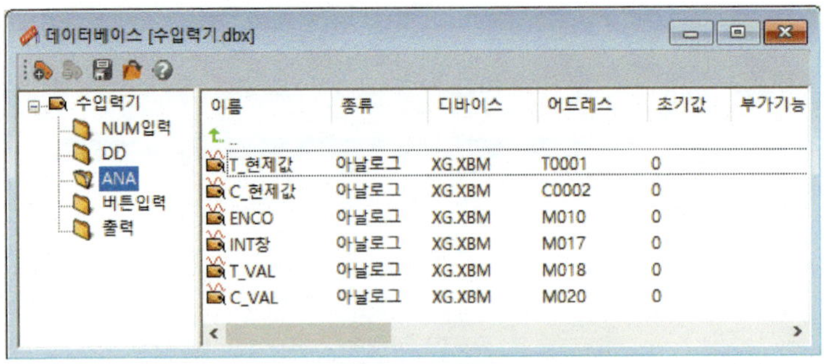

⑤ 버튼 입력그룹의 태그를 작성

ⓐ 일반설정

- 이름 : 입력접점
- 종류 : 디지털
- I/O 디바이스 : XG.XBM
- I/O 어드레스 : M0012

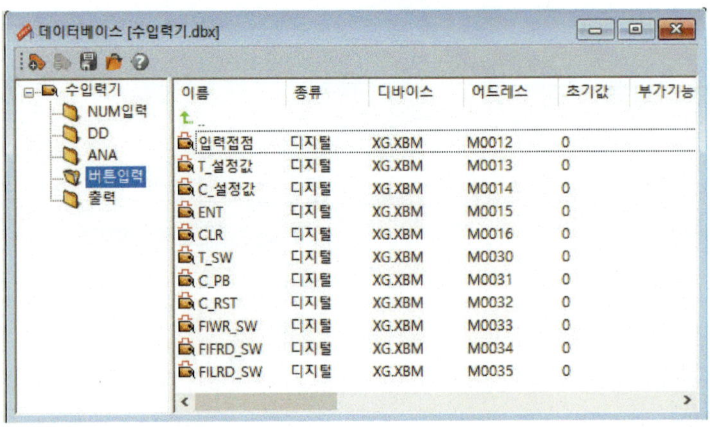

⑥ 출력 그룹의 태그를 작성

ⓐ 일반설정

- 이름 : L_0
- 종류 : 디지털
- I/O 디바이스 : XG.XBM
- I/O 어드레스 : P0020

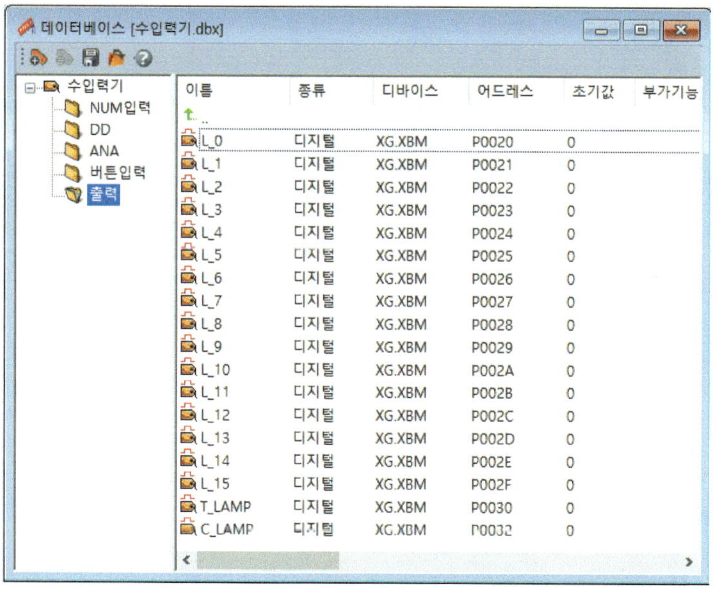

데이터베이스 [수입력기.dbx]

수입력기: NUM입력, DD, ANA, 버튼입력, 출력

이름	종류	디바이스	어드레스	초기값	부가기능
..					
L_0	디지털	XG.XBM	P0020	0	
L_1	디지털	XG.XBM	P0021	0	
L_2	디지털	XG.XBM	P0022	0	
L_3	디지털	XG.XBM	P0023	0	
L_4	디지털	XG.XBM	P0024	0	
L_5	디지털	XG.XBM	P0025	0	
L_6	디지털	XG.XBM	P0026	0	
L_7	디지털	XG.XBM	P0027	0	
L_8	디지털	XG.XBM	P0028	0	
L_9	디지털	XG.XBM	P0029	0	
L_10	디지털	XG.XBM	P002A	0	
L_11	디지털	XG.XBM	P002B	0	
L_12	디지털	XG.XBM	P002C	0	
L_13	디지털	XG.XBM	P002D	0	
L_14	디지털	XG.XBM	P002E	0	
L_15	디지털	XG.XBM	P002F	0	
T_LAMP	디지털	XG.XBM	P0030	0	
C_LAMP	디지털	XG.XBM	P0032	0	

(4) 작화 및 기능부여

① 전체 화면

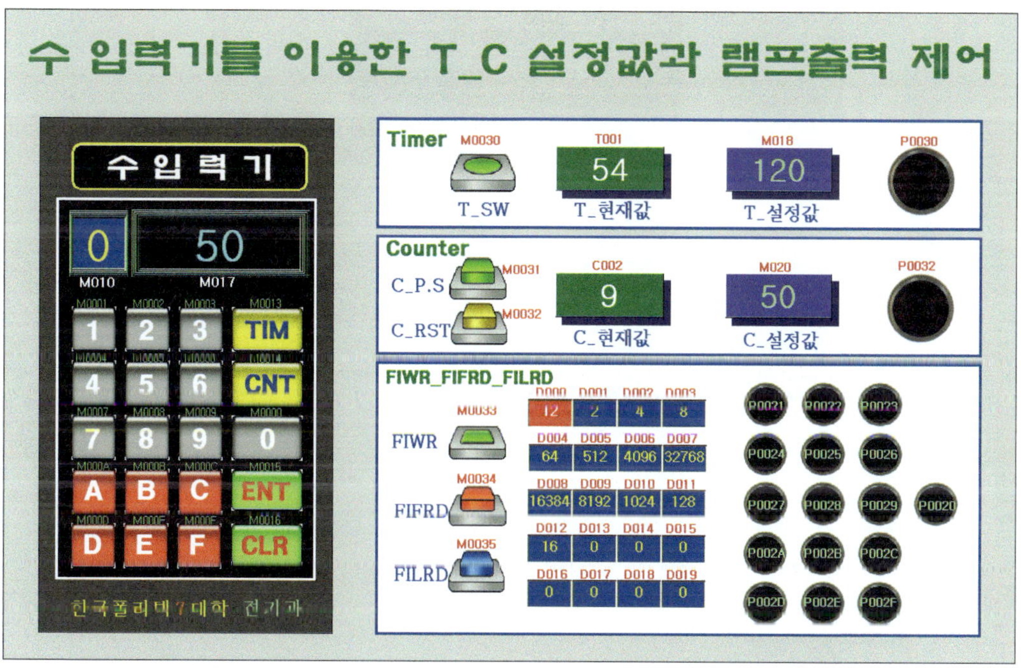

② **수 표시 화면** : 0~9의 버튼을 클릭하면 숫자를 표시하는 부분

ⓐ 기능 : 태그값 표시
태그 이름 : ANA.ENCO

ⓑ 기능 : 태그값 표시
태그 이름 : ANA.INT창

③ **수 입력 화면** : 0~F의 버튼을 클릭하면 숫자를 출력하는 부분

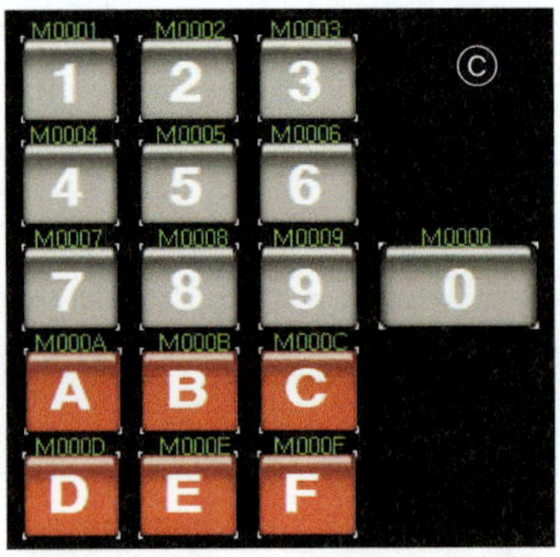

ⓒ 기능 : 터치
- 동작 : 명령식

명령식-DOWN : NUM입력.NUM_1=1
명령식-UP . : NUM입력.NUM_1=0

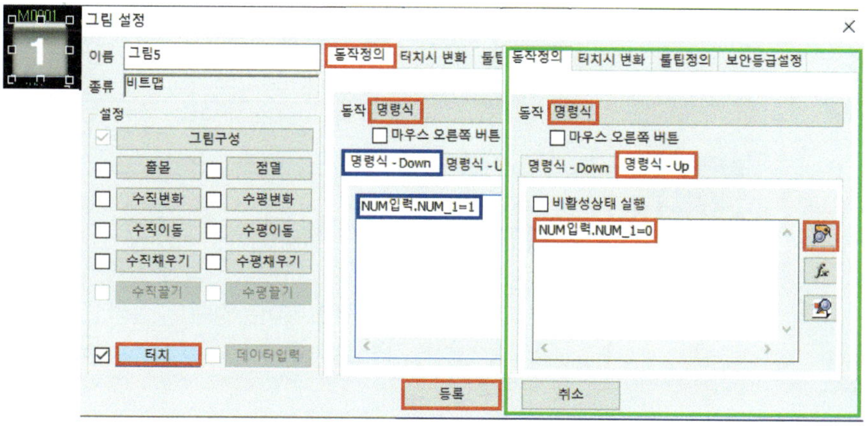

*** 같은 방법으로 2~F까지 **태그명만** 변경하면 된다.

예를 들면  는 아래와 같이 입력한다.

- 기능 : 터치

  동작 : 명령식

  명령식-DOWN : NUM입력.NUM_15 =1

  명령식-UP . : NUM입력.NUM_15 =0

④ **수 제어 버튼 화면** : 0~9의 숫자가 표시되면 타이머, 카운터의 설정값을 저장하고 입력된 숫자를 초기화시키는 버튼이다.

ⓓ TIM버튼 : 버튼을 ON하고 ENT를 클릭하면 타이머에 설정값 저장.

	 TIM	– 기능 : **터치** 동작 : 디지털값쓰기 태그이름 : 버튼입력.T_설정값 쓰기값 : Toggle – 기능 : **색변환** 색변환1 : 펜색 : 적색 태그이름 : 버튼입력.T_설정값 기준점 : ON

	 CNT	– 기능 : **터치** 동작 : 디지털값쓰기 태그이름 : 버튼입력.C_설정값 쓰기값 : Toggle – 기능 : **색변환** 색변환1 : 펜색 : 적색 태그이름 : 버튼입력.C_설정값 기준점 : ON

ⓔ ENT 버튼 : ENT를 클릭하면 타이머, 카운터에 설정값 저장.

	– 기능 : **터치** 동작 : 명령식 명령식-DOWN : 버튼입력.ENT=1 명령식-UP : 버튼입력.ENT=0

	– 기능 : **터치** 동작 : 명령식 명령식-DOWN : 버튼입력.CLR=1 명령식-UP : 버튼입력.CLR=0

⑤ 타이머 제어 화면 : T_SW를 ON 하면 타이머 설정값만큼 지연되어 출력 램프가 점등된다.

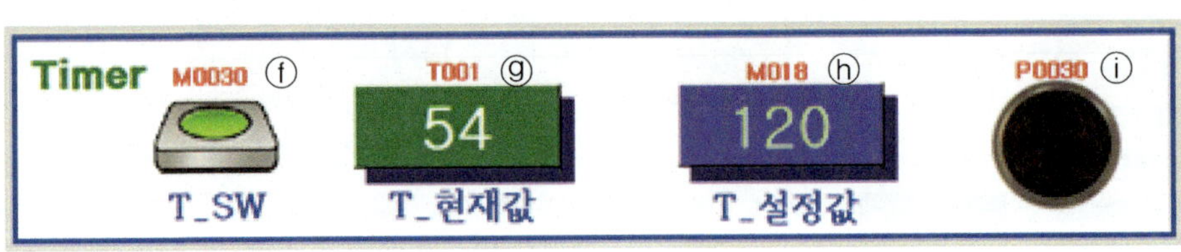

ⓕ T_SW : 토글 기능을 가진 유지형 버튼.

	**– 기능 : 출몰** 태그이름 : 버튼입력.T_SW 출몰조건 : ON	**– 기능 : 터치** 동작 : 태그값 쓰기 태그이름 : 버튼입력.T_SW 쓰기값 : 0

	**– 기능 : 출몰** 태그이름 : 버튼입력.T_SW 출몰조건 : OFF	**– 기능 : 터치** 동작 : 태그값 쓰기 태그이름 : 버튼입력.T_SW 쓰기값 : 1

ⓖ T_현재값 : 타이머의 현재값 표시.

	**– 기능 : 태그값 표시** 태그이름 : ANA.T_현제값

ⓗ T_설정값 : 타이머의 설정값 표시.

	**– 기능 : 태그값 표시** 태그이름 : ANA.T_VAL

ⓘ 램프 : 타이머 출력 램프

	**– 기능 : 출몰** 태그이름 : 출력.T_LAMP 출몰조건 : ON

	**– 기능 : 출몰** 태그이름 : 출력.T_LAMP 출몰조건 : OFF

⑥ **카운터 제어 화면** : C P.S를 ON OFF 하면 카운터 현재값이 증가하여 설정값 이상이 되면 출력 램프가 점등된다.

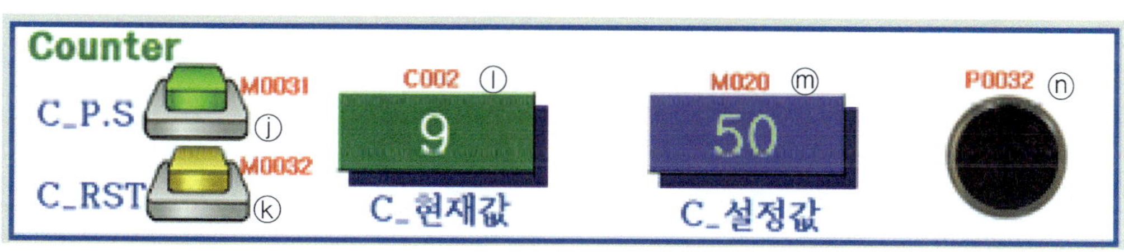

ⓙ C_P,S : Push Button 기능을 가진 복귀형 버튼.

	**– 기능 : 출몰** 태그이름 : 버튼입력.C_PB 출몰조건 : ON	
	**– 기능 : 출몰** 태그이름 : 버튼입력.C_PB 출몰조건 : OFF	**– 기능 : 터치** 동작 : 순간값 쓰기 태그이름 : 버튼입력.C_PB 쓰기값 : 비활성상태 실행 Down : 1, Up : 0

ⓚ C_RST : Push Button 기능을 가진 복귀형 버튼.

	**– 기능 : 출몰** 태그이름 : 버튼입력.C_RST 출몰조건 : ON	
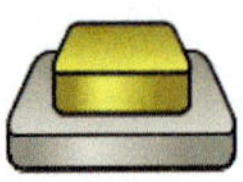	**– 기능 : 출몰** 태그이름 : 버튼입력.C_RST 출몰조건 : OFF	**– 기능 : 터치** 동작 : 순간값 쓰기 태그이름 : 버튼입력.C_RST 쓰기값 : 비활성상태 실행 Down : 1, Up : 0

ⓛ C_현재값 : 카운터의 현재값 표시.

	**– 기능 : 태그값 표시** 태그이름 : ANA.C_현제값

ⓜ C_설정값 : 카운터의 설정값 표시.

	**– 기능 : 태그값 표시** 태그이름 : ANA.C_VAL

ⓝ 램프 : 카운터 출력 램프

	**– 기능 : 출몰** 태그이름 : 출력.C_LAMP 출몰조건 : ON

	**– 기능 : 출몰** 태그이름 : 출력.C_LAMP 출몰조건 : OFF

⑦ 램프 데이터에 의한 출력 제어 화면

: FIWR SW에 의해서 D000~D019에 입력된 데이터의 순서(또는 역순)에 따라 출력 램프가 점등된다.

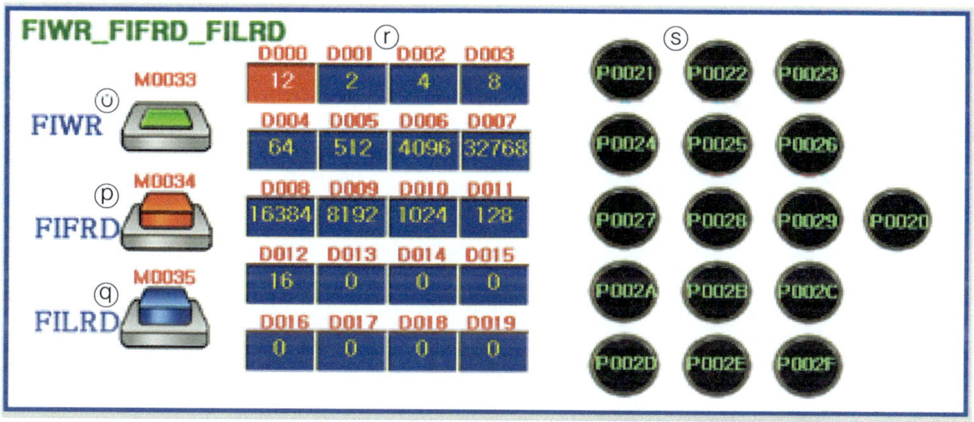

ⓞ FIWR : ON 되면 D000~D019에 데이터가 수 입력기에서 입력 순서대로 저장되는 토글 기능을 가진 유지형 버튼. (FIWR : File Write)

	**– 기능 : 출몰** 태그이름 : 버튼입력.FIWR_SW 출몰조건 : ON	**– 기능 : 터치** 동작 : 태그값 쓰기 태그이름 : 버튼입력.FIWR_SW 쓰기값 : 0

	**– 기능 : 출몰** 태그이름 : 버튼입력.FIWR_SW 출몰조건 : OFF	**– 기능 : 터치** 동작 : 태그값 쓰기 태그이름 : 버튼입력.FIWR_SW 쓰기값 : 1

ⓟ FIFRD : ON 되면 D000~D019에 데이터가 입력된 순서대로 처음부터 램프가 출력되는 토글 기능을 가진 유지형 버튼. (FIFRD ; File First Read)

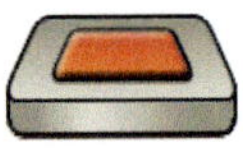	– **기능 : 출몰** 태그이름 : 버튼입력.FIFRD_SW 출몰조건 : ON	– **기능 : 터치** 동작 : 태그값 쓰기 태그이름 : 버튼입력.FIFRD_SW 쓰기값 : 0
	– **기능 : 출몰** 태그이름 : 버튼입력.FIFRD_SW 출몰조건 : OFF	– **기능 : 터치** 동작 : 태그값 쓰기 태그이름 : 버튼입력.FIFRD_SW 쓰기값 : 1

ⓠ FILRD : ON 되면 D000~D019에 데이터가 입력된 역순으로 램프가 출력되는 토글 기능을 가진 유지형 버튼. (FILRD ; File Last Read)

	– **기능 : 출몰** 태그이름 : 버튼입력.FILRD_SW 출몰조건 : ON	– **기능 : 터치** 동작 : 태그값 쓰기 태그이름 : 버튼입력.FILRD_SW 쓰기값 : 0
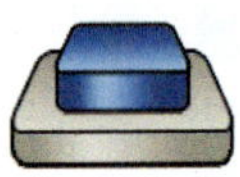	– **기능 : 출몰** 태그이름 : 버튼입력.FILRD_SW 출몰조건 : OFF	– **기능 : 터치** 동작 : 태그값 쓰기 태그이름 : 버튼입력.FILRD_SW 쓰기값 : 1

ⓡ D00 0~D019 : 수 입력기에서 입력하는 데이터를 저장하는 디바이스.

 · · · 	– **기능 : 태그값 표시** 태그이름 : DD._00 · · · – **기능 : 태그값 표시** 태그이름 : DD._19

ⓢ 램프 : P0020~P002F 출력 램프

	– **기능 : 출몰** 태그이름 : 출력.L_0 출몰조건 : ON		– **기능 : 출몰** 태그이름 : 출력.L_0 출몰조건 : OFF
· · ·		· · ·	
	– **기능 : 출몰** 태그이름 : 출력.L_15 출몰조건 : ON		– **기능 : 출몰** 태그이름 : 출력.L_15 출몰조건 : OFF

(5) 초기화면 저장 및 실행

- 모든 내용을 저장 후 **[도구] - [Cimon-X 환경설정]** 선택하여 Cimon-X 환경 설정 창에서 초기화면을 지정한다.

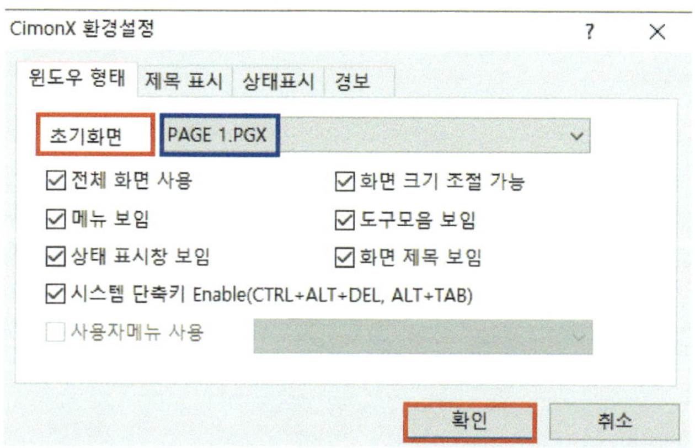

- **[도구] - [Cimon-X 실행]** 선택하여 동작을 확인한다.

CHAPTER 3

CIMON SCADA_ SIEMENS_S7 PLC

3.1 타이머 순차제어

1) 컴퓨터 모니터 전체화면

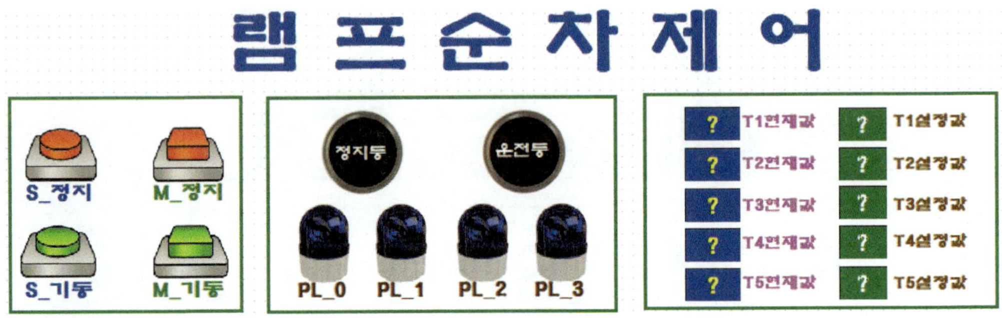

2) 제어방식

(1) 이더넷(Ethernet) 통신

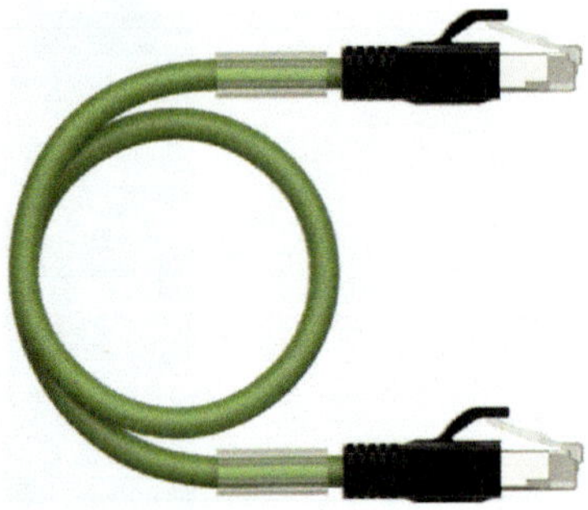

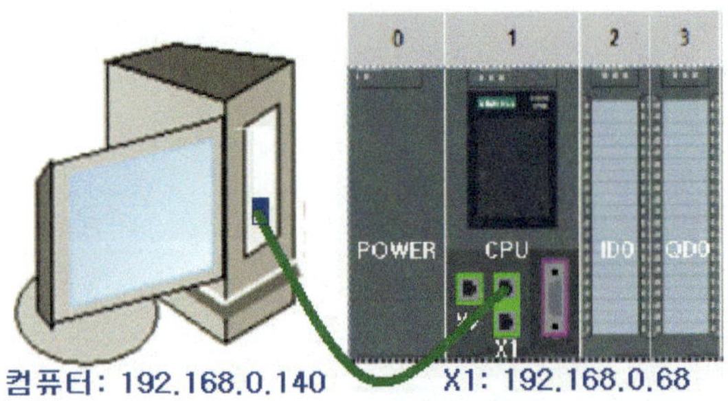

작화와 기능이 입력된 컴퓨터 모니터에서 마우스로 버튼 동작과 데이터를 입력하면 램프가 순차적으로 제어된다.

3) PLC 프로그램 작성

(1) 실습 목적

- SIEMENS PLC와 컴퓨터 모니터간 통신을 할 수 있다.
- 컴퓨터 모니터에서 PLC를 제어할 수 있다.
- 컴퓨터 모니터에서 PLC의 입, 출력 모니터링을 할 수 있다.

- PLC 디바이스를 이용하여 실태그 데이터베이스를 작성할 수 있다.
- 출몰, 색변환, 태그값 표시, 데이터 입력, 터치 기능을 작성할 수 있다.

(2) 제어 방법

- PLC 입력 %I0.1(%I0.0)을 ON 하면 실행 화면에서 S_기동 버튼(S_정지 버튼)이 ON으로 모니터링이 되면서 순차제어 동작이 기동(정지) 되어야 한다.
- 실행 화면에서 M_기동 버튼을 ON 하면 순차제어 동작이 되어야 한다.
- 실행 화면에서 M_정지 버튼을 ON 하면 순차제어 동작이 정지되어야 한다.
- 실행 화면에서 T1~T5 설정값이 입력되어야 하며 동작이 설정값으로 제어되어야 한다.
- 실행 화면에서 순차제어 할 때 T1~T5 현재값이 태그값 표시가 되어야 한다.

(3) I/O 할당표

구분	명칭	기능설명	I/O 할당
PLC 버튼 입력	S_정지	입력 버튼으로 정지 기능	%I0.0
	S_기동	입력 버튼으로 운전 기능	%I0.1
모니터 버튼 입력	M_정지	PC 화면에서 버튼으로 정지 기능	%M0.0
	M_기동	PC 화면에서 버튼으로 운전 기능	%M0.1
출력	PL0	LAMP_0 출력	%Q0.0
	PL1	LAMP_1 출력	%Q0.1
	PL2	LAMP_2 출력	%Q0.2
	PL3	LAMP_3 출력	%Q0.3
타이머	T_1 ~ T_5	타이머 순차제어	TT,T01~TT.T05
아날로그입력	TD1 ~ TD5	타이머 설정값 데이터 입력	%MW2~%MW6

(4) 프로그램

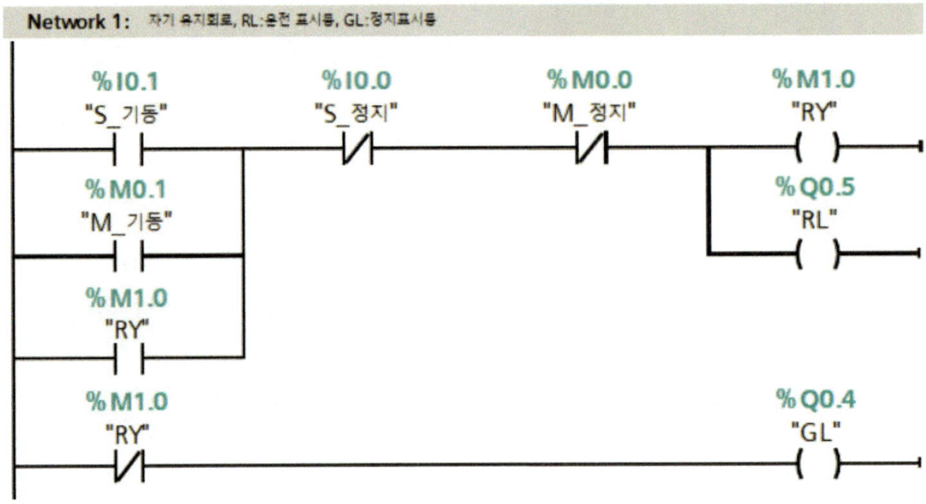
Network 1: 자기 유지회로, RL:운전 표시등, GL:정지표시등
%I0.1
"S_기동"
%I0.0
"S_정지"
%M0.0
"M_정지"
%M1.0
"RY"
%M0.1
"M_기동"
%Q0.5
"RL"
%M1.0
"RY"
%M1.0
"RY"
%Q0.4
"GL"

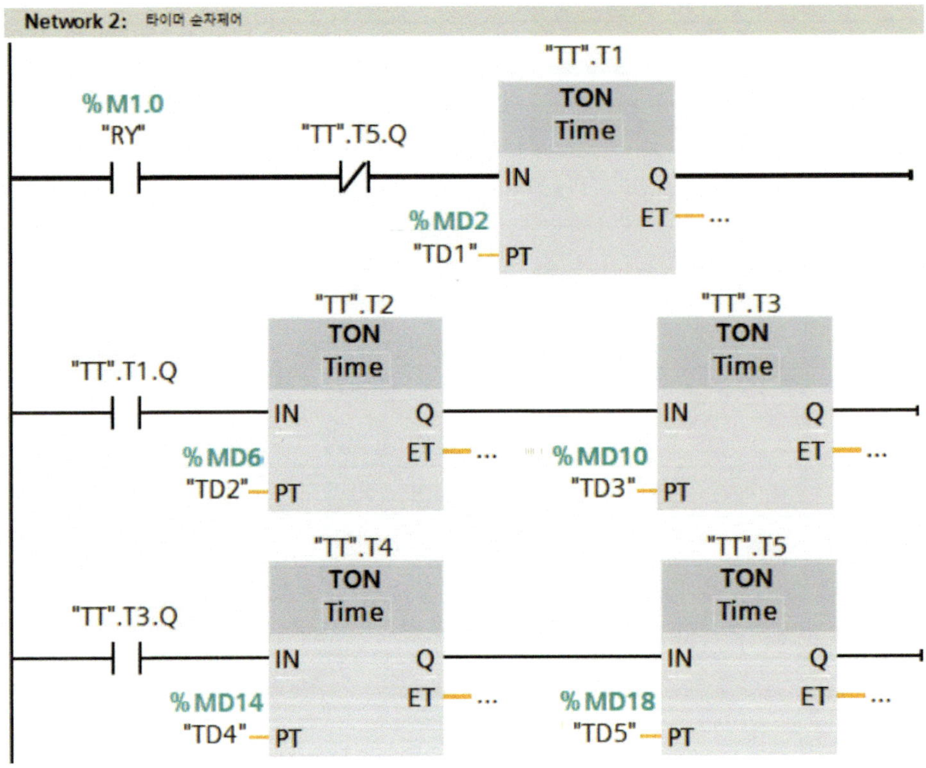
Network 2: 타이머 순차제어
"TT".T1
%M1.0
"RY"
"TT".T5.Q
TON
Time
IN
Q
ET
PT
%MD2
"TD1"
"TT".T2
"TT".T3
"TT".T1.Q
%MD6
"TD2"
%MD10
"TD3"
"TT".T4
"TT".T5
"TT".T3.Q
%MD14
"TD4"
%MD18
"TD5"

(5) PLC 통신

ⓐ 지멘스 PLC의 TIA 포털 Project tree에서 Device configuration을 더블 클릭한다.

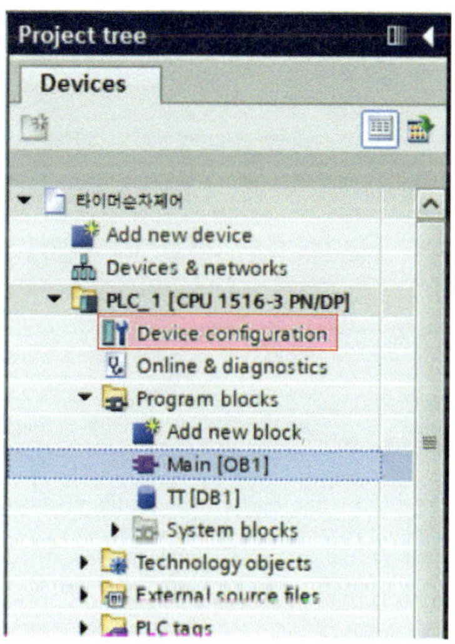

ⓑ CPU ①부분을 더블 클릭하여 아래 그림과 같이 체크한다.
(보호 및 보안의 연결 메커니즘을 클릭하여 통신 허용란을 체크)

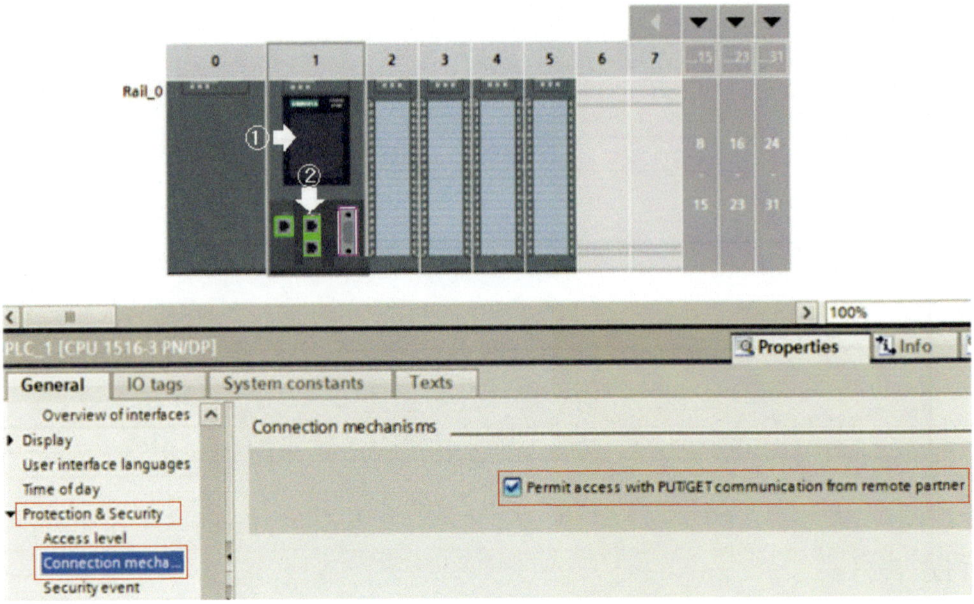

ⓒ 위 그림 CPU ②부분의 PN 통신 X-1 부분을 클릭하여 아래 그림과 같이 이더넷 주소를 확인하고 Add new subnet 버튼을 눌러 연결할 새로운 서버넷을 추가한다.

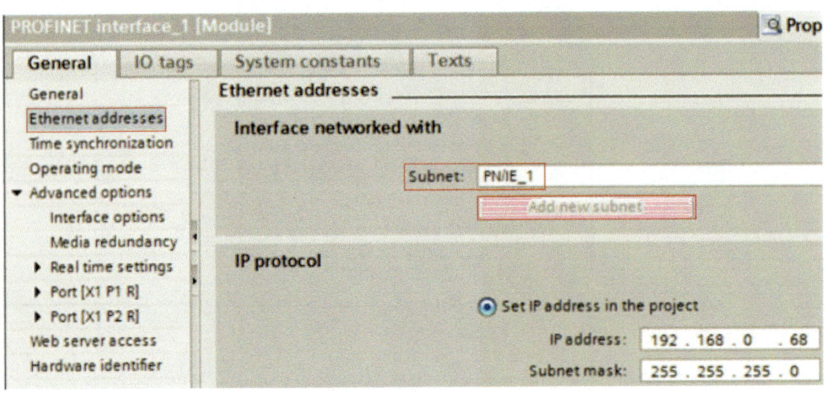

ⓓ 1), 2) 설정 후 Project tree에서 Device & networks를 더블 클릭하면 아래 그림과 같이 새로운 통신 네트워이 생성되었음을 확인한다.

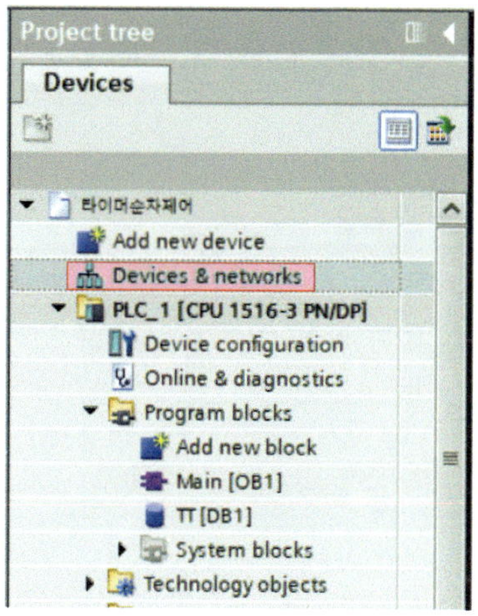

4) HMI 작업

(1) 새 프로젝트 만들기

① 바탕화면에 설치된 CIMON D를 실행한다.

② **[새 프로젝트 열기]**를 선택한다.

③ 새 프로젝트 만들기 창이 나타나면 **[프로젝트 이름] [프로젝트 개요] [작업 경로]**를 설정한 후 생성 버튼을 누른다.

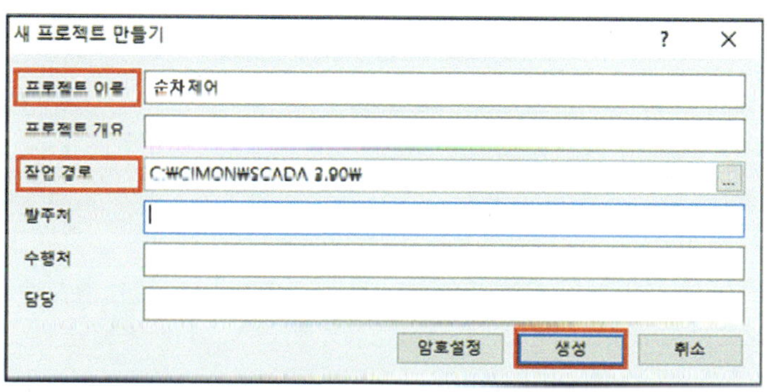

④ 프로젝를 생성하면 아래와 같이 Page1 창이 나타난다.

⑤ **[도구] - [페이지 환경 설정]**을 클릭하면 **[페이지 환경 설정]** 창이 나타난다.

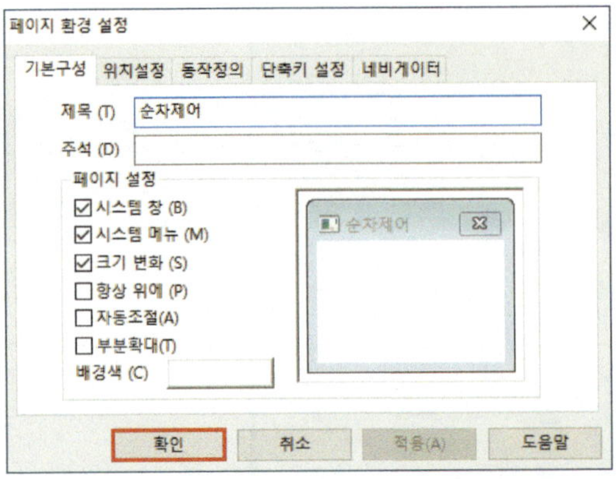

(2) I/O 디바이스 설정

: 도구 - I/O 디바이스

① [I/O 디바이스 설정] 창에서 [새 디바이스]를 누른다.

② [I/O 디바이스 종류 선택] 창에서 [디바이스 이름]과 사용할 PLC를 선택한 후 확인을 누른다.

- 디바이스 이름 : S7
- PLC 선택 : 지멘스 SIEMENS S7 Series Ethernet Send Receive

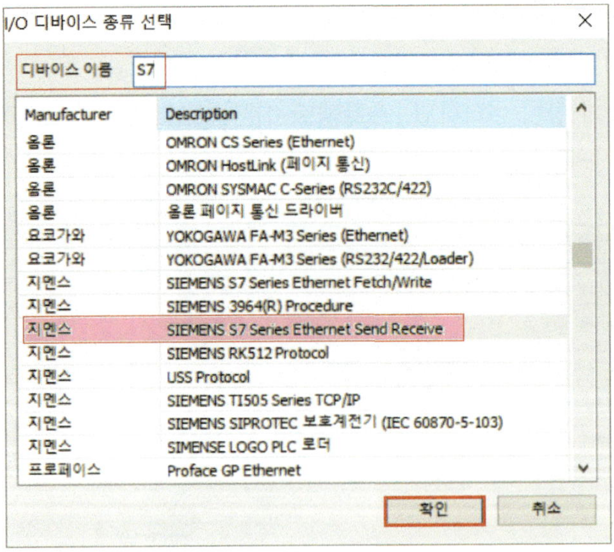

③ [Siemens S7 Protocol(Ethernet) 설정] 창에서 [스테이션 추가]를 누른다.

- [스테이션 설정] 창에서 아래와 같이 설정하고 [등록]을 누른다.

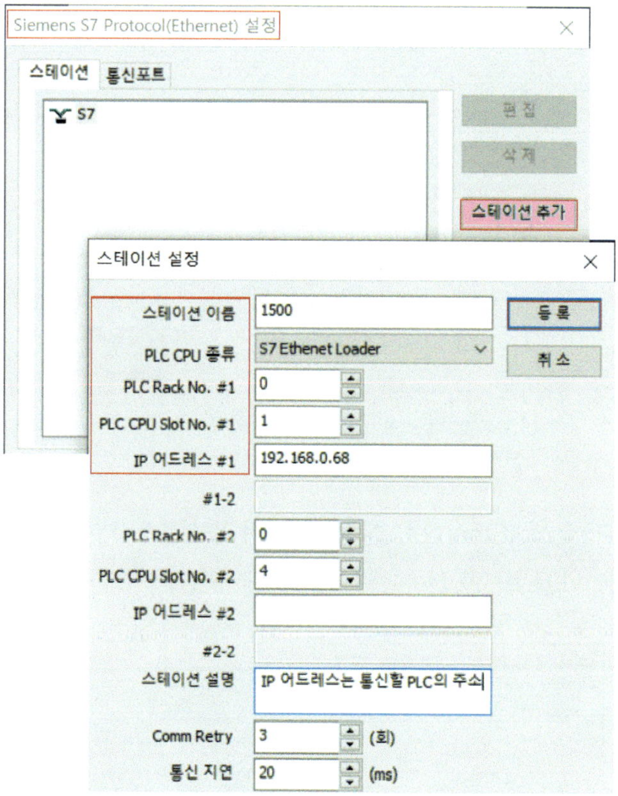

- [Siemens S7 Protocol(Ethernet) 설정] 창에서 [통신블록 추가]를 누르고 통신 블록 설정을 입력부터 차례로 워드 번호를 입력하고 등록 후 다시 [통신블록 추가]를 누른다.

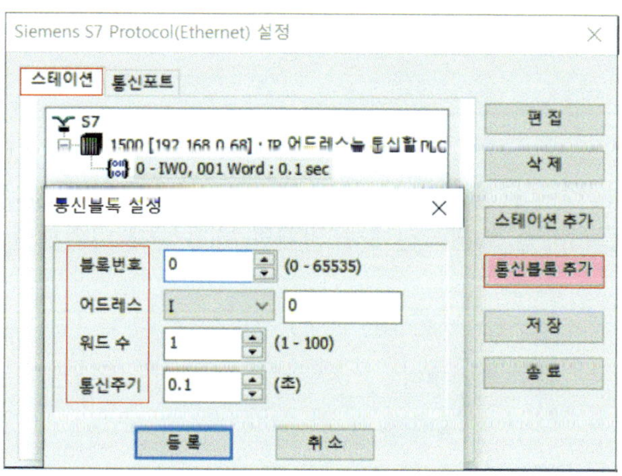

- 통신 블록 설정 창에서 출력(Q), 내부릴레이(M) 타이머를 차례로 입력하고 **통신 포트 탭**을 누른다.

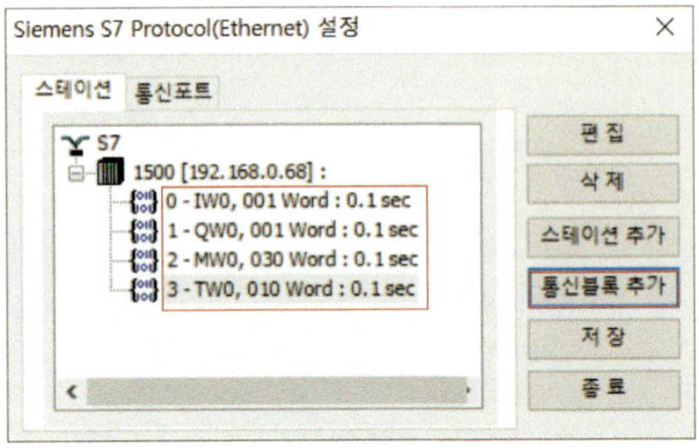

- **[Siemens S7 Protocol(Ethernet) 설정]** 창에서 통신포트 탭에서 다음과 같이 설정하고 저장, 종료한다. (192.168.0.140 : PLC 주소와 통신할 컴퓨터 주소이다.)

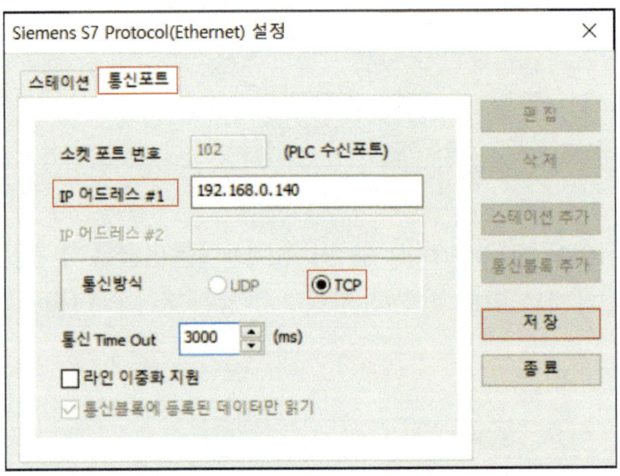

- I/O 디바이스 설정이 끝나면 아래와 같은 화면이 나온다. 아래 화면에서 스테이션 이름 "1500"을 더블 클릭하면 스테이션에서 입력한 내용들이 나타난다.

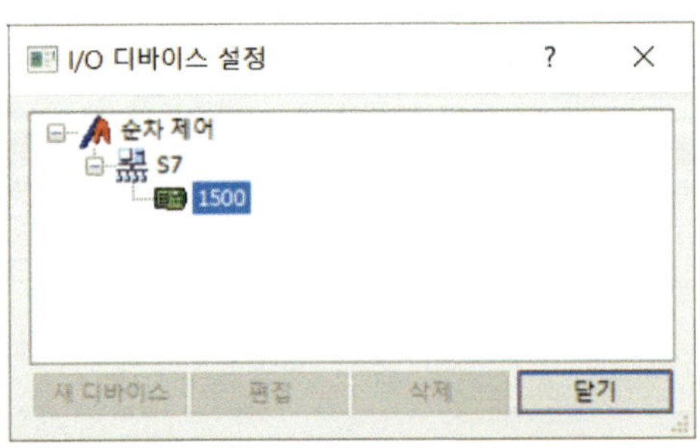

(3) 데이터베이스 설정(3-1과제 참고)

① 프로젝트 화면 왼쪽 프로젝트 창의 메뉴에서 데이터베이스를 더블클릭한다.

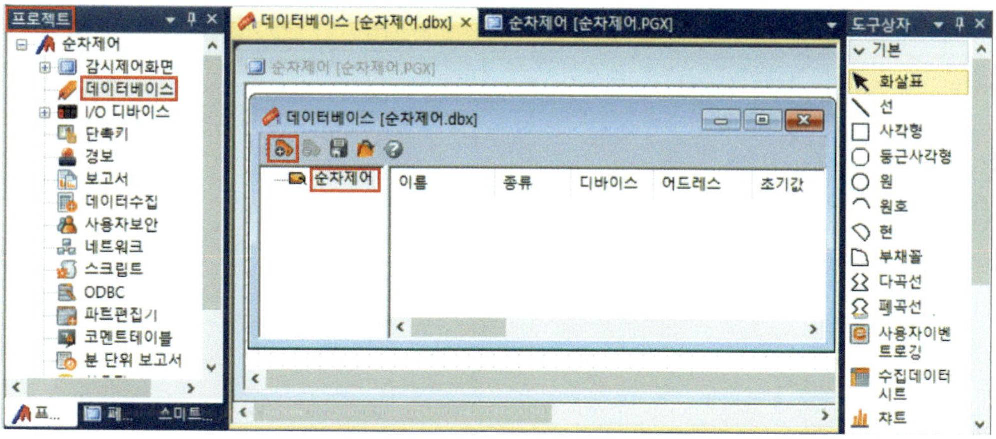

② 위 그림의 데이터베이스 창에서 [새 태그] 단축아이콘을 눌러 태그를 추가한다.

③ 태그편집 화면에서 태그의 [이름], [종류]를 아래와 같이 설정한 후 새 태그를 누른다.

- 이름 : 입력　　종류 : 그룹

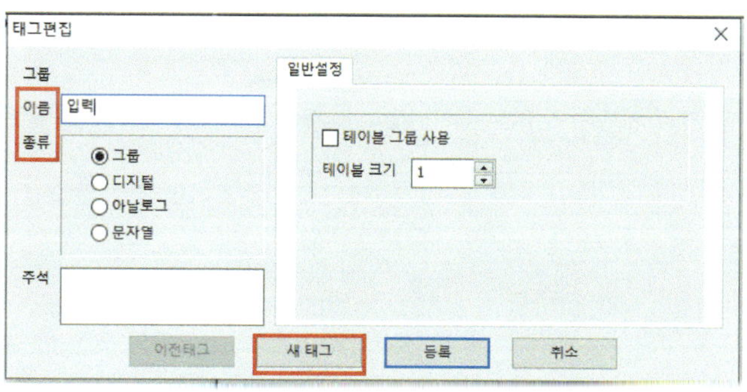

- 같은 방법으로 [새 태그] 버튼을 클릭하여 출력, T현재값, T설정값 그룹 태그를 아래와 같이 생성한다.

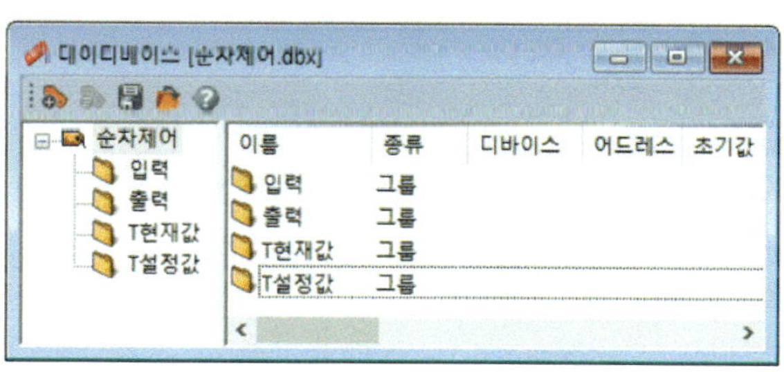

④ **입력 그룹 내의 태그를 작성**하기 위하여 왼쪽 창의 **입력 그룹** 태그를 선택하고 **[새태그]** 아이콘을 클릭하여 아래와 같이 설정한다.

ⓐ 입력그룹

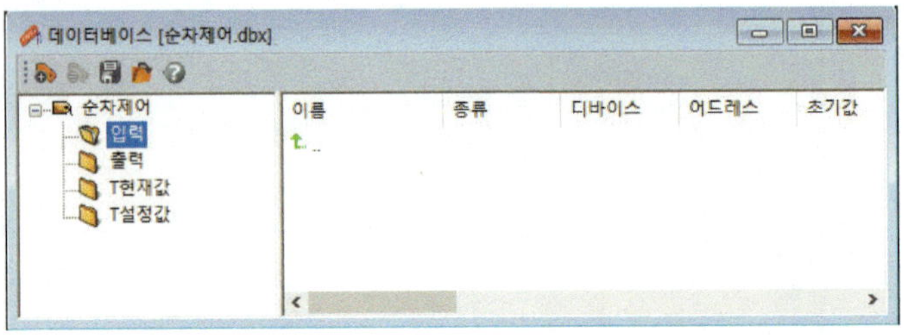

- 태그 편집기에서

이름 : S_정지　　　**종류** : 디지털

I/O 디바이스 : S7.1500 (디바이스 이름.스테이션 이름)

I/O 어드레스 : I0.0

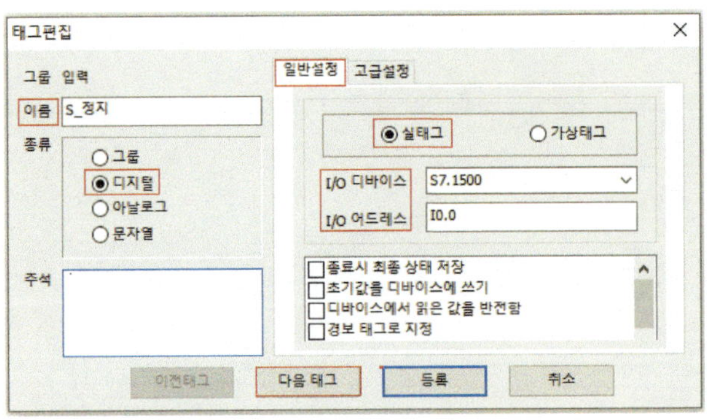

- 다음 태그를 누르면

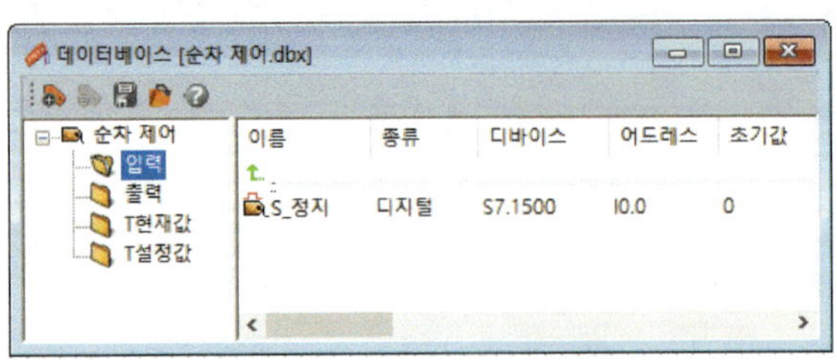

- 같은 방법으로 **[새 태그]** 버튼을 클릭하여 입력그룹 내의 태그를 아래와 같이 생성한다.

그룹	이름	종류	I/O 디바이스	I/O 어드레스
입력	S_정지	디지털	S7.1500	I0.0
	S_기동	〃	〃	I0.1
	M_정지	〃	〃	M0.0
	M_기동	〃	〃	M0.1

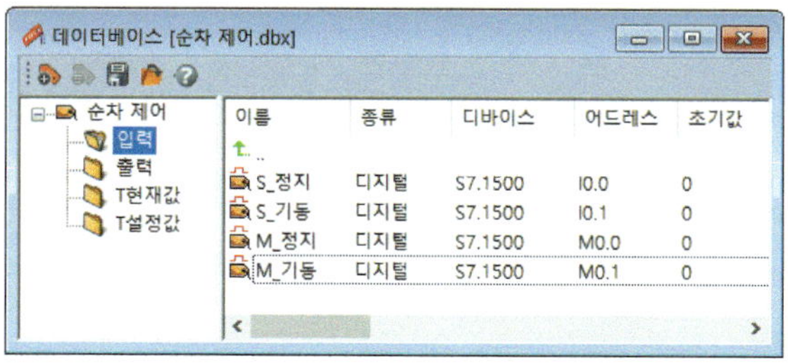

ⓑ 출력그룹

- 태그 편집기에서 입력그룹과 같은 방법으로 다음을 입력한다.

그룹	이름	종류	I/O 디바이스	I/O 어드레스
출력	PL0	디지털	S7.1500	Q0.0
	PL1	〃	〃	Q0.1
	PL2	〃	〃	Q0.2
	PL3	〃	〃	Q0.3
	GL	디지털	S7.1500	Q0.4
	RL	〃	〃	Q0.5

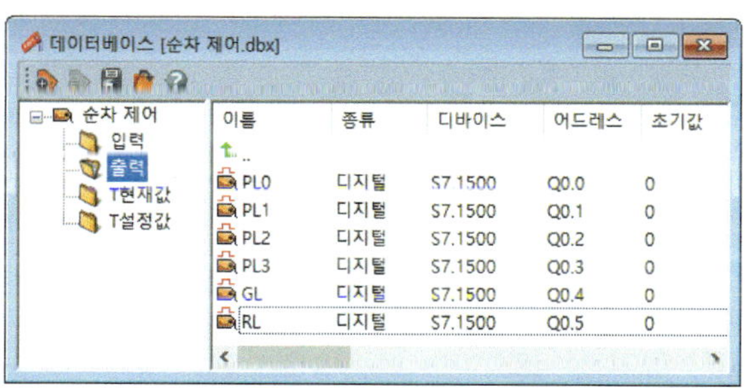

ⓒ T현재값 그룹

- 태그 편집기에서

이름 : TP_1 **종류** : 아날로그

I/O 디바이스 : S7.1500 (디바이스 이름.스테이션 이름)

I/O 어드레스 : TT.T1

최소값 : 0, **최대값** : 10000

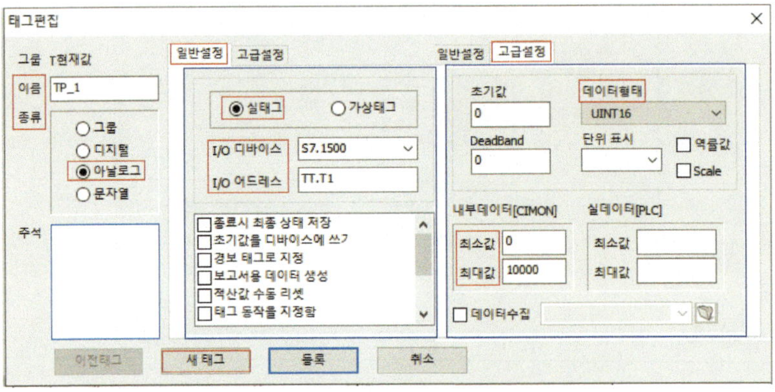

- 같은 방법으로 **[다음 태그]** 버튼을 클릭하여 T현재값 그룹 내의 태그를 아래와 같이 입력한다.

그룹	일반설정				고급설정	
	이름	종류	I/O 디바이스	I/O 어드레스	최소값	최대값
T현재값	TP_1	아날로그	S7.1500	TT.T1	0	10000
	TP_2	〃	〃	TT.T2	〃	〃
	TP_3	〃	〃	TT.T3	〃	〃
	TP_4	〃	〃	TT.T4	〃	〃
	TP_5	〃	〃	TT.T5	〃	〃

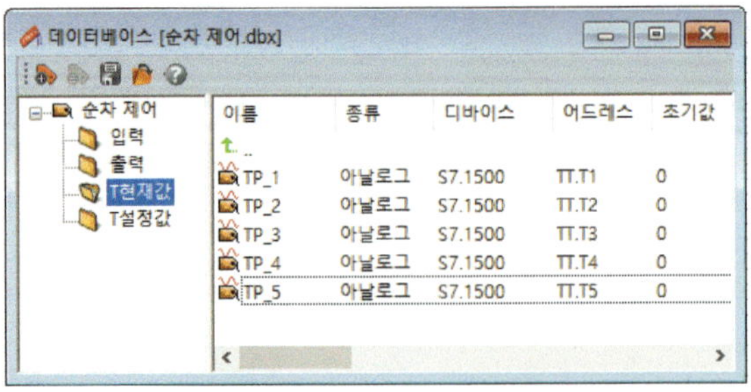

ⓓ T설정값 그룹

- 태그 편집기에서 T현재값 그룹과 같은 방법으로 다음을 입력한다.

그룹	일반설정				고급설정	
	이름	종류	I/O 디바이스	I/O 어드레스	최소값	최대값
T설정값	TD_1	아날로그	S7.1500	MW4	0	10000
	TD_2	〃	〃	MW8	〃	〃
	TD_3	〃	〃	MW12	〃	〃
	TD_4	〃	〃	MW16	〃	〃
	TD_5	〃	〃	MW20	〃	〃

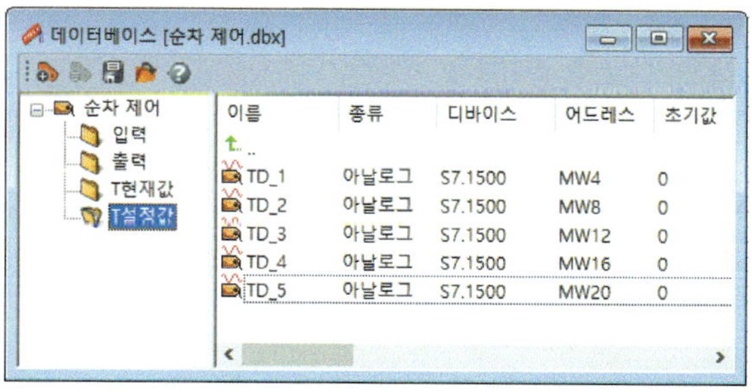

(4) 작화와 기능부여

① 입력그룹

: 입력 버튼은 **[그림] - [라이브러리] - [Button New 01]**에서 드래그하여 생성한다.

ⓐ S_정지, S_기동

- 실제 버튼(I0.0, I0.1) ON, OFF 하면 모니터에서 모니터링 하는 기능.

• S_정지

- 아래와 같이 출몰 기능을 각각 입력한다.

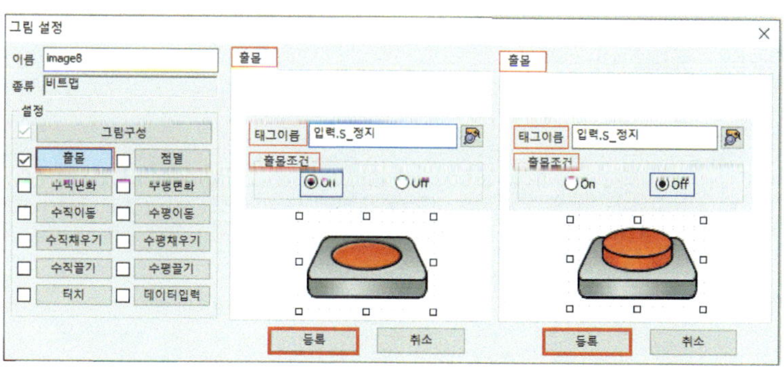

- 입력된 두 버튼을 선택하여 정확하게 겹치게 하여 한 개의 버튼이 동작되는 모양으로 되어야 한다.

  ⇨ **[정열] - [정열] - [맞춤설정]** 창에서 가로, 세로 방향 모두 가운데를 선택하여 확인을 클릭한다.

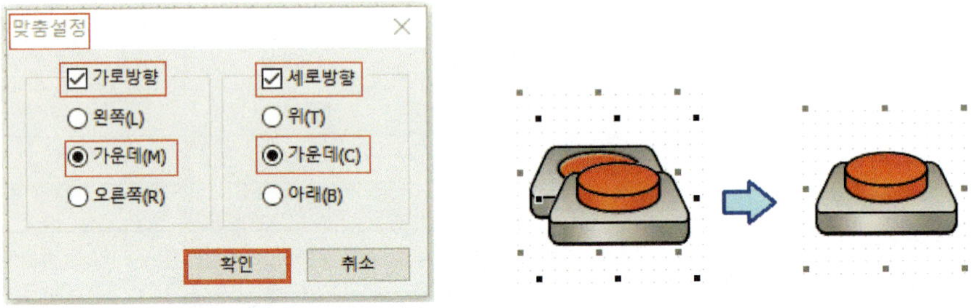

- S_기동
  - 아래와 같이 출몰 기능을 각각 입력한다.

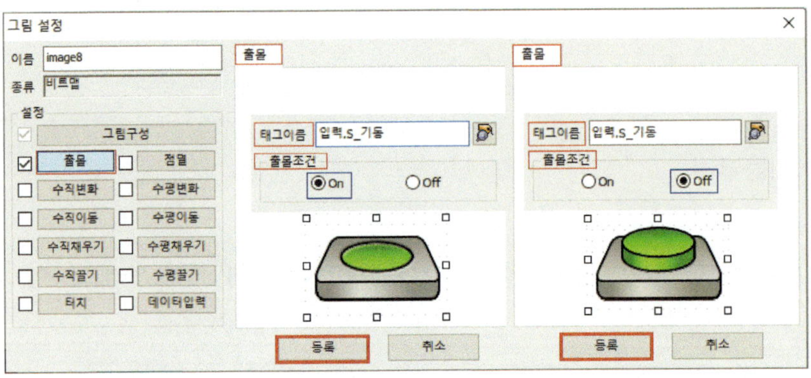

  - 입력된 두 버튼을 선택하여 정확하게 겹치게 하여 한 개의 버튼이 동작되는 모양으로 되어야 한다. (S_정지 참고)

    ⇨ **[정열] - [정열] - [맞춤설정]** 창에서 가로, 세로 방향 모두 가운데를 선택하여 확인을 클릭한다.

ⓑ M_정지, M_기동

- 내부 메모리 M 디바이스 버튼(M0000, M0001) 모니터에서 ON, OFF 하면 PLC 프로그램을 제어하는 기능.

• M_정지

- 아래와 같이 출몰 기능, 터치 기능을 입력한다.

	– 기능 : 출몰, – 태그이름 : 입력.M_정지 – 출몰조건 : ON

	– 기능 : 출몰, – 태그이름 : 입력.M_정지 – 출몰조건 : OFF
	– 기능 : 터치, 동작 : 순간값 쓰기 – 태그이름 : 입력.M_정지 – 쓰기값 : 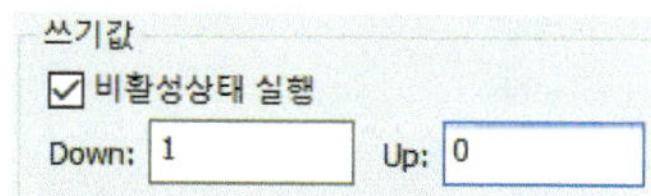

- 입력된 두 버튼을 선택하여 정확하게 겹치게 하여 한 개의 버튼이 동작되는 모양으로 되어야 한다. (S_정지 참고)

• M_기동

- 아래와 같이 출몰 기능, 터치 기능을 입력한다.

	– 기능 : 출몰, – 태그이름 : 입력.M_기동 – 출몰조건 : ON

	– 기능 : 출몰, – 태그이름 : 입력.M_기동 – 출몰조건 : OFF
	– 기능 : 터치, 동작 : 순간값 쓰기 – 태그이름 : 입력.M_기동 – 쓰기값 : 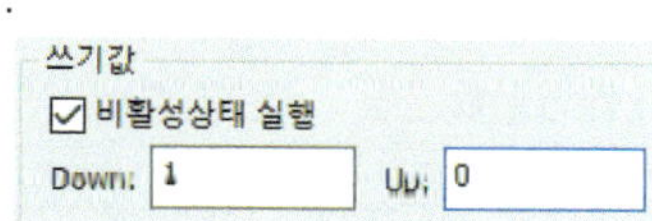

- 입력된 두 버튼을 선택하여 정확하게 겹치게 하여 한 개의 버튼이 동작되는 모양으로 되어야 한다. (S_정지 참고)

② 출력그룹

: 출력 램프는 **[그림]**-**[라이브러리]**-**[Lamp_S New]**에서 드래그하여 생성한다.

ⓐ PL0~PL4(표시등)

순차적으로 점등하는 Pilot Lamp(표시등) 기능.

- PL0
  - 아래와 같이 출몰 기능을 각각 입력한다.

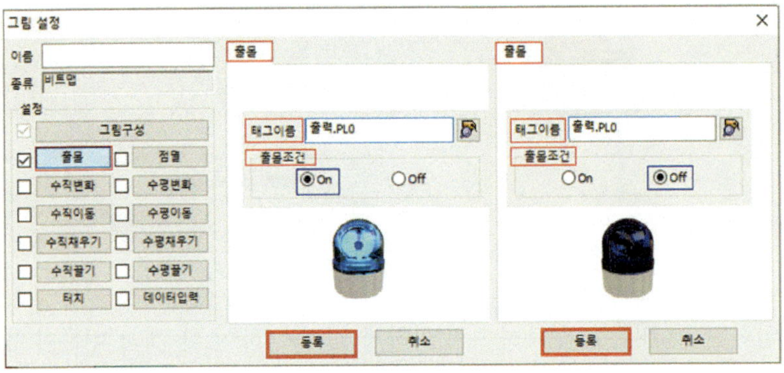

- 입력된 두 램프를 선택하여 정확하게 겹치게 하여 한 개의 램프가 동작되는 모양으로 되어야 한다.

⇨ **[정열]**-**[정열]**-**[맞춤설정]** 창에서 가로, 세로 방향 모두 가운데를 선택하여 확인을 클릭한다.

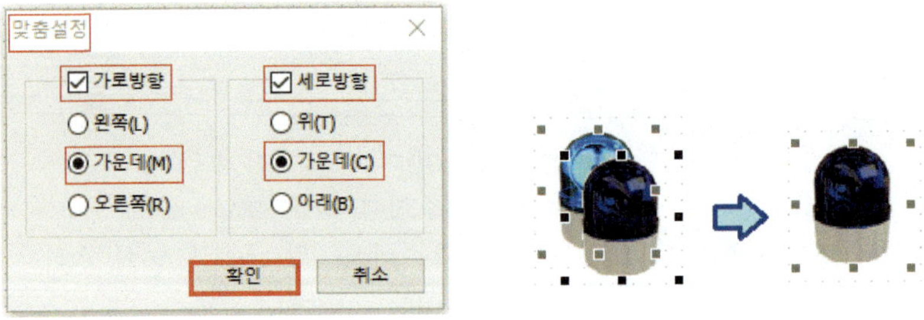

- PL1~PL3
  - 기능이 입력된 PL0를 3개를 복사하여 **[편집]**-**[바꾸기]**를 이용하여 PL1, PL2, PL3 램프를 완성한다.

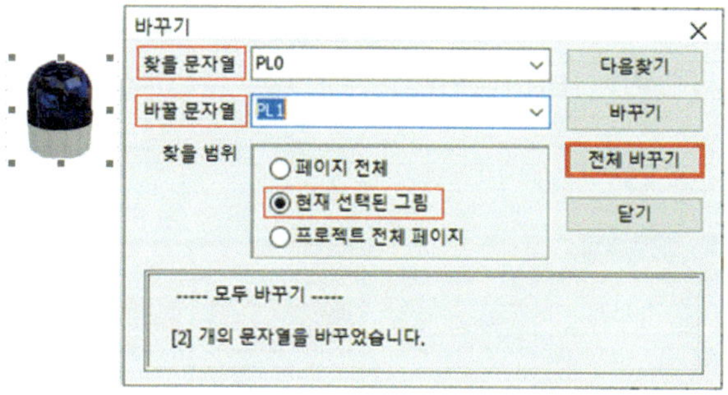

ⓑ 정지등, 운전등

정지 표시등(GL:Green Lamp), 운전 표시등(RL:Red Lamp) 기능.

- 정지등
  - 아래와 같이 출몰 기능을 각각 입력한다.

	– 기능 : 출몰, – 태그이름 : 출력.GL – 출몰조건 : ON
	– 기능 : 출몰, – 태그이름 : 출력.GL – 출몰조건 : OFF

  - 입력된 두 램프를 선택하여 정확하게 겹치게 한다. (S_정지 참고)

- 운전등
  - 아래와 같이 출몰 기능을 각각 입력한다.

	– 기능 : 출몰, – 태그이름 : 출력.RL – 출몰조건 : ON
	– 기능 : 출몰, – 태그이름 : 출력.RL – 출몰조건 : OFF

  - 입력된 두 램프 선택하여 정확하게 겹치게 한다. (S_정지 참고)

③ T 현재값 그룹

: 타이머 현재값은 **[그림]-[라이브러리]-[태그값 표시]**에서 드래그하여 생성한다.

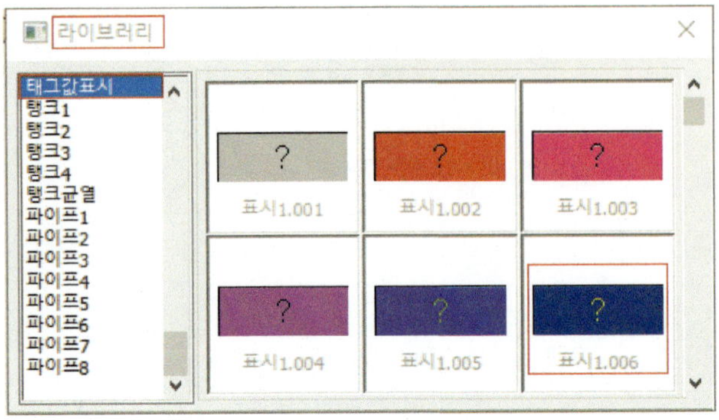

ⓐ TP_1~TP_5

각 타이머의 현재값을 표시하는 기능.

- TP_1
  - 아래와 같이 태그값 표시 기능을 입력한다.

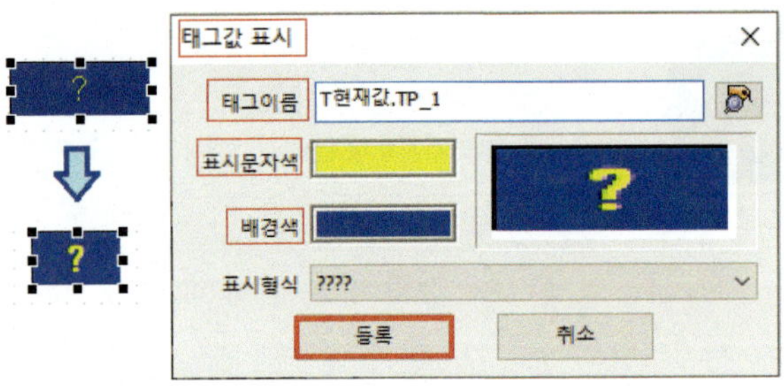

  - 글자 크기와 글씨체는 **[도구]-[글꼴 설정]**에서 입력한다.

- TP_2~TP_5
  - TP_1을 복사하여 아래와 같이 태그 이름을 입력한다.

	– 태그이름 : T현재값.TP_2
	– 태그이름 : T현재값.TP_3
	– 태그이름 : T현재값.TP_4
	– 태그이름 : T현재값.TP_5

④ T 설정값 그룹

: 타이머 설정값은 **[그림] - [태그값]**에서 클릭하여 생성한다.
설정값 표시는 **[그림] - [라이브러리] - [태그값 표시]**에서 드래그하여 생성한다.

ⓐ TD_1~TD_5

각 타이머의 설정값을 입력하고 표시하는 기능.

- TD_1

  - 아래와 같이 **[그림] - [태그값]**을 선택하여 화면에 클릭하여 태그값 기능을 등록한다.

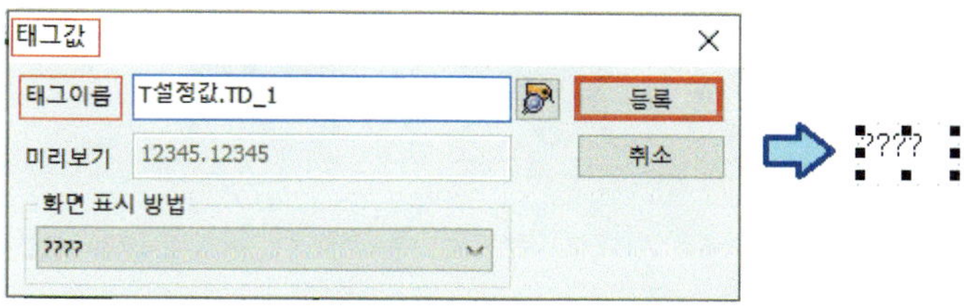

  - 등록된 태그값()을 선택하여 더블 클릭하여 데이터 입력을 클릭하여 아래와 같이 입력하고 등록한다.

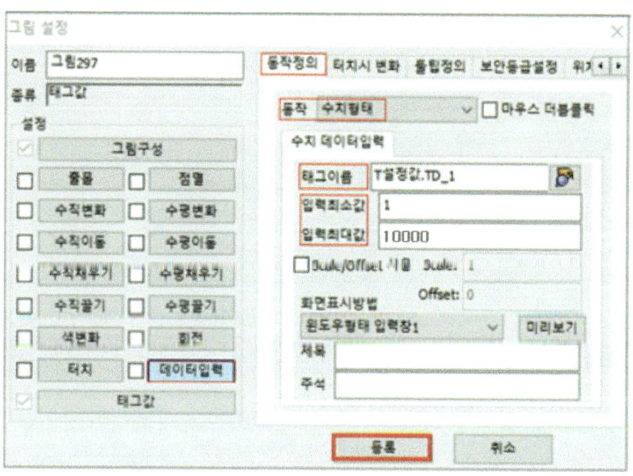

  - 등록된 데이터 입력 태그값을 표시하기 위하여 **[그림] - [라이브러리] - [태그값 표시]**에서 생성하여 두 기능이 표현되게 한다.

- 앞에서 생성된 데이터 입력 태그값(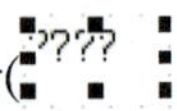)과 태그값 표시()를 겹치게 하여 하나의 태그 모양으로 그룹으로 생성한다.

- TD_2~TD_5
  - 기능이 입력된 TD_1을 4개를 복사하여 **[편집] - [바꾸기]**를 이용하여 TD_2, TD_3, TD_4, TD5를 완성한다.

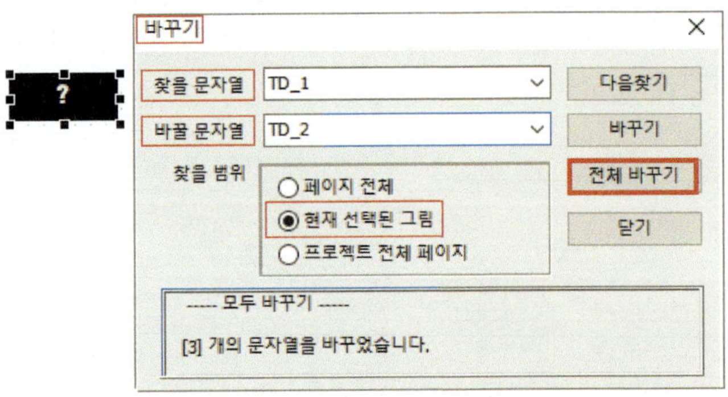

- 문자는 **[그림] - [문자]**에서 작성하여 복사하여 붙여서 **[그림설정] - [문자 편집]**에서 작성한다.

(5) 초기화면 저장 및 실행

① **[파일] - [저장]** 선택하여 "순차제어"로 저장한다.

② 초기화면 지정

모든 내용을 저장 후 **[도구] - [Cimon-X 환경설정]** 선택하여 Cimon-X 환경 설정창에서 초기화면을 지정한다.

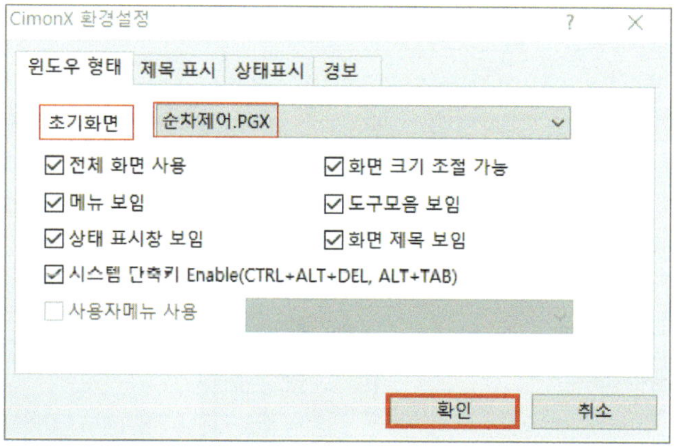

③ 동작을 확인

[도구] - [Cimon-X 실행] 선택하여 동작을 확인한다.

3.2 실린더 제어

1) 컴퓨터 모니터 전체화면

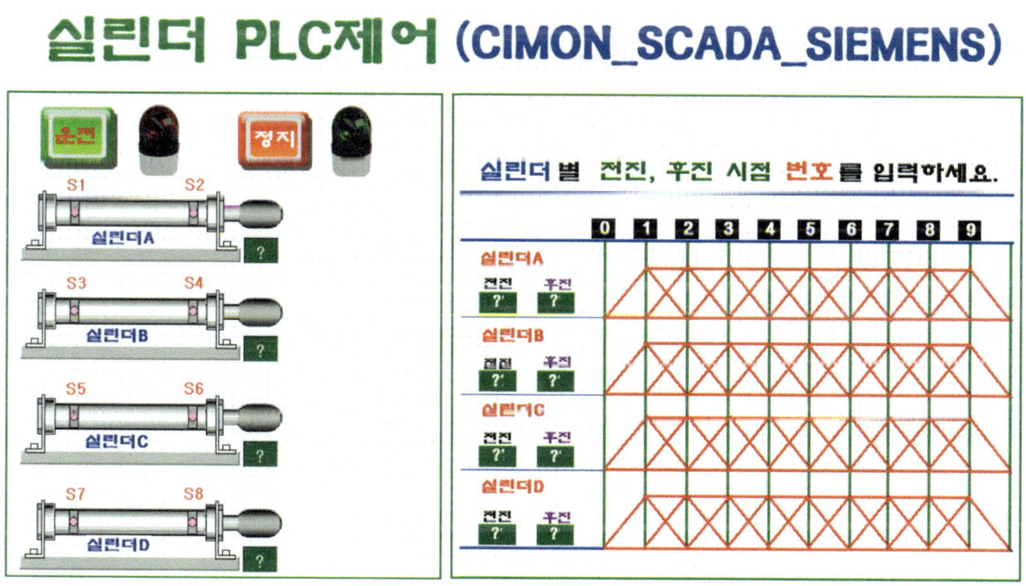

2) 제어방식

이더넷(Ethernet) 통신으로 작화와 기능이 입력된 컴퓨터 모니터에서 마우스로 버튼 동작과 데이터를 입력하면 실린더가 변위 선도와 같이 제어된다.

(1) 이더넷(Ethernet) 통신

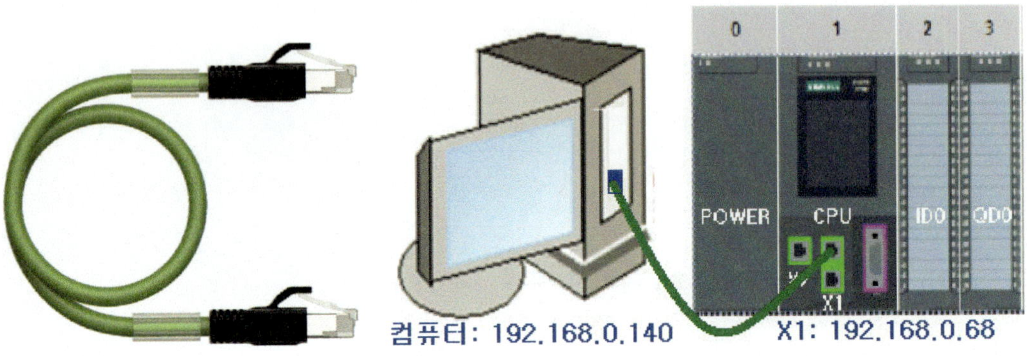

3) PLC 프로그램 작성

(1) 실습 목적

- SIEMENS PLC와 컴퓨터 모니터간 이더넷 통신을 할 수 있다.
- 컴퓨터 모니터에서 PLC를 제어할 수 있다.
- 컴퓨터 모니터에서 PLC의 입, 출력 모니터링을 할 수 있다.
- PLC 디바이스를 이용하여 실태그 데이터베이스를 작성할 수 있다.
- 출몰, 색 변환, 태그값 표시, 데이터 입력, 터치, 스크립터 기능을 작성할 수 있다.

(2) 동작 조건

- 실행 화면에서 운전, 정지 버튼을 ON 하면 실린더 제어 동작이 되어야 한다.
- 실행 화면에서 실린더별 전진, 후진 시점이 입력되어야 한다.
- 실행 화면에서 위 2) 에 의하여 작성된 변위 선도와 같이 반복 제어되어야 한다.

(3) I/O 할당표

- 실습에 사용된 I/O는 다음과 같다.

구분	명칭	기능설명	I/O 할당
모니터 버튼 입력	M_STR	PC 화면에서 버튼으로 운전 기능	%M0.0
	M_STO	PC 화면에서 버튼으로 정지 기능	%M0.1
출력	SOL_A	실린더_A 편솔	%Q0.0
	SOL_B	실린더_B 편솔	%Q0.1
	SOL_C	실린더_C 편솔	%Q0.2
	SOL_D	실린더_D 편솔	%Q0.3
변위 선도 번호	FW_A	A 실린더 전진 시점 번호입력	%MB1
	FW_B	B 실린더 전진 시점 번호입력	%MB2
	FW_C	C 실린더 전진 시점 번호입력	%MB3
	FW_D	D 실린더 전진 시점 번호입력	%MB4
	BW_A	A 실린더 후진 시점 번호입력	%MB5
	BW_B	B 실린더 후진 시점 번호입력	%MB6
	BW_C	C 실린더 후진 시점 번호입력	%MB7
	BW_D	D 실린더 후진 시점 번호입력	%MB8

- 실습에 사용된 DB1은 다음과 같다.

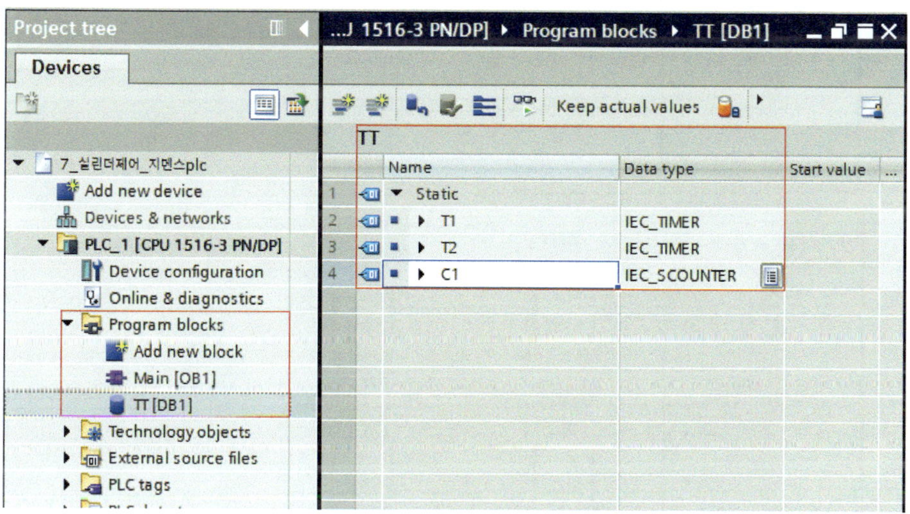

(4) 프로그램

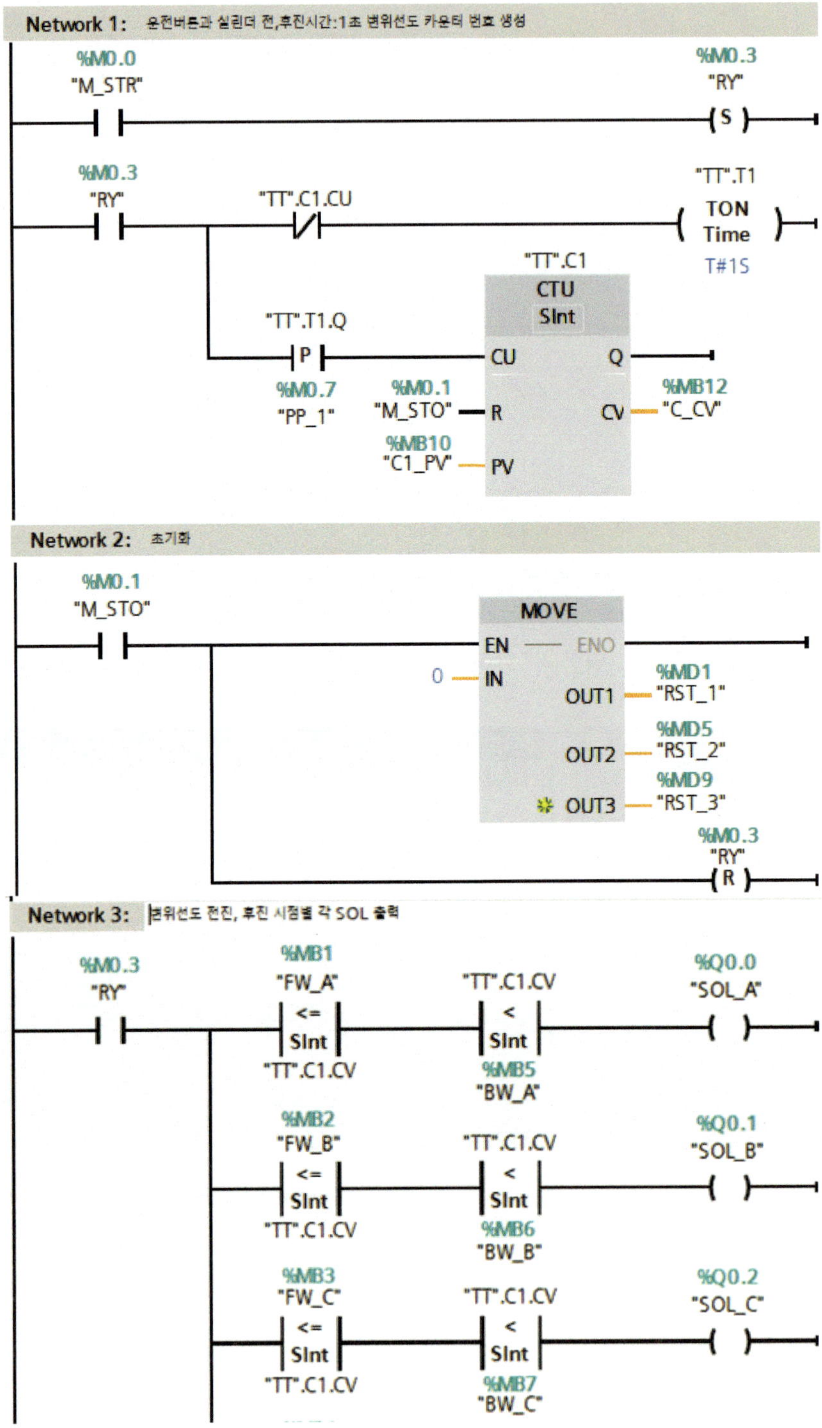
Network 1: 운전버튼과 실린더 전,후진시간:1초 변위선도 카운터 번호 생성
%M0.0
"M_STR"
%M0.3
"RY"
S
%M0.3
"RY"
"TT".C1.CU
"TT".T1
TON
Time
T#1S
"TT".C1
CTU
SInt
"TT".T1.Q
P
CU
Q
%M0.7
"PP_1"
%M0.1
"M_STO"
R
CV
%MB12
"C_CV"
%MB10
"C1_PV"
PV
Network 2: 초기화
%M0.1
"M_STO"
MOVE
EN
ENO
0
IN
%MD1
OUT1
"RST_1"
%MD5
OUT2
"RST_2"
%MD9
OUT3
"RST_3"
%M0.3
"RY"
R
Network 3: 변위선도 전진, 후진 시점별 각 SOL 출력
%M0.3
"RY"
%MB1
"FW_A"
<=
SInt
"TT".C1.CV
"TT".C1.CV
<
SInt
%MB5
"BW_A"
%Q0.0
"SOL_A"
%MB2
"FW_B"
<=
SInt
"TT".C1.CV
"TT".C1.CV
<
SInt
%MB6
"BW_B"
%Q0.1
"SOL_B"
%MB3
"FW_C"
<=
SInt
"TT".C1.CV
"TT".C1.CV
<
SInt
%MB7
"BW_C"
%Q0.2
"SOL_C"

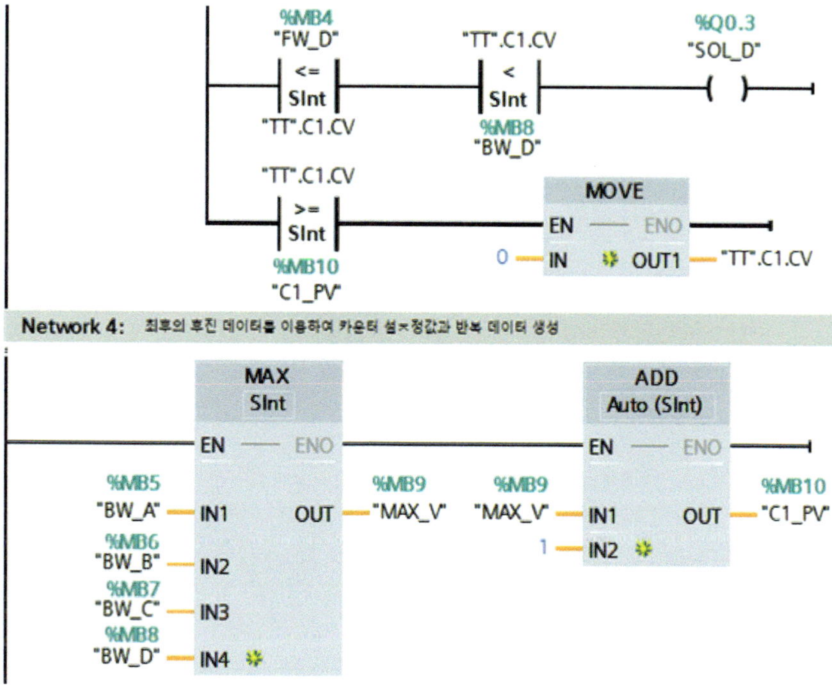

(5) PLC 통신

*** 5-1과제 “타이머 순차제어” 참고

❶ 지멘스 PLC의 TIA 포털 Project tree에서 Device configuration을 더블클릭한다.

❷ CPU ①부분을 더블클릭하여 아래 그림과 같이 체크한다.

- 보호 및 보안의 연결 메커니즘을 클릭하여 통신 허용란을 체크

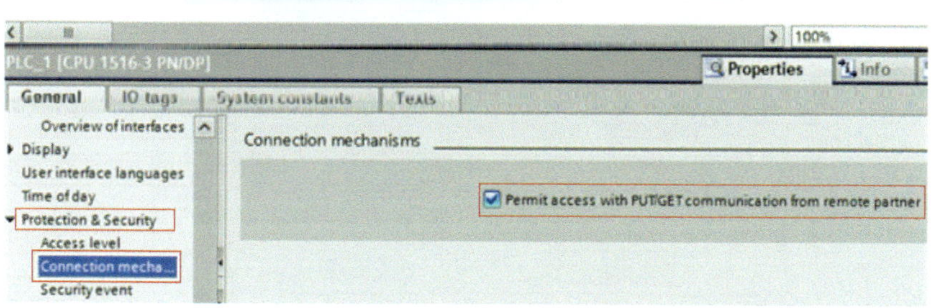

❸ 위 그림 CPU ②부분의 PN 통신 X-1 부분을 클릭하여 아래 그림과 같이 **이더넷 주소를 확인**하고 Add new subnet 버튼을 눌러 연결할 새로운 서버넷을 추가한다.

❹ ❶. ❷ 설정후 Project tree에서 Device & networks를 더블 클릭하면 아래 그림과 같이 새로운 통신 네트웍이 생성되었음을 확인한다.

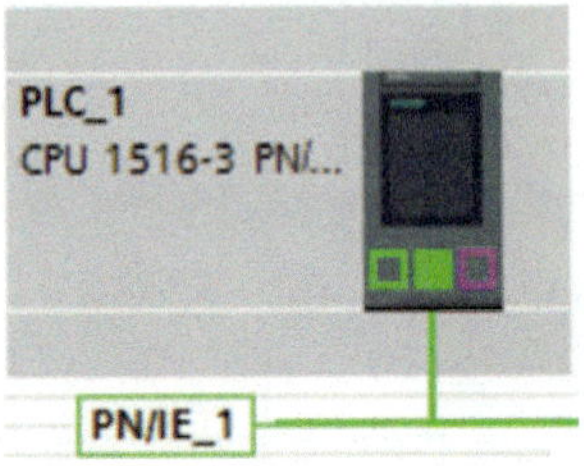

4) HMI 작업

(1) 새 프로젝트 만들기 (3-1과제 참고)

① 바탕화면에 설치된 CIMON D를 실행한다.

② **[새 프로젝트 열기]**를 선택한다.

③ 새 프로젝트 만들기 창이 나타나면 **[프로젝트 이름] [프로젝트 개요] [작업 경로]**를 설정한 후 생성 버튼을 누른다.

- 프로젝트 이름 : 실린더 제어

④ 프로젝트를 생성하면 Page1 창이 나타난다.

⑤ **[도구]-[페이지 환경 설정]**을 클릭하면 **[페이지 환경 설정]** 창이 나타난다.

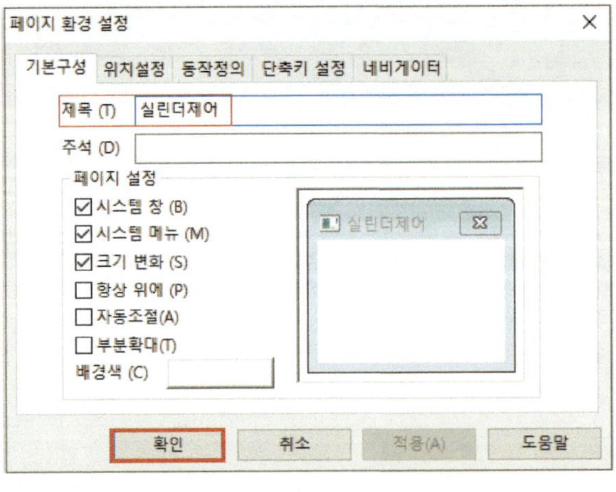

(2) I/O 디바이스 설정 (3-1과제 참고)

: [도구] - [I/O 디바이스]

① [I/O 디바이스 설정] 창에서 [새 디바이스]를 누른다.

② [I/O 디바이스 종류 선택] 창에서 [디바이스 이름]과 사용할 PLC를 선택한 후 확인을 누른다.

- 디바이스 이름 : S7
- PLC 선택 : 지멘스 SIEMENS S7 Series Ethernet Send Receive

③ [Siemens S7 Protocol(Ethernet) 설정] 창에서 [스테이션 추가]를 누른다.

- [스테이션 설정] 창에서 아래와 같이 설정하고 [등록]을 누른다.

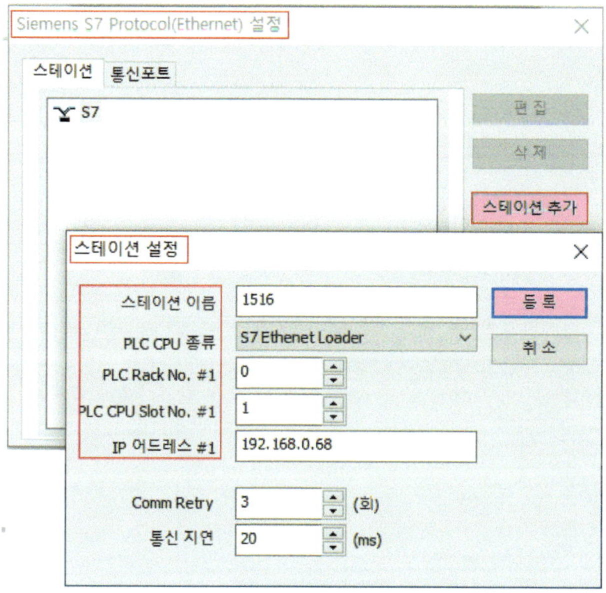

- [Siemens S7 Protocol(Ethernet) 설정] 창에서 [통신블록 추가]를 누르고 통신블록 설정을 입력부터 차례로 워드 번호를 입력하고 등록 후 다시 [통신블록 추가]를 누른다.

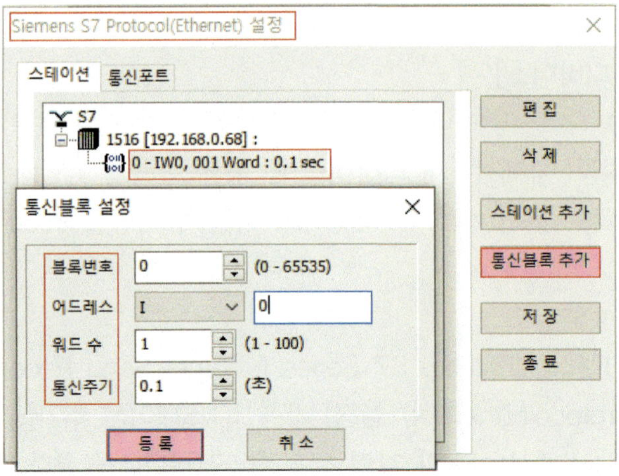

- 통신 블록 설정 창에서 출력(Q), 내부릴레이(M) DB1을 차례로 입력하고 통신포트 탭을 누른다.

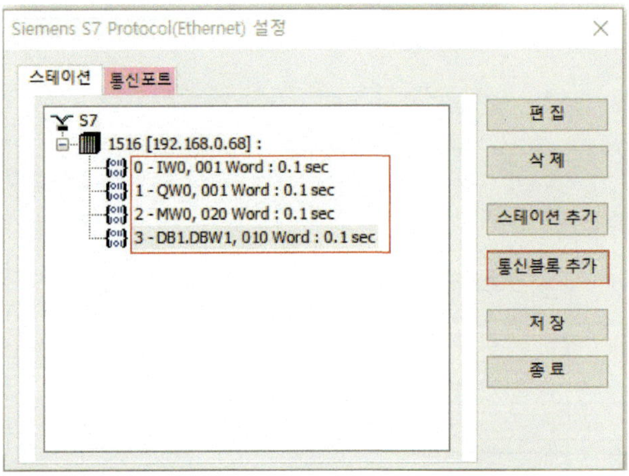

- **[Siemens S7 Protocol(Ethernet) 설정]** 창에서 통신포트 탭에서 다음과 같이 설정하고 저장, 종료한다.

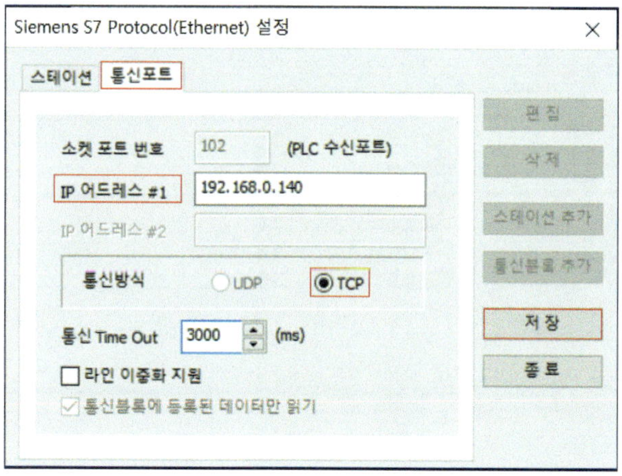

- I/O 디바이스 설정이 끝나면 아래와 같은 화면이 나옵니다. 아래 화면에서 스테이션 이름 "1516"을 더블 클릭하면 스테이션에서 입력한 내용들이 나타난다.

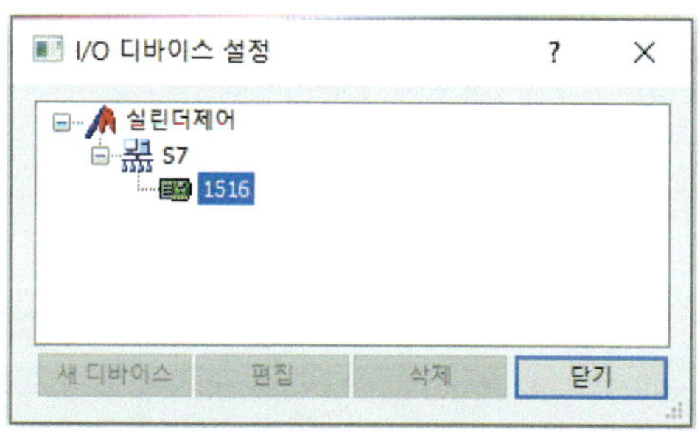

(3) 데이터베이스 설정 (3-1과제 참고)

① 프로젝트를 생성하여 화면 왼쪽 프로젝트 창의 메뉴에서 데이터베이스를 더블클릭한다.

② 데이터베이스 창에서 **[새 태그]** 단축아이콘을 눌러 태그를 추가한다.

③ 태그편집 화면에서 태그의 **[이름]**, **[종류]**를 아래와 같이 설정한 후 새 태그를 누른다.

- 이름 : 입력,　　종류 : 그룹
- 같은 방법으로 **[새 태그]** 버튼을 클릭하여 전진, 후진, SOL, 실린더, 릴레이, 램프, ANA 그룹 태그를 아래와 같이 생성한다.

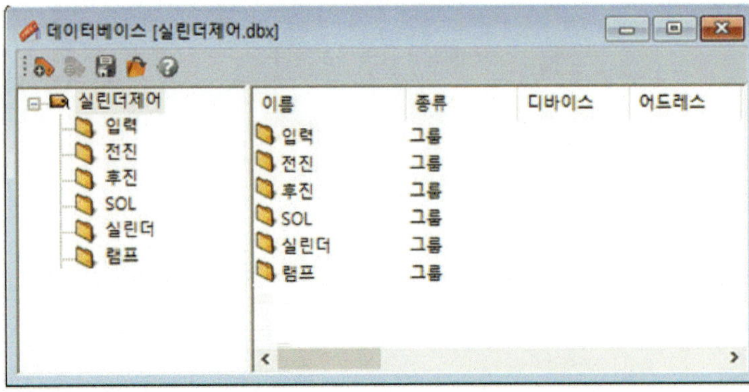

④ 입력그룹의 태그를 작성하기 위하여 왼쪽 창의 입력 그룹 태그를 선택하고 [새태그] 아이콘을 클릭하여 아래와 같이 설정한다.

ⓐ 입력그룹

그룹	이름	종류	I/O 디바이스	I/O 어드레스
입력	STR	디지털	S7.1516	M0.0
	STO	〃	〃	M0.1

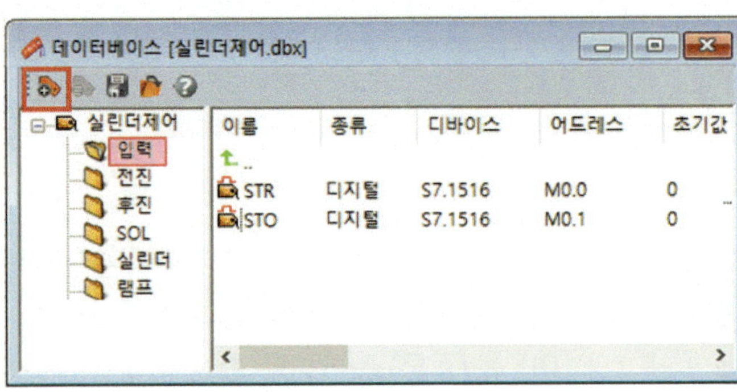

ⓑ 전진 그룹

그룹	일반설정				고급설정	
	이름	종류	I/O 디바이스	I/O 어드레스	최소값	최대값
전진	A	아날로그	S7.1516	MB1	0	10
	B	〃	〃	MB2	〃	〃
	C	〃	〃	MB3	〃	〃
	D	〃	〃	MB4	〃	〃

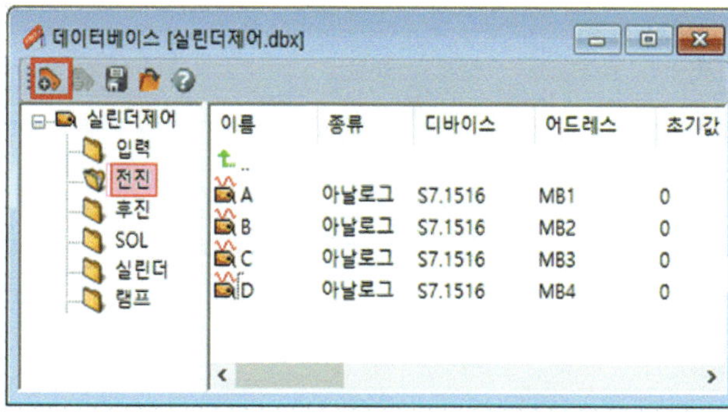

ⓒ 후진 그룹

그룹	일반설정				고급설정	
	이름	종류	I/O 디바이스	I/O 어드레스	최소값	최대값
후진	A	아날로그	S7.1516	MB5	0	10
	B	〃	〃	MB6	〃	〃
	C	〃	〃	MB7	〃	〃
	D	〃	〃	MB8	〃	〃

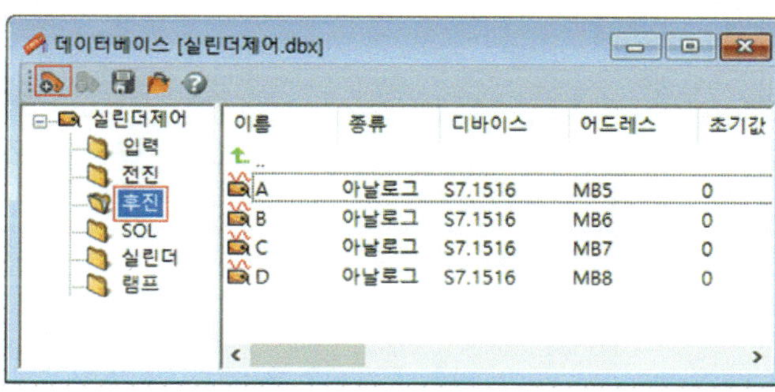

ⓓ SOL 그룹

그룹	이름	종류	I/O 디바이스	I/O 어드레스
SOL	A	디지털	S7.1516	Q0.0
	B	〃	〃	Q0.1
	C	〃	〃	Q0.2
	D	〃	〃	Q0.3

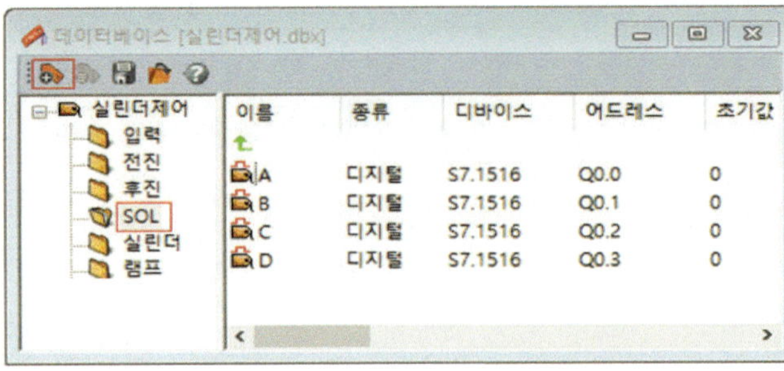

ⓔ 실린더 그룹

그룹	일반설정				고급설정	
	이름	종류	I/O 디바이스	I/O 어드레스	최소값	최대값
실린더	A	아날로그			0	100
	B	〃			〃	〃
	C	〃			〃	〃
	D	〃			〃	〃

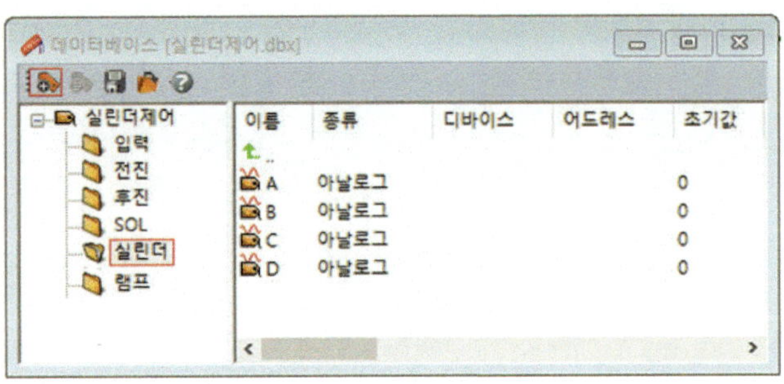

ⓕ 램프 그룹

그룹	이름	종류	I/O 디바이스	I/O 어드레스
램프	RL	디지털	S7.1516	Q0.4
	GL	“	“	Q0.5

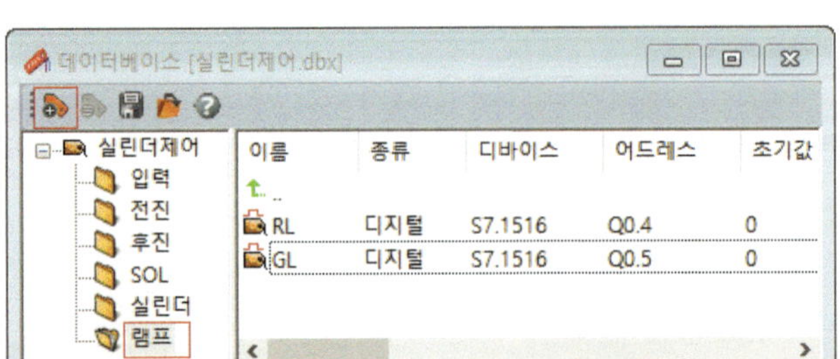

(4) 작화와 기능부여

① STR, STO

- 입력 버튼은 **[그림]-[라이브러리]-[Button New 01]**에서 드래그하여 생성한다.
- 내부 메모리 M 디바이스 버튼(%M0.0, %M0.1) 모니터에서 ON, OFF 하면 PLC 프로그램을 제어하는 기능.

ⓐ STR

㉮ 아래와 같이 터치 기능을 입력한다.

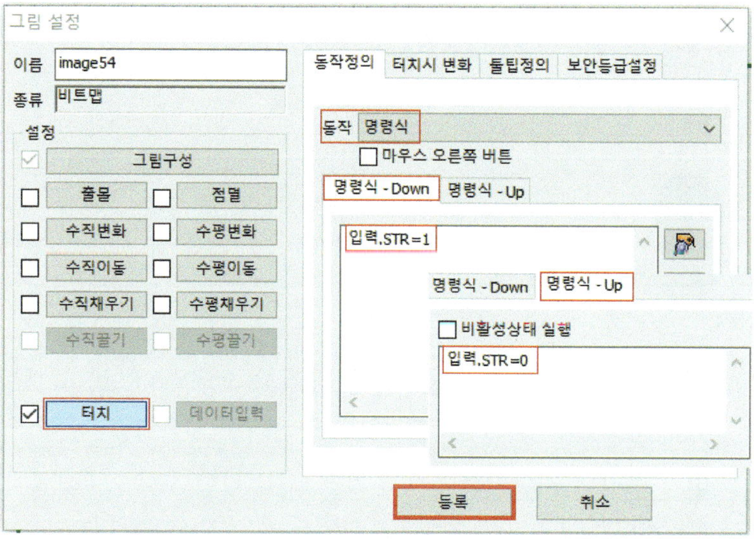

	– 기능 : 터치, – 동작 : 명령식 – 명령식-Down : 입력.STR=1 명령식-Up : 입력.STR=0 *** 문자와 그룹화 하여 기능을 부여한다.

ⓑ STO

	– 기능 : 터치, – 동작 : 명령식 – 명령식-Down : 입력.STO=1 명령식-Up : 입력.STO=0 *** 문자와 그룹화 하여 기능을 부여한다.

② 램프 그룹

: 램프는 **[그림]**-**[라이브러리]**-**[Lamp_S_New]**에서 드래그하여 생성한다.

ⓐ 램프.RL, 램프.GL

- 운전시, 정지시 점등하는 Pilot Lamp(표시등) 기능.

㉮ RL

- 아래와 같이 출몰 기능을 각각 입력한다.

	– 기능 : 출몰, – 태그이름 : 램프.RL – 출몰조건 : ON

	– 기능 : 출몰, – 태그이름 : 램프.RL – 출몰조건 : OFF

- 입력된 두 램프를 선택하여 정확하게 겹치게 하여 한 개의 램프가 동작되는 모양으로 되어야 한다.
  - **[정열]**-**[정열]**-**[맞춤설정]** 창에서 가로, 세로 방향 모두 가운데를 선택하여 확인을 클릭한다.

㉯ GL

- 위와 같은 방법으로 출몰 기능을 각각 입력한다.

	– 기능 : 출몰, – 태그이름 : 램프.GL – 출몰조건 : ON

	– 기능 : 출몰, – 태그이름 : 램프.GL – 출몰조건 : OFF

③ 실린더 그룹

: 4-5 과제(217페이지)를 참고하여 실린더를 작화한다.

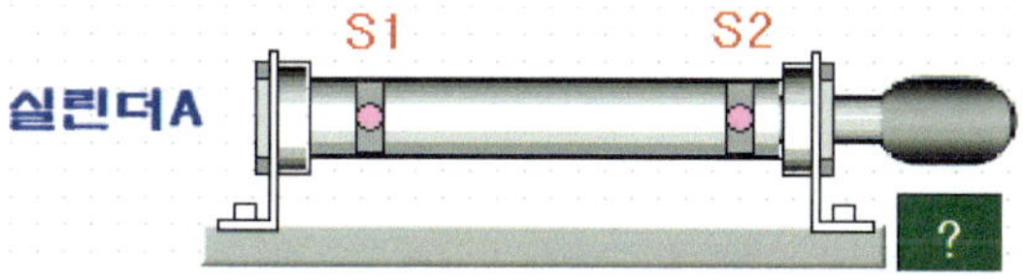

ⓐ 실린더.A~실린더.D

㉮ 실린더.A

- 아래와 같이 출몰 기능을 각각 입력한다.

실린더 로더 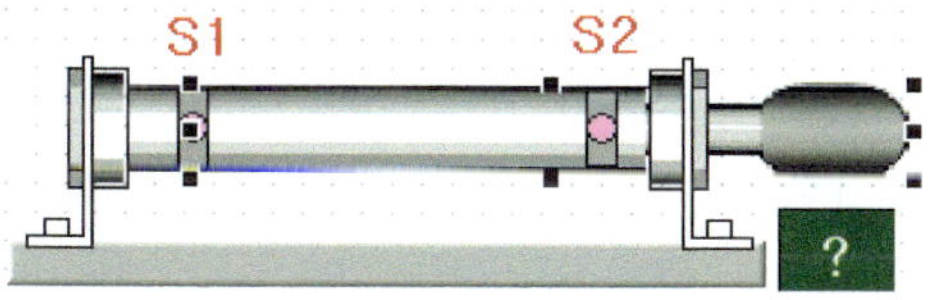	– 기능 : 수평이동 – 태그이름 : 실린더.A – 이동기준설정 : 왼쪽 – 이동거리 : 150
실린더 센서(S1, S2) 	– 기능 : 색변환 – 태그이름 : 실린더.A – 배경 : 적색 – 기준점 (센서 S1) : OFF 기준점 (센서 S2) : ◉>=90
실린더 태그값 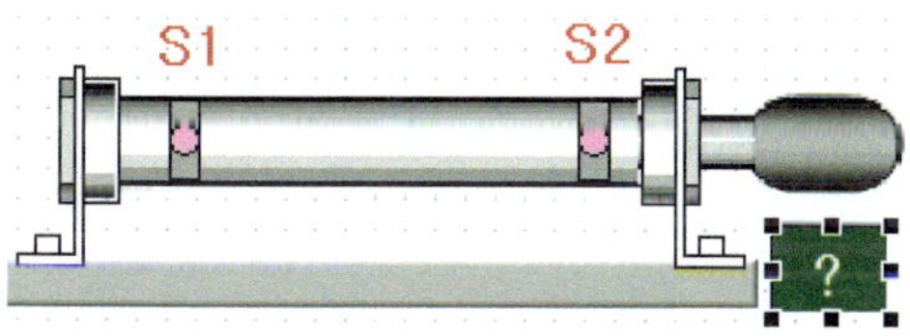	– 기능 : 태그값 표시 – 태그이름 : 실린더.A – 표시 문자색 : 흰색 – 배경색 : 녹색

㉯ 실린더.B~실린더.D

- 작화와 기능이 부여된 실린더.A를 복사하여 붙이고 태그 이름을 각각 실린더.B, 실린더.C, 실린더.D로 변경한다.

④ 전진, 후진 그룹

: 변위선도에 전진, 후진 번호를 입력하여 각 실린더의 동작 데이터를 PLC 프로그램에 전송하여 실린더를 제어한다.

ⓐ 실린더.A 전진, 후진 데이터 입력 태그값

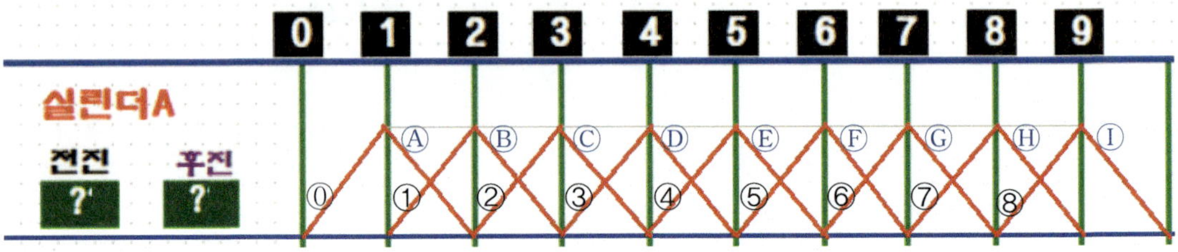

㉮ 전진 태그값

: 태그값은 [그림] – [태그값]을 선택하여 화면에 클릭하면 태그값 창이 나타난다.

- 태그값 창에서 아래와 같이 입력한다.

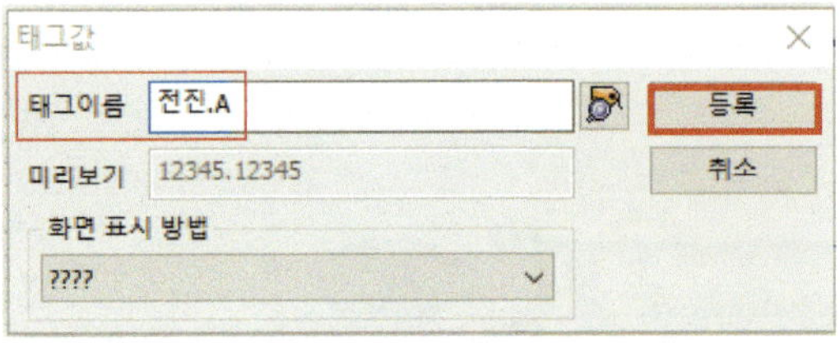

- 등록 버튼을 누르면 태그값 입력(????)이 나타난다.
- 태그값 입력(????)을 더블 클릭하면 기능 입력창이 나타난다.
- 기능 입력창에서 태그값의 태그 이름을 확인하고 데이터 입력을 클릭하여 아래와 같이 입력한다.

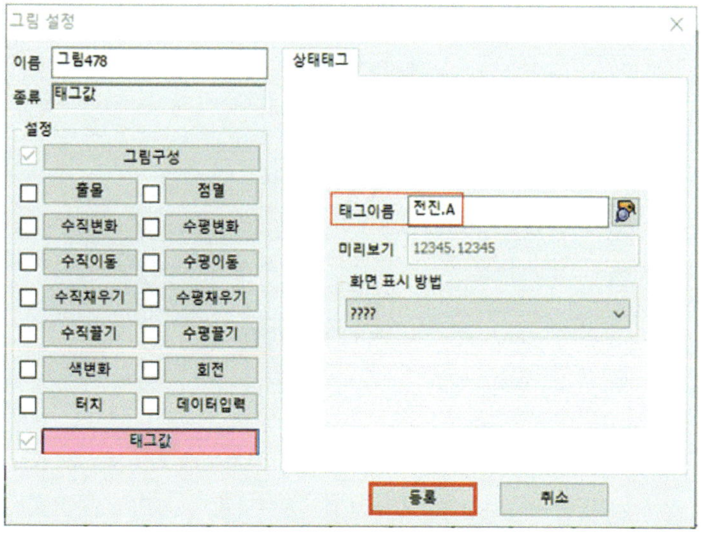

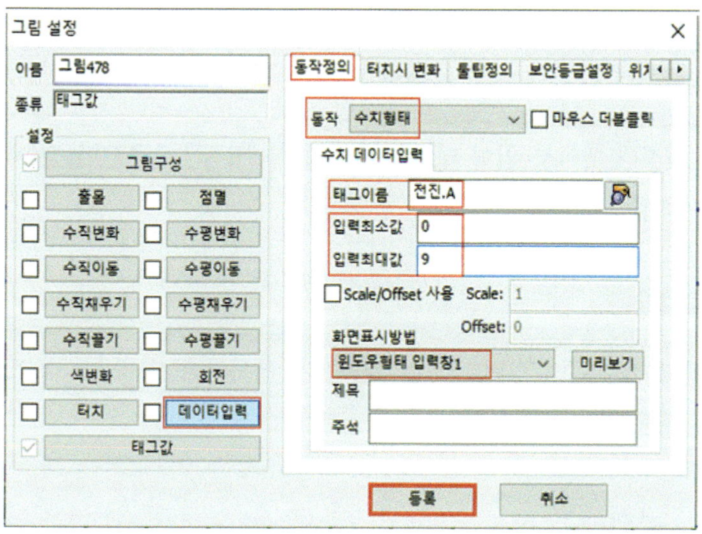

• 태그값 입력(????)을 더블 클릭하여 그림 구성에서 펜색과 배경색을 지정한다.

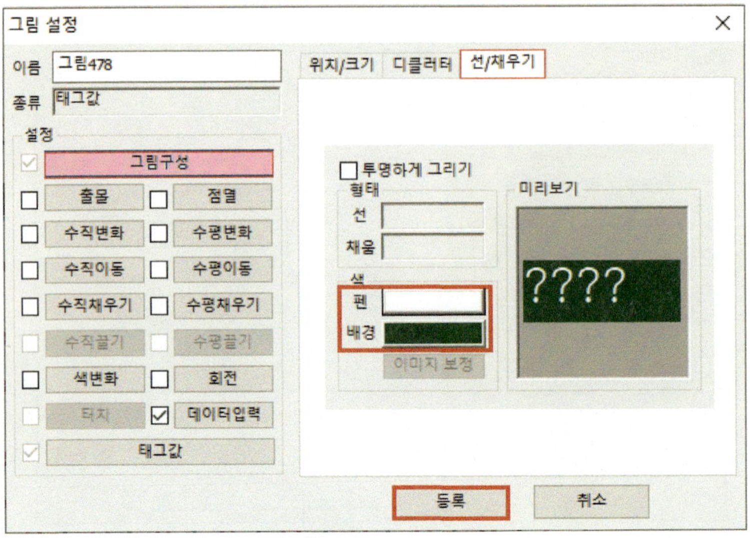

- 색이 지정된 데이터 입력 태그값()을 **[도구]** - **[글꼴 설정]**에서 글꼴과 스타일, 크기를 설정한다.

㉯ 후진 태그값

: 완성된 후진 데이터 입력 태그값()을 복사하여 붙여넣고 **[편집]** - **[바꾸기]**에서 전진을 후진으로 바꾼다.

㉰ 변위선도 표시

: 출몰 기능을 이용하여 태그 이름에 조건을 부여하여 출몰되게 한다.

- 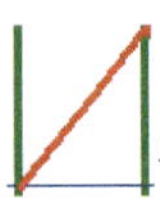의 를 더블클릭하여 출몰 기능을 아래와 같이 입력한다.

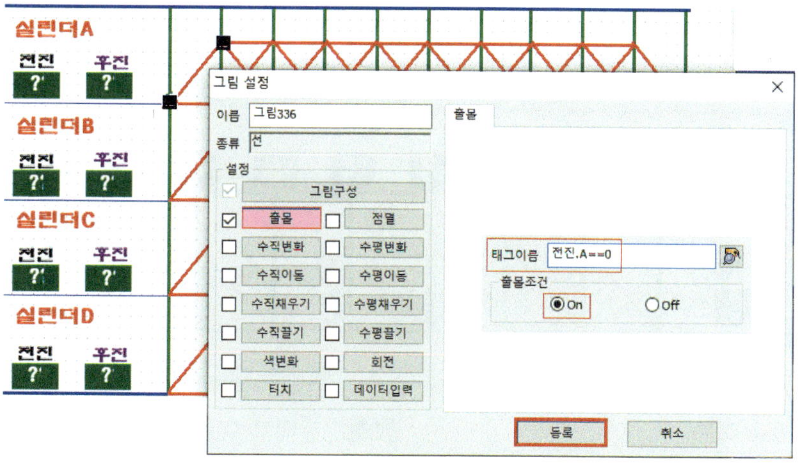

• 의 를 더블클릭하여 출몰 기능을 아래와 같이 입력한다.

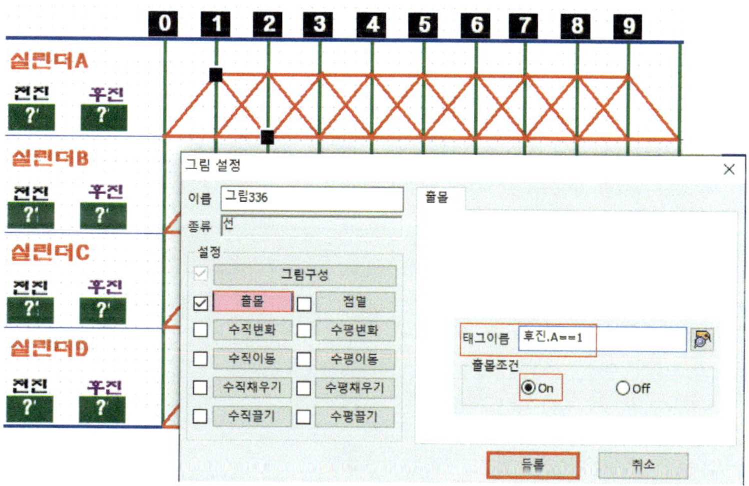

• 위와 같이 태그 이름을 작성하여 등록한다.

⓪~⑧ : 전진을 표시한다.
Ⓐ~Ⓘ : 후진을 표시한다.

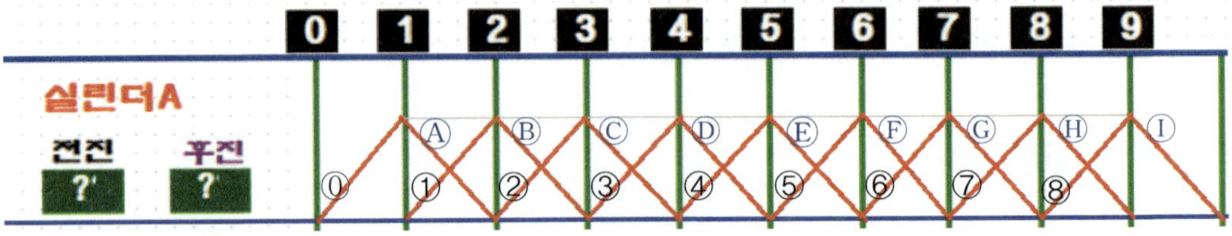

번호	태그 이름	기능	번호	태그 이름	기능
⓪	전진.A==0	전진 0 이면 나타남			
①	전진.A==1		Ⓐ	후진.A==1	후진 1 이면 나타남
②	전진.A==2		Ⓑ	후진.A==2	
③	전진.A==3		Ⓒ	후진.A==3	
④	전진.A==4		Ⓓ	후진.A==4	
⑤	전진.A==5		Ⓔ	후진.A==5	
⑥	전진.A==6		Ⓕ	후진.A==6	
⑦	전진.A==7		Ⓖ	후진.A==7	
⑧	전진.A==8	전진 8 이면 나타남	Ⓗ	후진.A==8	
			Ⓘ	후진.A==9	후진 9 이면 나타남

*** 예) 전진 : 2, 후진 : 7을 실행하면 아래와 같다.

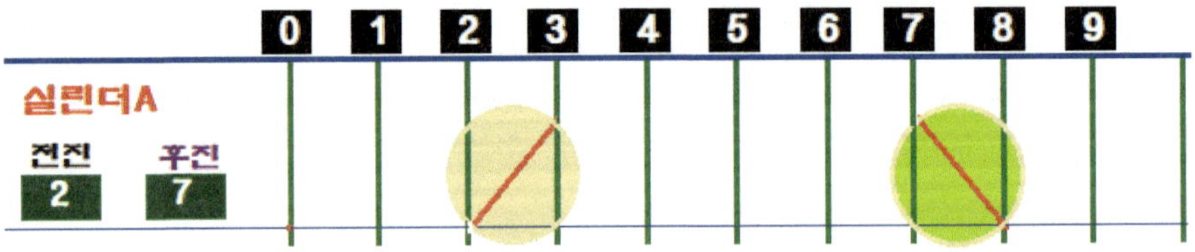

•  의 ____ 를 더블클릭하여 출몰 기능을 아래와 같이 입력한다.

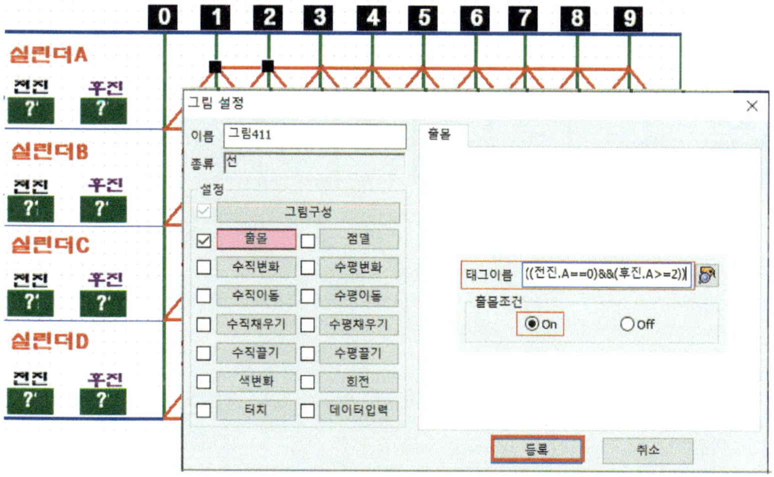

•  의 ____ 를 더블클릭하여 출몰 기능을 아래와 같이 입력한다.

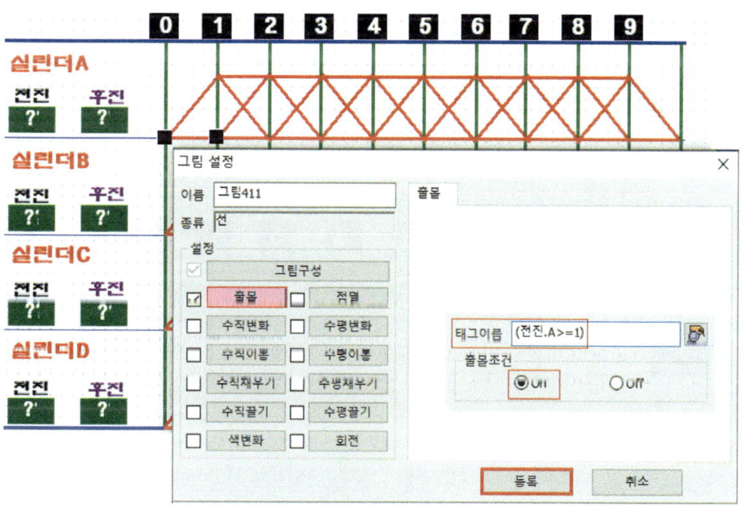

• 위와 같이 태그 이름을 작성하여 등록한다.

①~⑧ : 전진된 상태를 표시한다.
⓪~Ⓘ : 후진된 상태를 표시한다.

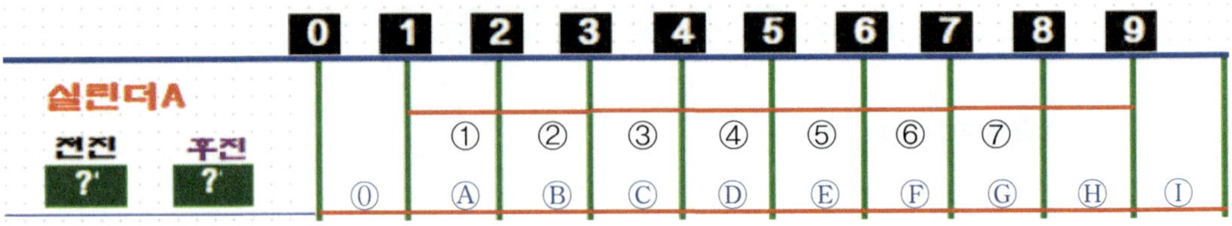

번호	태그 이름	번호	태그 이름
		⓪	(전진. A>=1)
①	((전진. A==0)&&(후진. A>=2))	Ⓐ	(전진. A>=2)
②	((전진. A<2)&&(후진. A>=3))	Ⓑ	((전진. A>=3)||(후진. A<=1))
③	((전진. A<3)&&(후진. A>=4))	Ⓒ	((전진. A>=4)||(후진. A<=2))
④	((전진. A<4)&&(후진. A>=5))	Ⓓ	((전진. A>=5)||(후진. A<=3))
⑤	((전진. A<5)&&(후진. A>=6))	Ⓔ	((전진. A>=6)||(후진. A<=4))
⑥	((전진. A<6)&&(후진. A>=7))	Ⓕ	((전진. A>=7)||(후진. A<=5))
⑦	((전진. A<7)&&(후진. A>=8))	Ⓖ	((전진. A>=8)||(후진. A<=6))
⑧	((전진. A<8)&&(후진. A>=9))	Ⓗ	(후진. A<=7)
		Ⓘ	(후진. A<=8)

*** 예) 전진 : 2, 후진 : 7을 실행하면 아래와 같다.

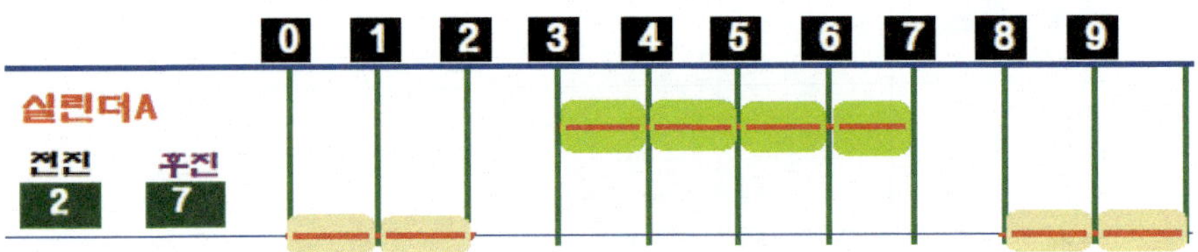

• 예) 실린더A를 전진 : 2, 후진 : 7을 실행한 전체 모양은 아래와 같다.

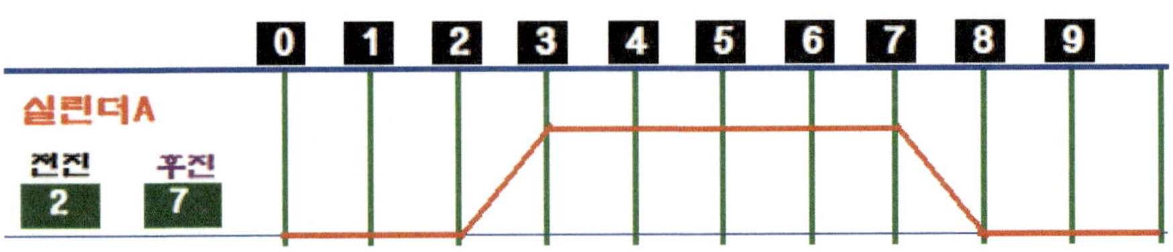

ⓑ 실린더B~실린더D의 전진, 후진 데이터 입력 및 변위 선도

㉮ 작화와 기능이 입력된 실린더A 전체를 선택하여 그룹화 시킨다.

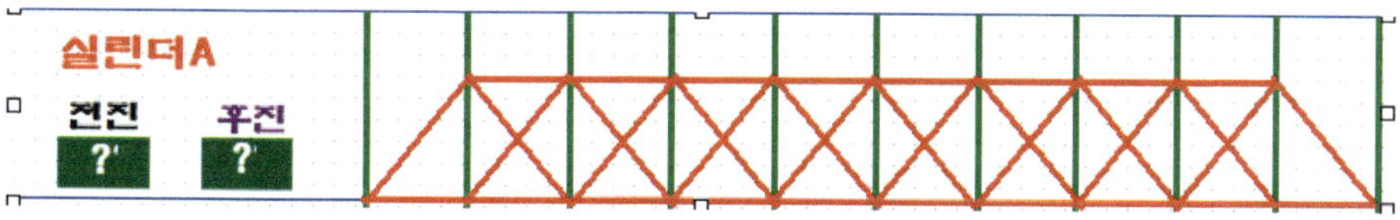

㉯ 복사하여 3개를 붙이기 한다.

㉰ **[편집]-[바꾸기]**에서 A를 각각 B, C, D로 바꾼다.

: 기능 부여에서 출몰 태그 이름이 실린더A : 전진.A, 후진.A이므로

실린더B : 전진.B, 후진.B

실린더C : 전진.C, 후진.C

실린더D : 전진.D, 후진.D

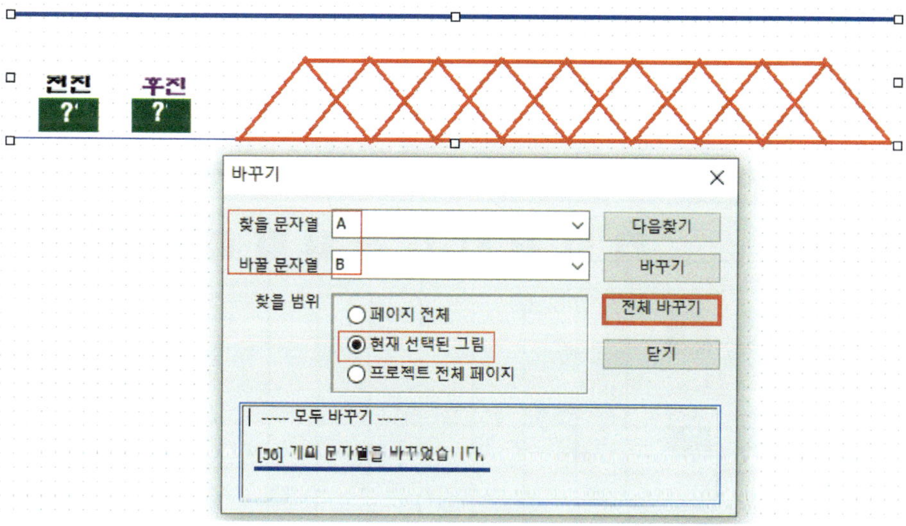

㉣ 완성된 변위선도 전체 모양은 아래와 같다.

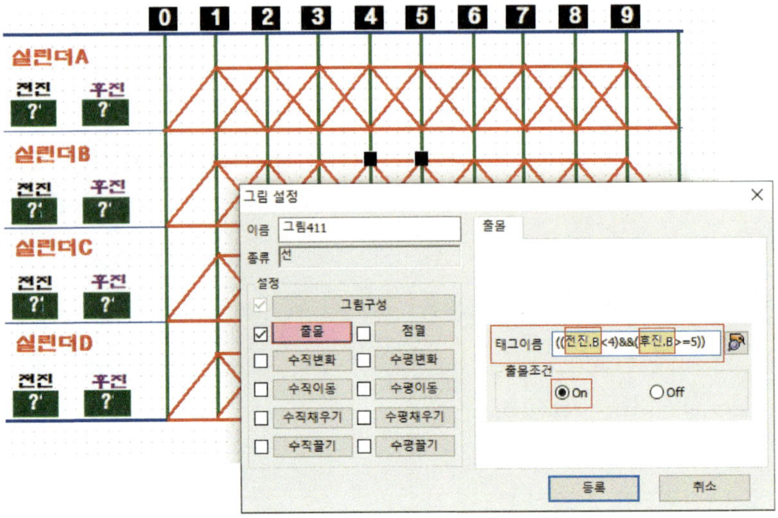

㉤ 완성된 변위선도 전체 실행 화면은 아래와 같다.

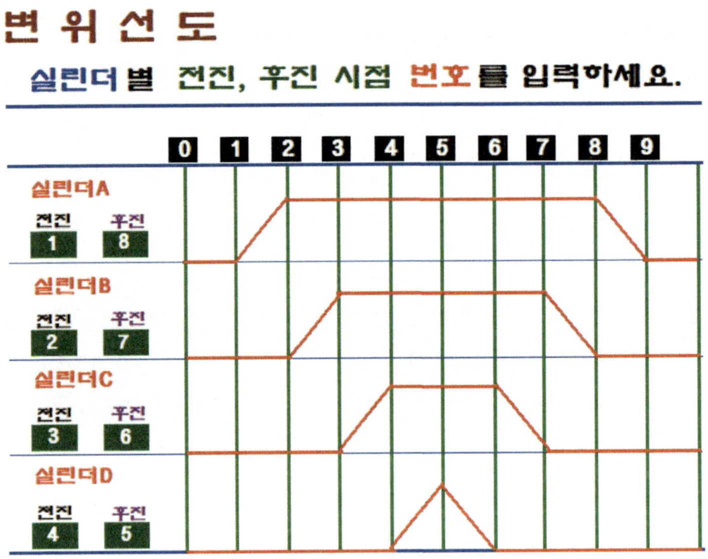

(5) 스크립터

① 스크립터 작성

```
        Sub 실린더()
            While 1
                Tag1= GetTagVal("실린더.A")
                Tag2= GetTagVal("실린더.B")
                Tag3= GetTagVal("실린더.C")
                Tag4= GetTagVal("실린더.D")

                Tag11= GetTagVal("SOL.A")
                Tag22= GetTagVal("SOL.B")
                Tag33= GetTagVal("SOL.C")
                Tag44= GetTagVal("SOL.D")

    /* 실린더_A 전진, 후진 */
              IF(Tag11-1) Then                         /* SOL.A(Q0.0) ON이면 */
                  SetTagVal  "실린더.A", Tag1+20  /* 실린더.A가 20씩 증가 */
              elseif(Tag11=0) Then                     /* SOL.A(Q0.0) OFF이면 */
                 SetTagVal "실린더.A", Tag1-20    /* 실린더.A가 20씩 감소 */
              end if
                 sleep (10)                              /* sleep(1000): 약 1초 */

     /* 실린더_B 전진, 후진 */
              IF(Tag22=1) Then
                      SetTagVal  "실린더.B", Tag2+20
              elseif(Tag22=0) Then
                       SetTagVal "실린더.B", Tag2-20
              end if
                      sleep (10)
    /* 실린더_C 전진, 후진 */
              IF(Tag33=1) Then
                      SetTagVal  "실린더.C", Tag3+20
              elseif(Tag33=0) Then
                       SetTagVal "실린더.C", Tag3-20
              end if
                     sleep (10)
    /* 실린더_D 전진, 후진 */
               IF(Tag44=1) Then
                      SetTagVal  "실린더.D", Tag4+20
               elseif(Tag44=0) Then
                     SetTagVal "실린더.D", Tag4-20
```

```
                    end if
                            sleep (10)
          Wend
        End Sub
```

② 스크립터 동작 정의

- 작성된 스크립터를 **[도구]** - **[페이지 환경설정]**을 선택하여 페이지 환경 설정창에서 동작 정의 탭을 선택한다.

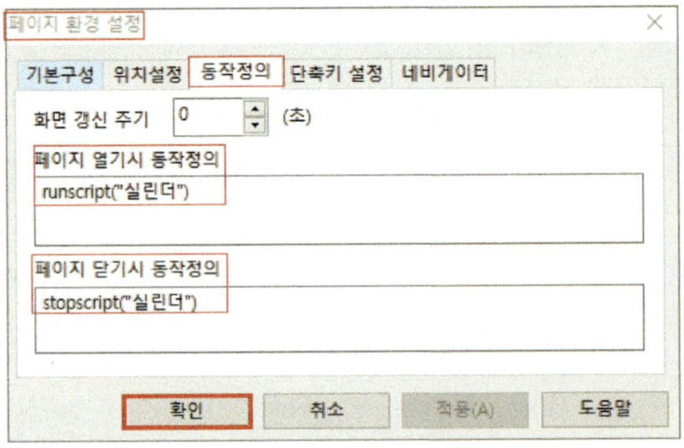

- 페이지 열기시 동작정의 : RUNSCRIPT("실린더")
- 페이지 닫기시 동작정의 : STOPSCRIPT("실린더")

(6) 초기화면 저장 및 실행

- 모든 내용을 저장 후 **[도구]** - **[Cimon-X 환경설정]** 선택하여 Cimon-X 환경설정 창에서 초기화면을 지정한다.

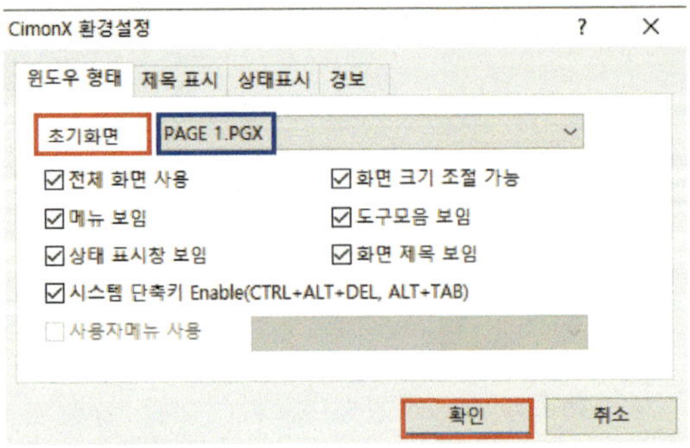

- **[도구]** - **[Cimon-X 실행]** 선택하여 동작을 확인한다.

CHAPTER 4

CIMON SCADA_ 가상 태그

4.1 기계장치 가상 제어

1) 프로젝트 만들기

① 컴퓨터 시작 버튼( )을 클릭하여 CIMON_D( )를 더블 클릭하면 아래와 같은 창이 나타난다.

② **[새 프로젝트 열기]**를 선택하여 프로젝트 이름을 입력 후 **[생성]** 버튼을 클릭한다.

- 프로젝트 이름 : 기계장치

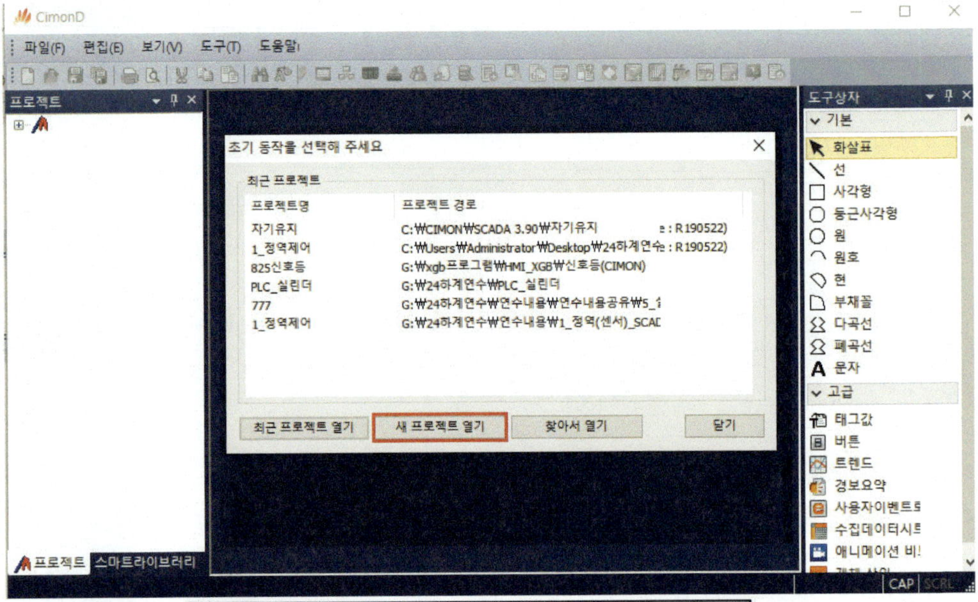

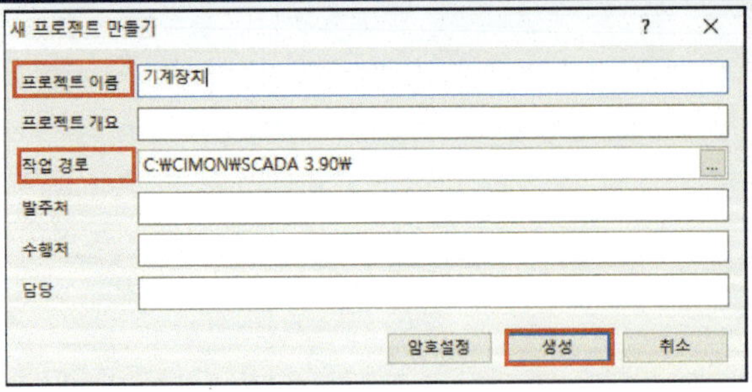

③ 생성버튼을 누르면 Page 1 화면이 나타나면 좌측 프로젝트 창에서 데이터베이스를 선택한다.

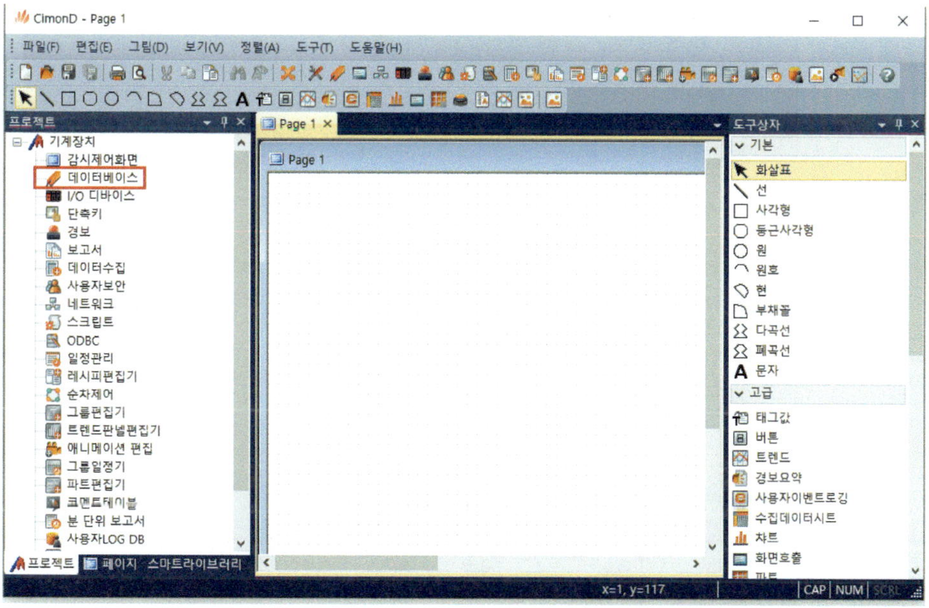

2) 데이터베이스

(1) 데이터베이스 설정

① 그룹 태그

- 데이터베이스에서 좌측 창의 프로젝트 이름 “기계장치”를 선택한다.
- 좌측 상단의 새 태그를 클릭하여 태그 편집 창이 나타나면 이름과 종류를 작성한다.

  이름 : 입력

  종류 : 그룹

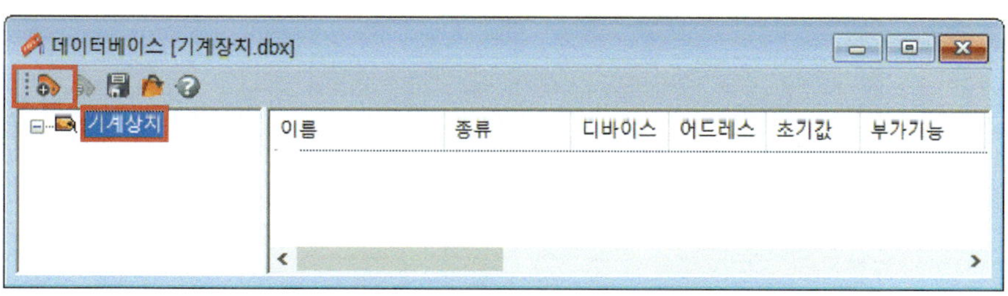

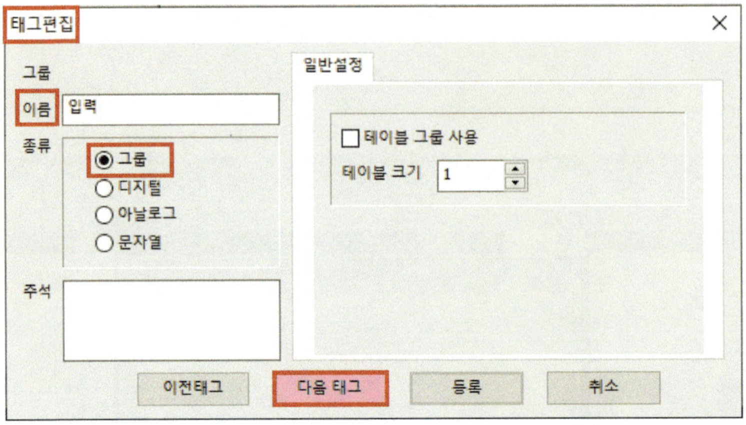

- **다음 태그**를 클릭 후 위와 같은 방법으로 **가상, ANA** 그룹을 생성한다.
- 작성된 그룹 태그는 아래와 같다.

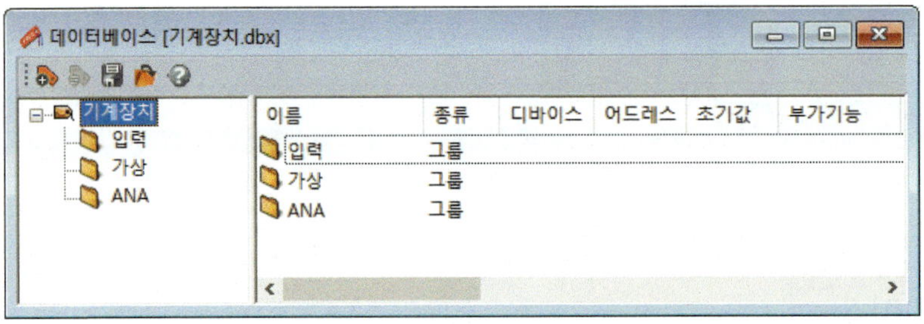

② 입력 그룹의 태그를 작성

- 데이터베이스에서 좌측 창의 "입력" 그룹을 선택한다.
- 좌측 상단의 새 태그를 클릭하여 태그 편집 창이 나타나면 **이름, 종류, 가상태그**를 선택하고 **다음 태그**를 클릭하여 작성한다.

  이름 : PB_1

  종류 : 디지털

  *** PLC 주소를 사용하면 실태그를 선택한다.

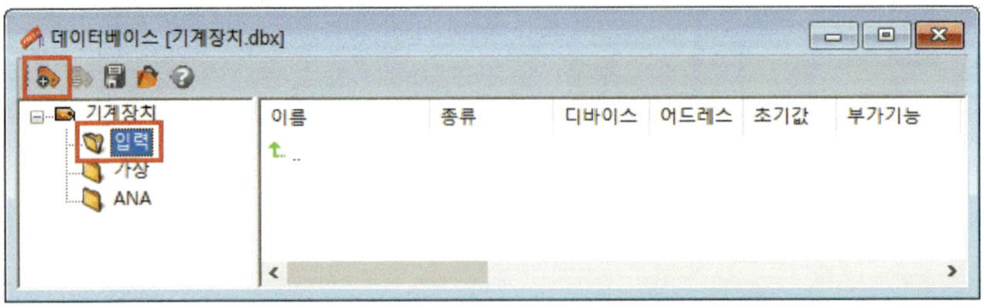

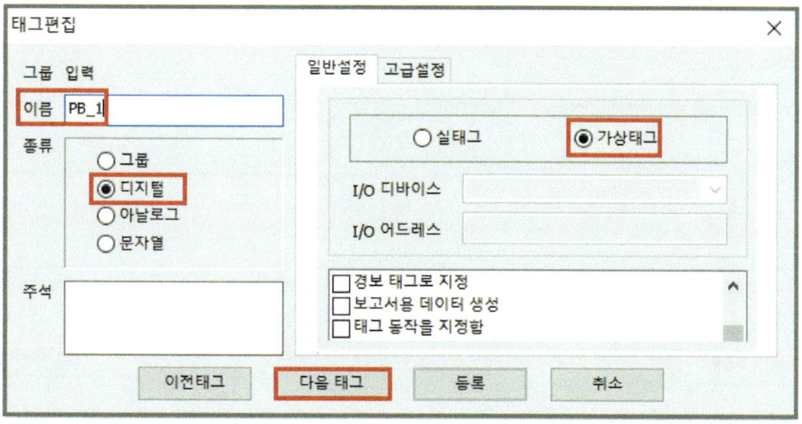

- 작성된 그룹 태그는 아래와 같다.

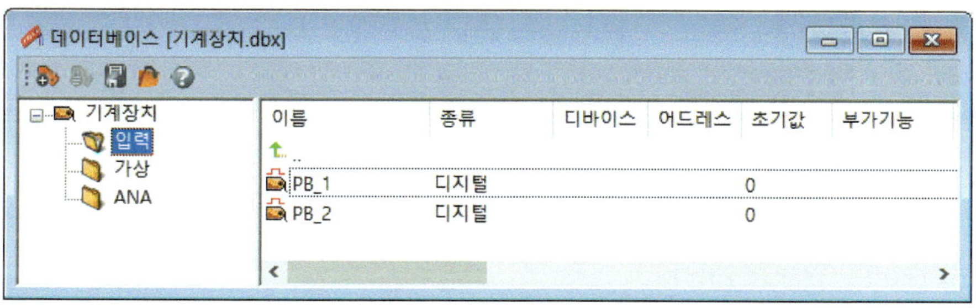

③ 가상 그룹의 태그를 작성

- 데이터베이스에서 좌측 창의 "가상" 그룹을 선택한다.
- 좌측 상단의 새 태그를 클릭하여 태그 편집 창이 나타나면 일반 설정과 고급 설정을 아래와 같이 작성하고 **다음 태그**를 클릭하여 작성한다.

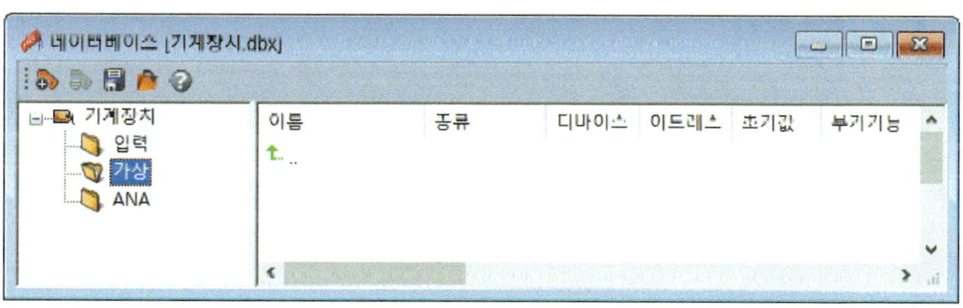

ⓐ 가상.원 태그

㉮ 일반설정

- 이름 : 원
- 종류 : 아날로그
- 가상태그

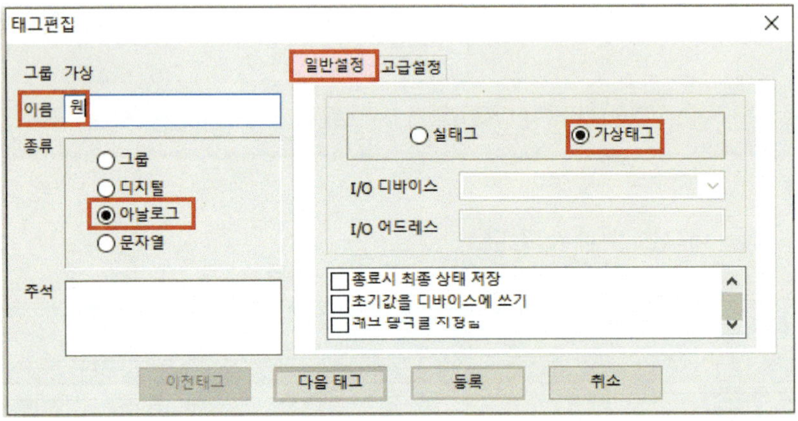

㉯ 고급설정

- 데이터 형태 : UINT8
- 내부데이터 최소값 : 0, 최대값 : 100

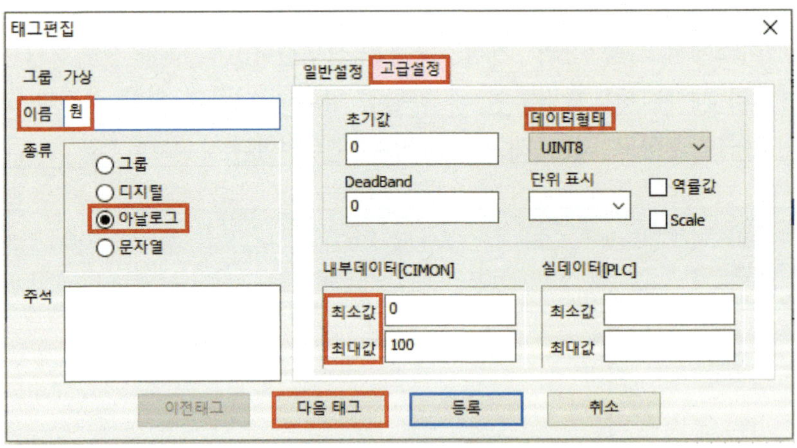

**** 이와 같은 방법으로 가상 그룹 모든 태그를 작성한다.

그룹	일반설정			고급설정			
	이름	종류	가상태그	초기값	최소값	최대값	데이터형태
가상	원	아날로그	⦿	0	0	100	UINT8
	일주기	〃	〃	0	〃	6600	UINT16
	속도	〃	〃	2	1	2	UINT8
	총생산	〃	〃	10	0	10000	UINT16
	철판	〃	〃	0	0	1110	〃
	제품	〃	〃	0	0	20	UINT8
	차량	〃	〃	0	0	100	〃
	박스	〃	〃	0	0	2000	UINT16

작성된 가상 그룹 태그는 아래와 같다.

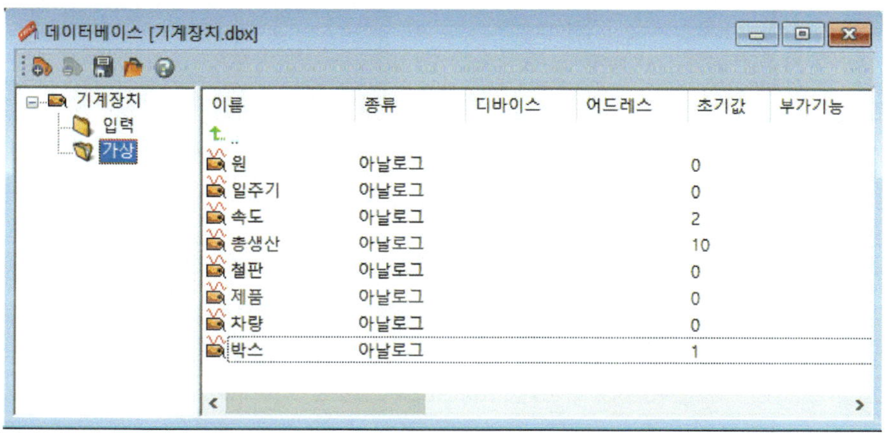

3) 작화 및 기능부여

- 전체 화면

(1) 1~8 오브젝트

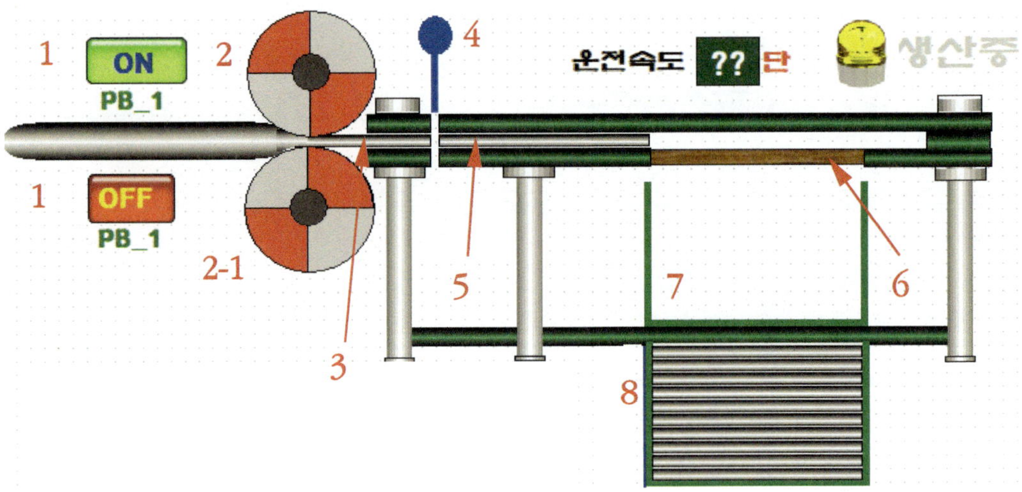

*** 기능이 부여되지 않는 기본 오브젝트를 구성한다.

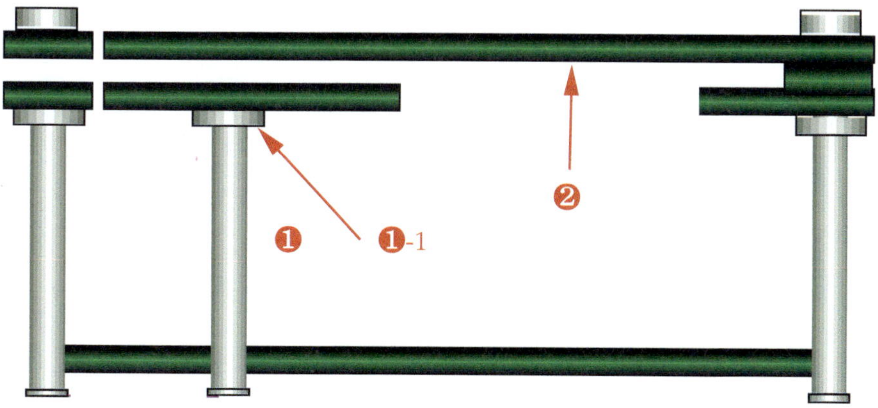

- ❶ ❶-1

[그림] - [라이브러리] - [파이프1]을 이용하여 생성한다.

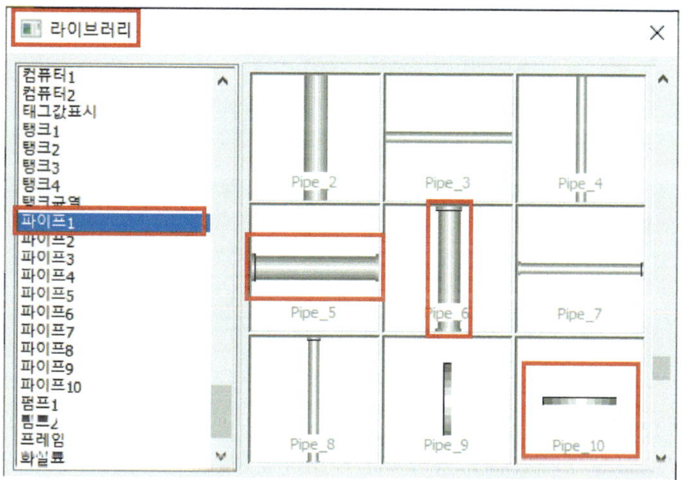

- ❷

[그림] - [사각형] 선택하여 화면에서 드래그하여 사각형을 그린다 ⇨ 사각형을 더블 클릭한다 ⇨ 그림 설정 화면에서 채움을 클릭한다. ⇨ 채우기 효과를 클릭한다. ⇨ 그라데이션을 선택한다. ⇨ 채우기 효과 확인 ⇨ 그림설정확인 버튼을 누른다.

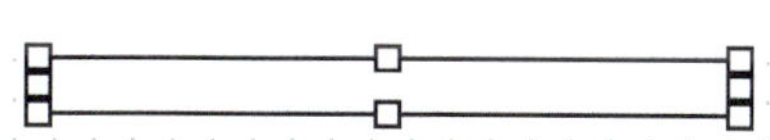

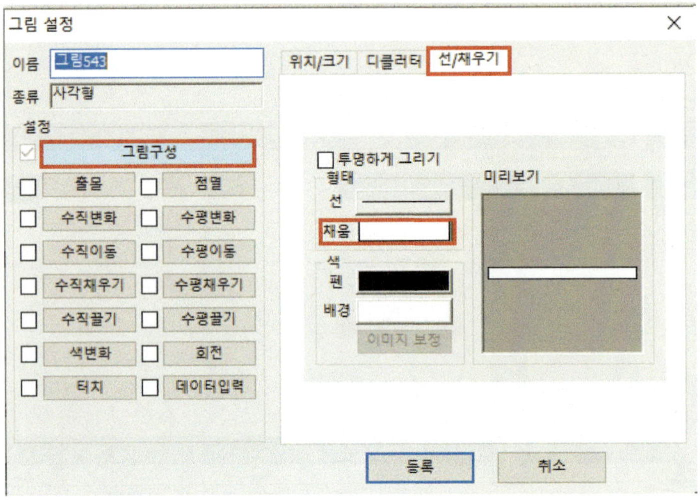
그림 설정
이름 그림543
종류 사각형
위치/크기 디클러터 선/채우기
설정
그림구성
출몰 점멸
수직변화 수평변화
수직이동 수평이동
수직채우기 수평채우기
수직끌기 수평끌기
색변화 회전
터치 데이터입력
투명하게 그리기
형태
선
채움
색
펜
배경
이미지 보정
미리보기
등록 취소

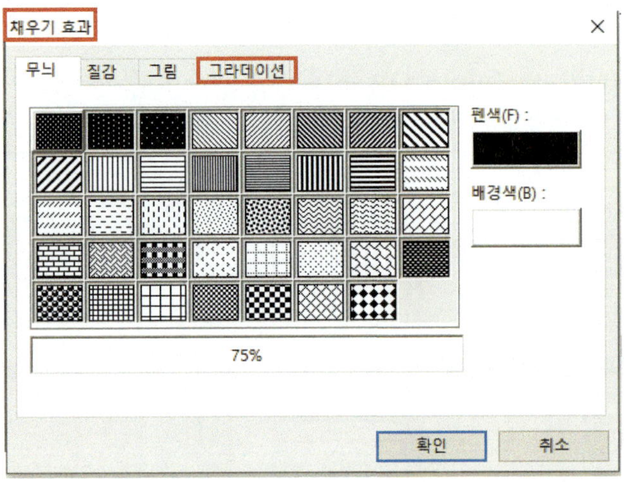
채우기 효과
무늬 질감 그림 그라데이션
펜색(F) :
배경색(B) :
75%
확인 취소

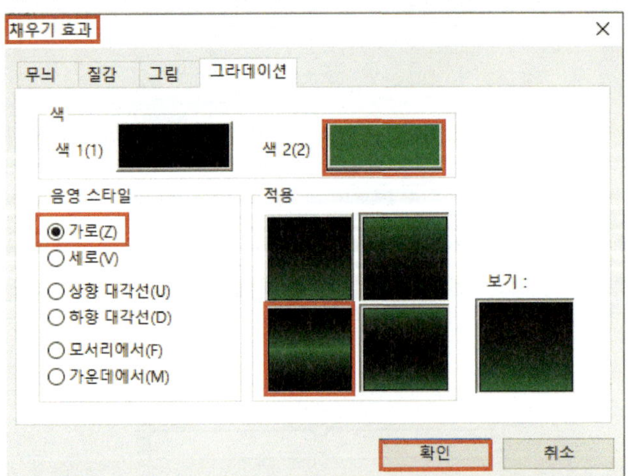
채우기 효과
무늬 질감 그림 그라데이션
색
색 1(1)
색 2(2)
음영 스타일
가로(Z)
세로(V)
상향 대각선(U)
하향 대각선(D)
모서리에서(F)
가운데에서(M)
적용
보기 :
확인 취소

① 1 오브젝트

ⓐ [그림] - [라이브러리] - [Web Button New]를 이용하여 생성한다.

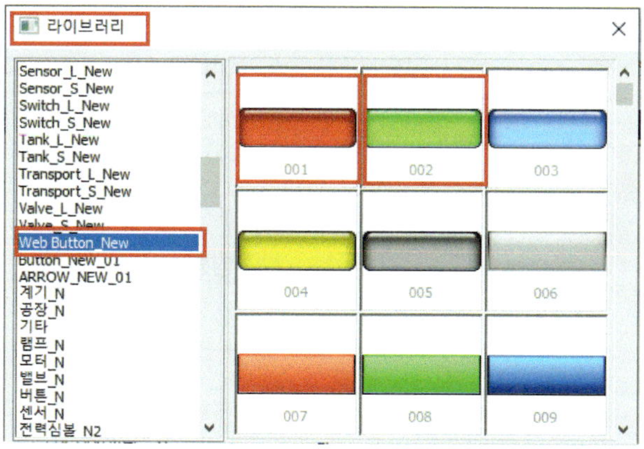

ⓑ 기능

	– 기능 : **터치** 동작 : 디지털값쓰기 태그이름 : 입력.PB_1 쓰기값 : SET

	– 기능 : **터치** 동작 : 디지털값쓰기 태그이름 : 입력.PB_1 쓰기값 : RESET

② 2 오브젝트

ⓐ [그림] - [라이브러리] - [기타]를 이용하여 생성한다.

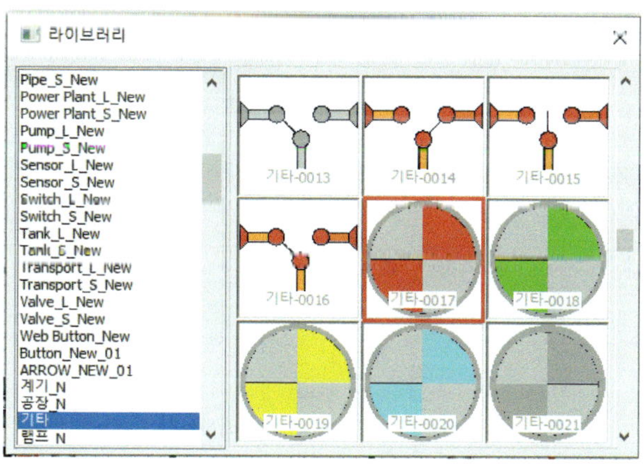

ⓑ 기능

	– 기능 : **회전** 태그이름 : 가상.원 최소값 : 0, 최대값 : 100 회전방향설정 : **시계반대방향**

	– 기능 : **회전** 태그이름 : 가상.원 최소값 : 0, 최대값 : 100 회전방향설정 : **시계방향**

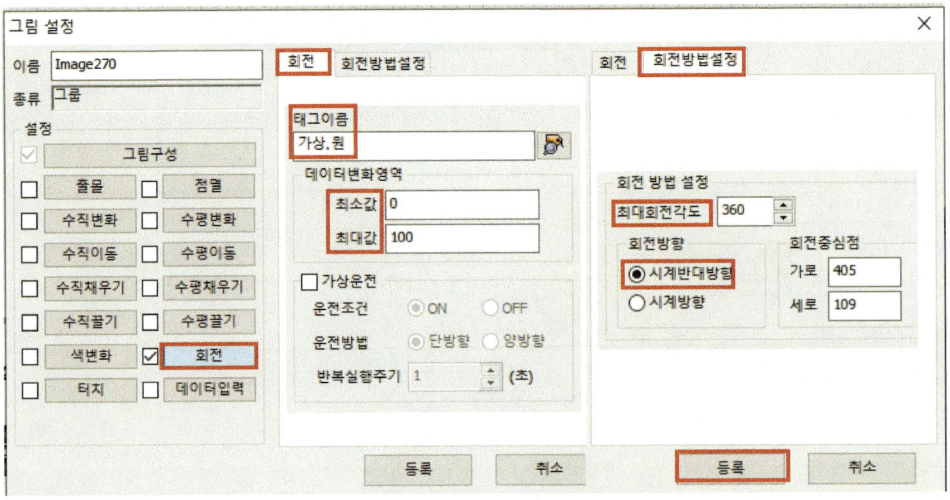

③ 3 오브젝트

ⓐ **[그림] - [둥근사각형(다각형, 사각형)]**을 이용하여 조합하여 생성한다.

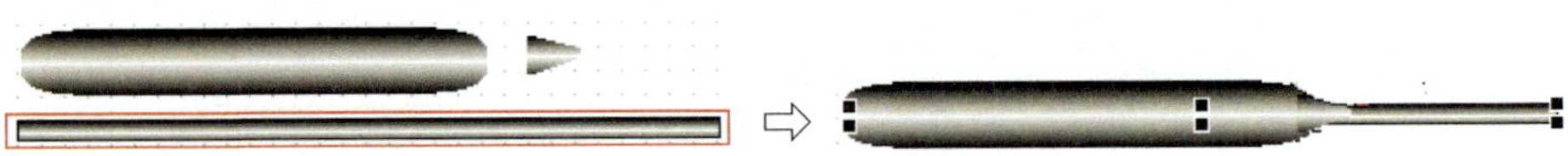

ⓑ 기능 : 그림의 점선 부분인 사각형 막대만 수평이동 기능을 부여한다.

	– 기능 : 수평이동 태그이름 : 가상.원 최소값 : 0, 최대값 : 100 이동기준 : 왼쪽, 이동거리:150 (x좌표로 실측) ***** 화면 하단 우측에 X, Y 좌표가 있음**

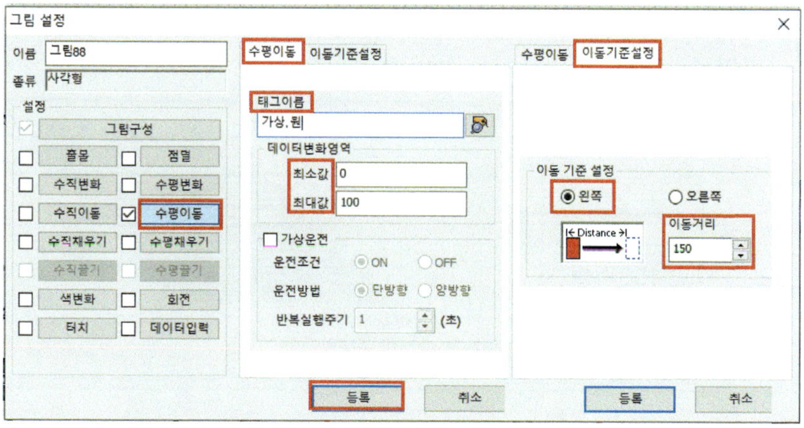

④ 4 오브젝트

ⓐ **[그림]-[원, 사각형]**을 이용하여 그룹으로 생성한다.

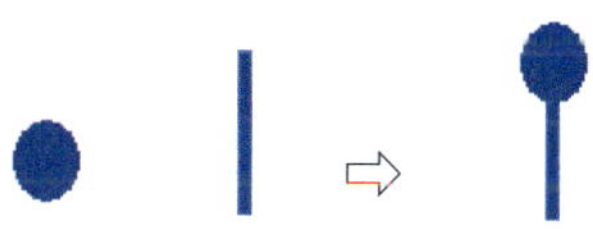

ⓑ 기능 : 그림을 더블 클릭하여 수직이동과 색변환 기능을 부여한다.

	– 기능 : 수직이동 태그이름 : 가상.원 최소값 : 94, 최대값 : 100 이동기준 : 위, 이동거리: 40 (x좌표로 실측) ***** 화면 하단 우측에 X, Y 좌표가 있음**

1.

	– 기능 : 색변환 태그이름 : 가상.원 배경색 : 적색 기준점 : ◉>– 94

⑤ 5 오브젝트

ⓐ **[그림] - [라이브러리] - [파이프1]**을 이용하여 생성한다. (10개 복사)

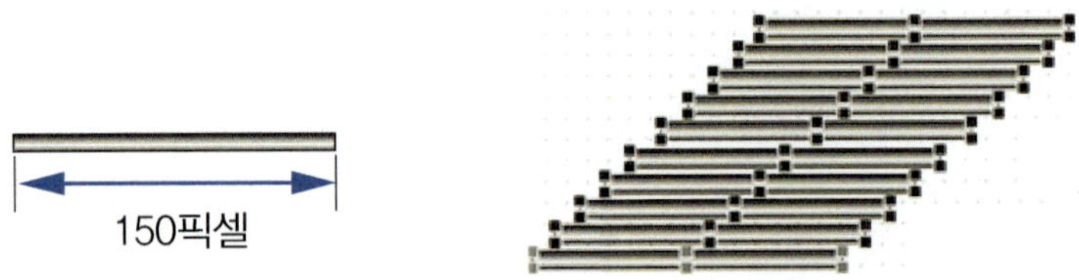

***** 화면 하단 우측에 X, Y 좌표로 픽셀 결정**

ⓑ 기능 : 위에서부터 각각 출몰, 수평이동, 수직이동 기능을 부여한다.

❶	– **기능 : 출몰** 태그이름: 가상.철판>=1000, 출몰조건: ON – **기능 : 수평이동 (이동기준 : 왼쪽)** 태그이름: 가상.철판, 최소:1000, 최대:1106, 이동거리:150 – **기능 : 수직이동 (이동기준 : 위)** 태그이름: 가상.철판, 최소:1106, 최대:1110, 이동거리:40

❷	– **기능 : 출몰** 태그이름: 가상.철판>=900, 출몰조건: ON – **기능 : 수평이동 (이동기준 : 왼쪽)** 태그이름: 가상.철판, 최소:900, 최대:1000, 이동거리:150 – **기능 : 수직이동 (이동기준 : 위)** 태그이름: 가상.철판, 최소:1000, 최대:1020, 이동거리:50

❸	– **기능 : 출몰** 태그이름: 가상.철판>=800, 출몰조건: ON – **기능 : 수평이동 (이동기준 : 왼쪽)** 태그이름: 가상.철판, 최소:800, 최대:900, 이동거리:150 – **기능 : 수직이동 (이동기준 : 위)** 태그이름: 가상.철판, 최소:900, 최대:920, 이동거리:60

❹	– **기능 : 출몰** 태그이름: 가상.철판>=700, 출몰조건: ON – **기능 : 수평이동 (이동기준 : 왼쪽)** 태그이름: 가상.철판, 최소:700, 최대:800, 이동거리:150 – **기능 : 수직이동 (이동기준 : 위)** 태그이름: 가상.철판, 최소:800, 최대:820, 이동거리:70

❺	– **기능 : 출몰** 태그이름: 가상.철판>=600,　출몰조건: ON – **기능 : 수평이동 (이동기준 : 왼쪽)** 태그이름: 가상.철판, 최소:600, 최대:700, 이동거리:150 – **기능 : 수직이동 (이동기준 : 위)** 태그이름: 가상.철판, 최소:700, 최대:720, 이동거리:80
❻	– **기능 : 출몰** 태그이름: 가상.철판>=500,　출몰조건: ON – **기능 : 수평이동 (이동기준 : 왼쪽)** 태그이름: 가상.철판, 최소:500, 최대:600, 이동거리:150 – **기능 : 수직이동 (이동기준 : 위)** 태그이름: 가상.철판, 최소:600, 최대:620, 이동거리:90
❼	– **기능 : 출몰** 태그이름: 가상.철판>=400,　출몰조건: ON – **기능 : 수평이동 (이동기준 : 왼쪽)** 태그이름: 가상.철판, 최소:400, 최대:500, 이동거리:150 – **기능 : 수직이동 (이동기준 : 위)** 태그이름: 가상.철판, 최소:500, 최대:520, 이동거리:100
❽	– **기능 : 출몰** 태그이름: 가상.철판>=300,　출몰조건: ON – **기능 : 수평이동 (이동기준 : 왼쪽)** 태그이름: 가상.철판, 최소:300, 최대:400, 이동거리:150 – **기능 : 수직이동 (이동기준 : 위)** 태그이름: 가상.철판, 최소:400, 최대:420, 이동거리:110
❾	– **기능 : 출몰** 태그이름: 가상.철판>=200,　출몰조건: ON – **기능 : 수평이동 (이동기준 : 왼쪽)** 태그이름: 가상.철판, 최소:200, 최대:300, 이동거리:150 – **기능 : 수직이동 (이동기준 : 위)** 태그이름: 가상.철판, 최소:300, 최대:320, 이동거리:120
❿	– **기능 : 출몰** 태그이름: 가상.철판>=100,　출몰조건: ON – **기능 : 수평이동 (이동기준 : 왼쪽)** 태그이름: 가상.철판, 최소:100, 최대:200, 이동거리:150 – **기능 : 수직이동 (이동기준 : 위)** 태그이름: 가상.철판, 최소:200, 최대:220, 이동거리:130

ⓒ 기능이 부여된 10개의 오브젝트를 정렬-왼쪽으로-위쪽으로 정렬시켜 그룹으로 생성한다.

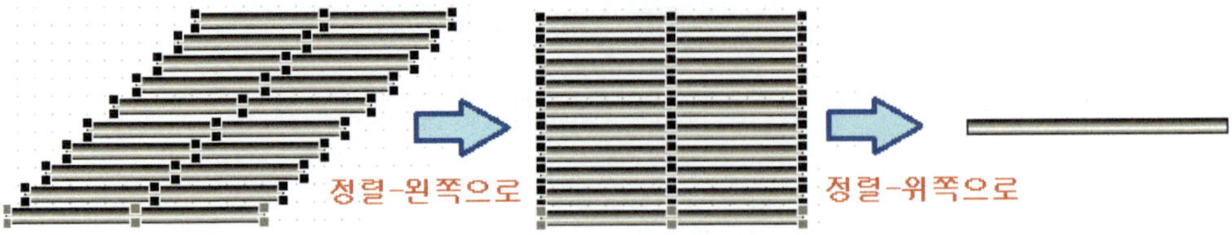

⑥ 6 오브젝트

ⓐ **[그림]-[사각형]** 선택하여 화면에서 드래그하여 사각형을 그린다.

ⓑ 기능 : 출몰, 수평변화 기능을 부여한다.

 	– **기능 : 출몰** 태그이름: 가상.원<=100, 출몰조건: ON – **기능 : 수평변화** 태그이름: 가상.원, 최소:0, 최대:80, 변화기준:왼쪽 ***** 화면 하단 우측에 X, Y 좌표로 픽셀 결정**

⑦ 7 오브젝트

ⓐ **[그림]-[다곡선]** 선택하여 화면에서 그린다.

ⓑ 기능 : 색변환 기능을 부여한다.

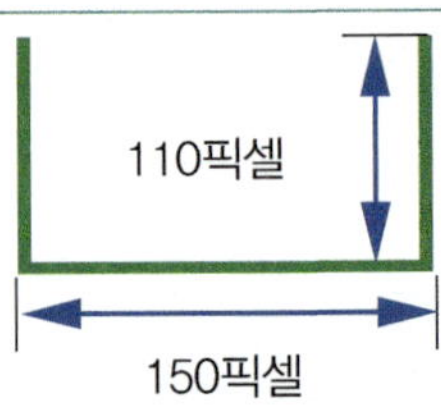 	– **기능 : 색변환** 태그이름: 가상.제품, 펜색: 흰색, 기준점:OFF ***** 화면 하단 우측에 X, Y 좌표로 픽셀 결정**

⑧ 8 오브젝트

ⓐ 5, 7 오브젝트에 기능을 부여하지 않고 그룹으로 하여 생성한다.

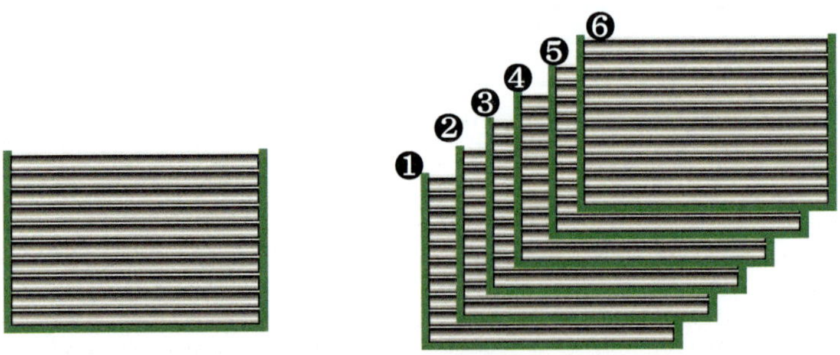

ⓑ 기능 : ❶에서부터 각각 출몰, 수평이동, 수직이동 기능을 부여한다.

❶
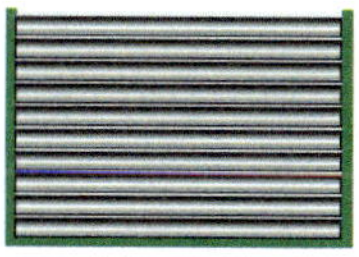

- 기능 : 출몰
  태그이름:(가상.일주기>=0)&&(가상.일주기<=5900)
  출몰조건: ON
- 기능 : 수직이동 (이동기준 : 위)
  태그이름: 가상.일주기, 최소:0, 최대:100, 이동거리:30
- 기능 : 수평이동 (이동기준 : 왼쪽)
  태그이름: 가상.일주기, 최소:100, 최대:600, 이동거리:600

❷
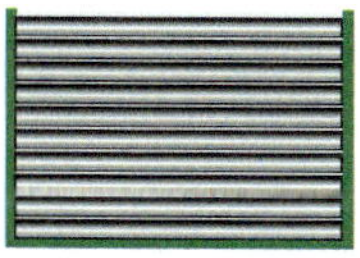

- 기능 : 출몰
  태그이름:(가상.일주기>=1120)&&(가상.일주기<=5900)
  출몰조건: ON
- 기능 : 수직이동 (이동기준 : 위)
  태그이름: 가상.일주기, 최소:1120, 최대:1200, 이동거리:134
- 기능 : 수평이동 (이동기준 : 왼쪽)
  태그이름: 가상.일주기, 최소:1200, 최대:1700, 이동거리:600

❸
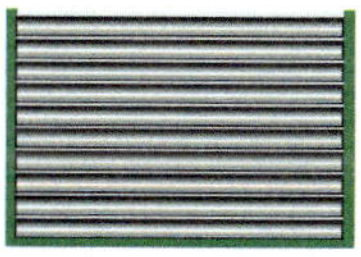

- 기능 : 출몰
  태그이름:(가상.일주기>=2240)&&(가상.일주기<=5900)
  출몰조건: ON
- 기능 : 수직이동 (이동기준 : 위)
  태그이름: 가상.일주기, 최소:2250, 최대:2350, 이동거리:30
- 기능 : 수평이동 (이동기준 : 왼쪽)
  태그이름: 가상.일주기, 최소:2350, 최대:2850, 이동거리:445

❹
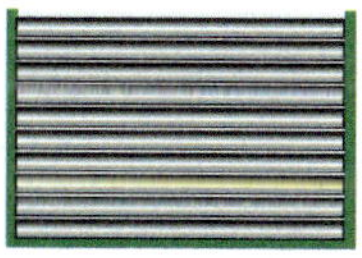

- 기능 : 출몰
  태그이름:(가상.일주기>=3360)&&(가상.일주기<=5900)
  출몰조건: ON
- 기능 : 수직이동 (이동기준 : 위)
  태그이름: 가상.일주기, 최소:3360, 최대:3460, 이동거리:134
- 기능 : 수평이동 (이동기준 : 왼쪽)
  태그이름: 가상.일주기, 최소:3460, 최대:3960, 이동거리:445

❺ 	- **기능 : 출몰** 태그이름:(가상.일주기>=4495)&&(가상.일주기<=5900) 출몰조건: ON - **기능 : 수직이동 (이동기준 : 위)** 태그이름: 가상.일주기, 최소:4480, 최대:4580, 이동거리:30 - **기능 : 수평이동 (이동기준 : 왼쪽)** 태그이름: 가상.일주기, 최소:4580, 최대:5080, 이동거리:290

❻ 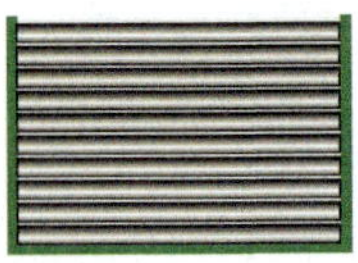	- **기능 : 출몰** 태그이름:(가상.일주기>=5615)&&(가상.일주기<=5900) 출몰조건: ON - **기능 : 수직이동 (이동기준 : 위)** 태그이름: 가상.일주기, 최소:5600, 최대:5700, 이동거리:134 - **기능 : 수평이동 (이동기준 : 왼쪽)** 태그이름: 가상.일주기, 최소:5700, 최대:5900, 이동거리:290

ⓒ 기능이 부여된 6개의 오브젝트를 **[정렬]** - **[왼쪽으로]** - **[위쪽으로]** 정렬시켜 그룹으로 생성한다.

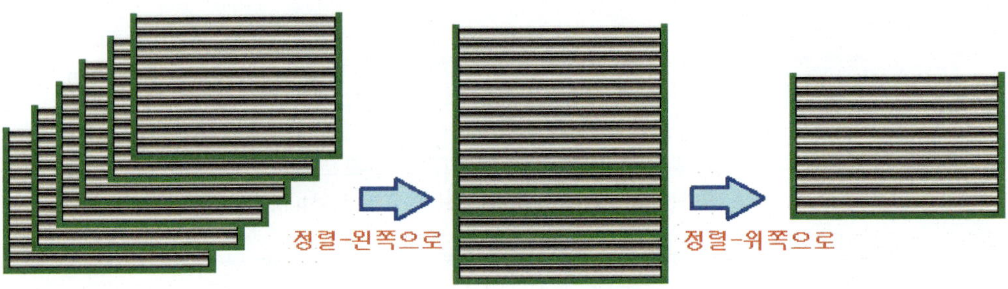

(2) 9~13 오브젝트

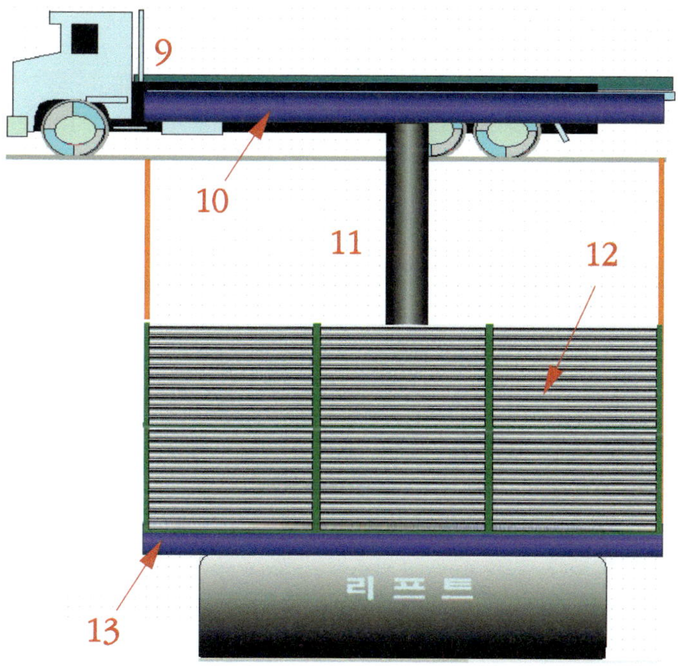

① 9 오브젝트

ⓐ **[그림]-[라이브러리]-[운송1]**을 이용하여 생성한다.

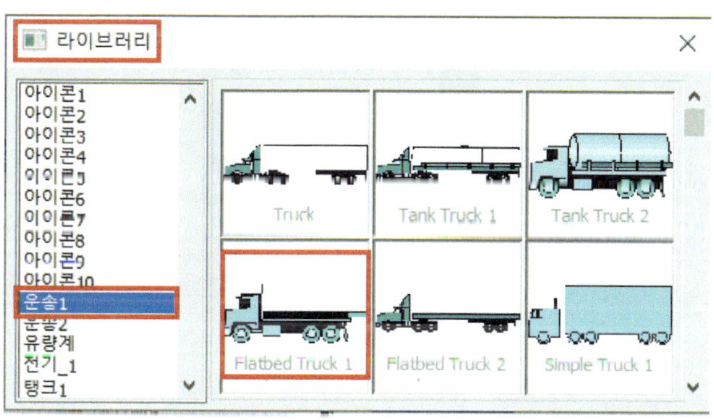

ⓑ 기능 : 출몰, 수평이동 기능을 부여한다.

	– **기능 : 출몰** 태그이름:가상.일주기>=5800, 출몰조건: ON – **기능 : 수평이동 (이동기준 : 오른쪽)** 태그이름: 가상.일주기, 최소:6200, 최대:6500, 이동거리:550

② 10 오브젝트

ⓐ **[그림]-[사각형]** 선택하여 화면에서 드래그하여 사각형을 그린다.

ⓑ 기능 : 출몰, 수직이동 기능을 부여한다.

	– **기능 : 출몰** 태그이름:가상.일주기>= 6200, 출몰조건: ON – **기능 : 수직이동 (이동기준 : 위)** 태그이름: 가상.일주기, 최소:6200, 최대:6600, 이동거리:550

③ 11 오브젝트

ⓐ 그림- 사각형 선택하여 화면에서 드래그하여 사각형을 그린다.

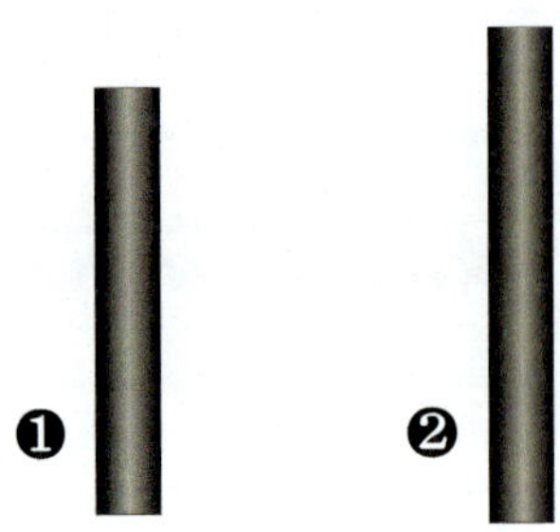

ⓑ 기능 : 출몰, 수직이동 기능을 부여한다.

	– **기능 : 출몰** 태그이름:가상.일주기>= 6200, 출몰조건: ON – **기능 : 수직이동 (이동기준 : 위)** 태그이름: 가상.일주기, 최소:6200, 최대:6600, 이동거리:550

❷ 	– **기능 : 출몰** 태그이름:(가상.일주기>=5900)&&(가상.일주기<=6200) 출몰조건: ON – **기능 : 수직변화 (변화기준 : 아래)** 태그이름: 가상.일주기, 최소:5900, 최대:6150,

ⓒ 기능이 부여된 2개의 오브젝트를 **[정렬]**-**[왼쪽으로]**-**[위쪽으로]** 정렬시켜 그룹으로 생성한다.

④ 12 오브젝트

ⓐ 8 오브젝트 6개를 이용하여 생성한다.

ⓑ 기능 : 출몰, 수직이동, 수평이동 기능을 부여한다.

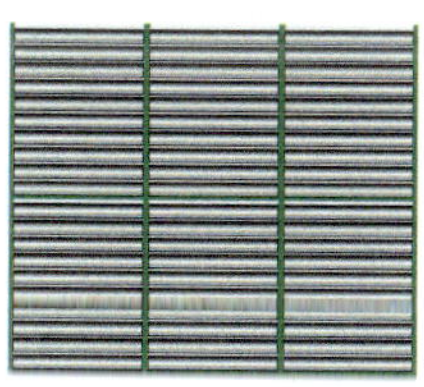	– **기능 : 출몰** 태그이름: 가상.일주기>=5900 출몰조건: ON – **기능 : 수직이동 (이동기준 : 아래)** 태그이름: 가상.일주기, 최소:5900, 최대:6150, 이동거리:560 **기능 : 수평이동 (이동기준 : 왼쪽)** 태그이름: 가상.일주기, 최소:6200, 최대:6500, 이동거리:550

⑤ 13 오브젝트

ⓐ **[그림]**-**[사각형]** 선택하여 화면에서 드래그하여 사각형을 그린다.

ⓑ 기능 : 출몰, 수직이동 기능을 부여한다.

❶	– **기능 : 출몰** 태그이름:(가상.일주기>=5900)&&(가상.일주기<=6200) , 출몰조건: ON – **기능 : 수직이동 (이동기준 : 아래)** 태그이름: 가상.일주기, 최소:5900, 최대:6150, 이동거리:560

❷	– **기능 : 출몰** 태그이름:(가상.일주기<=5900), 출몰조건: ON

ⓒ 기능이 부여된 2개의 오브젝트를 **[정렬]-[왼쪽으로]-[위쪽으로]** 정렬시켜 그룹으로 생성한다.

(3) 램프

① 리프트 동작중 램프

ⓐ **[그림]-[라이브러리]-[Lamp S]**를 이용하여 생성한다.

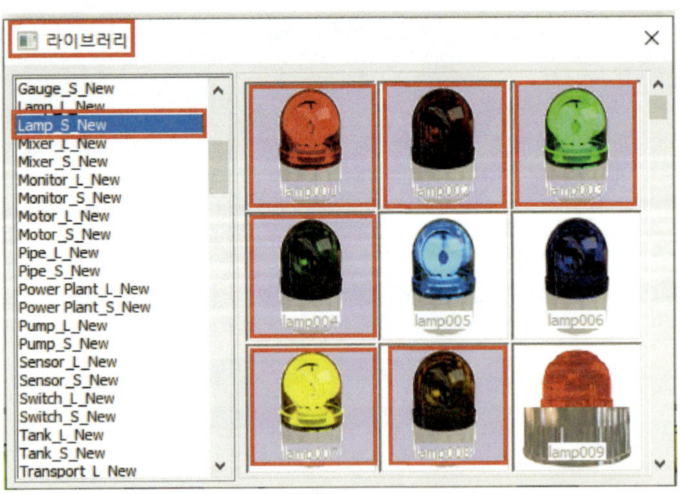

ⓑ 기능 : **출몰, 점멸, 색변환** 기능을 부여한다.

❶ 	– **기능 : 출몰** 태그이름:가상.일주기>=5800, 출몰조건: ON – **기능 : 점멸** 태그이름: 가상.일주기, 점멸조건: ON, 점멸간격:1(100ms)
	– **기능부여 없음**
리프트 동작중	– **기능 : 출몰** 태그이름:가상.일주기>=5800, 출몰조건: ON – **기능 : 색변환** 태그이름 : 가상.일주기, 펜색 : 적색, 기준점 : ◉>=5800

❷ 	– **기능 : 출몰** 태그이름:가상.일주기>=0, 출몰조건: ON – **기능 : 점멸** 태그이름: 가상.일주기, 점멸조건: ON, 점멸간격:1(100ms)
	– **기능부여 없음**
생산중	– **기능 : 출몰** 태그이름:가상.일주기>=0, 출몰조건: ON – **기능 : 색변환** 태그이름 : 가상.일주기, 펜색 : 적색, 기준점 : ◉>=0

❸ 	– **기능 : 출몰** 태그이름:가상.일주기>=6000,　출몰조건: ON – **기능 : 점멸** 태그이름: 가상.일주기, 점멸조건: ON, 점멸간격:1(100ms)
	– **기능부여 없음**
출하중	– **기능 : 출몰** 태그이름:가상.일주기>=6000,　출몰조건: ON – **기능 : 색변환** 태그이름 : 가상.일주기, 펜색 : 적색, 기준점 : ◉>=6000

(4) 태그값 표시

① 차량수 표시

ⓐ **[그림] - [라이브러리] - [태그값 표시]**를 이용하여 생성한다.

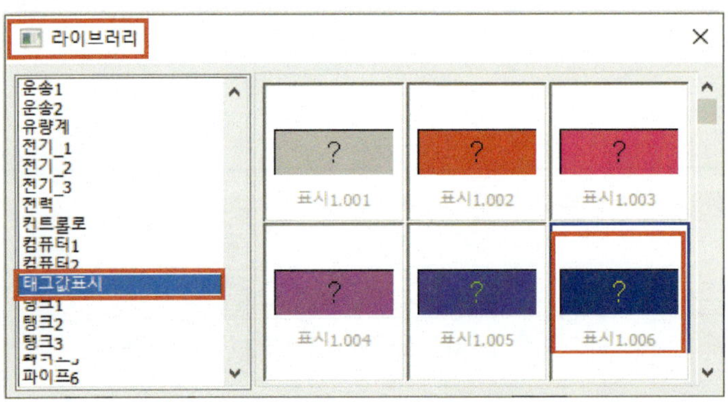

ⓑ 기능 : 태그값 표시 기능을 부여한다.

차량수 ####	– 기능 : **태그값 표시** 태그이름 : 가상.차량, 표시문자색: 흰색, 배경색: 청색
총생산량 #### 장	– 기능 : **태그값 표시** 태그이름 : 가상.총생산, 표시문자색: 황색, 배경색: 적색
박스수 #### 개	– 기능 : **태그값 표시** 태그이름 : 가상.박스, 표시문자색: 흰색, 배경색: 청색
원 ?	– 기능 : **태그값 표시** 태그이름 : 가상.원, 표시문자색: 흰색, 배경색: 청색
철판 ?	– 기능 : **태그값 표시** 태그이름 : 가상.철판, 표시문자색: 흰색, 배경색: 청색
제품 ?	– 기능 : **태그값 표시** 태그이름 : 가상.제품, 표시문자색: 흰색, 배경색: 청색
일주기 ?	– 기능 : **태그값 표시** 태그이름 : 가상.일주기, 표시문자색: 흰색, 배경색: 청색
속도 ?	– 기능 : **태그값 표시** 태그이름 : 가상.속도, 표시문자색: 흰색, 배경색: 청색
####장 수량	– 기능 : **태그값 표시** 태그이름 : 가상.제품, 표시문자색: 흰색, 배경색: 흑색
운전속도 ??	– 기능 : **데이터 입력** 태그이름 : 가상.속도, 입력최소값: 1, 입력최대값: 2

4) 스크립터

```
Sub 이동()
    while 1
            Tag1 = GetTagVal ("가상.원")
            Tag2 = GetTagVal ("가상.철판")
            Tag3 = GetTagVal ("가상.제품")
            Tag4 = GetTagVal ("가상.일주기")
            Tag5 = GetTagVal ("가상.총생산")
            Tag6 = GetTagVal ("가상.박스")
            Tag7 = GetTagVal ("가상.차량")
            SPD = GetTagVal ("가상.속도")
            Tag11 = GetTagVal ("입력.PB_1")
            Tag22 = GetTagVal ("입력.PB_2")

      if(Tag11 = 1) then
            if(Tag1 = 100) then
                    settagval"가상.원",0
                    if(Tag3 = 10) then
                        settagval"가상.제품",0
                        settagval"가상.철판",0
                        settagval"가상.일주기",0
                        settagval"가상.원",0
                        settagval"가상.박스",Tag6+1
                        settagval"가상.차량",Tag6/6
                    else
                        settagval"가상.제품",tag3+1
                        settagval"가상.총생산",tag5+1
                    end if
                        sleep(10)
             else
                  settagval"가상.원",tag1+SPD
             end if
                  sleep(10)
                  settagval"가상.철판",tag2+SPD
                  settagval"가상.일주기",tag4+SPD

      elseif(Tag11 = 0) then
                  settagval"가상.원",0
                  settagval"가상.철판",0
                  settagval"가상.제품",0
                  settagval"가상.일주기",0
                  settagval"가상.총생산",10
```

```
                        settagval"가상.박스",1
                        settagval"가상.차량",0
        end if
         sleep(10)

      wend
  End Sub
```

5) 스크립터 동작 정의

작성된 스크립터를 **[도구] - [페이지 환경설정]**을 선택하여 페이지 환경 설정창에서 동작정의 탭을 선택한다.

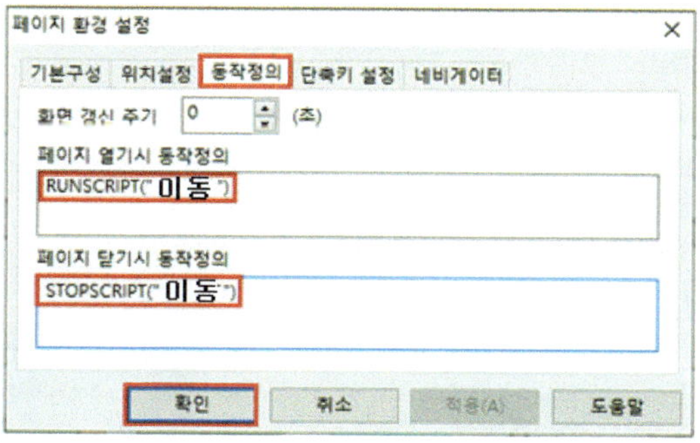

- 페이지 열기시 동작정의 : RUNSCRIPT(“이동”)
- 페이지 닫기시 동작정의 : STOPSCRIPT(“이동”)

6) 초기화면 저장 및 실행

- 모든 내용을 저장 후 **[도구] - [Cimon-X 환경설정]** 선택하여 Cimon-X 환경 설정 창에서 초기화면을 지정한다.

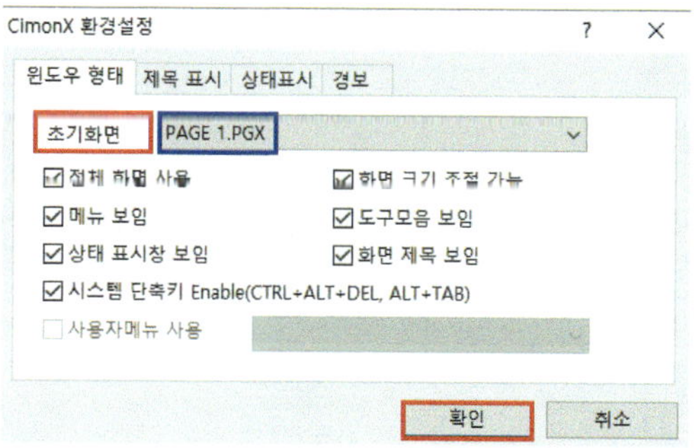

- 동작을 확인

[도구] - [Cimon-X 실행] 선택하여 동작을 확인한다.

4.2 정역 가상 제어

1) 프로젝트 만들기

- 4-1 과제 참고
- 프로젝트 이름 : 정역 제어

(1) 동작화면

- 정방향 동작 화면

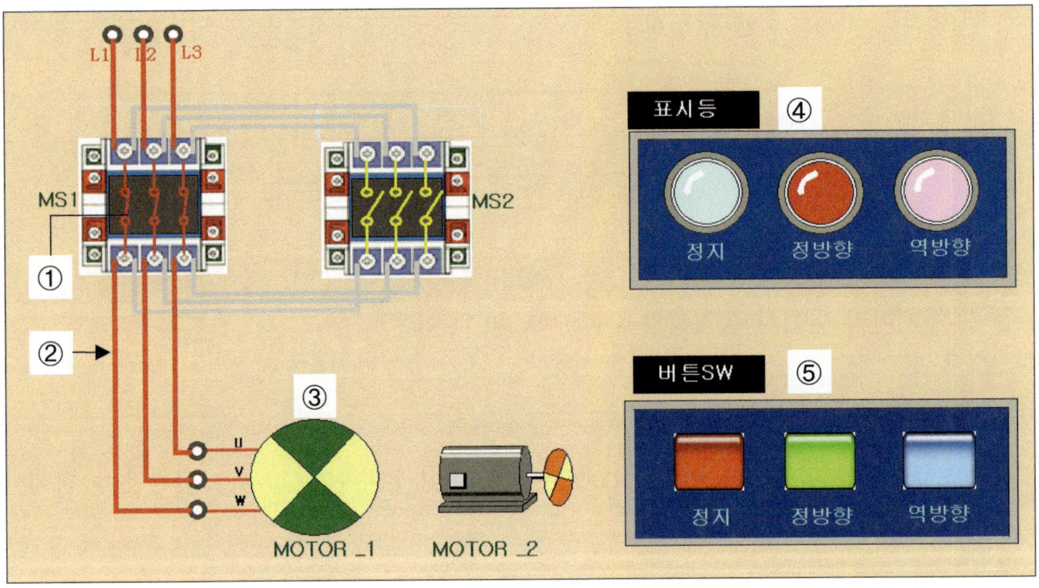

- 역방향 동작 화면

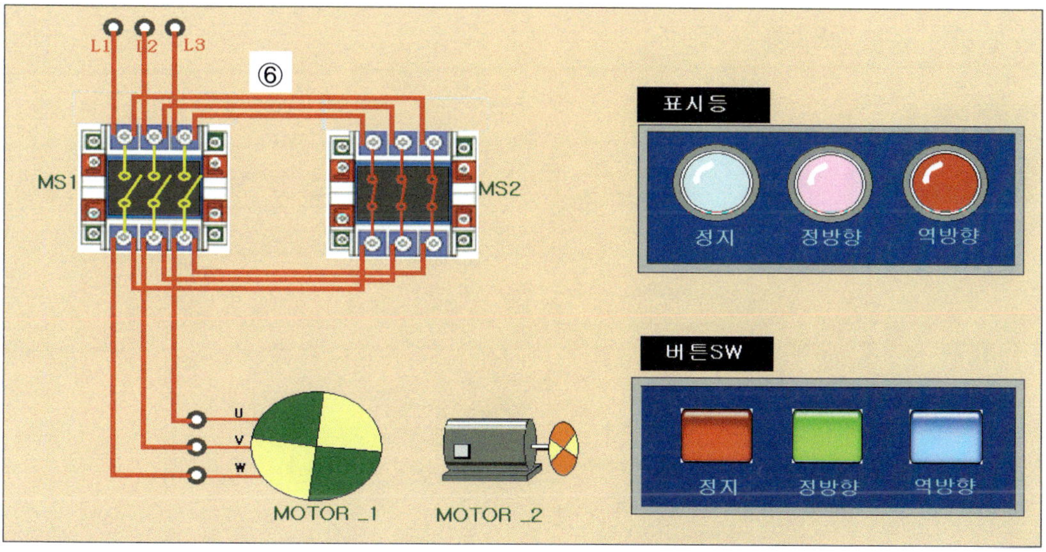

2) 데이터베이스

(1) 출력 그룹

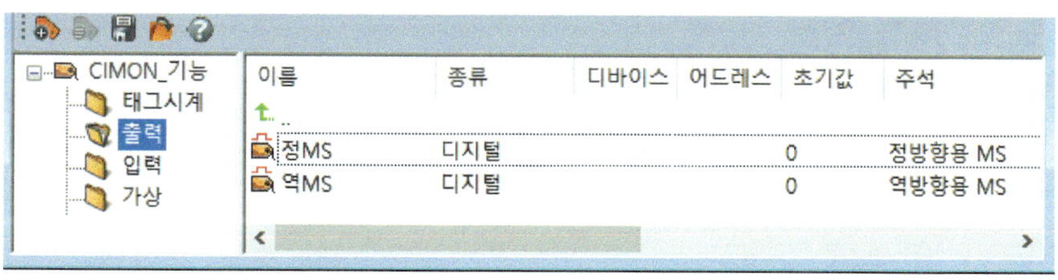

(2) 가상 그룹

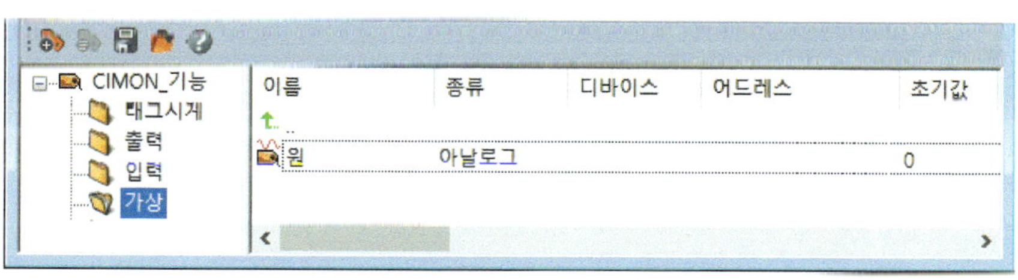

3) 작화 및 기능부여

(1) 접점 : 출몰, 색변환

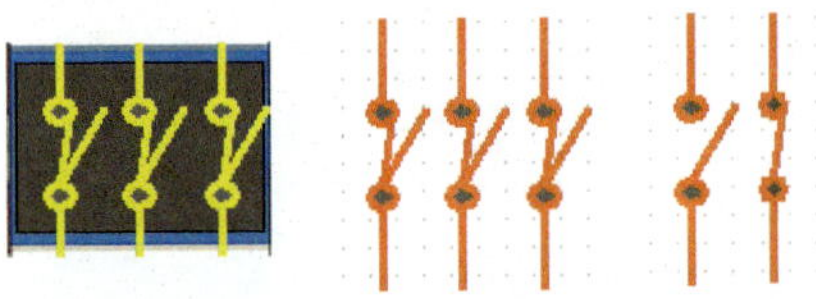

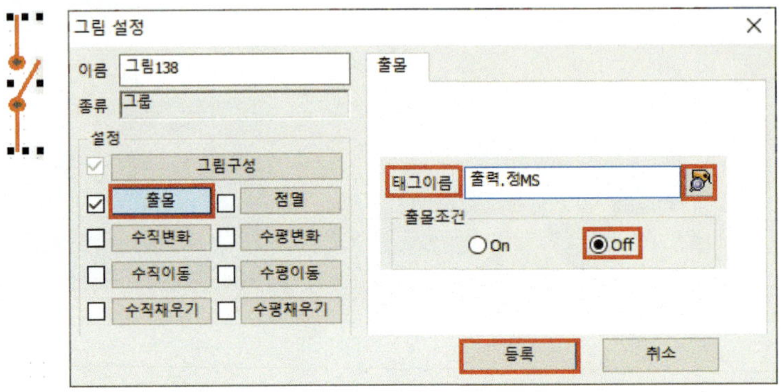

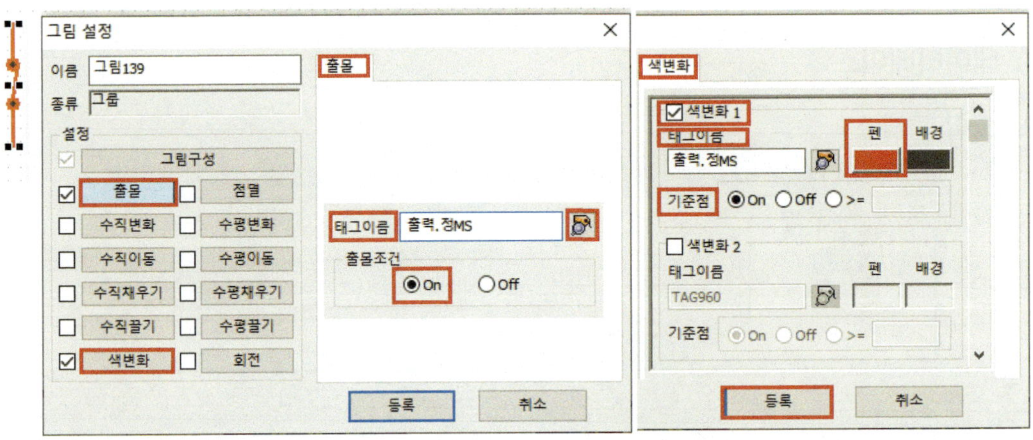

(2) 선 : 색 변환

- 태그이름 : 출력.정MS||출력.역MS
- 펜 : 적색
- 기준점 : ON

(3) 원 : 회전

ⓐ 회전 탭

- 태그이름 : 가상.원

ⓑ 회전방법설정 탭

- 최대회전각도 : 360
- 회전방향 : 시계방향
- 회전중심점 : 원의 중앙에 마우스커서를 위치하고 화면 하단 X, Y 좌표 확인

(4) 표시등 : 색변화

ⓐ 정지 램프

- 태그이름 : 출력.정MS||출력.역MS
- 배경 : 녹색
- 기준점 : OFF

ⓑ 정방향 램프

- 태그이름 : 출력.정MS
- 배경 : 적색
- 기준점 : ON

ⓒ 정방향 램프

- 태그이름 : 출력.역MS
- 배경 : 적색
- 기준점 : ON

(5) 버튼SW : 터치

ⓐ 정지 버튼

- 동작 : 명령식
- 명령식 - Down : STOPSCRIPT("M_CW") /* STOPSCRIPT("스크립터명")*/
STOPSCRIPT("M_CCW")
출력.정MS=0
출력.역MS=0
- 명령식 - Up : 없음

ⓑ 정방향 버튼

- 동작 : 명령식
- 명령식 - Down : RUNSCRIPT("M_CW") /* RUNSCRIPT("스크립터명")*/
STOPSCRIPT("M_CCW")
- 명령식 - Up : 없음

ⓒ 정방향 버튼

- 동작 : 명령식
- 명령식 - Down : RUNSCRIPT("M_CCW")
  STOPSCRIPT("M_CW")
- 명령식 - Up : 없음

4) 스크립터

(1) M_CW 스크립터

```
Sub M_CW() /* M_CW : 스크립터명*/

    SetTagVal "가상.원",1
    SetTagVal "출력.정MS",1
    SetTagVal "출력.역MS",0

    While 1
            Tag1= GetTagVal("가상.원")

        if(Tag1=100) Then
            SetTagVal "가상.원", 0
        else
            SetTagVal "가상.원", Tag1+1
        end if
            sleep (10)
    Wend
End Sub
```

(2) M_CCW 스크립터

```
Sub M_CCW() /* M_CCW : 스크립터명*/

    SetTagVal "가상.원",1
    SetTagVal "출력.정MS",0
    SetTagVal "출력.역MS",1
    While 1
            Tag1= GetTagVal("가상.원")

        if(Tag1=0) Then
            SetTagVal "가상.원", 100
```

```
            else
                SetTagVal  "가상.원", Tag1-1
            end if
                sleep (10)
        Wend
End Sub
```

5) 초기화면 저장 및 실행 : 4-1 참고

4.3 시간 제어 (컴퓨터 시각)

1) 프로젝트 만들기

- 4-1 과제 참고
- 프로젝트 이름 : 시간제어

(1) 동작 화면

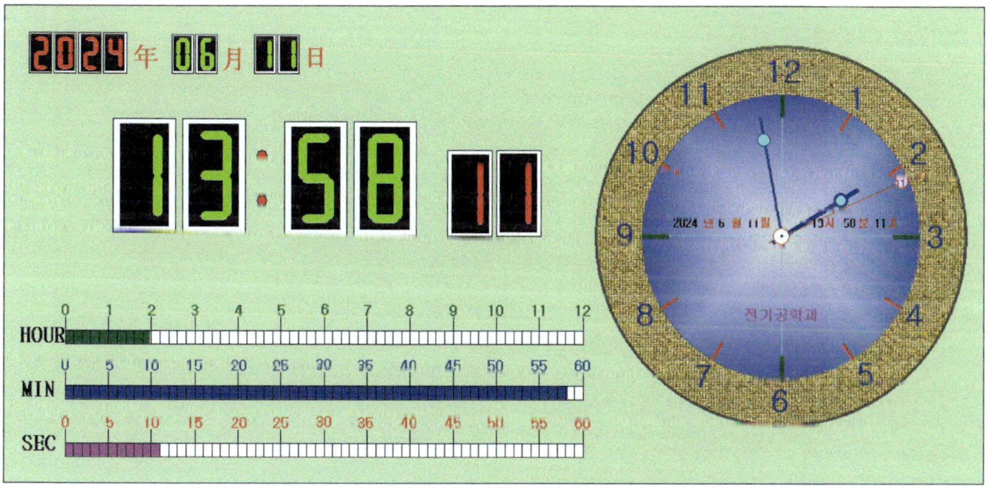

2) 데이터베이스

① 태그시계 그룹

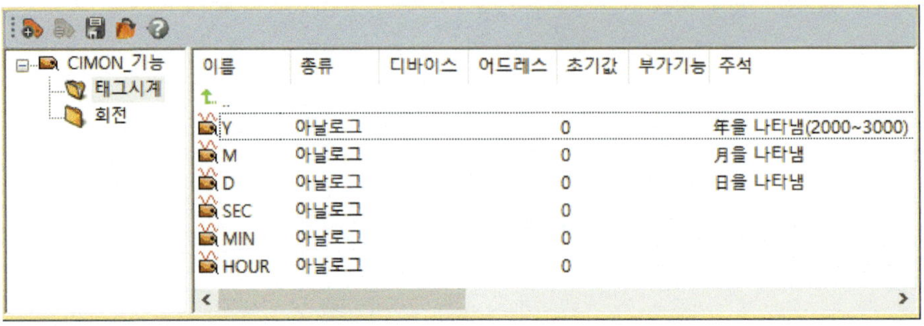

② 회전 그룹

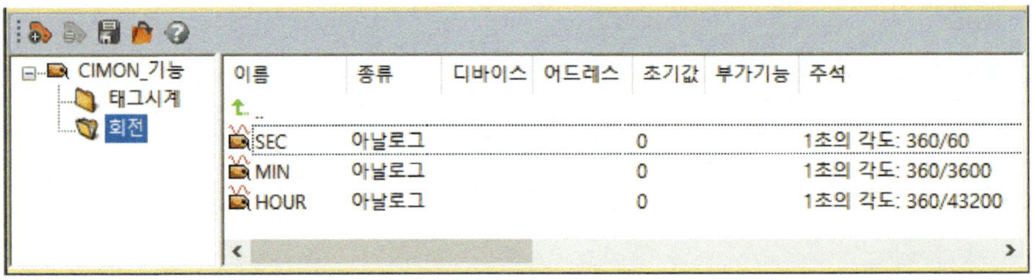

3) 작화 및 기능부여

(1) 디지털 시계

: 시간의 단위별로 기능을 부여한 다음에 각 숫자 오브젝트를 정렬하여 조건에 "참"인 숫자가 출몰되게 한다.

예) 십단위 초 : 0~5

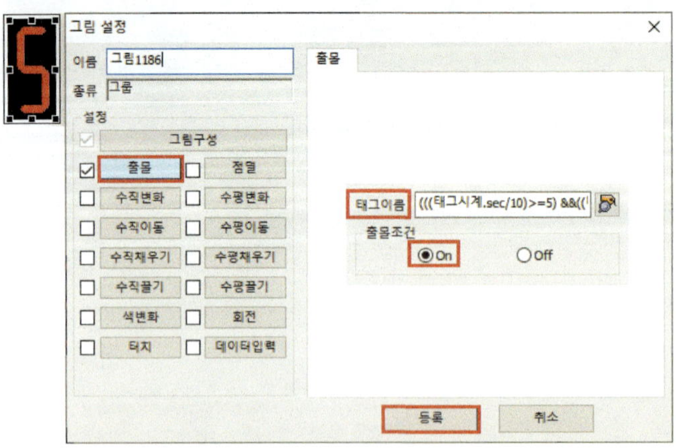

ⓐ  출몰 기능

- 태그이름 : (((태그시계.sec/10))〉=5) &&((태그시계.sec/10)〈6))
- 출몰조건 : ON

ⓑ 4~0의 출몰 기능 부여

ⓒ **[정렬]-[수직 가운데로]-[수평 가운데로]** 정렬

① 年 : 천 단위

 : ((태그시계.y/1000))〉=1) &&((태그시계.y/1000)〈2)

 : ((태그시계.y/1000))〉=2) &&((태그시계.y/1000)〈3)

② 年 : 백 단위

 : ((태그시계.y/100))〉=0) &&((태그시계.y/100)〈1)

③ 年 : 십 단위

: ((태그시계.y/10))〉=0) &&((태그시계.y/10)〈1)

 : (((태그시계.y/10))〉=1) &&((태그시계.y/10)〈2))

 : (((태그시계.y/10))〉=2) &&((태그시계.y/10)〈3))

 : (((태그시계.y/10))〉=3) &&((태그시계.y/10)〈4))

 : (((태그시계.y/10))〉=4) &&((태그시계.y/10)〈5))

 : (((태그시계.y/10))〉=5) &&((태그시계.y/10)〈6))

 : (((태그시계.y/10))〉=6) &&((태그시계.y/10)〈7))

 : (((태그시계.y/10)〉=7) &&((태그시계.y/10)〈8))

 : (((태그시계.y/10)〉=8) &&((태그시계.y/10)〈9))

 : (((태그시계.y/10)〉=9) &&((태그시계.y/10)〈10))

④ 年 : 일 단위

 : (태그시계.y%10)==0

 : (태그시계.y%10)==1

 : (태그시계.y%10)==2

 : (태그시계.y%10)==3

 : (태그시계.y%10)==4

 : (태그시계.y%10)==5

 : (태그시계.y%10)==6

 : (태그시계.y%10)==7

 : (태그시계.y%10)==8

 : (태그시계.y%10)==9

⑤ 月 : 십 단위

 : (((태그시계.m/10)〉=0) &&((태그시계.m/10)〈1))

 : (((태그시계.m/10)〉=1) &&((태그시계.m/10)〈2))

⑥ 月 : 일 단위

 : (태그시계.m%10)==0

 : (태그시계.m%10)==1

 : (태그시계.m%10)==2

 : (태그시계.m%10)==3

 : (태그시계.m%10)==4

 : (태그시계.m%10)==5

 : (태그시계.m%10)==6

 : (태그시계.m%10)==7

 : (태그시계.m%10)==8

 : (태그시계.m%10)==9

⑦ 日 : 십 단위

 : (((태그시계.d/10)〉=0) &&((태그시계.d/10)〈1))

 : (((태그시계.d/10)〉=1) &&((태그시계.d/10)〈2))

 : (((태그시계.d/10)〉=2) &&((태그시계.d/10)〈3))

 : (((태그시계.d/10)〉=3) &&((태그시계.d/10)〈4))

⑧ 日 : 일 단위

 : (태그시계.d%10)==0

1 : (태그시계.d%10)==1

2 : (태그시계.d%10)==2

3 : (태그시계.d%10)==3

4 : (태그시계.d%10)==4

5 : (태그시계.d%10)==5

6 : (태그시계.d%10)==6

7 : (태그시계.d%10)==7

8 : (태그시계.d%10)==8

9 : (태그시계.d%10)==9

⑨ 시간 (hour) : 십 단위

0 : (((태그시계.hour/10)〉=0)&&((태그시계.hour/10)〈1))

1 : (((태그시계.hour/10)〉=1) &&((태그시계.hour/10)〈2))

2 : (((태그시계.hour/10)〉=2) &&((태그시계.hour/10)〈3))

⑩ 시간 (hour) : 일 단위

0 : (태그시계.hour%10)==0

1 : (태그시계.hour%10)==1

2 : (태그시계.hour%10)==2

3 : (태그시계.hour%10)==3

 : (태그시계.hour%10)==4

 : (태그시계.hour%10)==5

 : (태그시계.hour%10)==6

 : (태그시계.hour%10)==7

 : (태그시계.hour%10)==8

 : (태그시계.hour%10)==9

⑪ 분 (minute) : 십 단위

 : (((태그시계.min/10)〉=0)&&((태그시계.min/10)〈1))

 : (((태그시계.min/10)〉=1) &&((태그시계.min/10)〈2))

 : (((태그시계.min/10)〉=2) &&((태그시계.min/10)〈3))

 : (((태그시계.min/10)〉=3) &&((태그시계.min/10)〈4))

 : (((태그시계.min/10)〉=4) &&((태그시계.min/10)〈5))

 : (((태그시계.min/10)〉=5 &&((태그시계.min/10)〈6))

⑫ 분 (minute) : 일 단위

 : (태그시계.min%10)==0

 : (태그시계.min%10)==1

 : (태그시계.min%10)==2

 : (태그시계.min%10)==3

 : (태그시계.min%10)==4

 : (태그시계.min%10)==5

 : (태그시계.min%10)==6

 : (태그시계.min%10)==7

 : (태그시계.min%10)==8

 : (태그시계.min%10)==9

⑬ 초 (sec) : 십 단위

 : (((태그시계.sec/10)>=0) &&((태그시계.sec/10)<1))

 : (((태그시계.sec/10)>=1) &&((태그시계.sec/10)<2))

 : (((태그시계.sec/10)>=2) &&((태그시계.sec/10)<3))

 : (((태그시계.sec/10)>=3) &&((태그시계.sec/10)<4))

 : (((태그시계.sec/10)>=4) &&((태그시계.sec/10)<5))

 : (((태그시계.sec/10)>=5) &&((태그시계.sec/10)<6))

⑭ 초 (sec) : 일 단위

 : (태그시계.sec%10)==0

 : (태그시계.sec%10)==1

 : (태그시계.sec%10)==2

 : (태그시계.sec%10)==3

 : (태그시계.sec%10)==4

 : (태그시계.sec%10)==5

 : (태그시계.sec%10)==6

 : (태그시계.sec%10)==7

 : (태그시계.sec%10)==8

 : (태그시계.sec%10)==9

(2) 막대 그래프 시계 기능

① 시 (Hour)

ⓐ 수평채우기 탭

- 태그이름 : 회전.HOUR

ⓑ 채움기준설정 탭

- 채움기준설정 : 왼쪽
- 채움색 : 배경 : 녹색

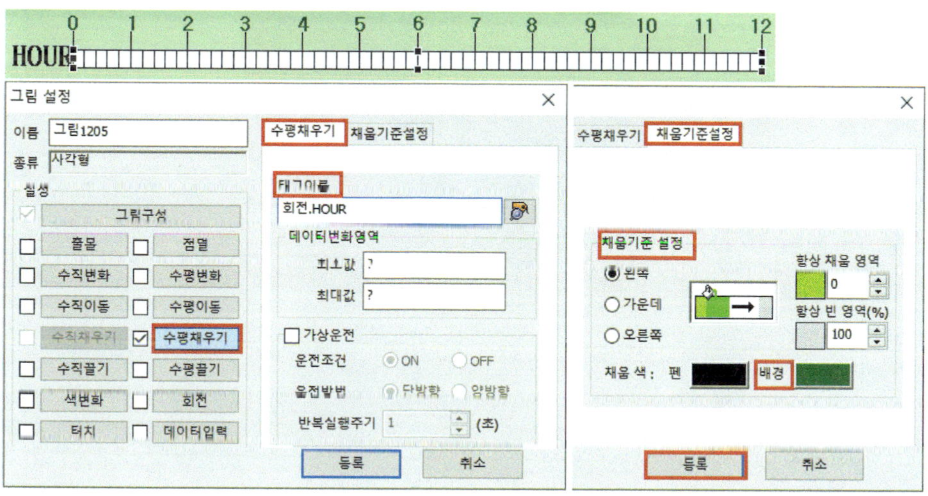

② 분 (Minute)

ⓐ 수평채우기 탭

- 태그이름 : 회전.MIN

ⓑ 채움기준설정 탭

- 채움기준설정 : 왼쪽
- 채움색 : 배경 : 청색

③ 초 (SEC)

ⓐ 수평채우기 탭

- 태그이름 : 회전.SEC

ⓑ 채움기준설정 탭

- 채움기준설정 : 왼쪽
- 채움색 : 배경 : 적색

(3) 아날로그 시계 기능

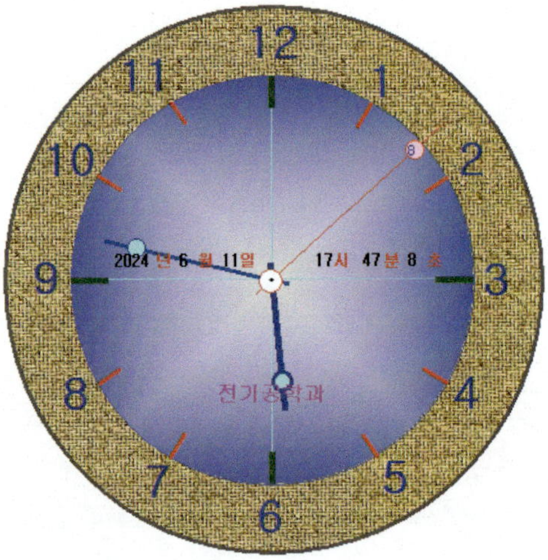

① 시침 (Hour)

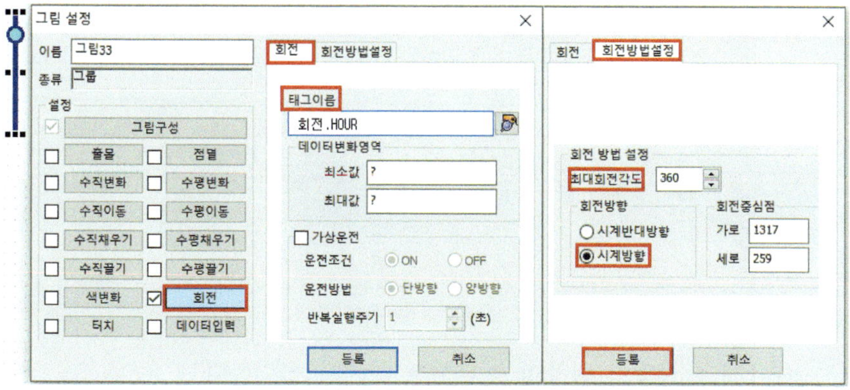

ⓐ 회전 탭

- 태그이름 : 회전.HOUR

ⓑ 회전방법설정 탭

- 최대회전각도 : 360
- 회전방향 : 시계방향
- 회전중심점 : **원의 중앙에 마우스커서를 위치**하고 화면 **하단 X, Y 좌표** 확인

② 분침 (Minute)

ⓐ 회전 탭

- 태그이름 : 회전.MIN

ⓑ 회전방법설정 탭

- 시침과 동일

③ 초침 (Sec)

ⓐ 회전 탭

- 태그이름 : 회전.SEC

ⓑ 회전방법설정 탭

- 시침과 동일

④ 초침 태그값 쓰기

ⓐ 회전 탭

- 태그이름 : 회전.SEC

ⓑ 회전방법설정 탭

- 시침과 동일

⑤ 아날로그 시계 배경 태그값 표시 기능

㉮ ㉯ ㉰ ㉱ ㉲ ㉳

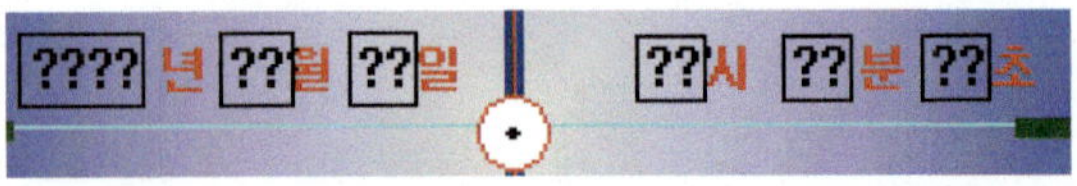

㉮ 태그값 등록하기

[그림]-[태그값]을 선택하여 오브젝트 위에서 클릭한다.

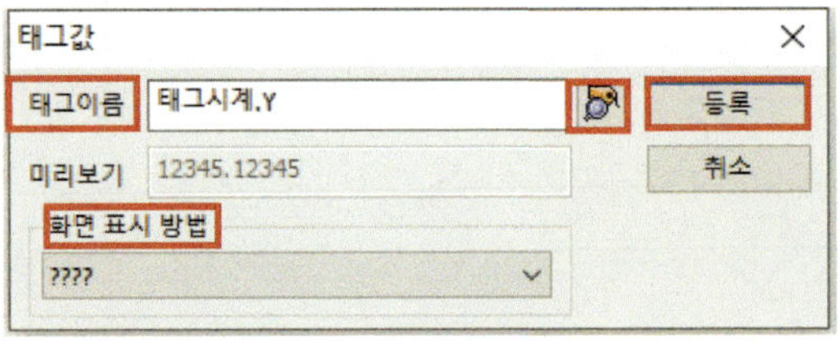

㉯ 태그값 등록하기

- 태그이름 : 태그시계.m
- 화면표시방법 : ???? (관계없음)

㉰ 태그값 등록하기

- 태그이름 : 태그시계.d
- 화면표시방법 : ???? (관계없음)

㉱ 태그값 등록하기

- 태그이름 : 태그시계.hour
- 화면표시방법 : ???? (관계없음)

㉲ 태그값 등록하기

- 태그이름 : 태그시계.min
- 화면표시방법 : ???? (관계없음)

㉳ 태그값 등록하기

- 태그이름 : 태그시계.sec
- 화면표시방법 : ???? (관계없음)

4) 스크립터

(1) 아날로그 시계 스크립터

```
Sub R_시계()    /* R_시계 : 스크립터명*/
  While 1
      t1# = Now()
      th# = hour(t1#)

   if (th#>11) then
      SetTagVal "회전.HOUR", ((th#-12)*3600)+(Minute(t1#)*60)+Second(t1#)
   else
      SetTagVal "회전.HOUR", ((th#)*3600)+(Minute(t1#)*60)+Second(t1#)
   end if
      SetTagVal "회전.MIN", (Minute(t1#)*60)+Second(t1#)
      SetTagVal "회전.SEC", Second(t1#)
      sleep(1000)
  wend
End Sub
```

(2) 디지털 시계 스크립터

```
Sub D_시계()   /* D_시계 : 스크립터명*/
   While 1
      t1# = Now()
      SetTagVal "태그시계.HOUR", hour (t1#) /* 현재 시간 중에서 시를 나타냄 */
      SetTagVal "태그시계.MIN", Minute(t1#) /* 현재 시간 중에서 분을 나타냄 */
      SetTagVal "태그시계.SEC", Second(t1#) /* 현재 시간 중에서 초를 나타냄 */
      SetTagVal "태그시계.d", day(t1#)      /* 현재 시간 중에서 일(日)을 나타냄 */
      SetTagVal "태그시계.m", month(t1#)  /* 현재 시간 중에서 월(月)을 나타냄 */
      SetTagVal "태그시계.y", year(t1#)      /* 현재 시간 중에서 년(年)을 나타냄 */
      sleep(1000)
   wend
End Sub
```

(3) 스크립터 동작 정의

[도구]-[페이지 환경 설정]을 선택하여 동작정의 탭을 클릭한다.

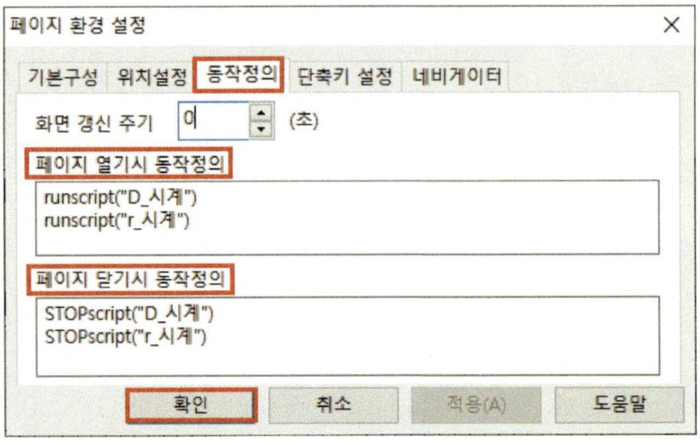

- 페이지 열기시 동작정의 : RUNSCRIPT(“스크립터명”)

  RUNSCRIPT(“D_시계”)

  RUNSCRIPT(“R_시계”)

- 페이지 닫기시 동작정의 : STOPSCRIPT(“스크립터명”)

  STOPSCRIPT(“D_시계”)

  STOPSCRIPT(“R_시계”)

5) 초기화면 저장 및 실행

- 모든 내용을 저장 후 **[도구] - [Cimon-X 환경설정]** 선택하여 Cimon-X 환경설정창에서 초기화면을 지정한다.

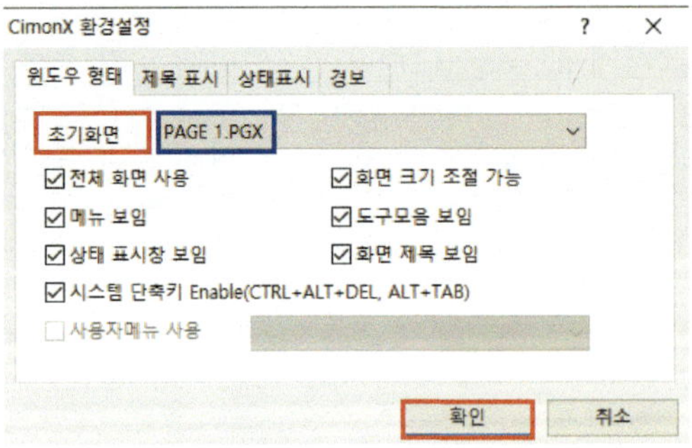

- 동작을 확인

  [도구] - [Cimon-X 실행] 선택하여 동작을 확인한다.

4.4 스톱워치 (가상태그)

1) 프로젝트 만들기

- 4-1 과제 참고
- 프로젝트 이름 : 스톱제어

(1) 동작 화면

2) 데이터베이스

(1) 초 그룹

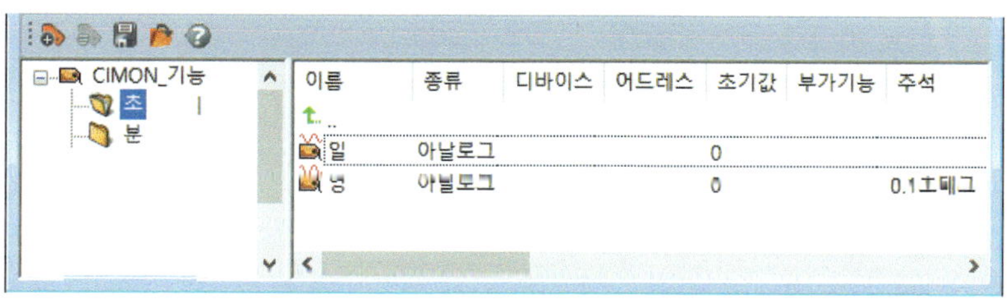

(2) 분 그룹

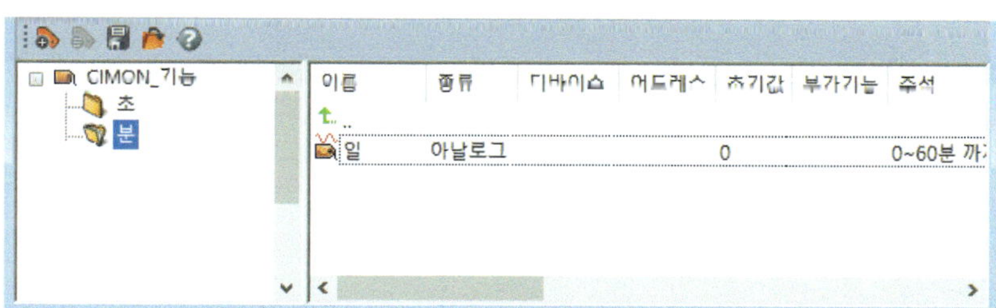

3) 작화 및 기능부여

(1) 태그값 표시 기능

[그림] - [라이브러리]에서 태그값 표시를 클릭한다.

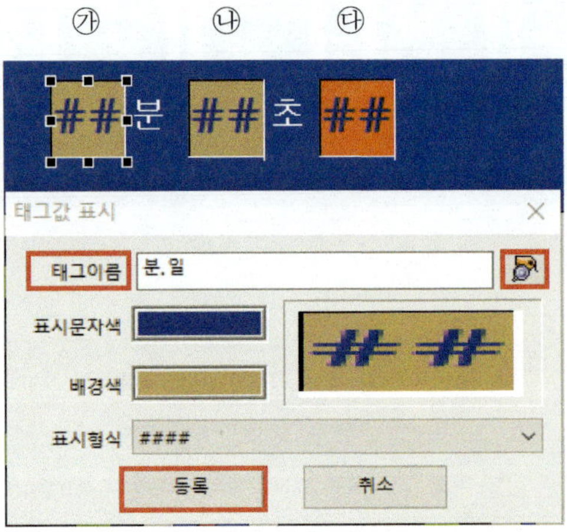

㉮ 태그값 표시기능

- 태그이름 : 분.일

㉯ 태그값 표시기능

- 태그이름 : 초.일

㉰ 태그값 표시기능

- 태그이름 : 초.영

(2) 디지털 스톱워치 기능 : 4-3 과제 디지털시계 부분 참고

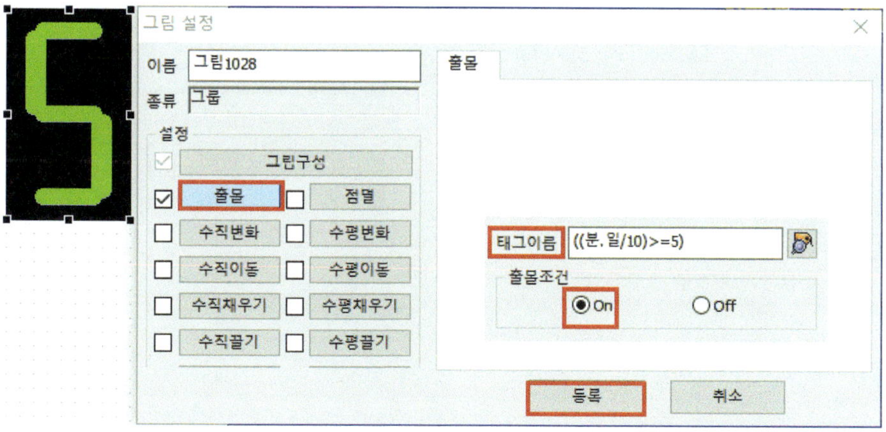

출몰 기능

- 태그이름 : ((분.일/10))〉=5)
- 출몰조건 : ON

① 분(minute) : 십 단위

 : (((분.일/10)〉=0) &&((분.일/10)〈1))||
(((분.일%100)/10))〉=0)&&(((분.일%100)/10)〈1))

 : (((분.일/10)〉=1) &&((분.일/10)〈2))||
(((분.일%100)/10))〉=1)&&(((분.일%100)/10)〈2))

 : (((분.일/10)〉=2) &&((분.일/10)〈3))||
(((분.일%100)/10))〉=2)&&(((분.일%100)/10)〈3))

 : (((분.일/10)〉=3) &&((분.일/10)〈4))||
(((분.일%100)/10))〉=3)&&(((분.일%100)/10)〈4))

 : (((분.일/10)〉=4) &&((분.일/10)〈5))||
(((분.일%100)/10))〉=4)&&(((분.일%100)/10)〈5))

5 : (((분. 일/10)〉=5) &&((분. 일/10)〈6))||
((((분. 일%100)/10))〉=5)&&(((분. 일%100)/10)〈6))

② 분(minute) : 일 단위

0 : (분. 일%10)==0

1 : (분. 일%10)==1

2 : (분. 일%10)==2

3 : (분. 일%10)==3

4 : (분. 일%10)==4

5 : (분. 일%10)==5

6 : (분. 일%10)==6

7 : (분. 일%10)==7

8 : (분. 일%10)==8

9 : (분. 일%10)==9

③ 초(sec) : 십 단위

0 : (((초. 일/10)〉=0) &&((초. 일/10)〈1))||
((((초. 일%100)/10))〉=0)&&(((초. 일%100)/10)〈1))

1 : (((초. 일/10)〉=1) &&((초. 일/10)〈2))||
((((초. 일%100)/10))〉=1)&&(((초. 일%100)/10)〈2))

2 : (((초. 일/10)〉=2) &&((초. 일/10)〈3))||
((((초. 일%100)/10))〉=2)&&(((초. 일%100)/10)〈3))

 : (((초. 일/10)>=3) &&((초. 일/10)<4))||

((((초. 일%100)/10)>=3)&&(((초. 일%100)/10)<4))

 : (((초. 일/10)>=4) &&((초. 일/10)<5))||

((((초. 일%100)/10)>=4)&&(((초. 일%100)/10)<5))

 : (((초. 일/10)>=5) &&((초. 일/10)<6))||

((((초. 일%100)/10)>=5)&&(((초. 일%100)/10)<6))

④ 초(sec) : 일 단위

 : (초. 일%10)==0

 : (초. 일%10)==1

 : (초. 일%10)==2

 : (초. 일%10)==3

 : (초. 일%10)==4

 : (초. 일%10)==5

 : (초. 일%10)==6

 : (초. 일%10)==7

 : (초. 일%10)==8

 : (초. 일%10)==9

⑤ 0.1초(sec) 단위

 : (초. 영%10)==0

 : (초.영%10)==1

 : (초.영%10)==2

 : (초.영%10)==3

 : (초.영%10)==4

 : (초.영%10)==5

 : (초.영%10)==6

 : (초.영%10)==7

 : (초.영%10)==8

 : (초.영%10)==9

(3) 버튼기능

① START

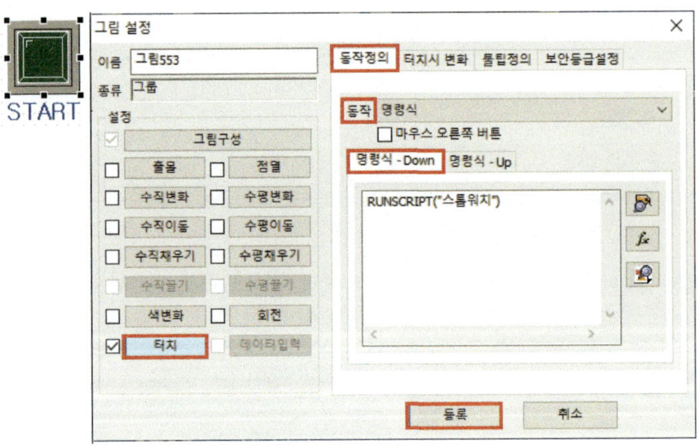

터치 기능

- 동작 : 명령식
- 명령식 Down : RUNSCRIPT("스톱워치")
- 명령식 Up : 없음

② STOP

- 기능 : 터치
- 동작 : 명령식
- 명령식 Down : STOPSCRIPT("스톱워치")
- 명령식 Up : 없음

③ RESET

- 기능 : 터치
- 동작 : 명령식
- 명령식 Down : RUNSCRIPT("리셋")
- 명령식 Up : 없음

4) 스크립터

(1) 스톱워치 스크립터

```
Sub 스톱워치()
  while 1
       for k=1 to 60
         for j=1 to 60
            for i=0 to 9
             SetTagVal "초.영", i
               sleep(100)
            next i
            if(j=60) then                    /* 60초라는 숫자가 출몰하지 않음 */
                SetTagVal "초.일", 0
            else
                SetTagVal "초.일", j
            end if
        next j
          SetTagVal "분.일", k
       next k
        sleep(10)
  wend
End Sub
```

(2) 리셋 스크립터

```
Sub 리셋()
    SetTagVal "초.영", 0
    SetTagVal "초.일", 0
    SetTagVal "분.일", 0
End Sub
```

5) 초기화면 저장 및 실행

- 4-3 과제 참고

4.5 실린더 제어 (가상태그)

1) 프로젝트 만들기

- 4-1 과제 참고
- 프로젝트 이름 : 실린더 제어

(1) 동작 화면

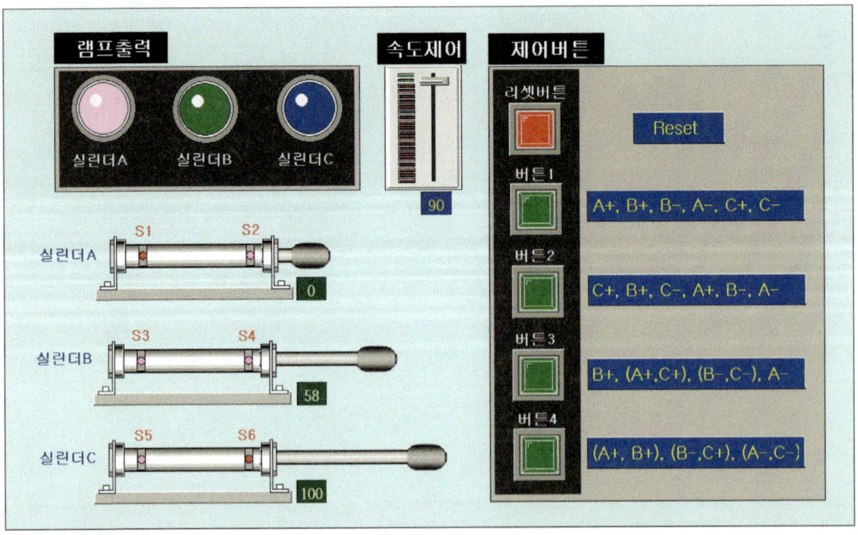

- 트랜드1 : 제어상태그래프

최대 감시 시간 : 40초

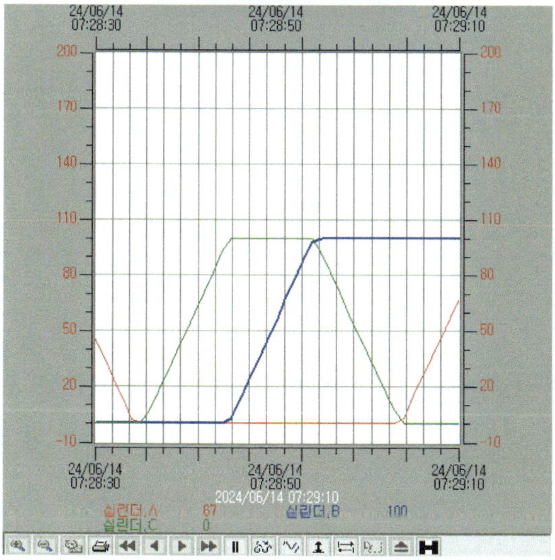

최대 감시 시간 : 1분

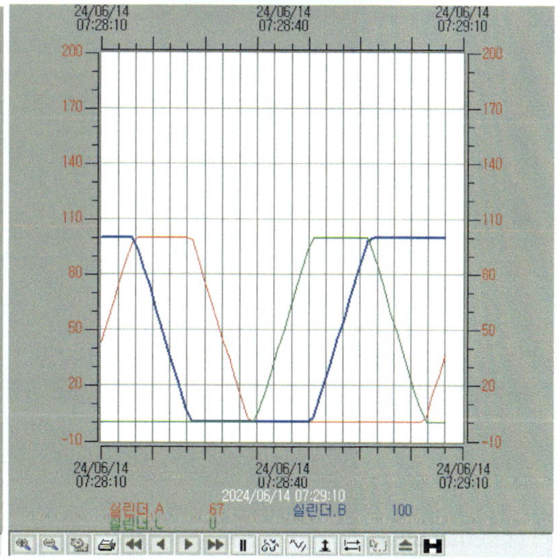

- 트랜드2 : 운전시점 확인

최대 감시 시간 : 10분

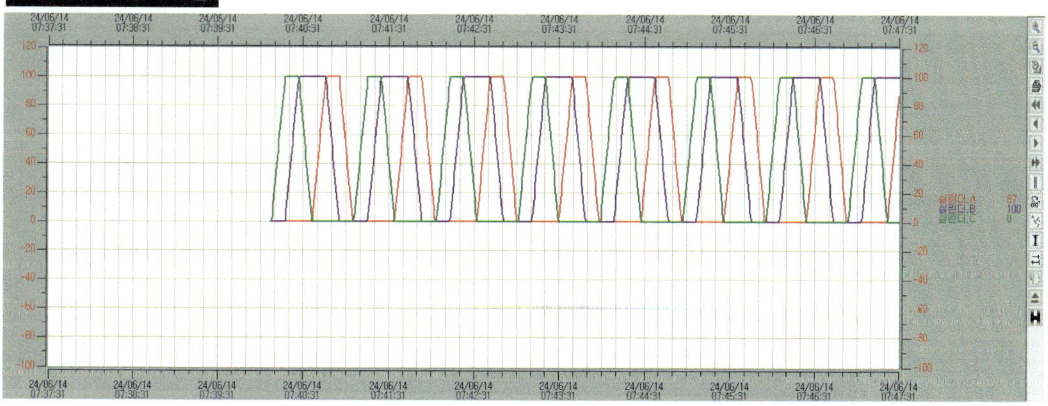

- 트랜드2 : 정지시점 확인

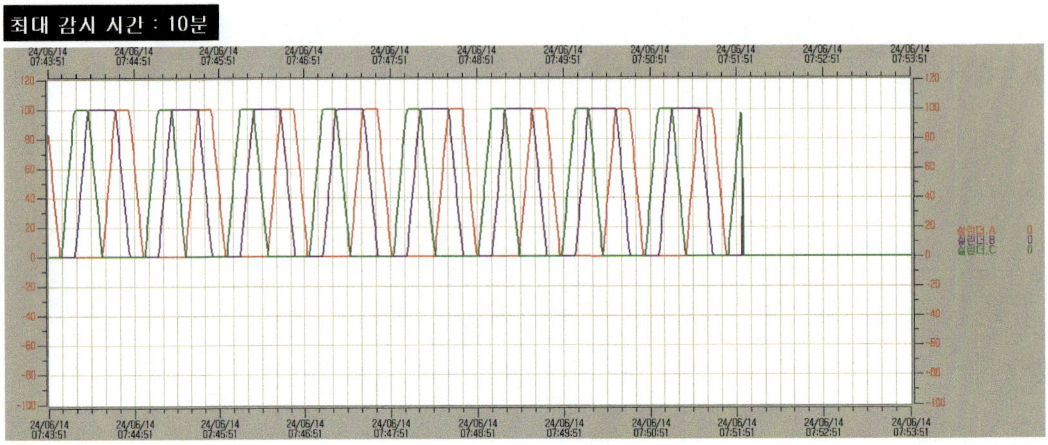

2) 데이터베이스

(1) 실린더 그룹

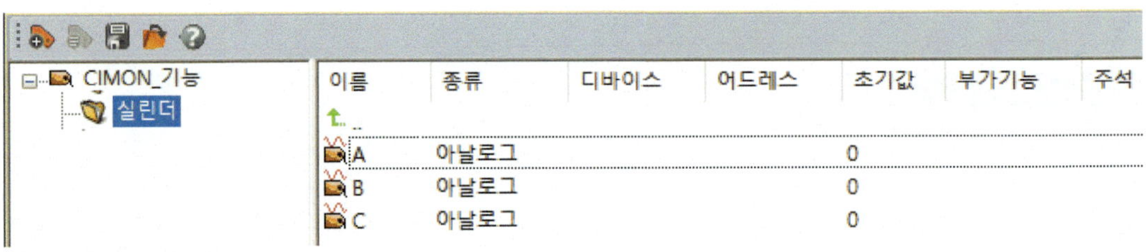

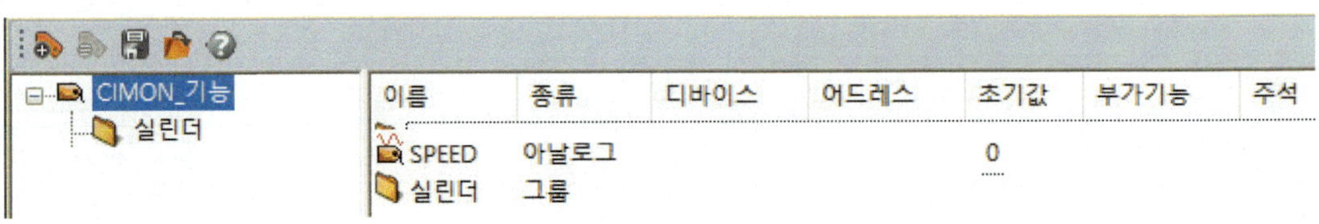

3) 작화 및 기능부여

(1) 실린더

- 분해도

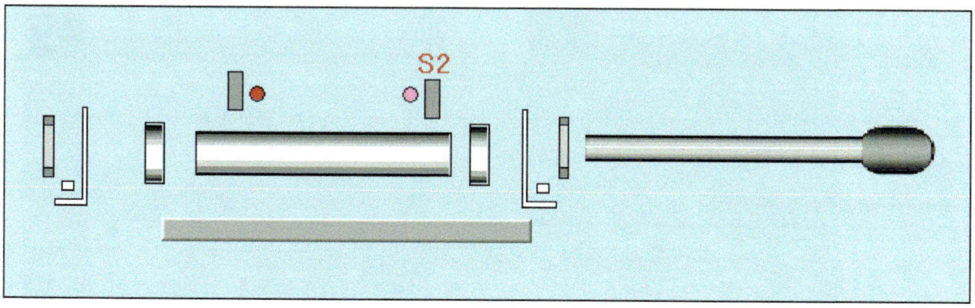

① 실린더 A

ⓐ 실린더 로더

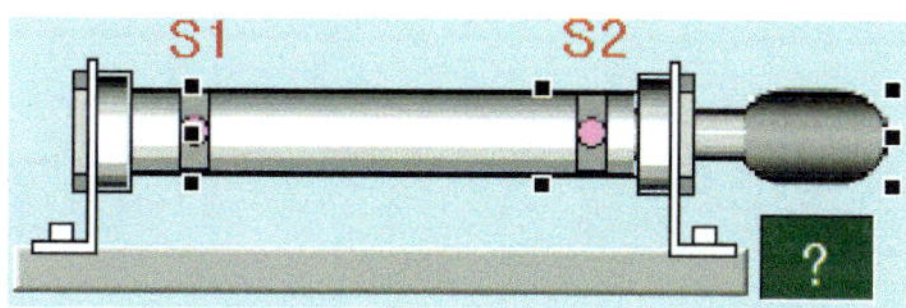

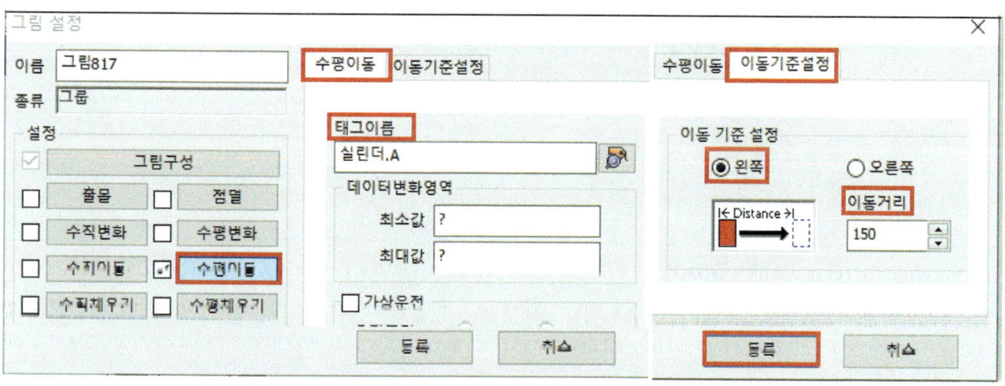

- 기능 : 수평이동
- 태그이름 : 실린더.A
- 이동기준설정 : 왼쪽
- 이동거리 : 150(모니터 화면의 우측 하단에 표시된 x축의 크기)

ⓑ 실린더 센서(S1, S2)

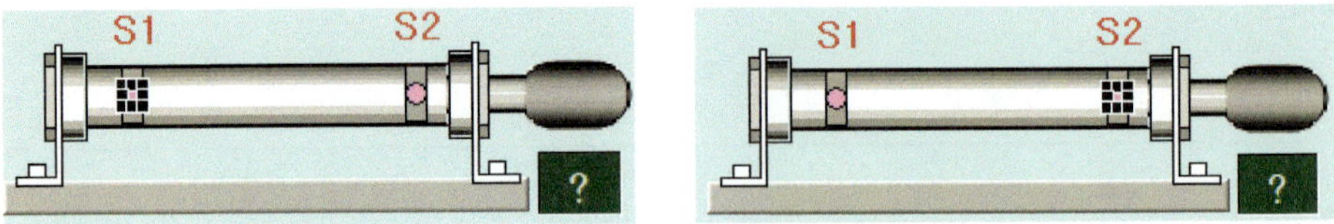

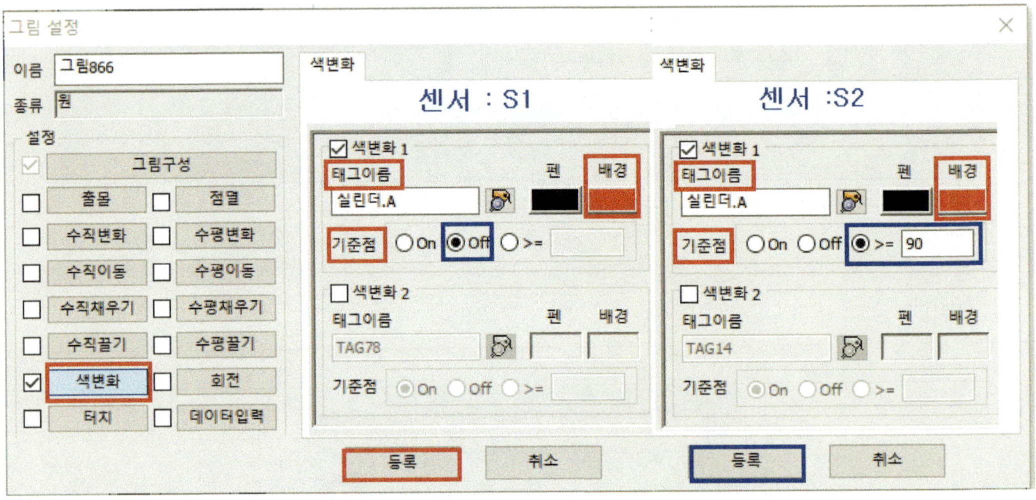

- 기능 : 색변환
- 태그이름 : 실린더.A
- 배경 : 적색
- 기준점 (센서 S1) : OFF
  기준점 (센서 S2) : ◉>=90

ⓒ 실린더 태그값

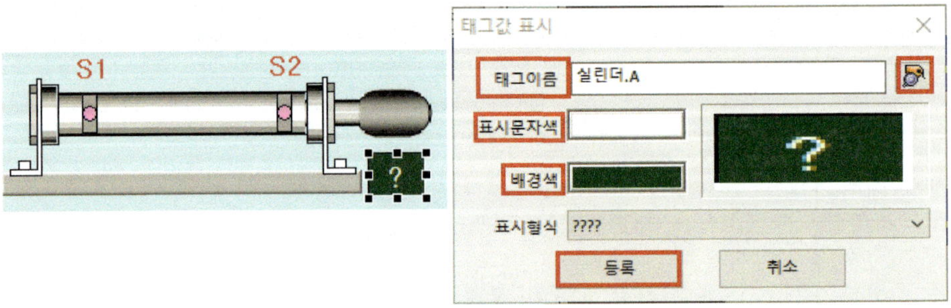

[그림] - [라이브러리]에서 태그값 표시를 클릭한다.

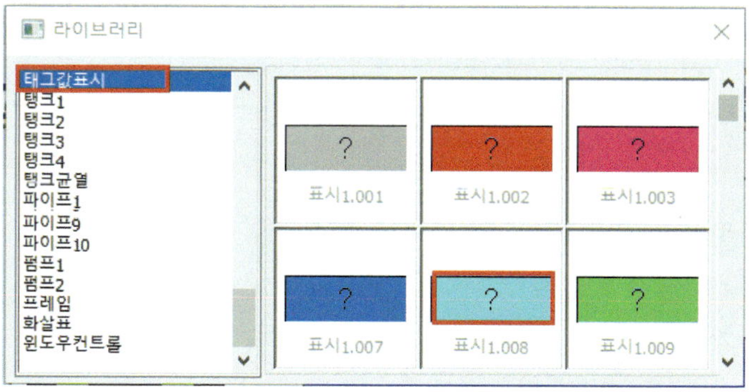

- 기능 : 태그값표시
- 태그이름 : 실린더.A
- 표시 문자색 : 흰색
- 배경색 : 녹색

② 실린더 B

ⓐ 실린더 로더

- 기능 : 수평이동
- 태그이름 : 실린더.B
- 이동기준설정 : 왼쪽
- 이동거리 : 150

ⓑ 실린더 센서(S3, S4)

- 기능 : 색변화
- 태그이름 : 실린더.B
- 배경 : 적색
- 기준점 (센서 S3) : OFF

  기준점 (센서 S4) : ◉>=90

ⓒ 실린더 태그값

- 기능 : 태그값 표시
- 태그이름 : 실린더.B

- 표시 문자색 : 흰색
- 배경색 : 녹색

③ 실린더 C

ⓐ 실린더 로더

- 기능 : 수평이동
- 태그이름 : 실린더.C
- 이동기준설정 : 왼쪽
- 이동거리 : 150

ⓑ 실린더 센서(S5, S6)

- 기능 : 색변환
- 태그이름 : 실린더.C
- 배경 : 적색
- 기준점 (센서 S5) : OFF
  기준점 (센서 S6) : ◉>=90

ⓒ 실린더 태그값

- 기능 : 태그값 표시
- 태그이름 : 실린더.C
- 표시 문자색 : 흰색
- 배경색 : 녹색

(2) 램프출력

① 실린더 A 램프

- 기능 : 색변환
- 태그이름 : 실린더.A
- 배경 : 분홍색
- 기준점 : OFF

② 실린더 B 램프

- 기능 : 색변환
- 태그이름 : 실린더.B
- 배경 : 연녹색
- 기준점 : OFF

③ 실린더 C 램프

- 기능 : 색변환
- 태그이름 : 실린더.C
- 배경 : 옅은하늘색
- 기준점 : OFF

(3) 속도 제어

① 수직끌기 오브젝트

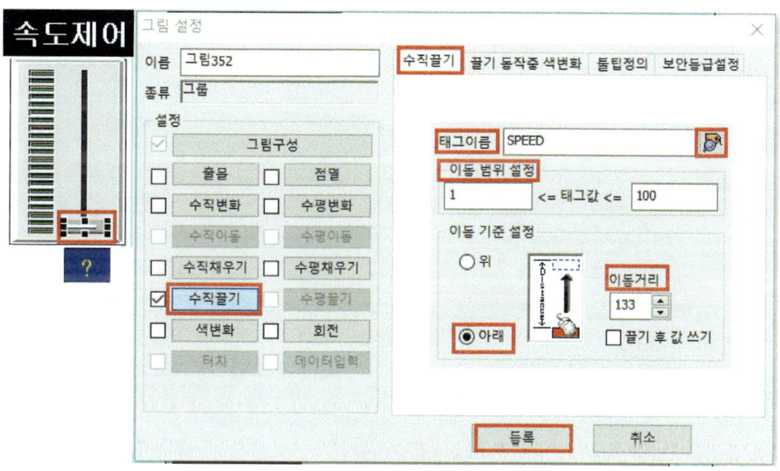

- 기능 : 수직끌기
- 태그이름 : SPEED
- 이동범위설정 : 1 <= 태그값 <= 100
- 이동 기준 설정 : 아래
- 이동거리 : 133 (마우스로 Y축 계산)

② 태그값 오브젝트

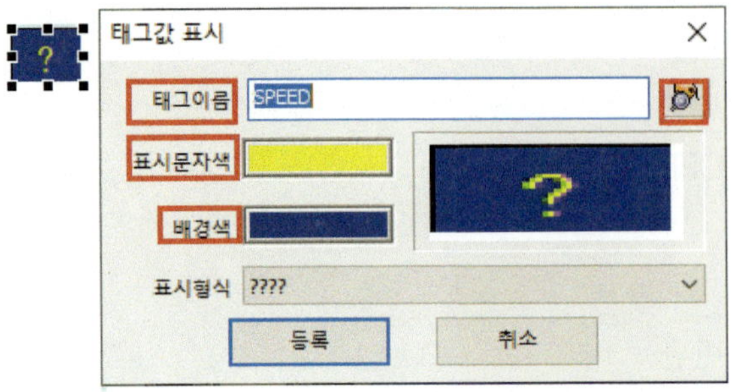

- 기능 : 태그값 표시
- 태그이름 : SPEED
- 표시 문자색 : 노란색
- 배경색 : 청색

③ 수직채우기 오브젝트

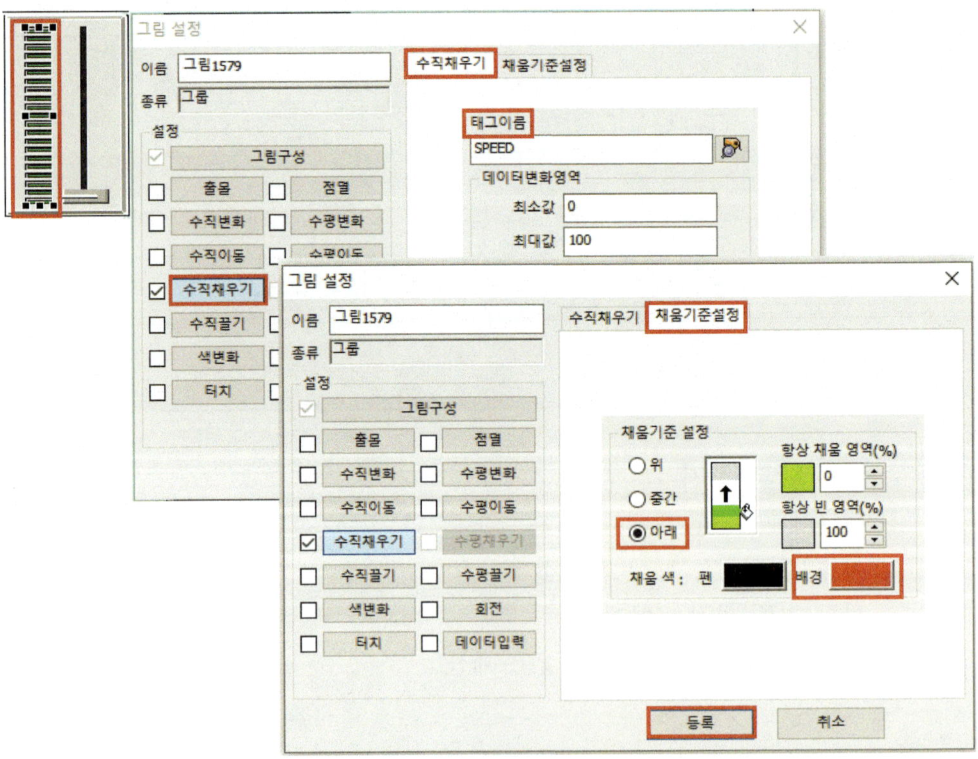

- 기능 : 수직채우기
- 태그이름 : SPEED
- 데이터 변화 영역 : 최소값 0, 최대값 100
- 채움 기준 설정 : 아래
- 채움색 : 배경 적색

(4) 제어 버튼

① 리셋 버튼

- 기능 :터치 기능
- 동작 : 명령식
- 명령식 Down

```
RUNSCRIPT("MOVE0")
STOPSCRIPT("MOVE1")
STOPSCRIPT("MOVE2")
STOPSCRIPT("MOVE3")
STOPSCRIPT("MOVE4")
```

- 명령식 Up : 없음

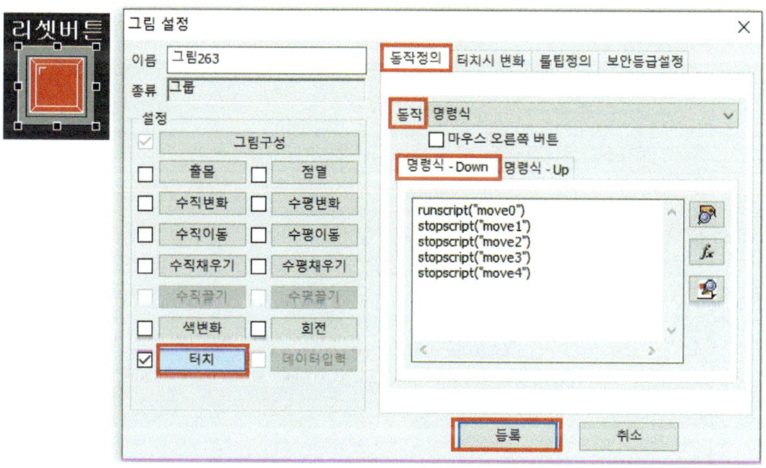

② 버튼 1 오브젝트

- 기능 : 터치 기능
- 동작 : 명령식
- 명령식 Down

```
RUNSCRIPT("MOVE1")
STOPSCRIPT("MOVE2")
STOPSCRIPT("MOVE3")
STOPSCRIPT("MOVE4")
```

- 명령식 Up : 없음

③ 버튼 2 오브젝트

- 기능 : 터치 기능
- 동작 : 명령식
- 명령식 Down

```
RUNSCRIPT("MOVE2")
STOPSCRIPT("MOVE1")
STOPSCRIPT("MOVE3")
STOPSCRIPT("MOVE4")
```

- 명령식 Up : 없음

④ 버튼 3 오브젝트

- 기능 : 터치 기능
- 동작 : 명령식
- 명령식 Down

```
RUNSCRIPT("MOVE3")
STOPSCRIPT("MOVE1")
STOPSCRIPT("MOVE2")
STOPSCRIPT("MOVE4")
```

- 명령식 Up : 없음

⑤ 버튼 4 오브젝트

- 기능 : 터치 기능
- 동작 : 명령식
- 명령식 Down

```
RUNSCRIPT("MOVE4")
STOPSCRIPT("MOVE1")
STOPSCRIPT("MOVE3")
STOPSCRIPT("MOVE2")
```

- 명령식 Up : 없음

4) 스크립터

(1) move0 스크립터 (실린더 초기화)

```
Sub move0()

    For K=0 To 100 Step 1
            settagval"실린더.A",100-K
            settagval"실린더.B",100-K
            settagval"실린더.C",100-K
            sleep(10)
    Next K
End Sub
```

(2) move1 스크립터 (A+, B+, B–, A–, C+, C–)

```
Sub move1()
        SP= gettagval("SPEED")
    While 1
        For i=0 To 100 Step 1
            settagval"실린더.A",i
                sleep(sp)
         Next i

          For j=0 To 100 Step 1
             settagval"실린더.b",j
             sleep(sp)
          Next j

         For k=100 To 0 Step -1
             settagval"실린더.B",k
                 sleep(sp)
         Next k

         For m=100 To 0 Step -1
              settagval"실린더.a",m
                  sleep(sp)
         Next m

         For n=0 To 100 Step 1
              settagval"실린더.c",n
                sleep(sp)
```

```
        Next p
               sleep(1000)
    Wend
  End Sub
```

(3) move2 스크립터 (C+, B+, C–, A+, B–, A–)

```
  Sub move2()
         SP= gettagval("SPEED")
      While 1
        For i=0 To 100 Step 1
             settagval"실린더.C",i
                sleep(SP)
         Next i

           For j=0 To 100 Step 1
             settagval"실린더.b",j
             sleep(SP)
           Next j

           For k=100 To 0 Step -1
             settagval"실린더.C",k
                sleep(SP)
           Next k

        For m=0 To 100 Step 1
              settagval"실린더.a",m
                 sleep(SP)
         Next m

           For n=100 To 0 Step -1
              settagval"실린더.B",n
              sleep(SP)
         Next n

           For p=100 To 0 Step -1
              settagval"실린더.A",p
              sleep(SP)
         Next p
                sleep(1000)
      Wend
  End Sub
```

(4) move3 스크립터 (B+, [A+, C+], [C−, B−], A−)

```
Sub move3()
        SP= gettagval("SPEED")
    While 1
        For i=0 To 100 Step 1
          settagval"실린더.B",i
             sleep(SP)
       Next i

        For j=0 To 100 Step 1
          settagval"실린더.A",j
             settagval"실린더.C",j
          sleep(SP)
       Next j

        For k=100 To 0 Step -1
           settagval"실린더.c",k
             settagval"실린더.B",k
             sleep(SP)
       Next k

        For m=100 To 0 Step -1
           settagval"실린더.a",m
           sleep(SP)
       Next m
              sleep(1000)
   Wend
End Sub
```

(5) move4 스크립터 ([A+, B+], [C+, B−], [C−, A−])

```
Sub move4()
        SP= gettagval("SPEED")
     While 1
         For i=0 To 100 Step 1
             settagval"실린더.A",i
              settagval"실린더.B",i
              sleep(SP)
        Next I
```

```
        For j=0 To 100 Step 1
            settagval"실린더.C",j
             settagval"실린더.B",100-j
             sleep(SP)
        Next j

        For k=100 To 0 Step -1
            settagval"실린더.c",k
             settagval"실린더.A",k
             sleep(SP)
       Next k
             sleep(1000)
    Wend
End Sub
```

5) 트랜드 작성

(1) 트래드 설정

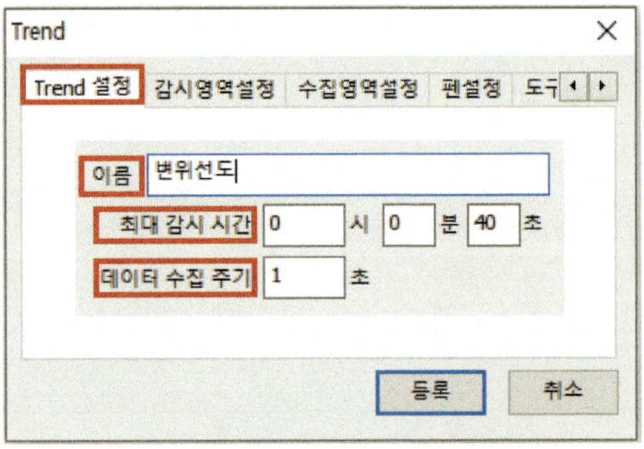

(2) 감시 영역 설정

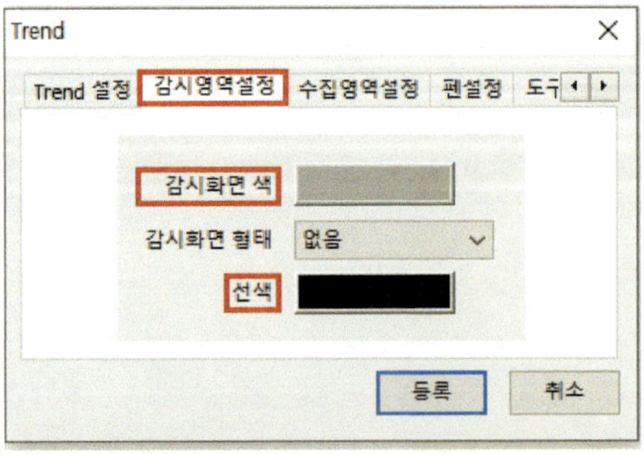

(3) 수집 영역 설정

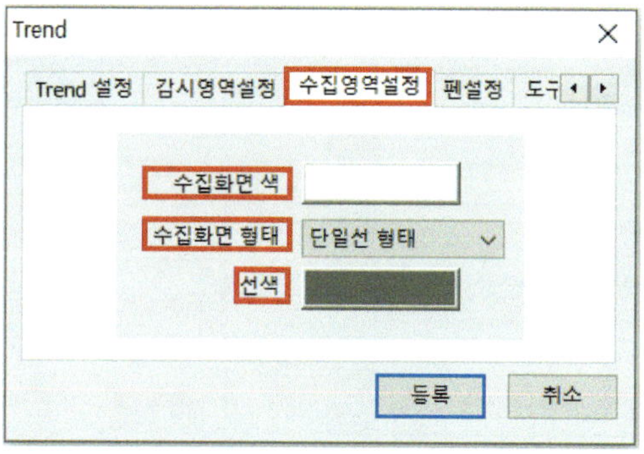

(4) 펜 설정

① 실린더A 펜 설정

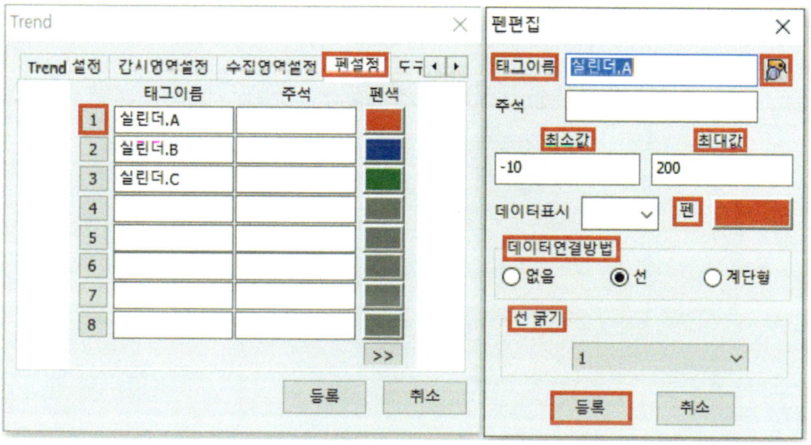

② 실린더B 펜 설정

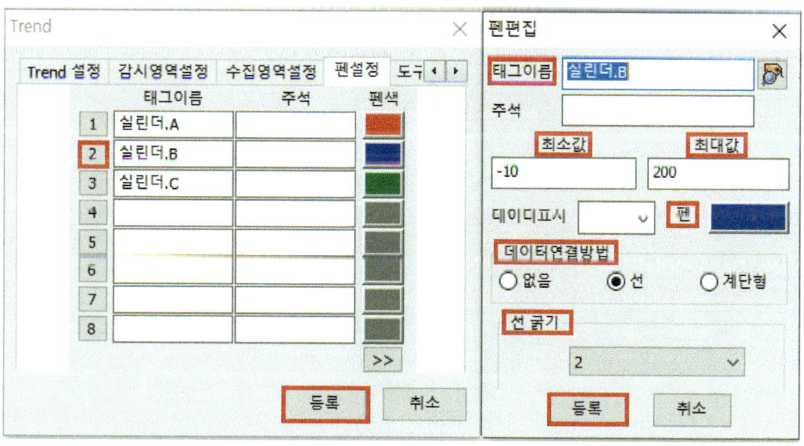

③ 실린더C 펜 설정

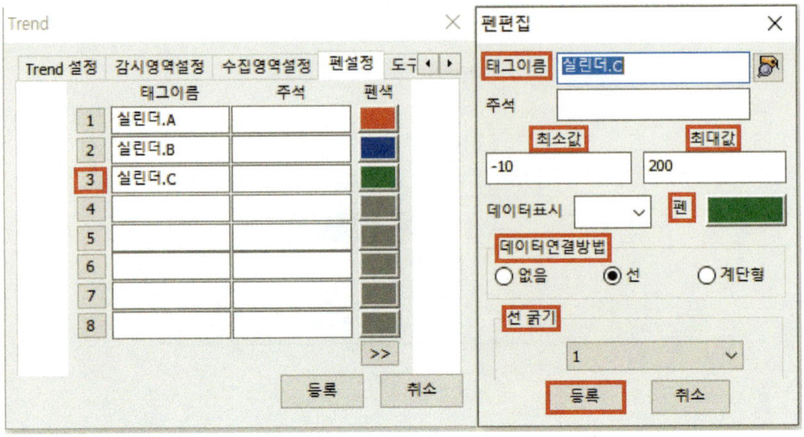

(5) 도구 모음 설정

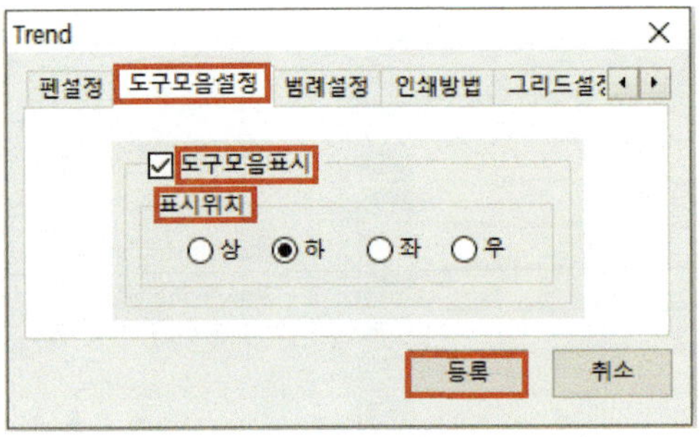

(6) 범례 설정

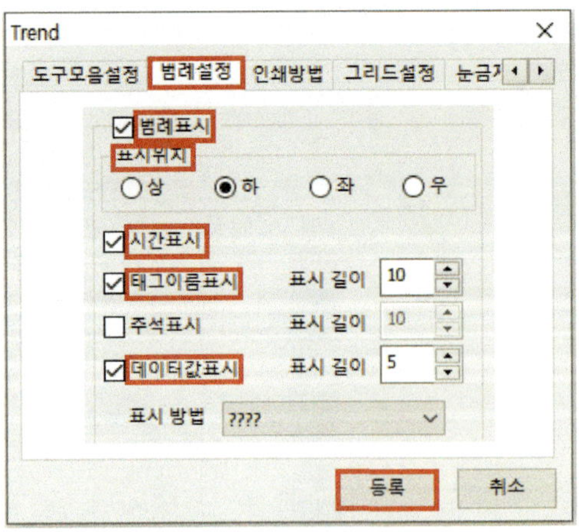

(7) 인쇄 방법

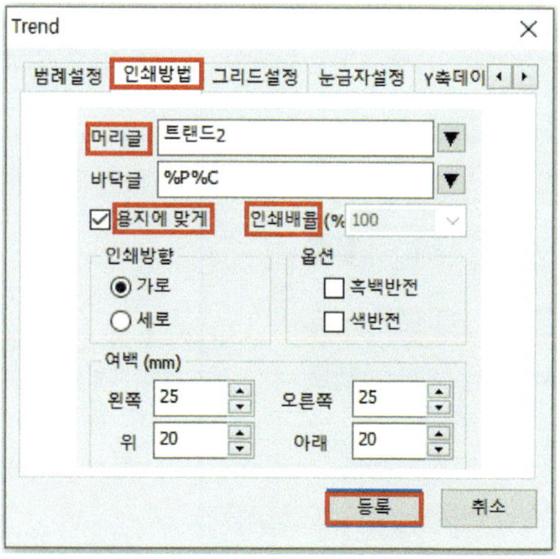

(8) 그리드 설정

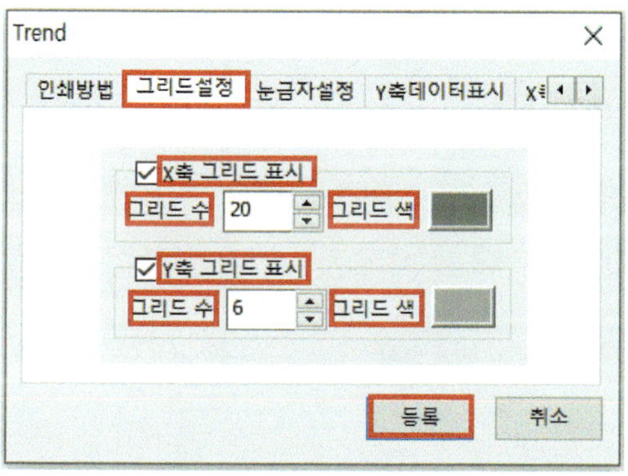

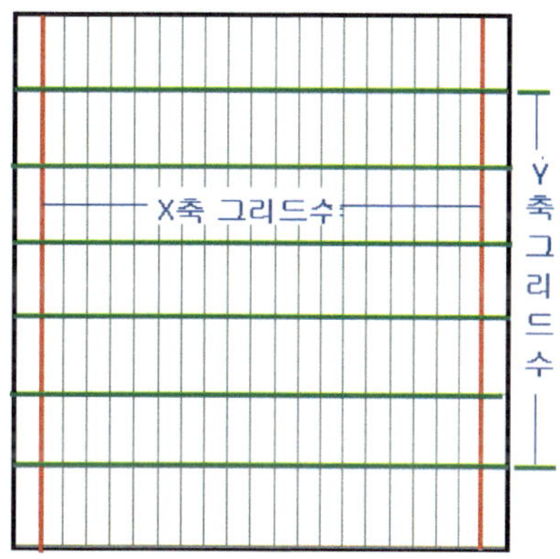

(9) 눈금자 설정

① Y축 데이터 표시

1. X축 그리드수:20 이면 간격이 21개이므로 3간격*7 이므로 아래, 위 눈금자 표시는
큰눈금자는 : 7+1=8개
작은눈금자 : 3-1=2개
2. Y축 그리드수 6이면 간격은 7개 이므로 좌, 우 눈금자 표시는
큰눈금자는 : 7+1=8개
작은눈금자 : 2개(최소, 최대값에따라 간격임)

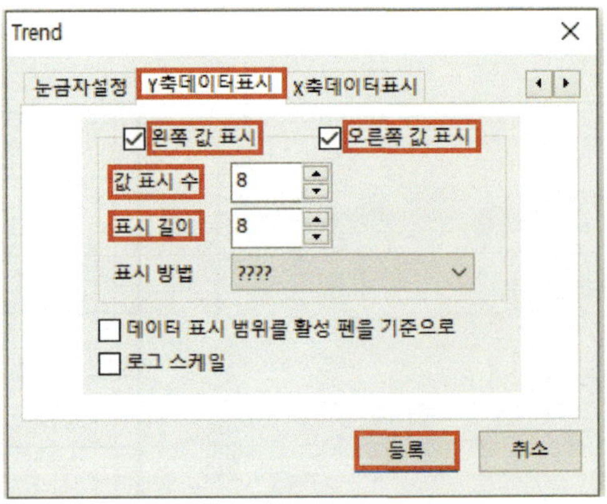

② X축 데이터 표시

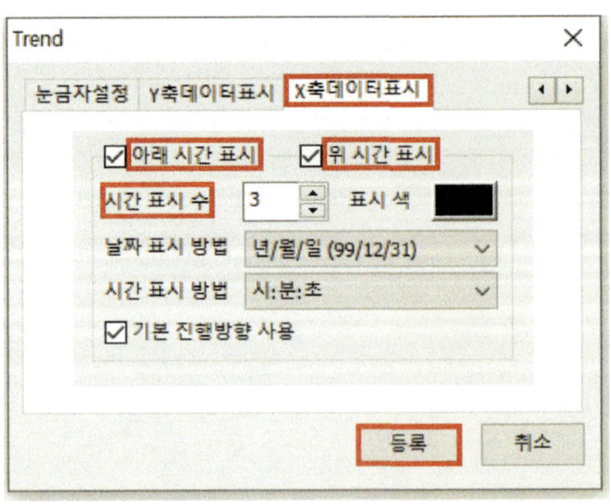

6) 초기화면 저장 및 실행

CHAPTER 5

CIMON Xpanel Designer

5.1 CIMON Xpanel 개요

1) HMI 개요

Human Machine Interface, 시각이나 청각과 관련 지어진 인간의 아날로그적인 인지의 세계와 컴퓨터나 통신의 디지털을 처리하는 기계의 세계를 연결하는 인터페이스이다. 첨단 FA 장비의 복잡한 기능을 그래픽으로 처리해 줌으로써 사용자가 장비를 시각적으로 모니터링하고, 터치스크린을 통하여 장비를 실시간으로 조작하고 제어한다. 독립적으로 사용되지 않고 PLC 및 제어기기, 컨트롤러와 통신에 의해 동작한다.

분야	세부 분야
산업 분야	FA(Factory Automation) 일환으로서 조작 패널 대응 예) 반도체 장비, 자동차 조립 Line, 식품 공정 FA Line, 화학 공정 Line 등
교통 분야	상황에 따른 운전 지시 사항 전달이나 각종 운전 기기의 제어용 예) 운전자의 속도 제어, 경보 감시, 위급 사항 대처 지시 등
감시, 관측 분야	감시 대상 및 장소의 모니터링 백화점, 은행, 병원, 호텔 등 방제 시스템의 중앙 집중 제어반 예) CCD 카메라 등으로 영상 감시 및 방제 구현
안내, 광고 분야	공공 장소나 건물의 안내 시스템 엘리베이터, 공공 운송 수단에서의 안내, 광고 표시 예) 공공 건물 현관에서 건물 내부의 각 장소 소개, 안내
물류 분야	자동 창고, 차고의 배송/출하 시스템, 무인 반송차
교육 시험 분야	문서와 펜이 필요 없는 전자 시험 및 교육 장비 예) 면허, 자격 시험에서 화면 전환과 터치스크린에 의한 전자 시험

2) XPANEL 특성

Xpanel은 소형 기계부터 초대형 산업 시설을 모두 아우르는 다양한 라인업을 갖추었으며, 검증된 뛰어난 신뢰성과 안정성으로 모든 산업 현장에서 최고의 성능을 발휘한다. WINDOW CE 기반의 OS는 시스템의 안정성을 더하였고, 강력한 네트워크와 화려한 그래픽 라이브러리, 국내 산업현장에 가장 적합한 통신드라이버의 제공, 편리한 편집 환경은 초보자도 쉽게 적용할 수 있도록 도와준다.

5.2 소프트웨어 설치

1) XPanel Driver 설치하기

프로그램 설치 전에 먼저 Xpanel 드라이버를 설치해야 한다.

① 인터넷을 통해 최신 Mobile Device Center를 다운로드 하여 설치한다. **윈도우 모바일 장치 센터**(Windows Mobile Device Center)는 마이크로소프트사가 개발한 동기화 소프트웨어이며 ActiveSync의 뒤를 잇는다.
윈도우 모바일 장치와 마이크로소프트 윈도우 운영 체제 사이에서 음악, 영상, 연락처, 일정, 웹 브라우저 즐겨찾기 등의 파일들을 비롯한 다양한 콘텐츠를 동기화 하도록 설계되어 있다.

② Mobile Device Center 설치 후 Xpanel을 켜고 부팅 완료를 확인 하신 후 USB 케이블을 사용하여 컴퓨터와 연결한다. 컴퓨터에 Xpanel을 처음 연결 시 디바이스 설치를 요구 한다. 제공된 CD를 사용하여 디바이스 드라이버를 설치한다.

③ 아래와 같이 선택하고 **[다음>]**을 누른다.

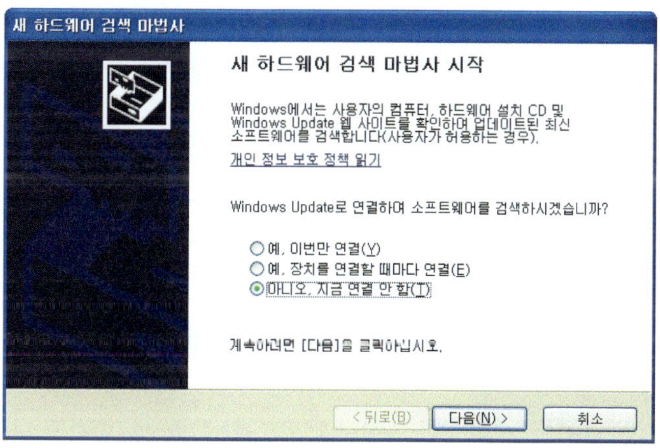

④ 제공되는 CD를 삽입하고, **[다음>]**을 누른다. CD가 없는 경우 목록 또는 특정 위치에서 설치(고급)(S)를 선택하고 **[다음>]**을 누른다.

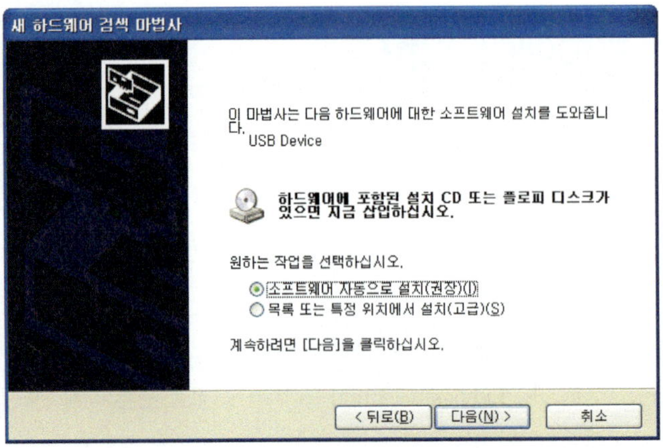

⑤ **[찾아보기(R)]** 버튼을 눌러 Xpanel Designer 설치 폴더 밑의 Xpanel_Driver 폴더를 선택하고 **[다음>]**을 누른다.

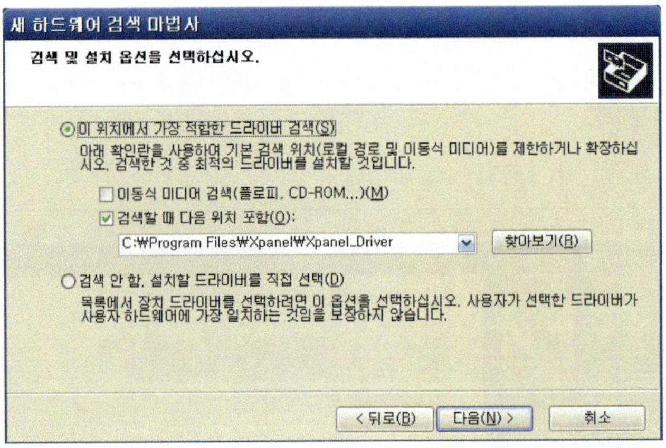

⑥ 장치가 검색되면 **[마침]**을 누른다.

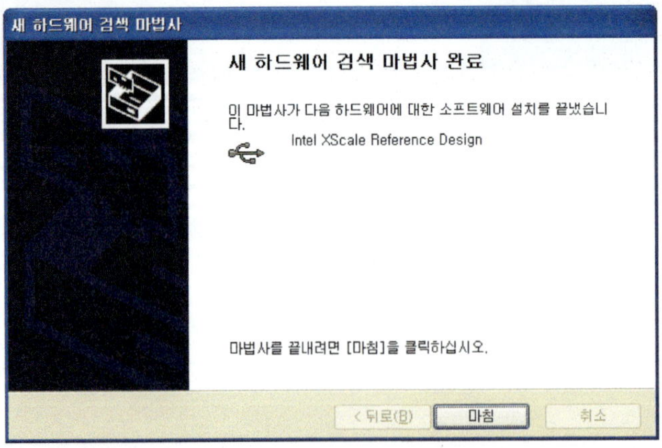

⑦ 설치가 정상적으로 된 경우 파트너 관계설정 팝업이 표시된다. "아니오" 선택하고 **[다음]** 버튼을 클릭한다.

※ 만약, ActiveSync가 정상적으로 Xpanel과 연결되지 않은 경우 USB 케이블을 재 연결하여 준다.

2) XPanel Designer Full Install 설치하기

설치 프로그램은 동봉된 CD 또는 CIMON 홈페이지(http://www.cimon.com/)에서 다운로드 할 수 있다.

① 설치 프로그램을 실행하면, 다음과 같이 **[설치 마법사]**가 실행된다. 사용권 계약을 잘 읽어 본 후에 '동의합니다'를 선택 후 **[다음]** 버튼을 누른다.

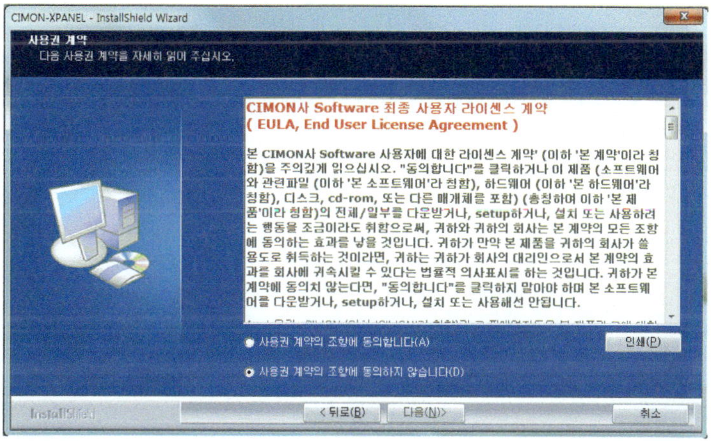

② 프로그램을 설치할 위치를 지정한다. 원하는 위치를 지정(초기 경로 C:₩CIMON₩Xpanel) 한 후에 **[다음]** 버튼을 누른다.

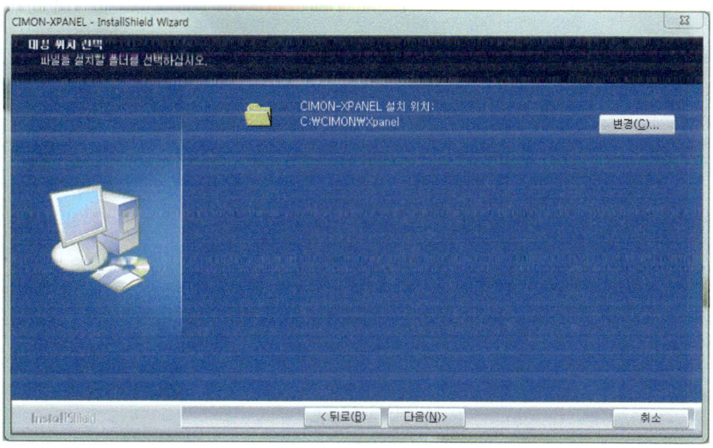

③ 사용권 계약과 설치 경로가 맞으면 **[설치]** 버튼을 눌러 설치를 시작한다.

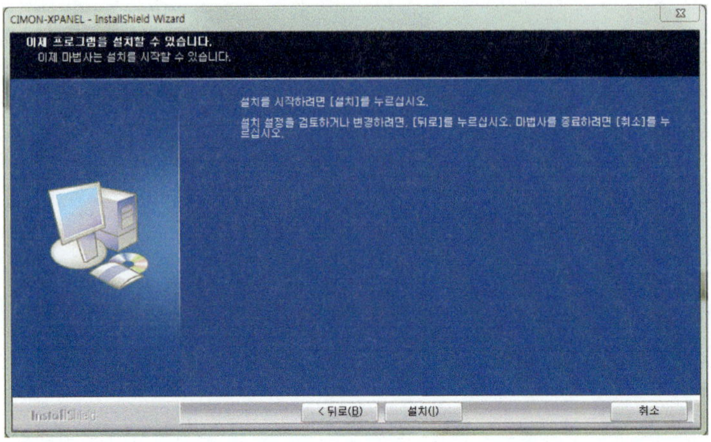

④ 설치 완료 직전에 다음과 같이 폰트를 선택할 수 있는 창이 하나 나온다. 원하는 폰트가 있다면 선택 후 **[추가]** 버튼을 눌러 추가하시면 된다. 폰트 선택이 끝난 후 **[확인]** 버튼을 눌러 설치를 마친다.

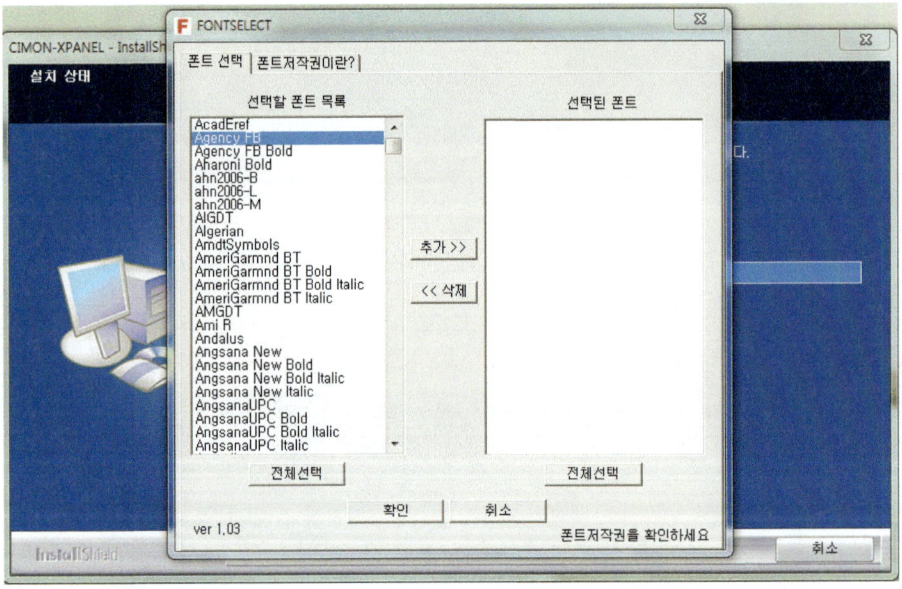

⑤ 설치가 완료된 화면이다.

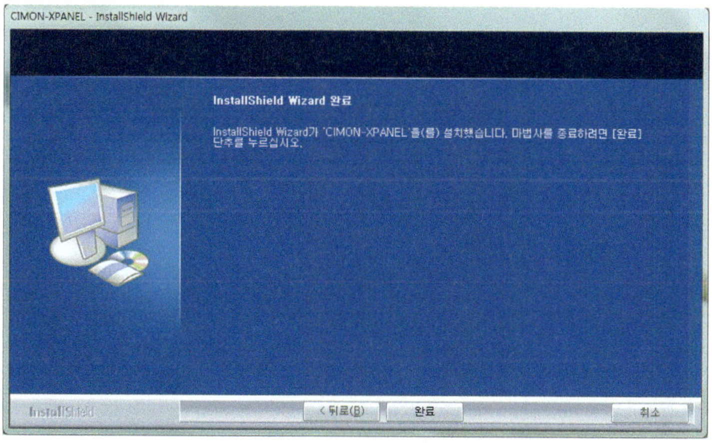

5.3 프로젝트 생성

1) 새 프로젝트 만들기

① 바탕화면에 설치된 Xpanel Designer를 실행한다.

② [새 프로젝트]를 선택하고 [OK] 누르다

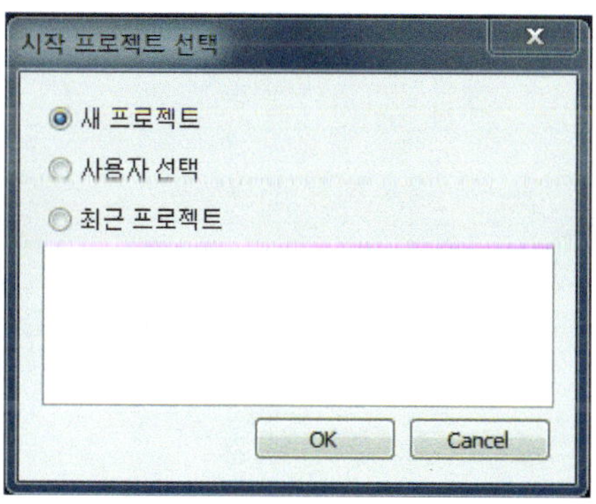

③ 프로젝트 만들기 창이 나타나면 **[프로젝트 이름]** - **[프로젝트 개요]** - **[작업 경로]** - **[HMI종류]** - **[프로젝트 배경색]**을 설정한 후 확인 버튼을 누른다. 장비에 적용된 모델은 XT10C 모델이다.

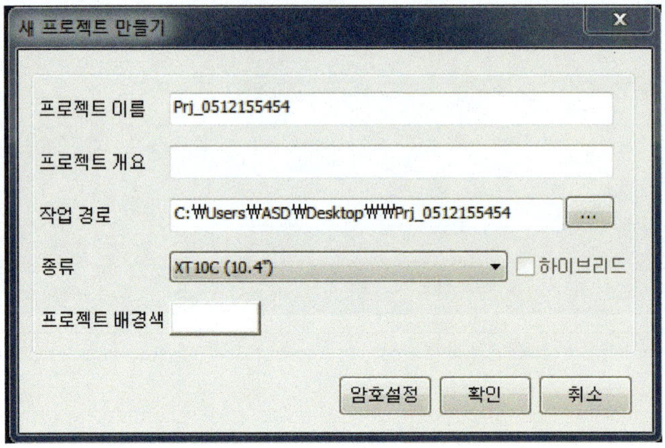

④ 프로젝트를 생성하면 **[페이지 환경설정]** 창이 나타난다. 최초로 생성되는 페이지는 BASE 1로 표기되며 확인 버튼을 눌러 종료한다.

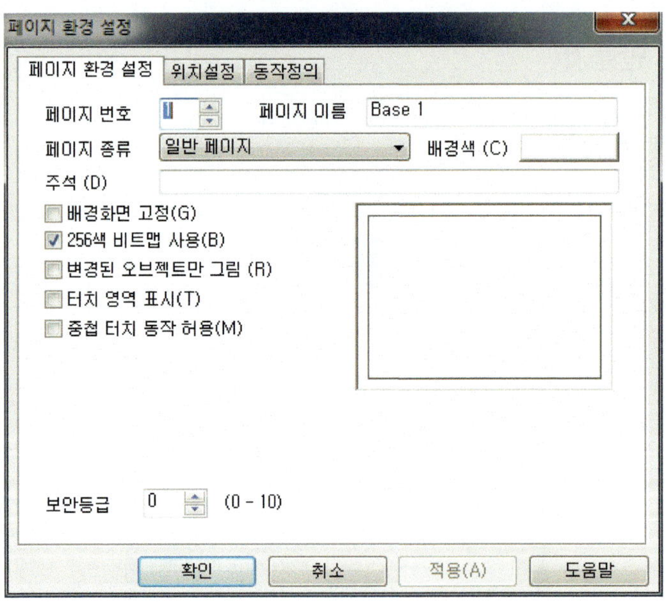

⑤ 프로젝트가 생성된 화면이다.

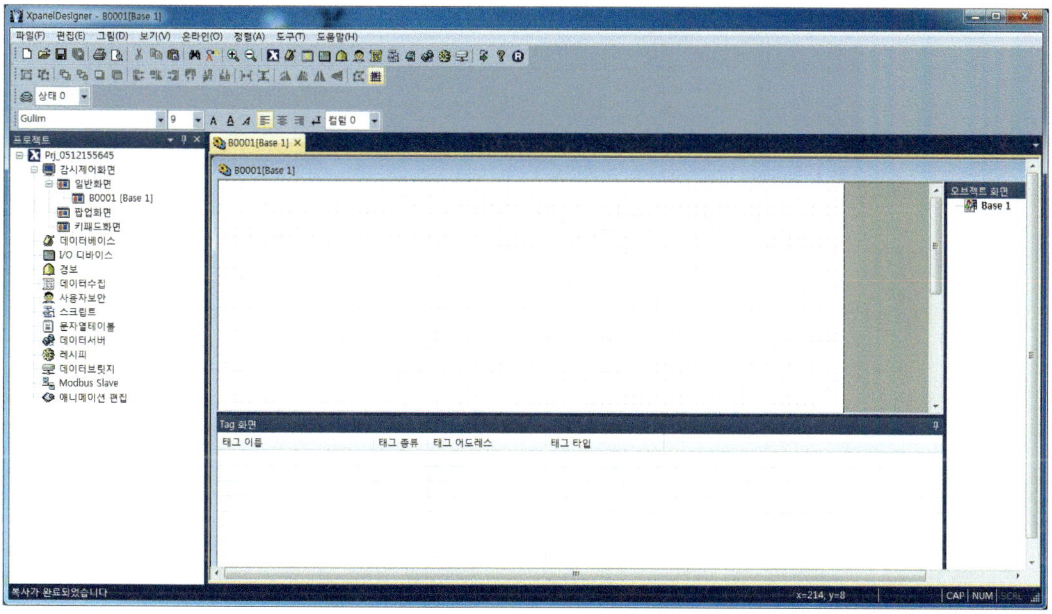

2) 프로젝트 전송

(1) Ethernet을 통한 프로젝트 전송

① PC 또는 노트북의 네트워크 속성 창을 클릭한다.

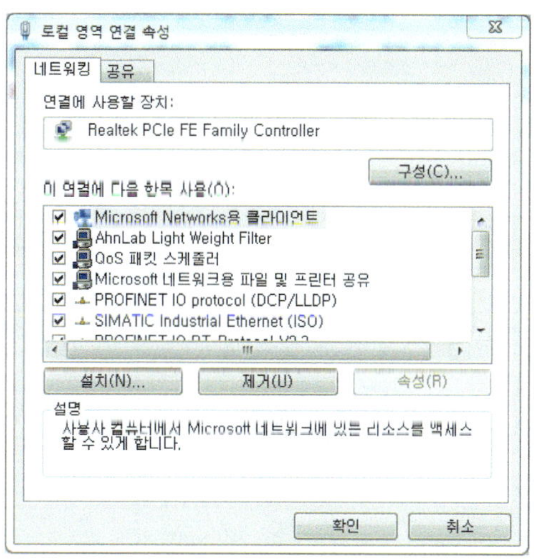

② Internet Protocol Version 4 (TCP/IPv4)를 더블클릭하여 속성 창을 클릭한다.

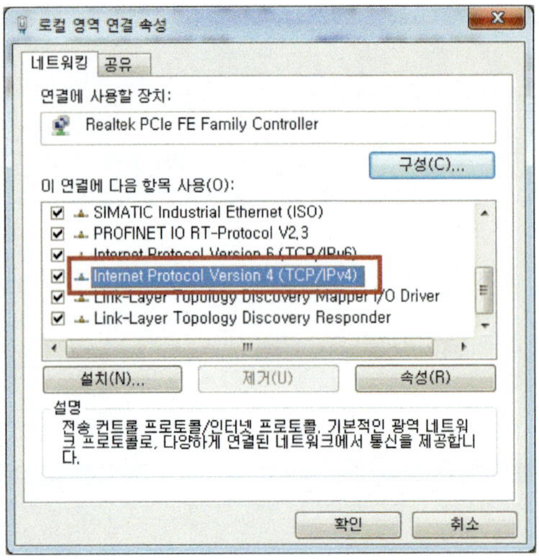

③ **[다음 IP 주소 사용]**을 선택한 후 **[IP주소]**와 **[서브넷 마스크]**를 아래와 같이 설정한다.

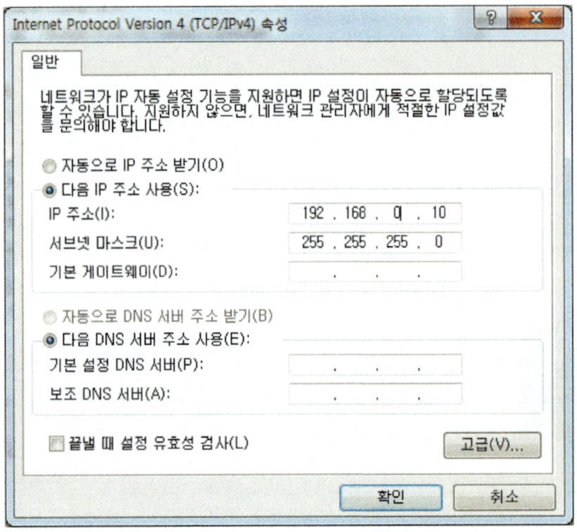

④ 전송할 프로젝트를 실행한 후 **[온라인]-[연결 방식 설정]**을 클릭한다.

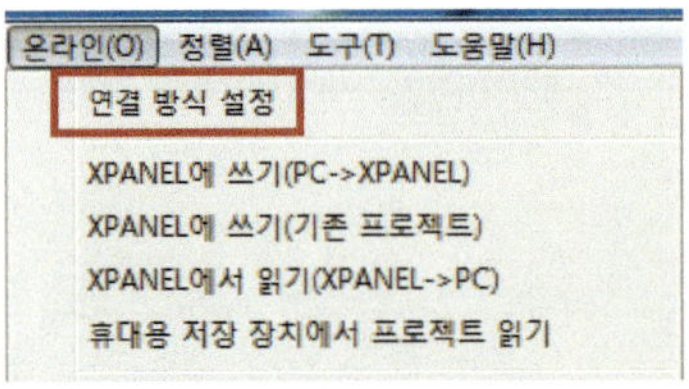

⑤ 연결 설정 창이 나타나면 [Ethernet]을 선택 후 [Xpanel 및 터치 PC선택] 버튼을 클릭한다.

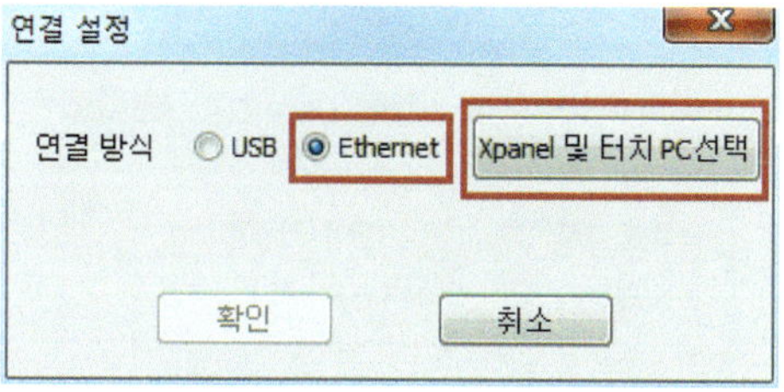

⑥ 검색 창이 나타나면 [Refresh]버튼을 눌러 네트워크 노드 상에 연결된 HMI를 검색한다. 이후 전송할 HMI의 정보와 IP가 나타나면 해당 HMI를 선택한 후 [OK]버튼을 클릭한다.

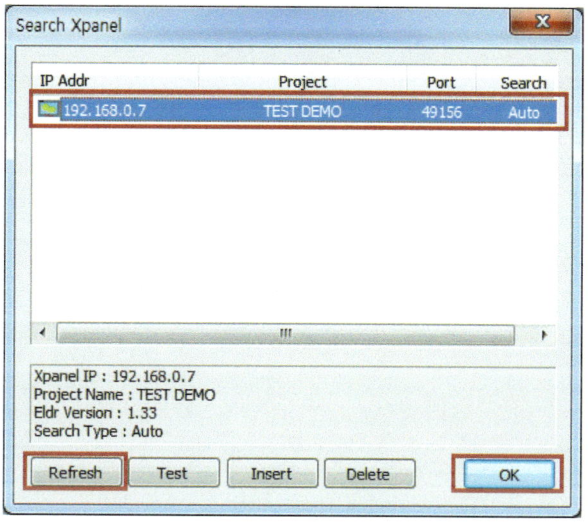

⑦ 전송할 기기를 선택한 후 [온라인] - [XPANEL에 쓰기(PC->XPANEL)]를 클릭한다.

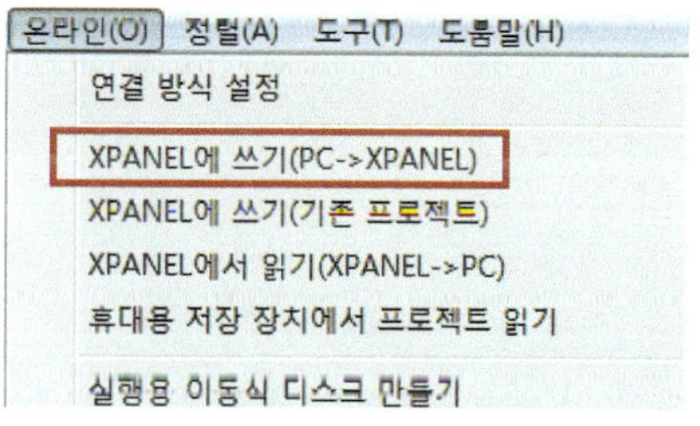

⑧ 프로젝트 전송 전에 프로젝트 크기와 폰트 등을 체크하는 화면이다. **[확인]**버튼을 눌러 진행한다. 이후 전송이 완료되면 HMI에 작화된 화면이 표시되는지 확인한다.

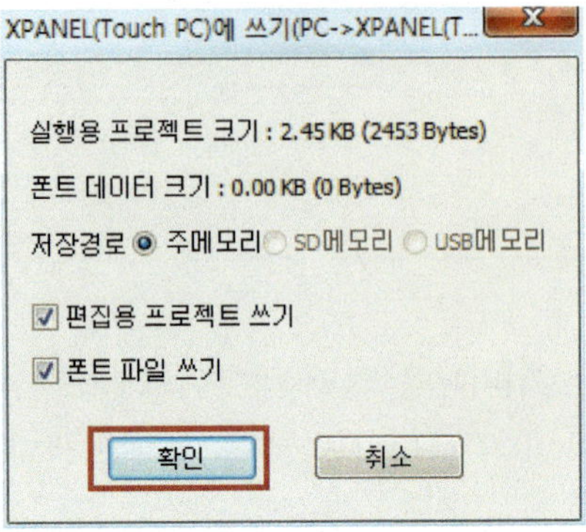

CHAPTER 6

CIMON Xpanel Designer_ PLC (SIEMENS, XGB, MELSEC)

6.1 4단 스톱워치 제어

SIEMENS-CIMON Xpanel Designer

1) 터치패널 모니터 전체화면

2) 제어방식

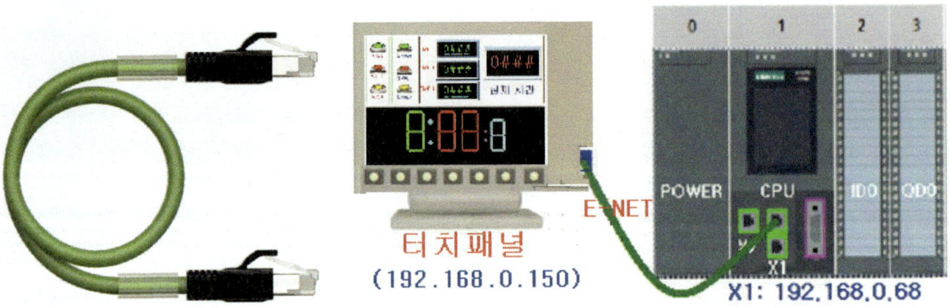

3) PLC 프로그램 작성하기

(1) 실습 목적

- 스톱워치를 프로그램 하고 이해할 수 있다.
- FB의 변수를 작성할 수 있다.
- OB1의 TAG를 작성할 수 있다.
- 터치 판넬의 작화, 기능부여, 데이터베이스 작성, PLC와 통신할 수 있다.

(2) 동작 조건

- H_STR을 ON 하면 스톱워치가 동작한다.
- H_STO을 ON 하면 스톱워치가 단계별 타임이 각각 저장된다.
  ON/OFF : 1회, 2회, 3회, 4회
- H_STO을 ON/OFF 4회 하면 스톱워치가 정지된다.
- H_RST ON 하면 스톱워치가 초기 상태가 된다.
- 위의 동작은 입력 버튼으로 동작하고
- M_STR, M_STO, M_RST 의 메모리 버튼은 터치 화면으로 동작한다.

(3) I/O 할당표

- 실습에 사용된 I/O는 다음과 같다.

PLC tags

	Name	Tag table	Data type	Address
1	H_STR	Default tag table	Bool	%I0.0
2	H_STO	Default tag table	Bool	%I0.1
3	H_RST	Default tag table	Bool	%I0.2
4	FND	Default tag table	Word	%QW2
5	M_STR	Default tag table	Bool	%M0.0
6	M_STO	Default tag table	Bool	%M0.1
7	M_RST	Default tag table	Bool	%M0.2
8	SEG_BIT	Default tag table	DWord	%MD10
9	C1_CV	Default tag table	Word	%MW2
10	P-TR1	Default tag table	Bool	%M1.1
11	P-TR2	Default tag table	Bool	%M1.2
12	P-TR3	Default tag table	Bool	%M1.3
13	STM_1	Default tag table	Word	%MW4
14	STM_2	Default tag table	Word	%MW6
15	STM_3	Default tag table	Word	%MW8

(4) 프로그램

① PLC 프로그램 작성

ⓐ FB1 변수 작성과 프로그램

스톱워치

	Name	Data type	Defaul...	Retain
1	▼ Input			
2	STR	Bool	false	Non-retain
3	STP	Bool	false	Non-retain
4	RST	Bool	false	Non-retain
5	▼ Output			
6	TIME	Word	16#0	Non-retain
7	▼ InOut			
8	<Add new>			
9	▼ Static			
10	▶ TT1	IEC_TIMER		Non-retain
11	▶ TT2	IEC_TIMER		Non-retain
12	▶ CC1	IEC_COUNTER		Retain
13	▶ CC2	IEC_COUNTER		Retain
14	▶ CC3	IEC_COU...		Retain
15	MM0	Bool	false	Non-retain
16	MM10	Bool	false	Non-retain
17	MM11	Bool	false	Non-retain
18	WW10	Word	16#0	Non-retain
19	WW12	Word	16#0	Non-retain
20	WW14	Word	16#0	Non-retain
21	WW16	Word	16#0	Non-retain
22	WW18	Word	16#0	Non-retain

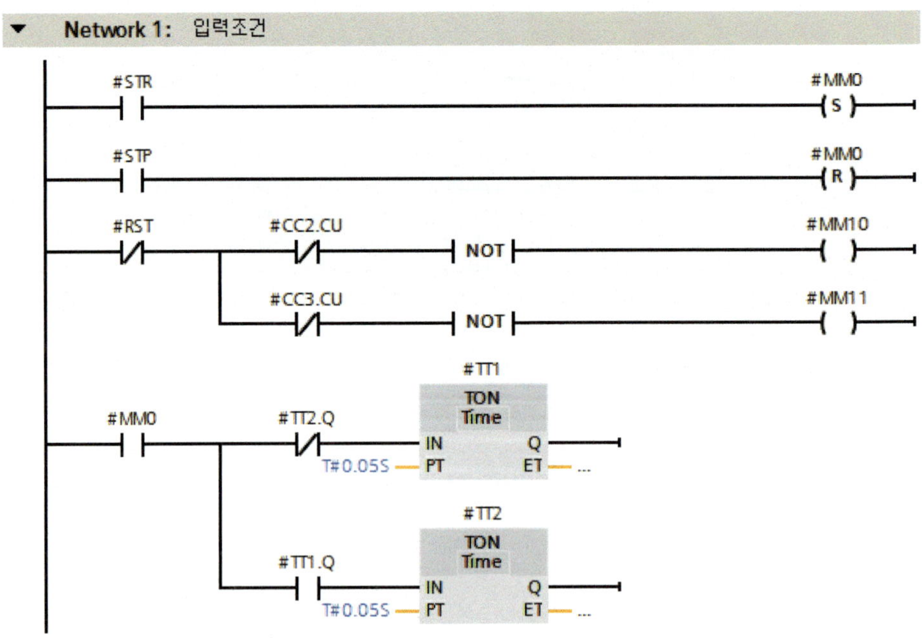

▼ **Network 2:** 스톱워치(CNT제어)

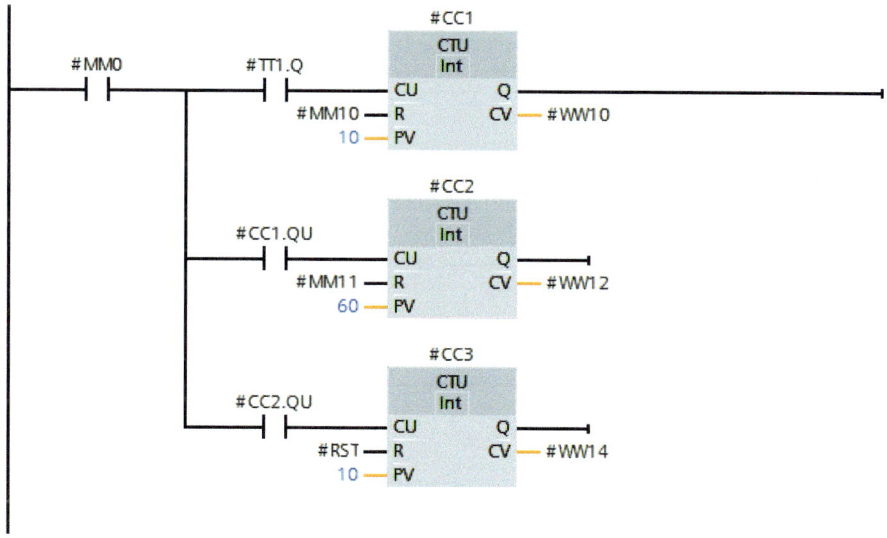

▼ **Network 3:** BCD변환

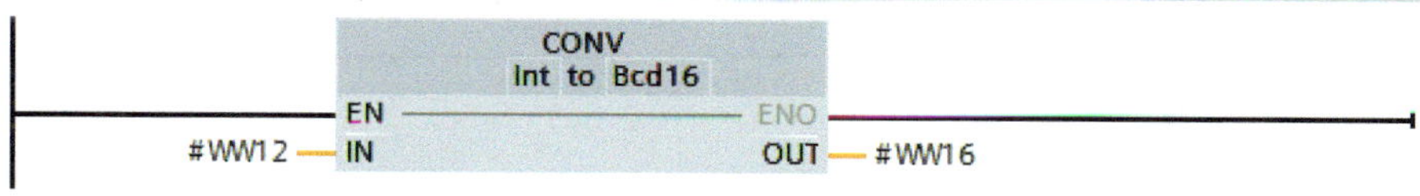

▼ **Network 4:** BIT좌로 이동

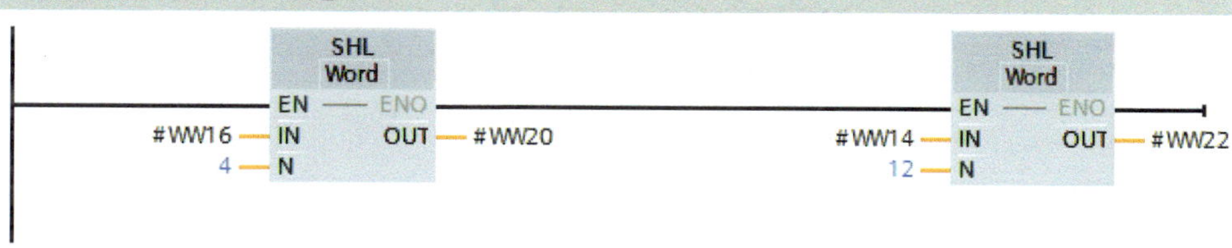

▼ **Network 5:** FND 출력

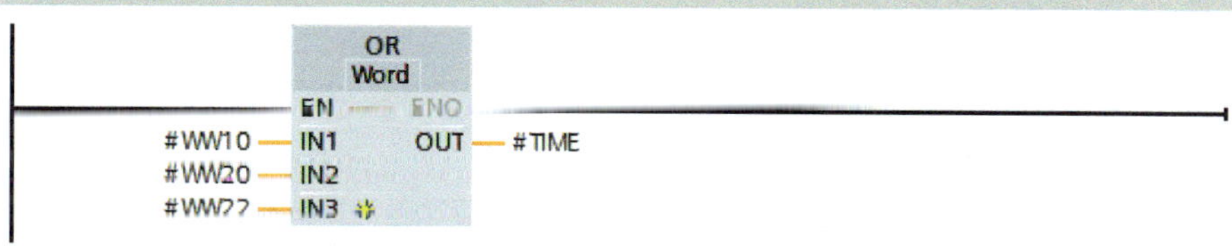

ⓑ OB1 프로그램

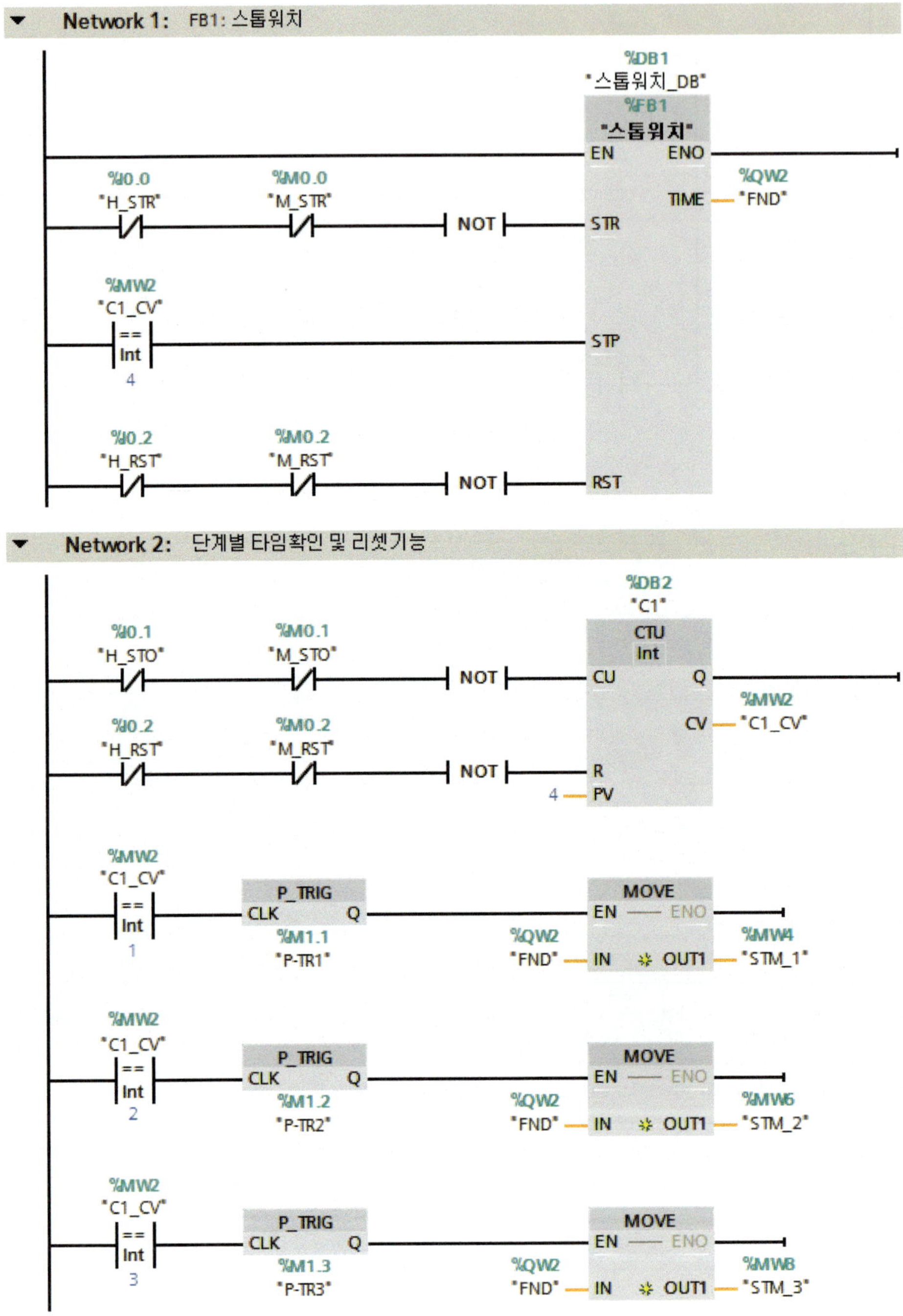
Network 1: FB1: 스톱워치
%DB1
"스톱워치_DB"
%FB1
"스톱워치"
EN
ENO
%I0.0
"H_STR"
%M0.0
"M_STR"
NOT
STR
%QW2
TIME
"FND"
%MW2
"C1_CV"
==
Int
4
STP
%I0.2
"H_RST"
%M0.2
"M_RST"
NOT
RST
Network 2: 단계별 타임확인 및 리셋기능
%DB2
"C1"
CTU
Int
%I0.1
"H_STO"
%M0.1
"M_STO"
NOT
CU
Q
%MW2
CV
"C1_CV"
%I0.2
"H_RST"
%M0.2
"M_RST"
NOT
R
4
PV
%MW2
"C1_CV"
==
Int
1
P_TRIG
CLK
Q
%M1.1
"P-TR1"
MOVE
EN
ENO
%QW2
"FND"
IN
OUT1
%MW4
"STM_1"
%MW2
"C1_CV"
==
Int
2
P_TRIG
CLK
Q
%M1.2
"P-TR2"
MOVE
EN
ENO
%QW2
"FND"
IN
OUT1
%MW6
"STM_2"
%MW2
"C1_CV"
==
Int
3
P_TRIG
CLK
Q
%M1.3
"P-TR3"
MOVE
EN
ENO
%QW2
"FND"
IN
OUT1
%MW8
"STM_3"

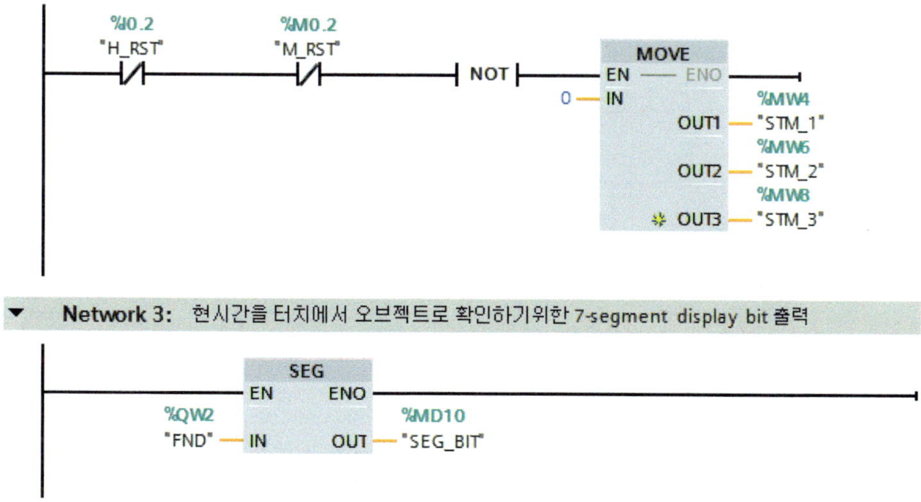

(5) PLC 통신

① 지멘스 PLC의 TIA 포털 Project tree에서 Device configuration을 더블 클릭한다.

② cpu 부분을 더블 클릭하여 아래 그림과 같이 체크한다.
(보호 및 보안의 연결 메커니즘을 클릭하여 통신 허용란을 체크)

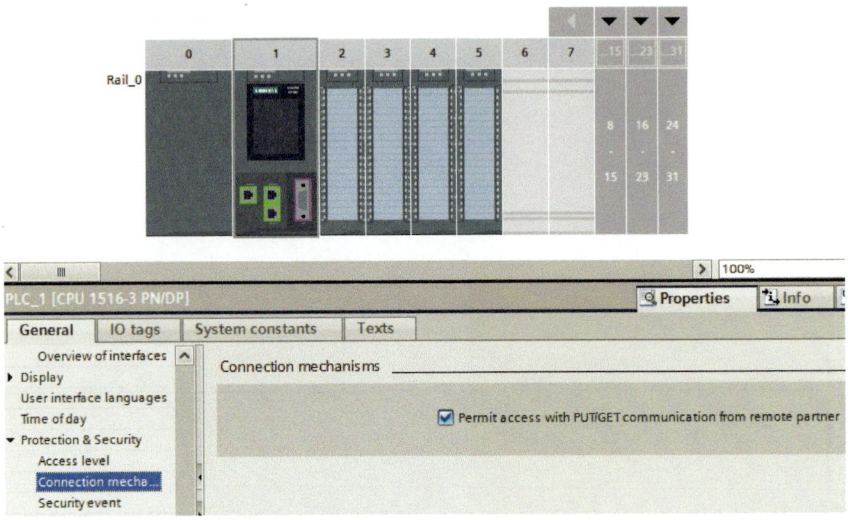

③ cpu 부분의 PN 통신 X-1 부분을 클릭하여 아래 그림과 같이 이더넷 주소를 확인하고 Add new subnet 버튼을 눌러 연결할 새로운 서버넷을 추가한다.

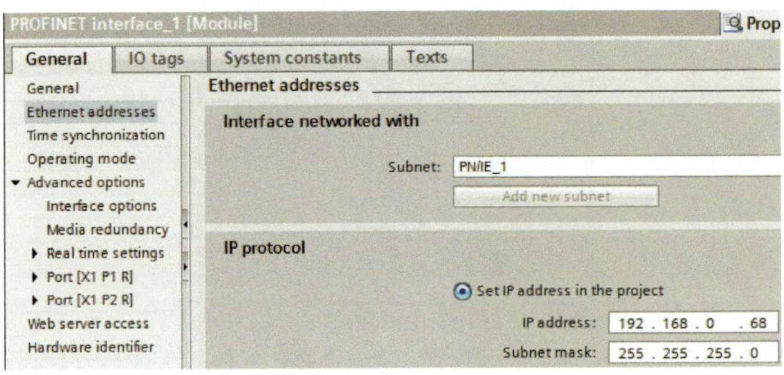

④ ①, ② 설정후 Project tree에서 Device & networks를 더블 클릭하면 아래 그림과 같이 새로운 통신 네트웍이 생성되었음을 확인한다.

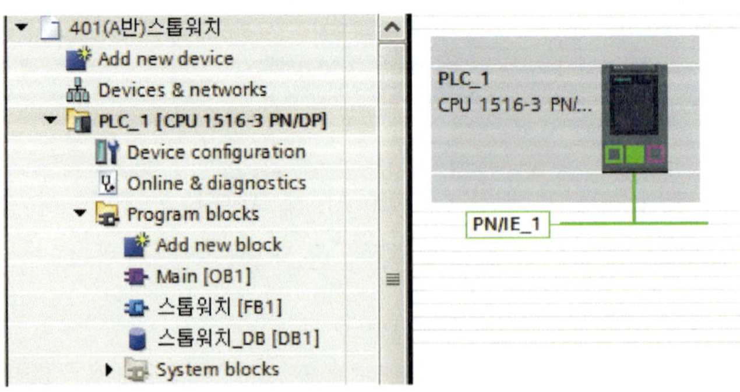

4) HMI 작업

(1) 새 프로젝트 만들기

① 바탕화면에서 Xpanel Designer를 더블 클릭한다.

② 시작 프로젝트 선택 창에서 새 프로젝트를 선택후 OK 버튼을 누른다.

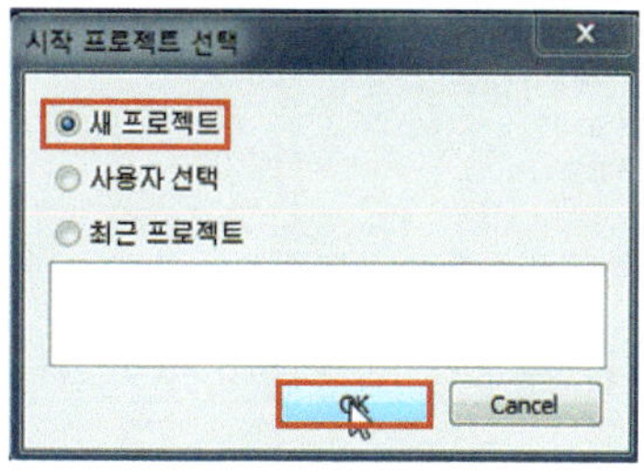

③ 새 프로젝트 만들기 창에서 아래 그림과 같이 작성후 확인 버튼을 누른다.

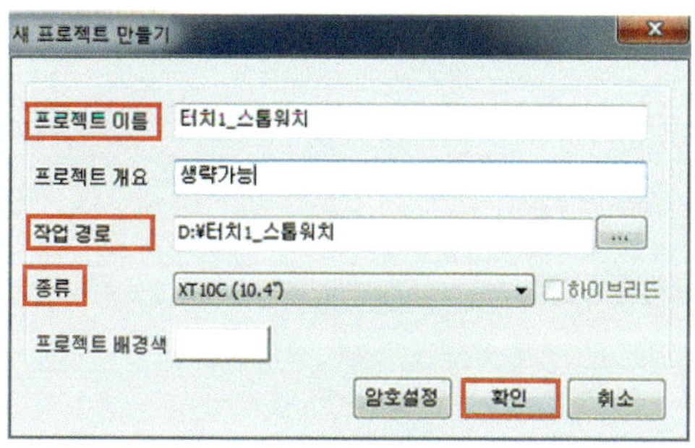

④ 다음과 같은 경고 메시지는 무시하고 확인 버튼을 누른다.

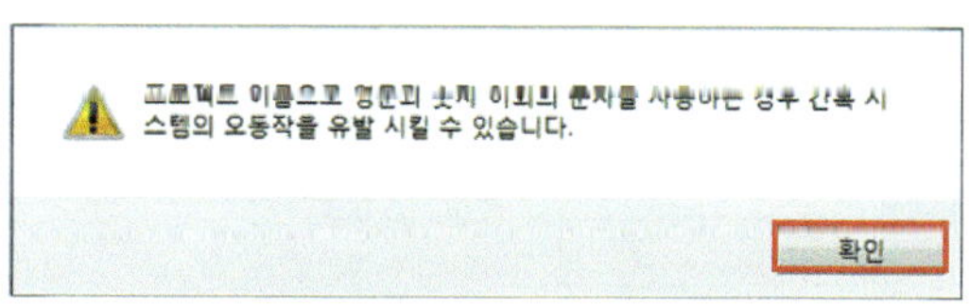

⑤ [도구] - [페이지 환경 설정] 창에서 페이지 이름 정도만 바꾸고 확인 버튼을 누른다.

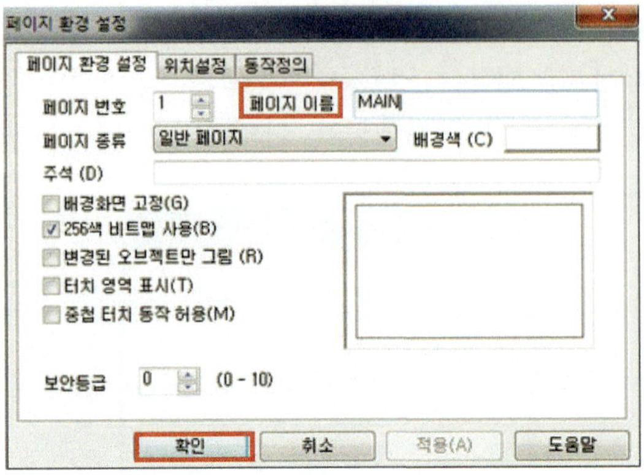

(2) I/O 디바이스 설정

① 도구 - I/O 디바이스

ⓐ [도구] - [I/O 디바이스]를 클릭하여 I/O 디바이스 설정을 한다.

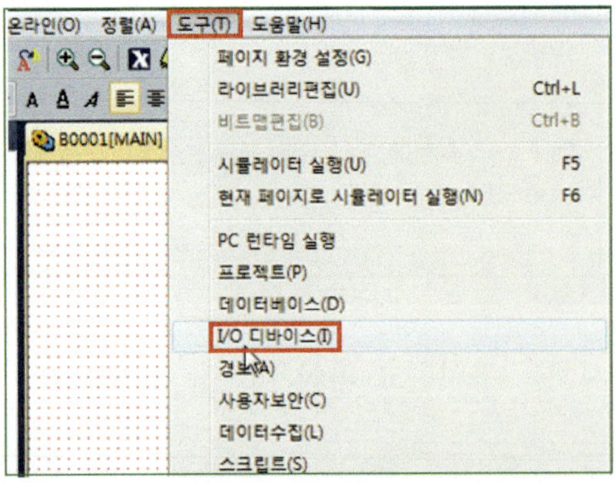

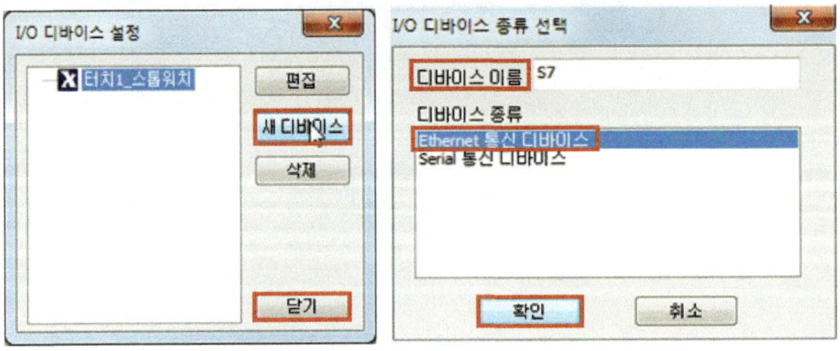

ⓑ Ethernet 통신 설정 창에서 디바이스 종류와 스테이션을 추가한다.

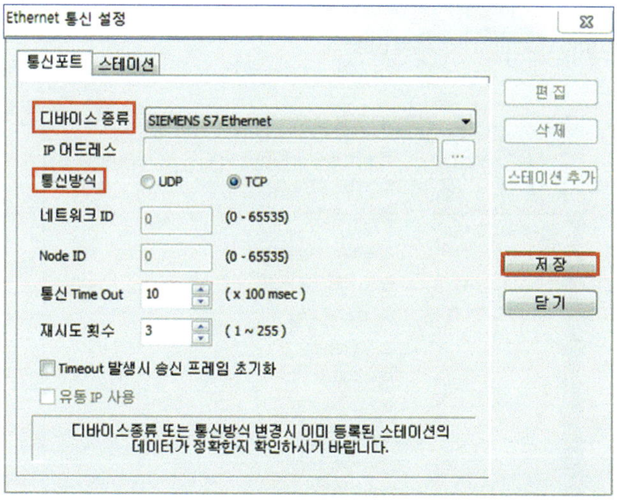

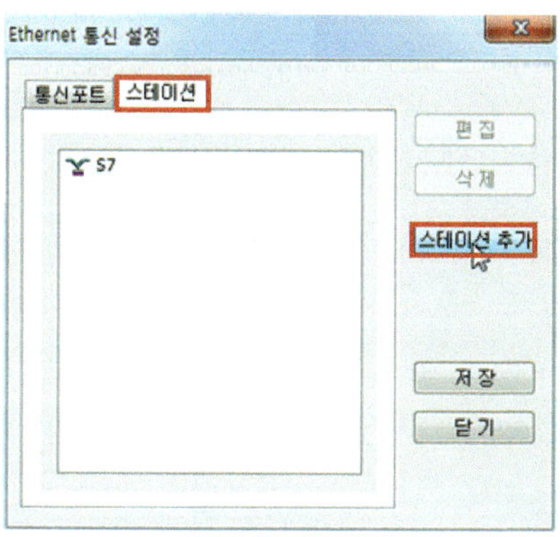

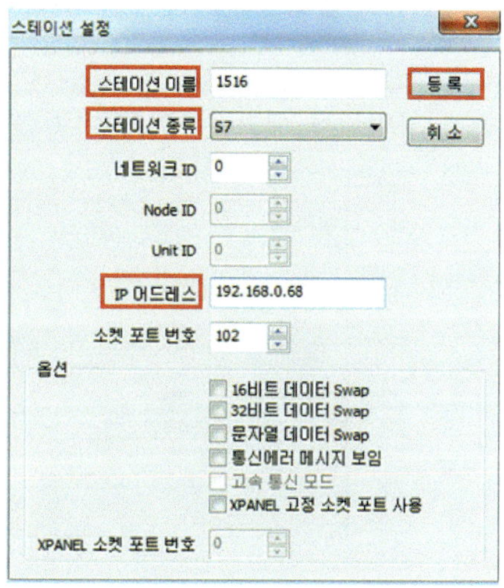

ⓒ 스테이션 설정 창에서 등록 버튼을 누른다.

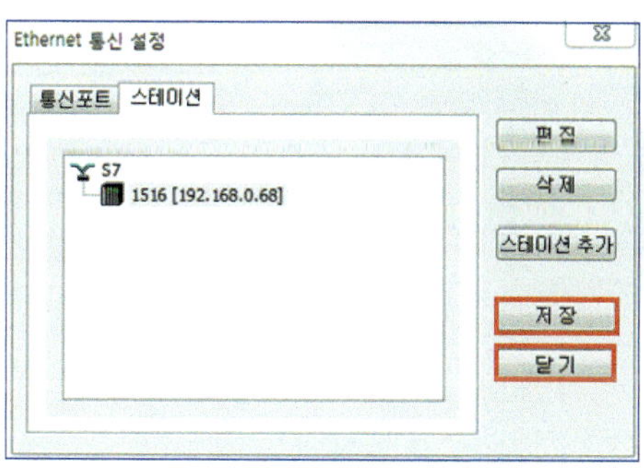

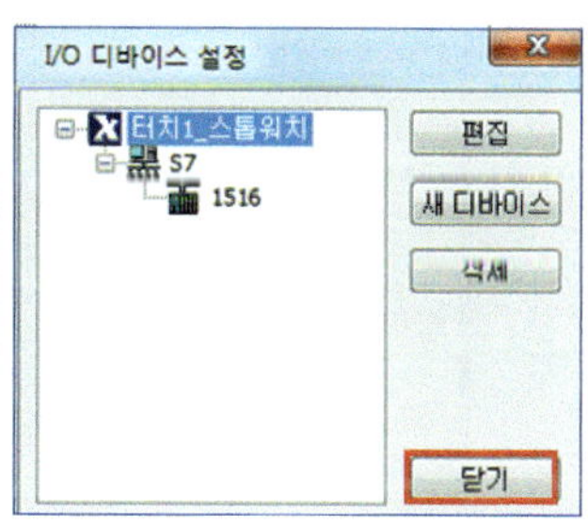

(3) 데이터베이스 설정

① 데이터베이스 설정

ⓐ **[도구]-[데이터베이스]**를 작성한다.

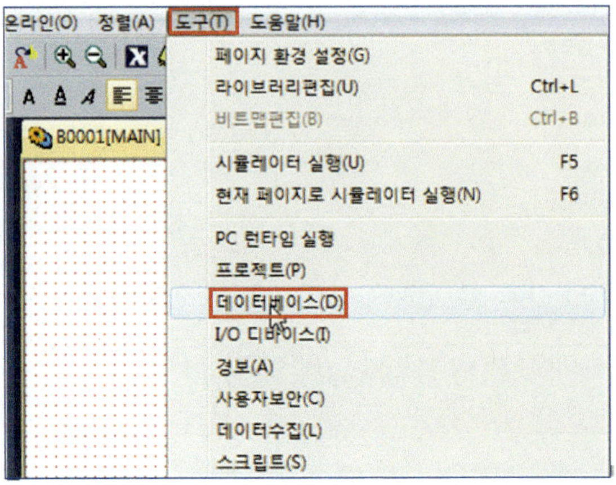

ⓑ 태그편집 화면에서 태그의 **[이름]**, **[종류]**를 아래와 같이 설정한다.

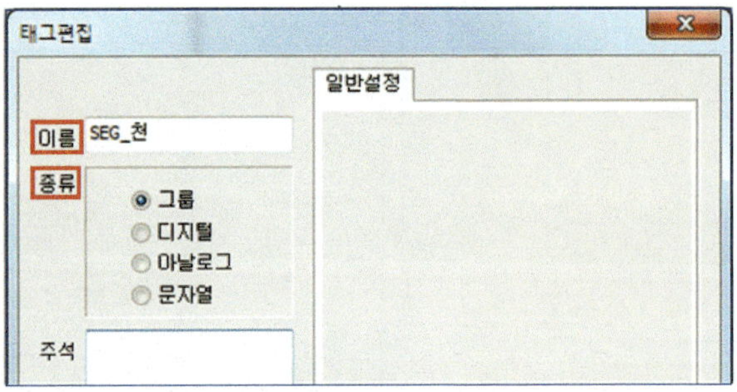

- 같은 방법으로 **[다음 태그]** 버튼을 클릭하여 그룹 태그를 아래와 같이 생성한다.

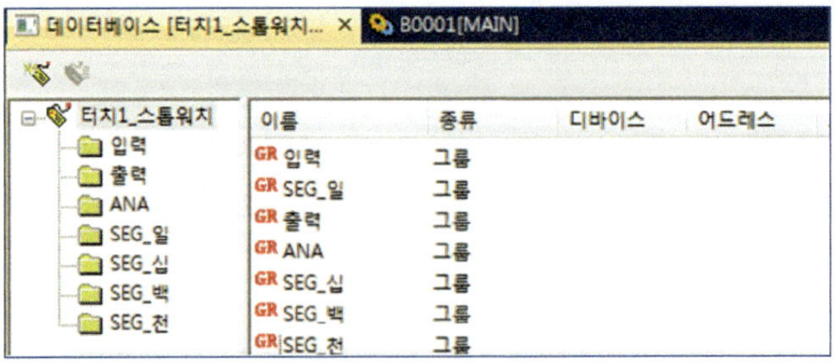

ⓒ 입력 그룹 내의 태그를 작성하기 위하여 왼쪽 창의 입력 그룹 태그를 선택하고 **[새태그]** 아이콘을 클릭하여 아래와 같이 설정한다.

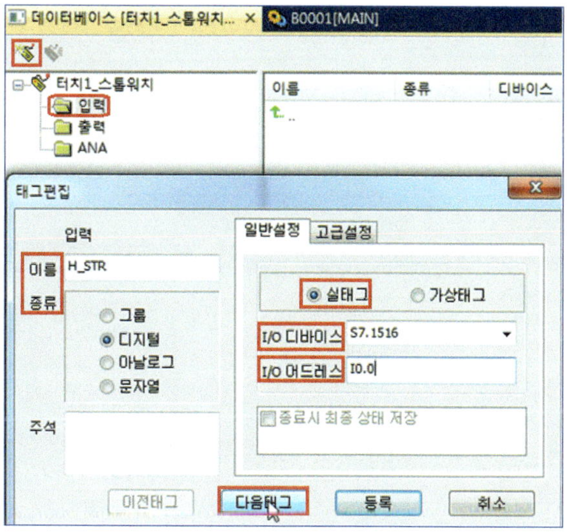

- 태그 편집기에서

  이름 : H_STR

  종류 : 디지털

  I/O 디바이스 : S7.1516 (디바이스 이름.스테이션 이름)

  I/O 어드레스 : I0.0

- 같은 방법으로 **[다음태그]** 버튼을 클릭하여 입력그룹 내의 태그를 아래와 같이 생성한다.

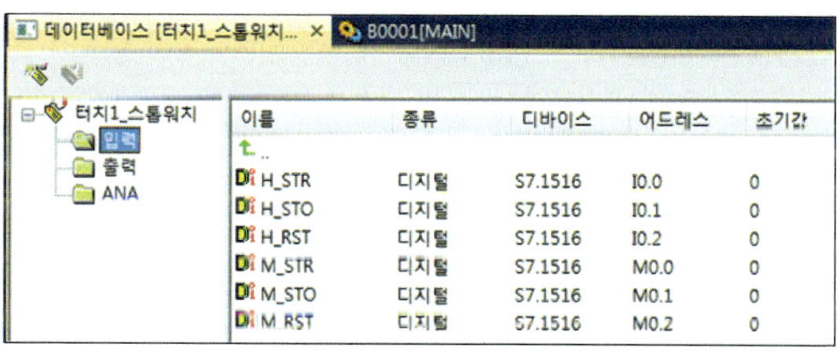

ⓓ 출력 그룹의 태그를 작성하기 위하여 왼쪽 창의 출력 그룹 태그를 선택하고 [새태그] 아이콘을 클릭하여 아래와 같이 설정한다.

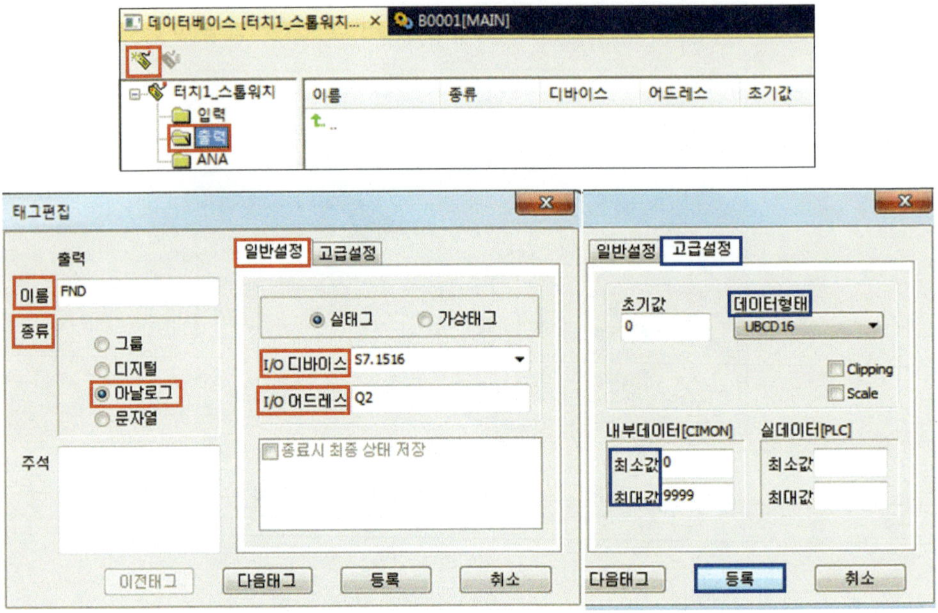

- 태그 편집기 일반 설정 탭에서
  이름 : FND
  종류 : 아날로그
  I/O 디바이스 : S7.1516
  I/O 어드레스 : Q2 (SIEMENS PLC에서 %QW2이다)
- 태그 편집기 고급 설정 탭에서
  데이터 형태 : UBCD16
  내부데이터 : 최소값 0, 최대값 9999

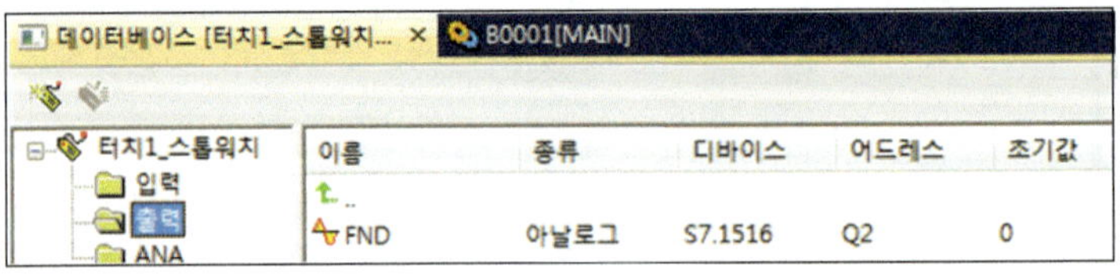

ⓔ ANA 그룹의 태그를 작성

출력 그룹과 같은 **아날로그 태그**이므로 같은 방법으로 설정한다.

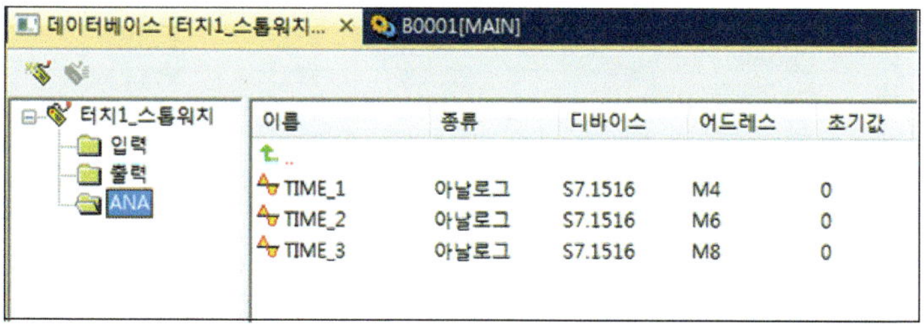

ⓕ SEG_일 그룹의 태그를 작성

입력 그룹과 같은 **디지털 태그**이므로 같은 방법으로 설정한다.

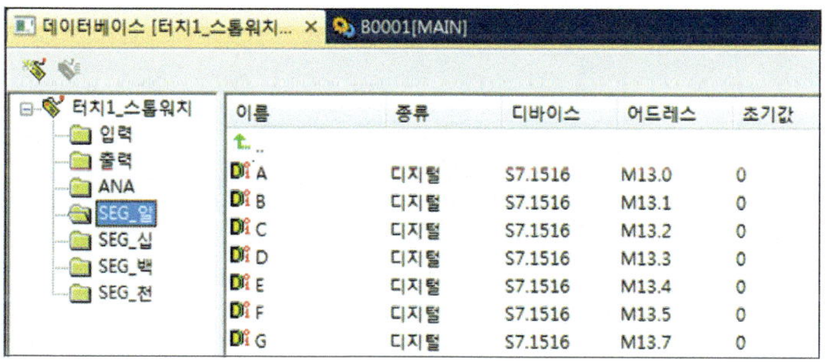

ⓖ SEG_일 데이터베이스 작성 후 복사하여 **[편집] - [바꾸기]**를 이용하여 SEG_십, SEG_백, SEG_천의 데이터베이스를 작성한다.

㉮ SEG_일 태그 7개를 드래그하여 복사한다.

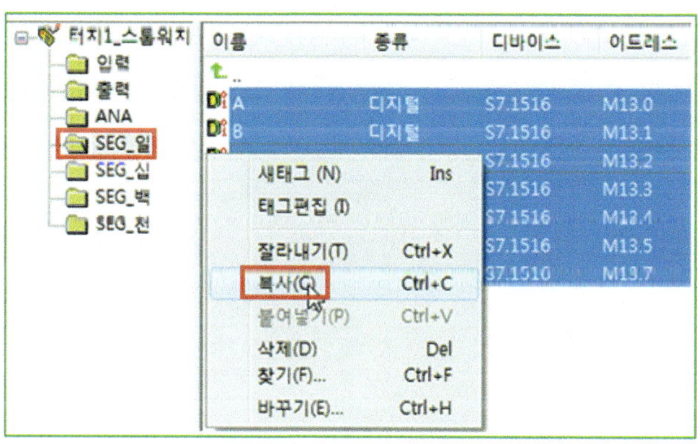

㉯ SEG_십 그룹을 열고 SEG_일 태그 7개를 붙이기 한다.

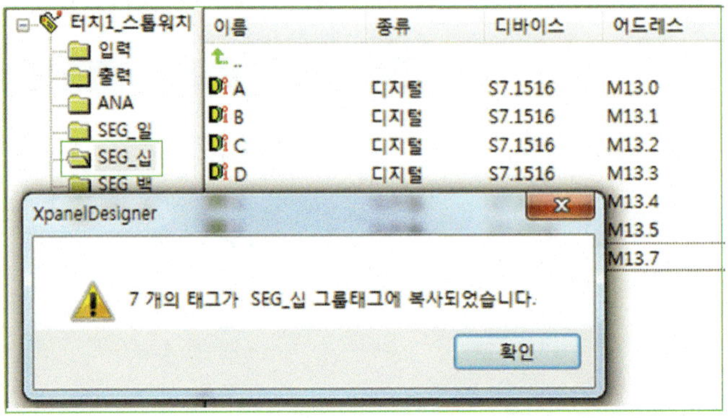

㉰ **[편집]** - **[바꾸기]**를 이용하여 SEG_십 데이터베이스를 작성한다.

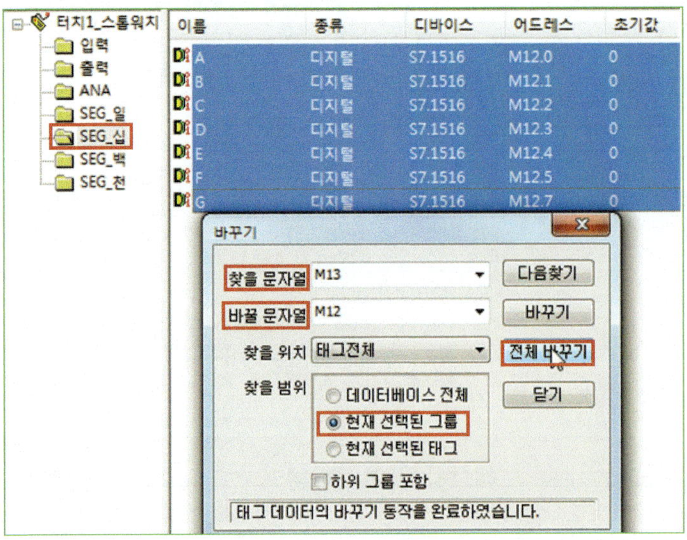

㉱ 같은 방법으로 SEG_백, SEG_천 데이터베이스를 작성한다.

- SEG_십 그룹

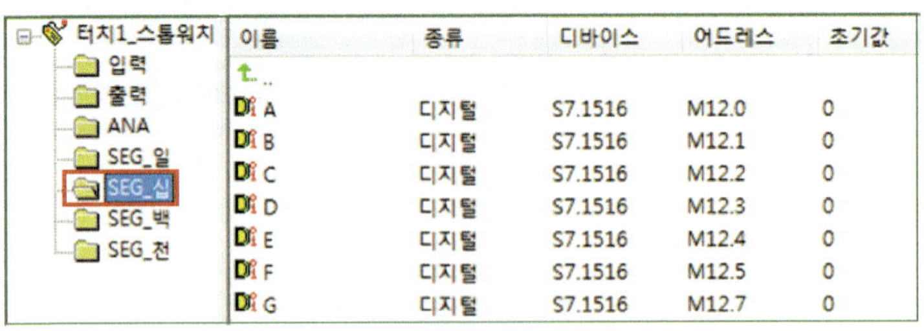

- SEG_백 그룹

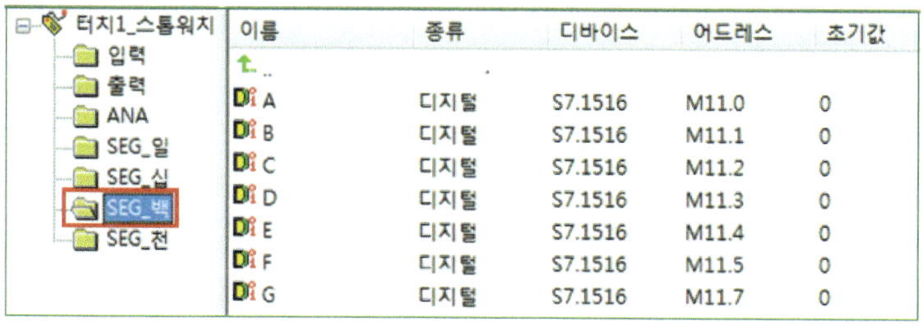

이름	종류	디바이스	어드레스	초기값
..				
A	디지털	S7.1516	M11.0	0
B	디지털	S7.1516	M11.1	0
C	디지털	S7.1516	M11.2	0
D	디지털	S7.1516	M11.3	0
E	디지털	S7.1516	M11.4	0
F	디지털	S7.1516	M11.5	0
G	디지털	S7.1516	M11.7	0

- SEG_천 그룹

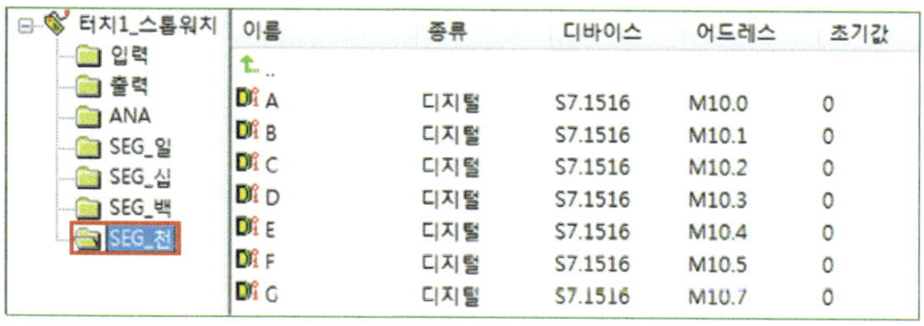

이름	종류	디바이스	어드레스	초기값
..				
A	디지털	S7.1516	M10.0	0
B	디지털	S7.1516	M10.1	0
C	디지털	S7.1516	M10.2	0
D	디지털	S7.1516	M10.3	0
E	디지털	S7.1516	M10.4	0
F	디지털	S7.1516	M10.5	0
G	디지털	S7.1516	M10.7	0

(4) 작화 및 기능부여

① 전체화면

ⓐ 역할 및 태그명

번호	태그	기능	역할
❶	입력.H_STR~입력.H_RST	출몰기능	입력 스위치 모니터링
❷	입력.M_STR~입력.M_RST	출몰기능, 터치기능	터치 화면에서 PLC 제어
❸	ANA.TIME_1~ANA.TIME_3	태그값 표시	STO 버튼을 ON시 시간 저장
❹	출력.FND	태그값 표시	현재 시간 표시
❺	SEG일._A ~ SEG일._G	출몰기능	현재 시간 표시 : 0.1초 단위
❻	SEG십._A ~ SEG십._G	출몰기능	현재 시간 표시 : 초 일 단위
❼	SEG백._A ~ SEG백._G	출몰기능	현재 시간 표시 : 초 십 단위
❽	SEG천._A ~ SEG천._G	출몰기능	현재 시간 표시 : 분 일 단위

② 입력그룹 작화 및 기능부여

ⓐ **[그림]-[라이브러리]**를 선택한다.

㉮ 버튼 선택

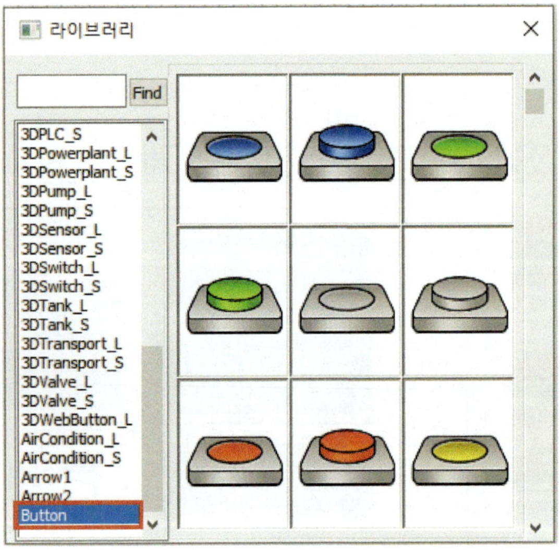

㉯ 하드웨어 버튼(화면에서 모니터링 기능) 부여

- 입력.H_STR 기능부여 후 두 버튼을 겹치게 한다.

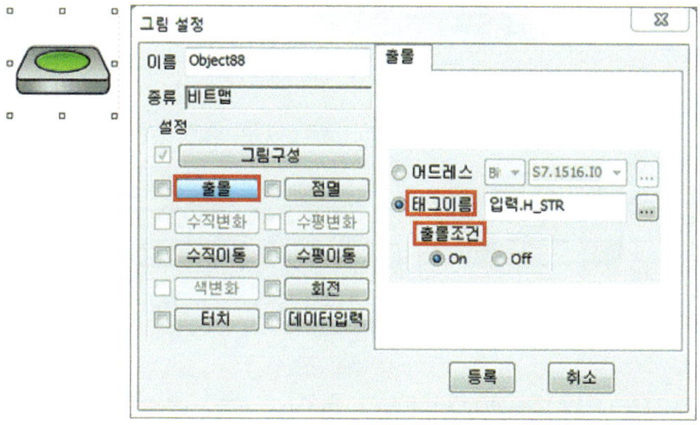

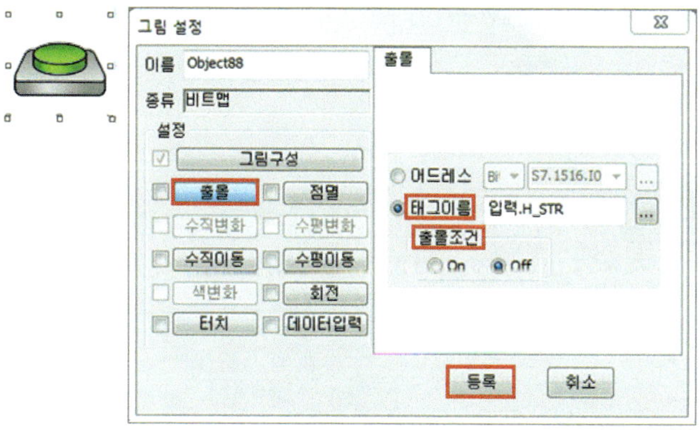

**** 마우스 오른쪽 클릭 [맞춤] - [수평중앙맞춤] 클릭 후 다시 마우스 오른쪽 클릭 [맞춤] - [수직중앙맞춤]

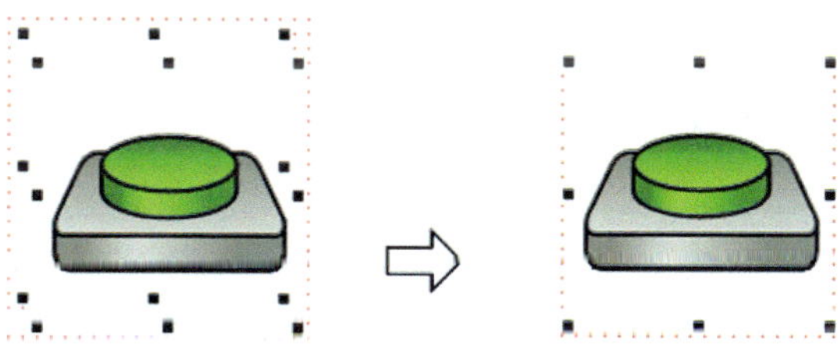

- 같은 방법으로 입력.H_STO 기능부여 후 두 버튼을 겹치게 한다.

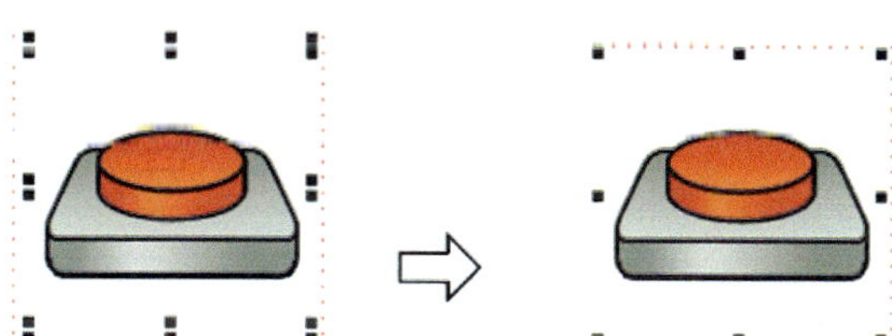

• 같은 방법으로 입력.H_STO 기능부여 후 두 버튼을 겹치게 한다.

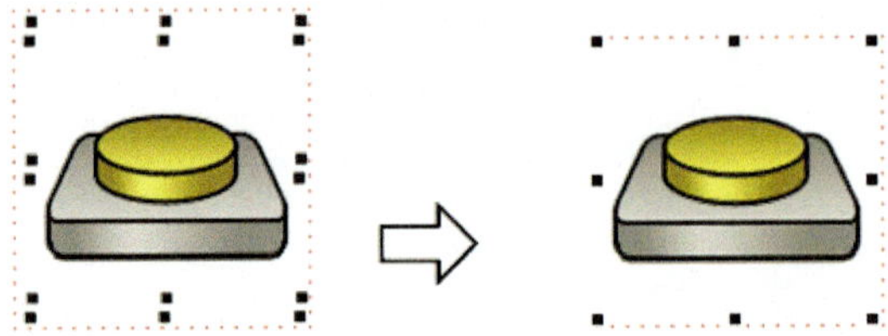

㉰ M영역 버튼기능(터치화면에서 PLC 동작 기능) 부여

• 하드웨어 버튼(화면에서 모니터링 기능) 부여와 같이 출몰 기능을 부여 후 출몰 OFF 기능 버튼에 터치 – 순간값 쓰기 기능을 추가한다.

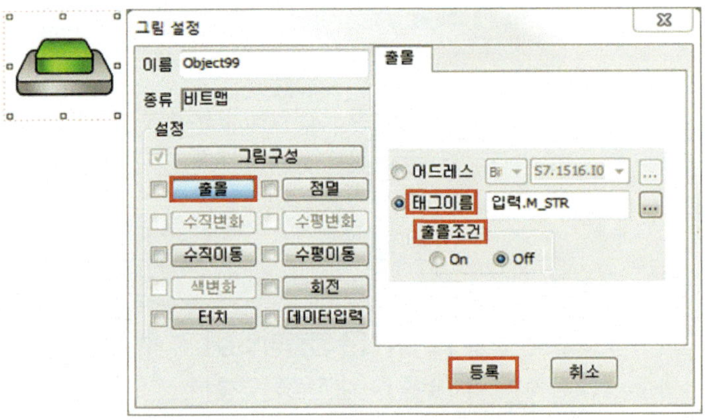

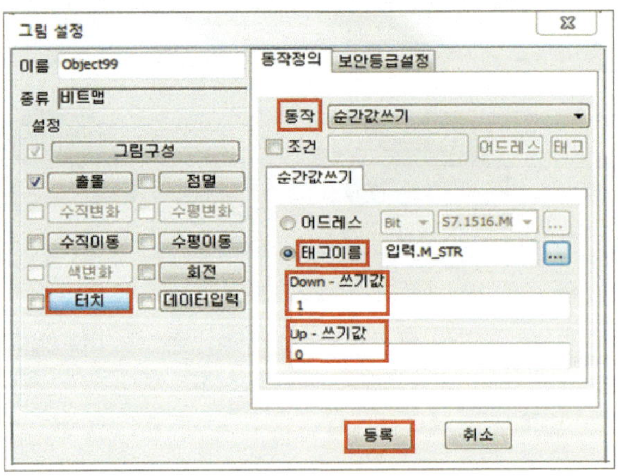

• 하드웨어 버튼과 같이 출몰 기능에 "ON" 출몰조건을 부여한다.

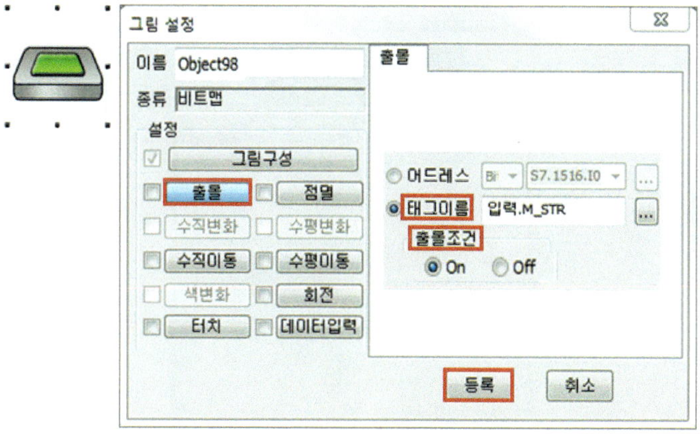

• 같은 방법으로 입력.M_STO, 입력.M_RST 각각 기능부여 후 두 버튼을 겹치게 한다.

③ 출력 그룹 작화 및 기능부여

ⓐ **[그림] - [라이브러리] - [태그값표시]** 선택한다.

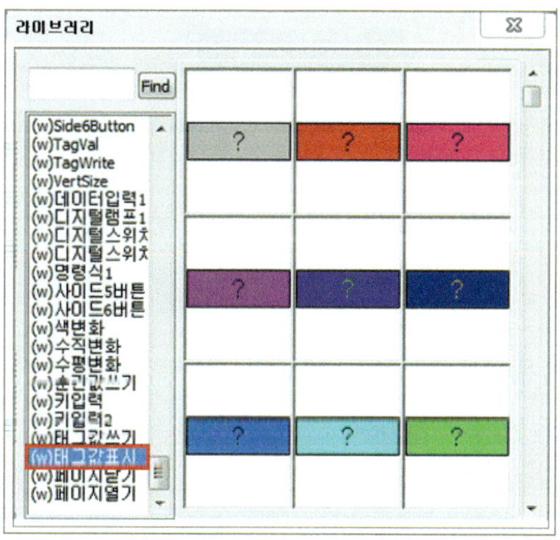

㉮ 아래와 같이 기능 부여 후 등록

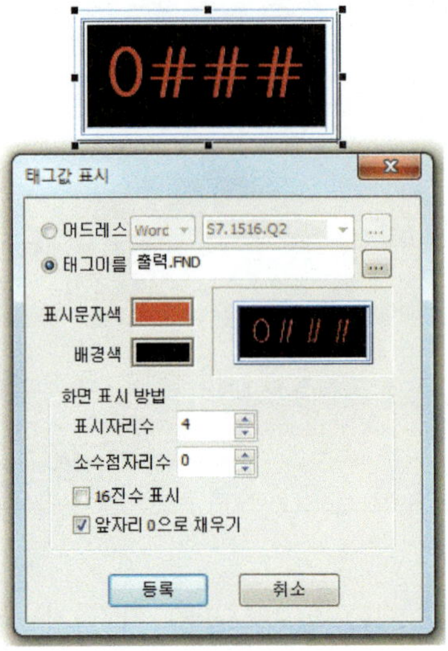

④ ANA 그룹 작화 및 기능부여 : 출력 그룹과 동일 (표시 문자색만 녹색)

ⓐ **[그림] - [라이브러리] - [태그값표시]** 선택한다.

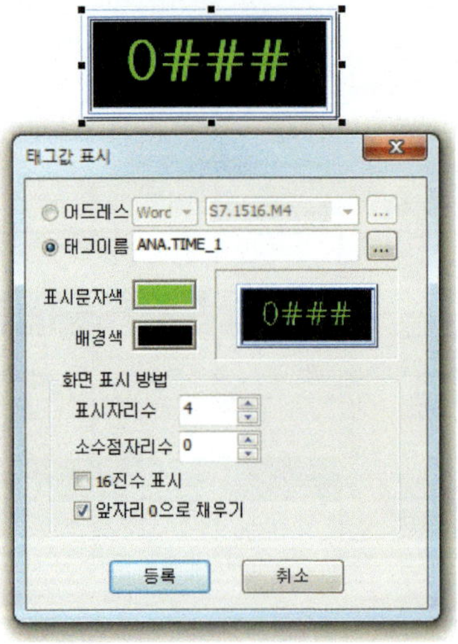

ⓑ 같은 방법으로 ANA.TIME_2, ANA.TIME_3 기능을 부여한다.

⑤ SEG 그룹 작화 및 기능부여

ⓐ SEG_일 그룹 기능부여

㉮ 7-Segment의 A 부분

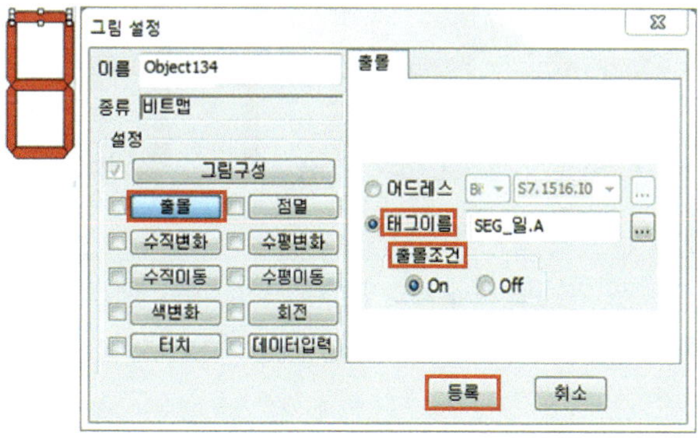

㉯ 7-Segment의 B 부분

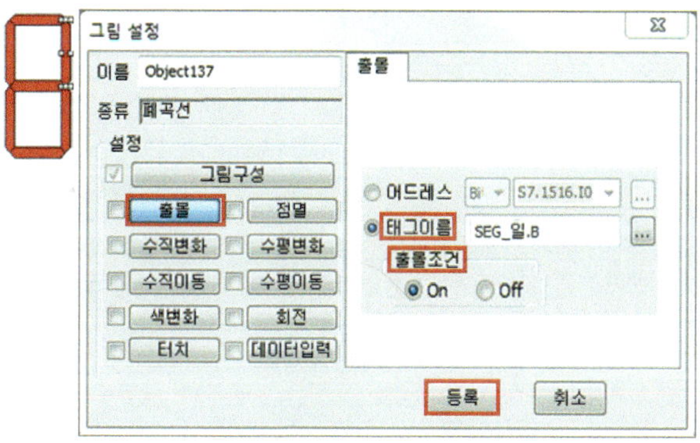

㉰ 7-Segment의 C~G부분

출몰 기능을 위와 같이 태그 이름을 SEG_일.C ~ SEG_일.G까지 입력한다.

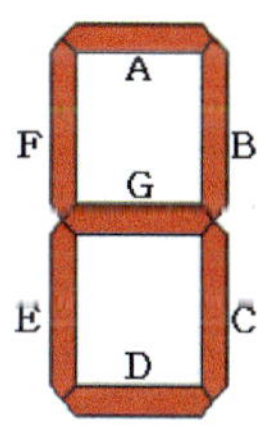

ⓑ SEG_십 그룹~SEG_천 그룹 기능부여

㉮ 기능 부여가 된 SEG_일 그룹을 그룹화하여 아래와 같이 복사한다.

㉯ SEG_십을 선택 후 편집- 바꾸기 기능을 이용하여 태그 이름을 전체 변경한다. (SEG_일 그룹의 A~G의 태그명을 SEG_십 그룹의 A~G로 태그명을 바꾼다.)

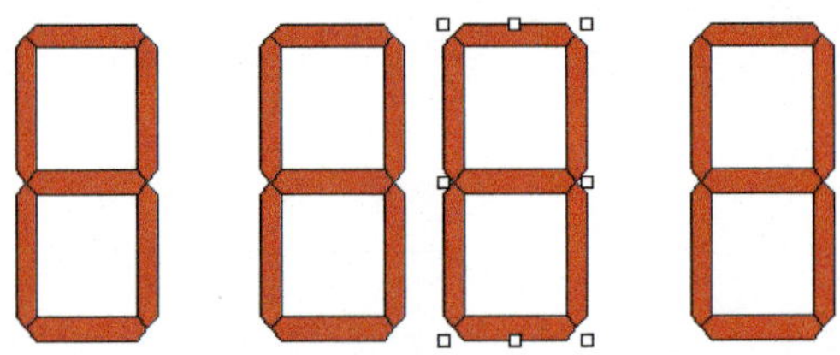

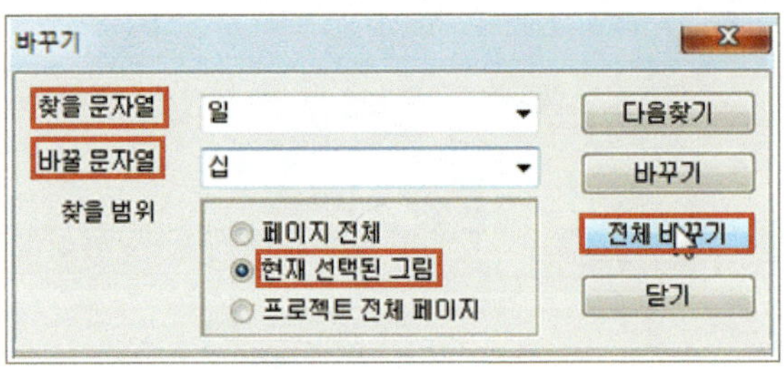

㉰ 같은 방법으로 SEG_백, SEG_천 숫자를 선택 후 **[편집]**-**[바꾸기]** 기능을 이용하여 태그 이름을 전체 변경한다.

⑥ 글자 입력하기

[그림]-**[문자]**를 선택한 후 문자 입력 부분에서 클릭하여 입력 후 아래의 도구를 사용하여 입력한다.

*** 문자를 편집하거나 문자 색 변경은 문자를 더블 클릭하여 그림 구성(문자색)이나 문자 편집에서 변경한다.

5) 초기화면 저장 및 전송

① 완성된 MAIN 화면을 저장 후 초기화면을 지정한다.

[도구] - [CIMON XPANEL 동작 설정] 클릭 후 아래와 같이 초기화면을 지정한다.

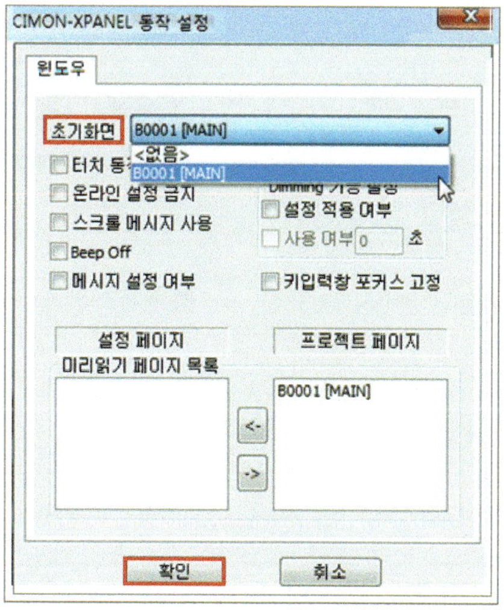

② 전송하기

:. XPANEL-DESIGNER에서 완성된 화면을 터치패널로 전송한다.

ⓐ [온라인] - [연결 방식 설정]

㉮ 아래와 같이 Ethernet 및 터치 PC선택 버튼을 누른다.

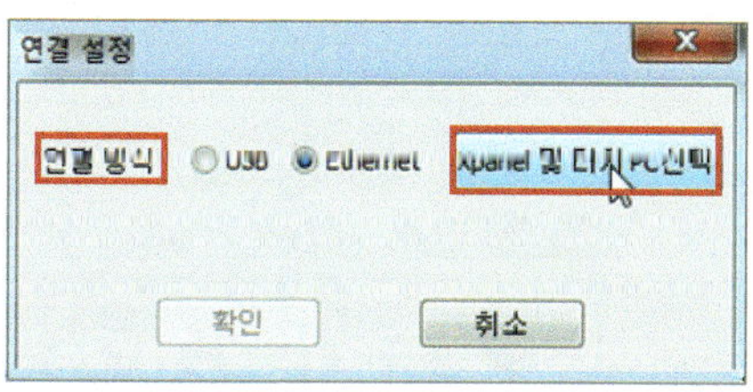

㉯ 주소를 Insert 버튼을 이용하여 터치패널의 IP 주소를 입력하고 OK 버튼을 누른다. (주소는 터치패널의 주소를 입력한다.)

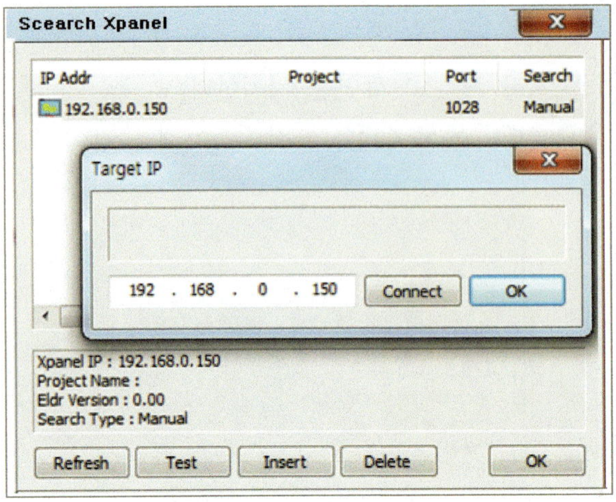

㉰ Test 버튼을 누르고 OK 버튼을 누른다.

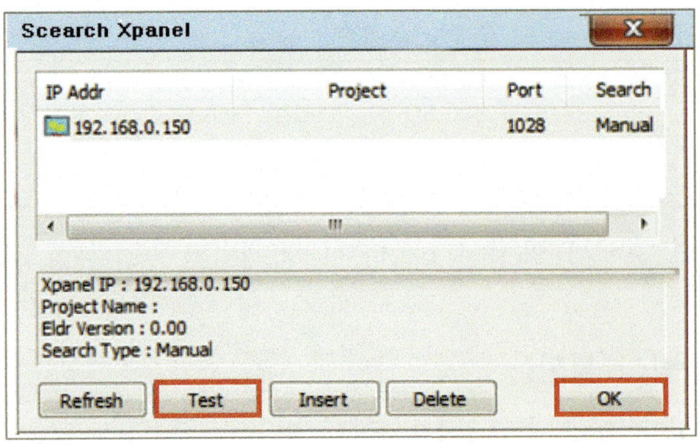

㉱ XPANEL에 쓰기

- 쓰기

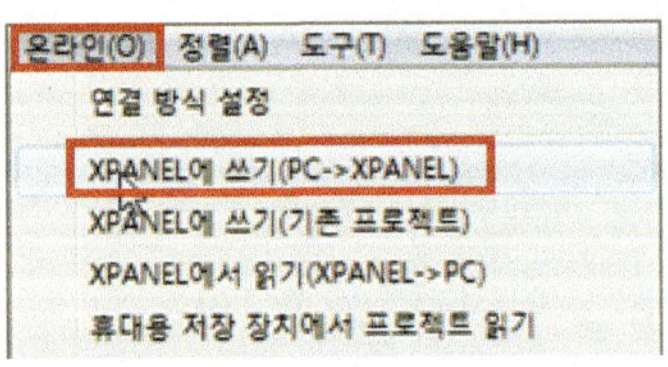

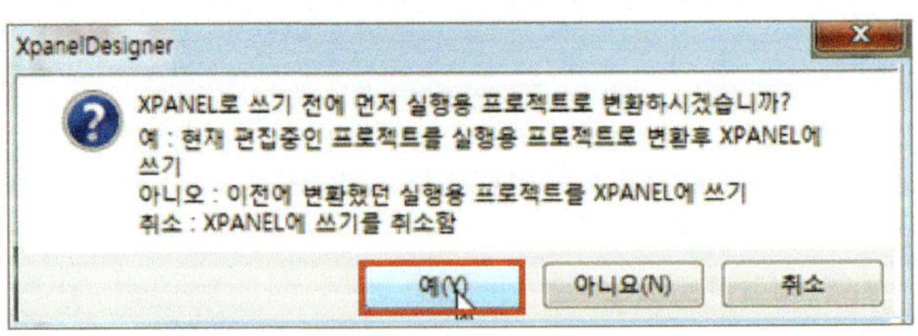

• 다운로드 진행 확인

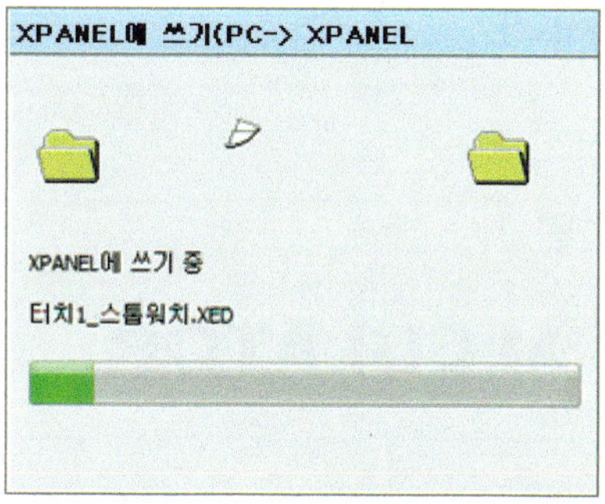

• 완료 ⇨ 실행

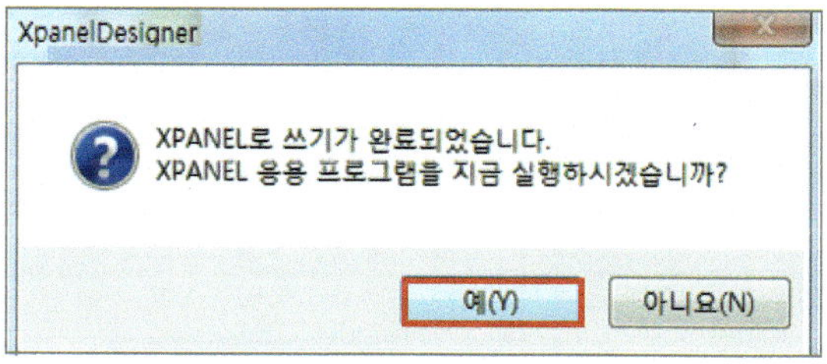

• XPANEL에 쓰기 완료
• 동작을 확인한다.

6.2 계산기 제어

SIEMENS-CIMON Xpanel Designer

1) 터치패널 모니터 전체화면

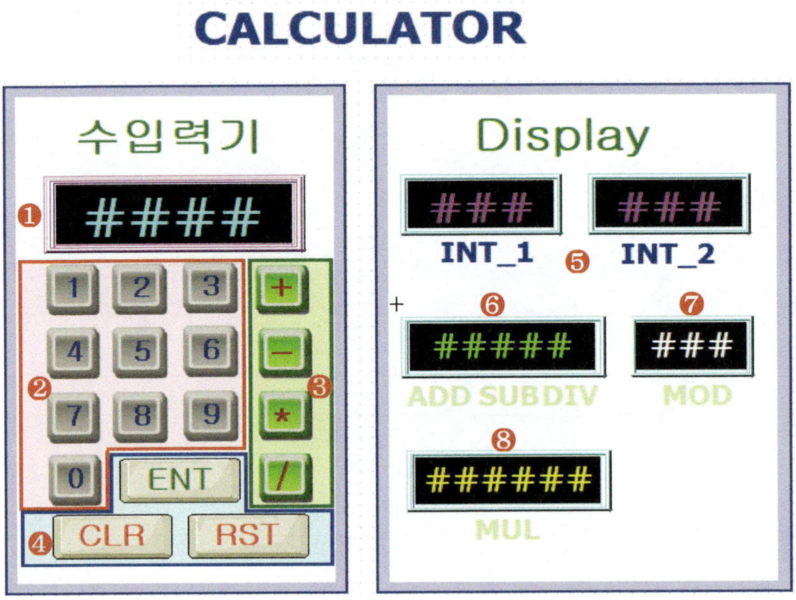

2) 제어방식

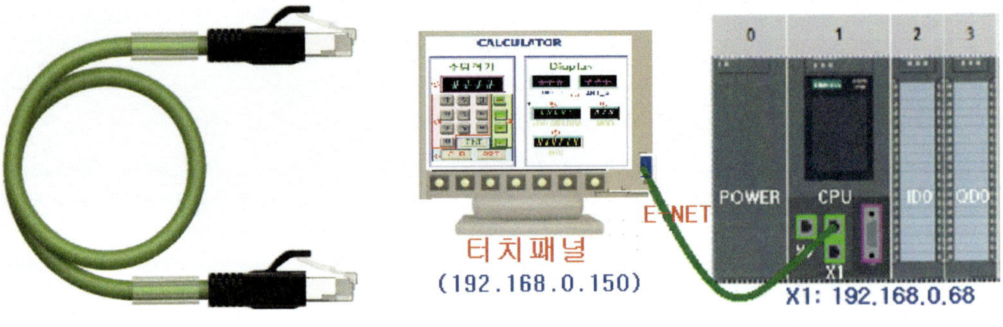

3) PLC 프로그램 작성하기

(1) 실습 목적

- 터치패널의 작화, 기능부여, 데이터베이스 작성, PLC와 통신할 수 있다.
- 컴퓨터에서 작화된 내용을 Ethernet 케이블을 통하여 터치패널에 전송할 수 있다.
- 터치패널과 SIEMENS PLC(S7-1500)간 Ethernet 통신을 할 수 있다.
- 데이터를 태그값 표시창에서 입력, 표시를 할 수 있다.

(2) 동작 조건

- 0~9의 숫자 버튼을 클릭하면 수입력 창에 저장된다.
- ENT 버튼과 CLR 버튼을 이용하여 INT_1, INT_2에 저장된다.
- "+", "-", "*", "/" 버튼을 이용하여 사칙 연산을 한다.
- 사칙 연산 결과가 DISPLAY 창에 저장된다.
- RST 버튼에 의하여 초기화된다.

(3) I/O 할당표

- 실습에 사용된 I/O는 다음과 같다.

구분	명칭	기능설명	I/O 할당
버튼 입력	수입력 버튼	0~9 숫자 입력 기능	%MB1~ %MB0
	"+" 버튼	ADD 연산 기능	%M4.1
	"−" 버튼	SUB 연산 기능	%M4.2
	"*" 버튼	MUL 연산 기능	%M4.3
	"/" 버튼	DIV 연산 기능	%M4.4
	"ENT" 버튼	INT_1, INT_2에 데이터 저장	%M4.0
	"CLR" 버튼	수입력창 저장된 데이터 삭제	%M4.7
	"RST" 버튼	모든 데이터 초기화	%M5.0
출력	수입력창	숫자 입력창	%MW60
	INT_1	연산할 데이터 정수1 저장	%MW20
	INT_2	연산할 데이터 정수2 저장	%MW24
	ADD,SUB,DIV	합, 차, 나누기 결과 저장	%MW200
	MOD	나누기 결과로 나머지 저장	%MW202
	MUL	곱하기 결과 저장	%MD102

(4) 프로그램

① PLC 프로그램 작성

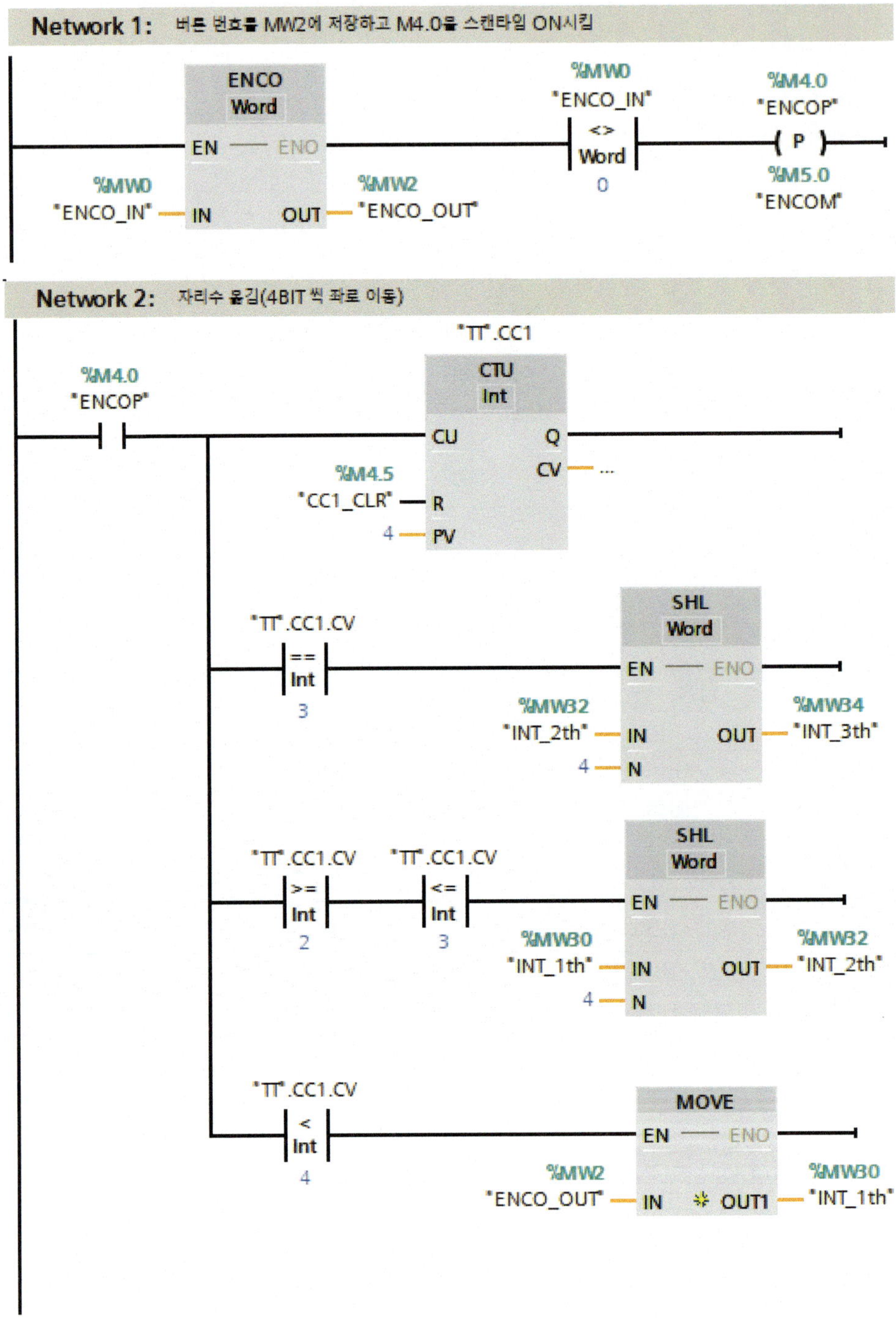

Network 3: 자리수 맞춤(백단위, 십단위, 일단위)

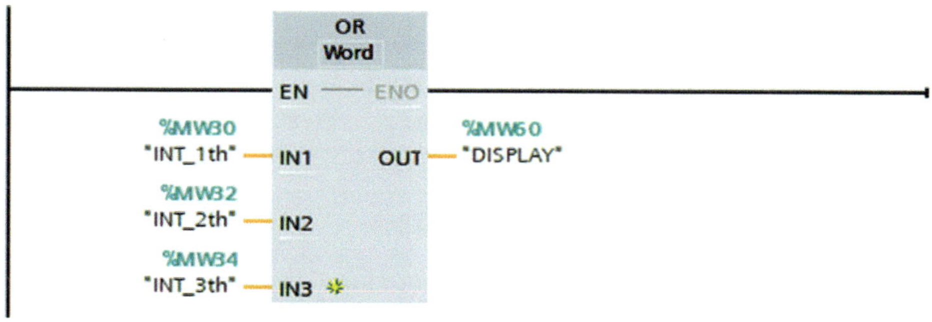

Network 4: ADD,SUB,MUL,DIV,MOD 연산

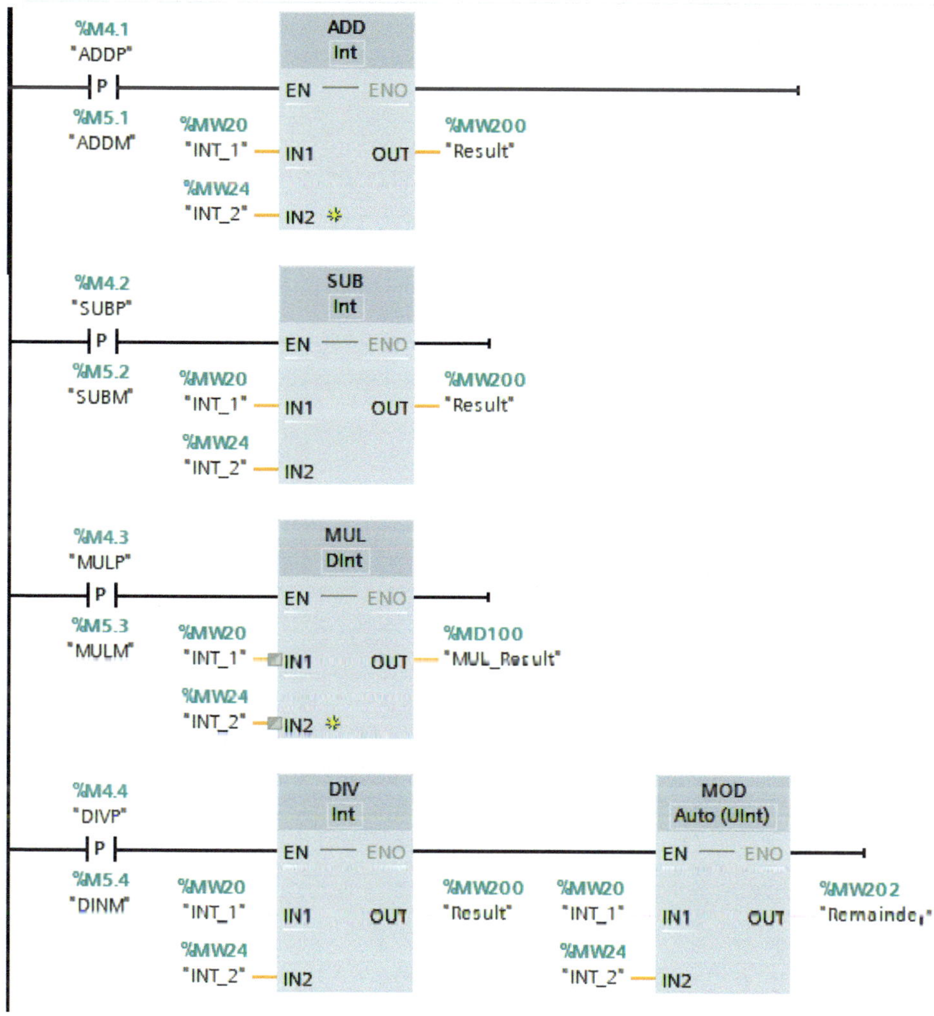

Network 5: ......

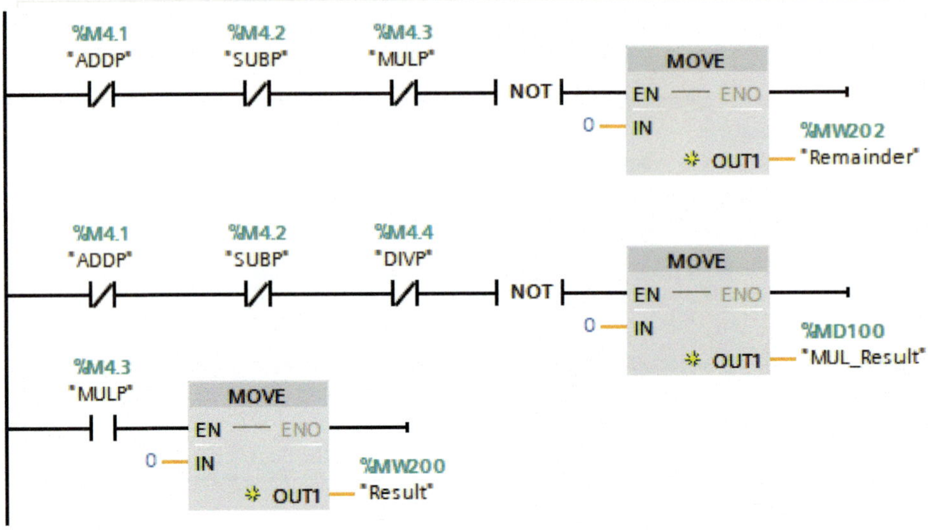

Network 6: 16진수 BCD값을 INT값으로 변환

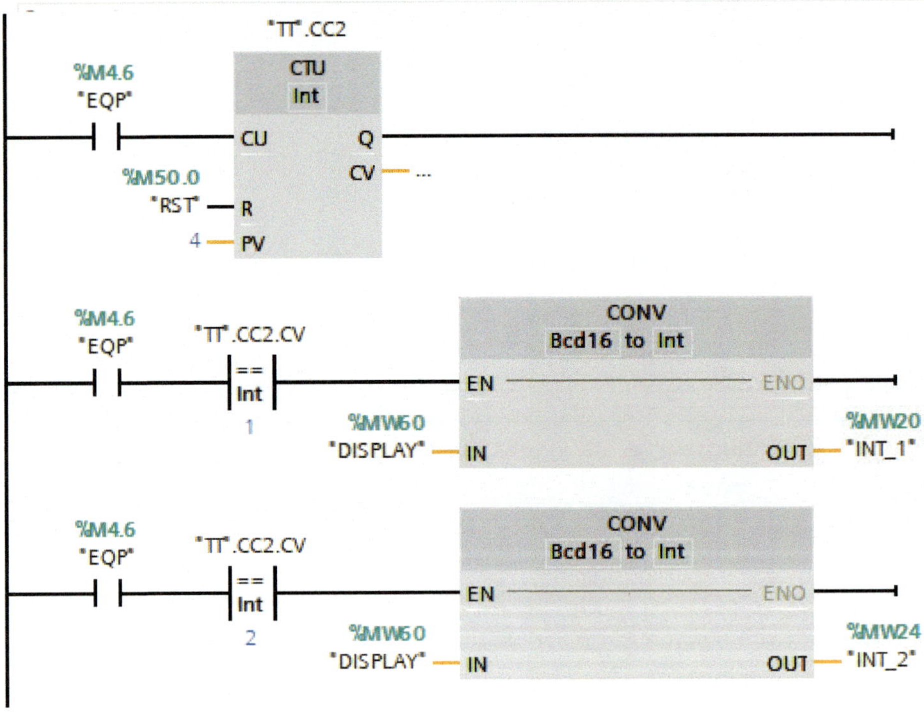

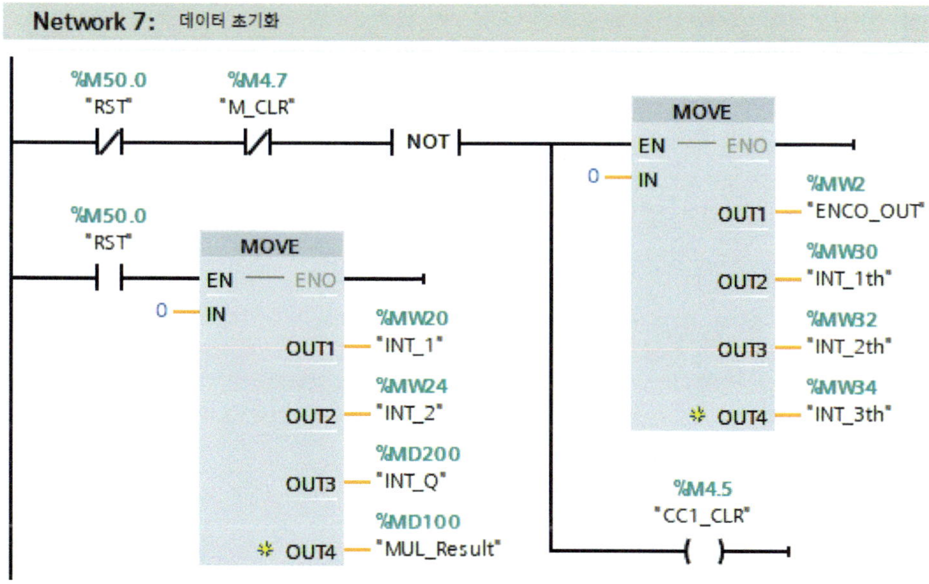

(5) PLC 통신

: 스톱워치 PLC 통신을 참고 한다.

① 지멘스 PLC의 TIA 포털 Project tree에서 Device configuration을 더블 클릭한다.

② cpu 부분을 더블 클릭하여 아래와 같이 체크한다.
(보호 및 보안의 연결 메커니즘을 클릭하여 통신 허용란을 체크)

③ cpu 부분의 PN 통신 X-1 부분을 클릭하여 이더넷 주소를 확인하고 Add new subnet 버튼을 눌러 연결할 새로운 서버넷을 추가한다.

④ ①, ② 설정 후 Project tree에서 Device & networks를 더블 클릭하면 아래 그림과 같이 새로운 통신 네트웍이 생성되었음을 확인한다.

4) HMI 작업

(1) 새 프로젝트 만들기

① 새 프로젝트 만들기 창

- 프로젝트 이름 : S7계산기_ENCO
- 작업경로 :
- 종류 : XT10C(10.4")

② **[도구] - [페이지 환경설정]** 창

- 페이지 이름 : MAIN

(2) I/O 디바이스 설정

① I/O 디바이스 설정 창 : 새 디바이스 클릭

② I/O 디바이스 종류 선택

- 디바이스 이름 : S7
- 디바이스 종류 : Ethernet 통신 디바이스

③ Ethernet 통신 설정 창

ⓐ 통신포트 탭

- 디바이스 종류 : SIEMENS S7 Ethernet
- 통신방식 : TCP

ⓑ 스테이션 탭 :스테이션 추가 클릭

- 스테이션 이름 : 1500
- 스테이션 종류 : S7
- IP 어드레스 : 192. 168. 0. 68 (통신할 PLC 주소)

ⓒ 스테이션 설정창에서 등록 버튼을 누르고 닫기를 누른다.

(3) 데이터베이스

① 그룹태그

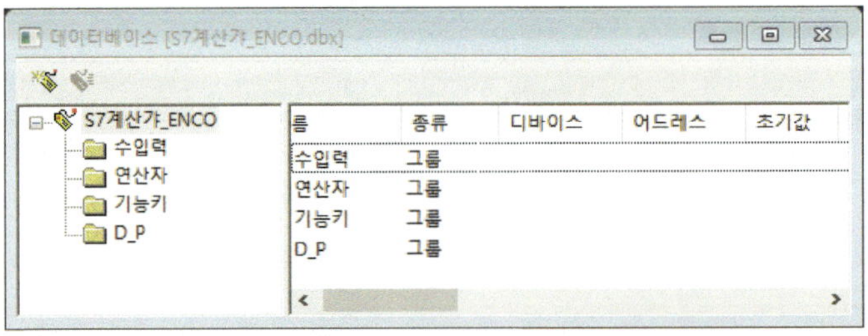

② 수입력 태그

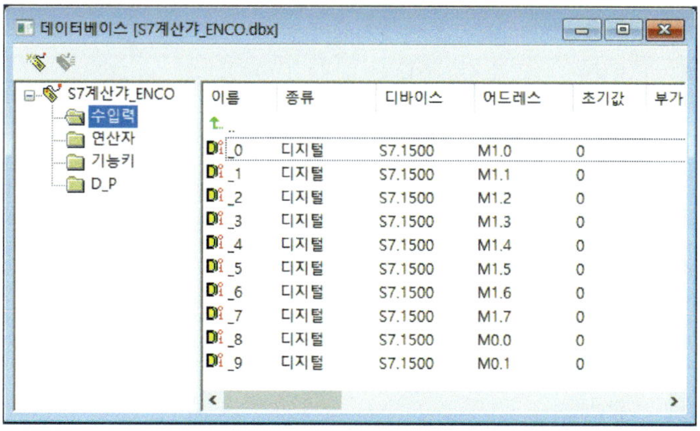

③ 연산자 태그

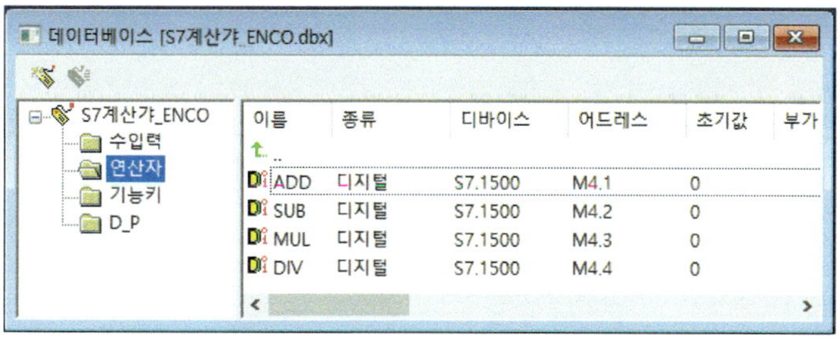

④ 기능키 태그

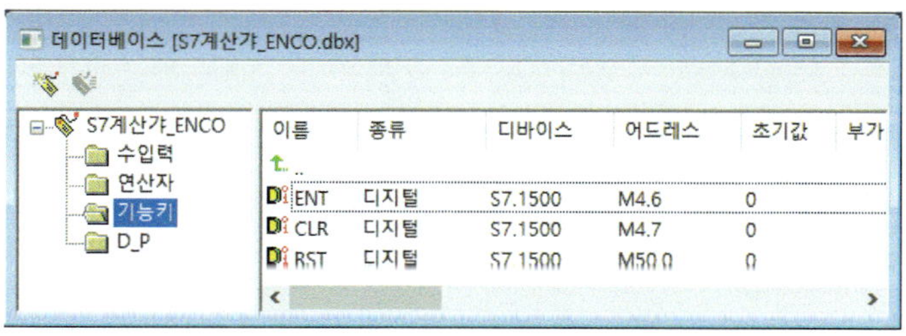

⑤ D_P 태그

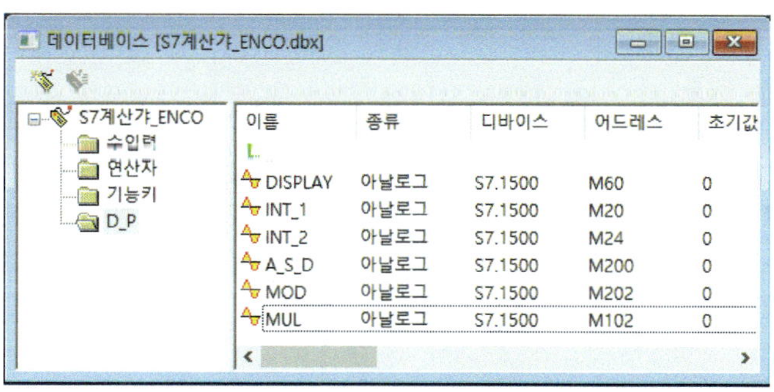

ⓐ DISPLAY

- 데이터 형태 : UBCD16
- 내부데이터(CIMON) : 최소값 (0), 최대값 (9999)

ⓑ INT_1

- 데이터 형태 : UINT16
- 내부데이터(CIMON) : 최소값 (0), 최대값 (65535)

ⓒ INT_2

- 데이터 형태 : UINT16
- 내부데이터(CIMON) : 최소값 (0), 최대값 (65535)

ⓓ A_S_D

- 데이터 형태 : INT16
- 내부데이터(CIMON) : 최소값 (-32768), 최대값 (32767)

ⓔ MOD

- 데이터 형태 : UINT16
- 내부데이터(CIMON) : 최소값 (0), 최대값 (65535)

ⓕ MUL

- 데이터 형태 : UINT32
- 내부데이터(CIMON) : 최소값 (0), 최대값 (4294967295)

(4) 작화와 기능부여

① 전체화면

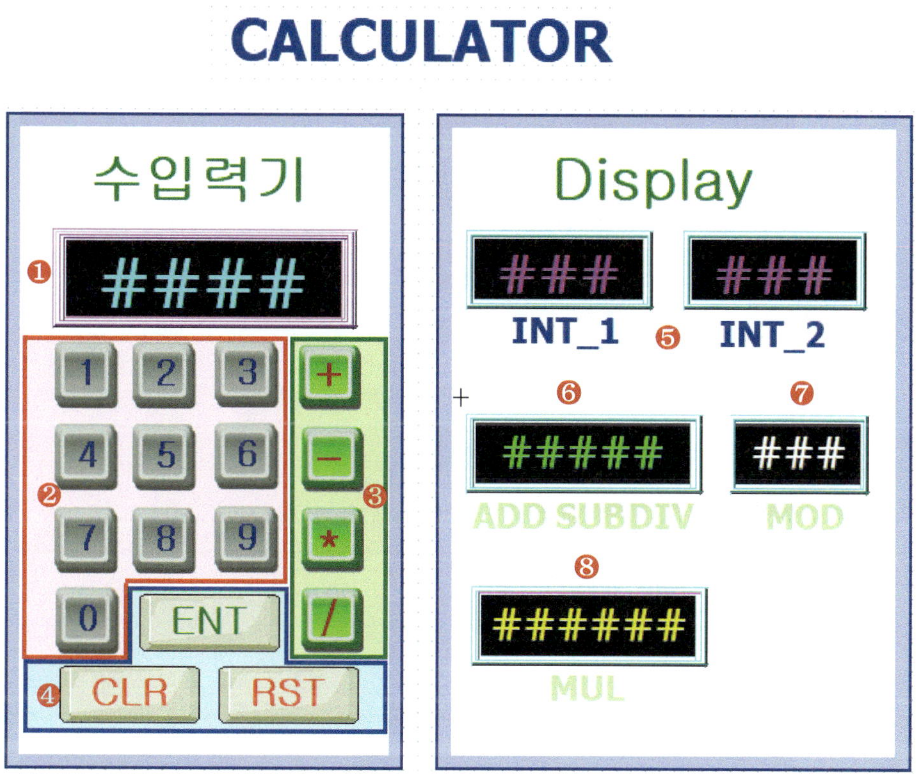

ⓐ 역할 및 태그명

번호	태그	기능	역할
❶	D P.DISPLAY	태그값 표시	수입력기 표시창
❷	수입력. 0 ~ 수입력. 9	출몰기능, 터치기능	수입력 기능 버튼
❸	연산사.ADD ~ 연산사.DIV	출몰기능, 터치기능	ADD, SUB, MUL, DIV 연산
❹	기능키.ENT ~ 기능키.RST	터치기능	수 입력 실행, 초기화, 지우기
❺	D_P.INT_1 ~ D_P.INT_2	태그값 표시	연산할 입력된 정수1, 2
❻	D_P.A_S_D	태그값 표시	ADD, SUB, DIV 결과표시창
❼	D_P.MOD	태그값 표시	DIV 나머지 결과표시창
❽	D_P.MUL	태그값 표시	곱하기 결과표시창

② 수입력기 표시창과 연산 결과 표시창 작화 및 기능부여

ⓐ **[그림] - [라이브러리] - [태그값표시]** 선택한다.

❶ 수 입력기 표시창

- 기능 : 태그값 표시
- 표시 문자색 : 파랑색
- 배경색 : 검정색
- 태그 이름 : D_P.DISPLAY
- 표시자리수 : 4

❺ 입력된 INT_1

- 기능 : 태그값 표시
- 표시 문자색 : 분홍색
- 배경색 : 검정색
- 태그 이름 : D_P.INT_1
- 표시 자리수 : 3

❺ 입력된 INT_2

- 기능 : 태그값 표시
- 표시 문자색 : 분홍색
- 배경색 : 검정색
- 태그 이름 : D_P.INT_2
- 표시 자리수 : 3

❻ ADD, SUB, DIV 결과표시창

- 기능 : 태그값 표시
- 표시 문자색 : 연녹색
- 배경색 : 검정색
- 태그 이름 : D_P.A_S_D
- 표시 자리수 : 5

❼ DIV 나머지 결과표시창

- 기능 : 태그값 표시
- 표시 문자색 : 흰색
- 배경색 : 검정색

- 태그 이름 : D_P.MOD
- 표시 자리수 : 3

❽ 곱하기 결과표시창
- 기능 : 태그값 표시
- 표시 문사색 : 황색
- 배경색 : 검정색
- 태그 이름 : D_P.MUL
- 표시 자리수 : 6

ⓑ [그림] - [라이브러리] - [Button] 선택한다.

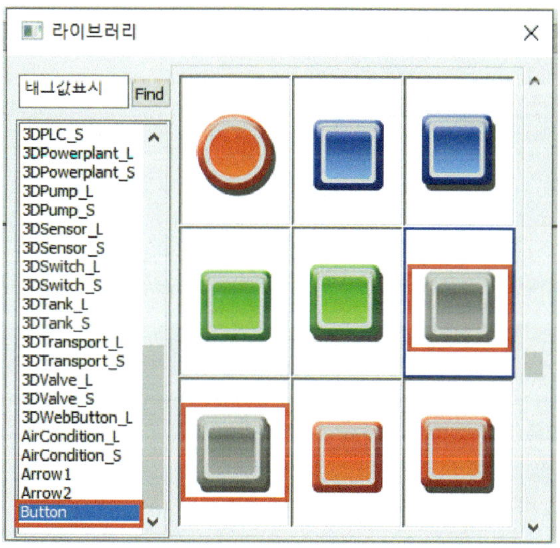

❷ 수 입력 기능 버튼 :  Push Button 기능을 가진 복귀형 버튼.

	– 기능 : 출몰 태그이름 : 수입력_1 출몰조건 : ON

	– 기능 : 출몰 태그이름 : 수입력_1 출몰조건 : OFF	– 기능 : 터치 동작 : 순간값 쓰기 태그이름 : 수입력_1 Down–쓰기값 : 1 Up .–쓰기값 : 0

- 기능 부여 후에 두 오브젝트를 겹쳐서 맞춘다.

*** 같은 방법으로 0~9의 수입력 버튼을 태그 이름만 "수입력._0" ~ "수입력._9" 으로 변경한다.

ⓒ [그림] - [라이브러리] - [Button] 선택한다.

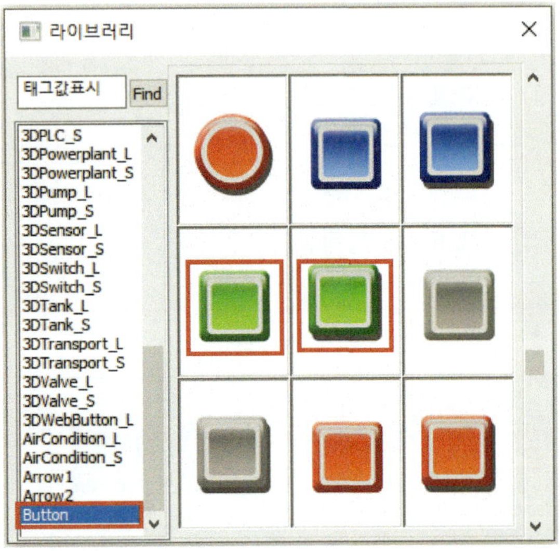

❸ 연산 기능 버튼 :  Push Button 기능을 가진 복귀형 버튼.

	– 기능 : 출몰 태그이름 : 연산자.ADD 출몰조건 : ON

	– 기능 : 출몰 태그이름 : 연산자.ADD 출몰조건 : OFF	– 기능 : 터치 동작 : 순간값 쓰기 태그이름 : 연산자.ADD Down–쓰기값 : 1 Up .–쓰기값 : 0

- 기능 부여 후에 두 오브젝트를 겹쳐서 맞춘다.

*** 같은 방법으로 "–", "*", "/" 연산 기능 버튼을 태그 이름만 "연산자.SUB", "연산자.MUL", "연산자.DIV"로 변경한다.

ⓓ **[그림] - [라이브러리] - [3D WEB Button]** 선택한다.

❹ ENT, CLR, RST, 기능 버튼 : ENT Button 기능을 가진 복귀형 버튼.

ENT	– 기능 : 터치 동작 : 순간값 쓰기 태그이름 : 기능키.ENT Down–쓰기값 : 1 Up .–쓰기값 : 0

*** 같은 방법으로 "CLR", "RST" 기능 버튼을 태그 이름만 "기능키.CLR", "기능키.RST",로 변경한다.

5) 초기화면 저장 및 전송

(1) 완성된 MAIN 화면을 저장 후 초기화면을 지정

[도구] - [CIMON XPANEL 동작 설정] 클릭 후 초기화면을 지정한다.

(2) 전송하기

: XPANEL-DESIGNER에서 완성된 화면을 터치패널로 전송한다.

: **[온라인] - [연결 방식 설정]**

① Ethernet 및 터치 PC 선택 버튼을 누른다.

② 주소를 Insert 버튼을 이용하여 터치패널의 IP 주소를 입력하고 OK 버튼을 누른다. (주소는 터치패널의 주소를 입력한다.)

터치패널의 주소(192.168.0.150)

③ Test 버튼을 누르고 OK 버튼을 누른다.

④ XPANEL에 쓰기

⑤ 완료 ⇨ 실행

⑥ XPANEL에 쓰기 완료

6.3 보행자 신호등 제어

SIEMENS-CIMON Xpanel Designer

1) 터치패널 모니터 전체화면

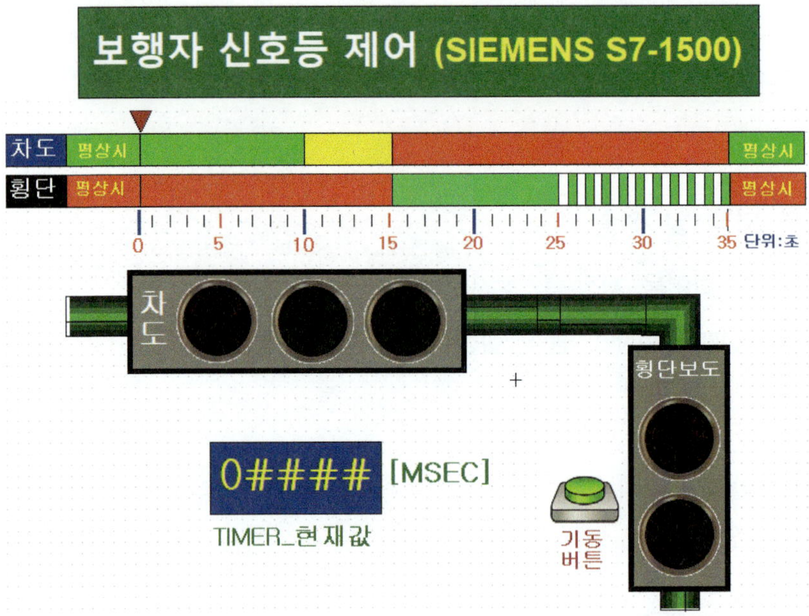

2) 제어방식

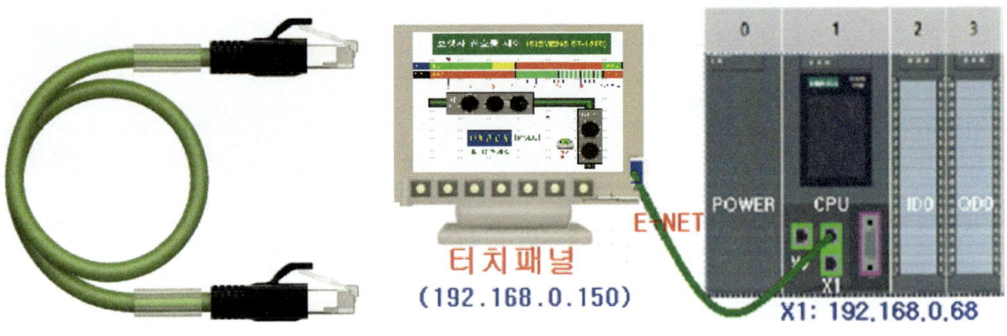

3) PLC 프로그램 작성하기

(1) 실습 목적

- 터치패널의 작화, 기능부여, 데이터베이스 작성, PLC와 통신할 수 있다.
- 컴퓨터에서 작화된 내용을 Ethernet 케이블을 통하여 터치패널에 전송할 수 있다.
- 터치패널과 SIEMENS PLC(S7-1500)간 Ethernet 통신을 할 수 있다.
- 데이터를 태그값 표시창에서 표시할 수 있다.

(2) 동작 조건

- 평상시에는 차도는 녹색, 횡단 보도는 적색으로 점등된다.
- 기동 버튼을 ON하면 타임 차트와 같이 동작한다.
- 타이머의 현재값이 msec 단위로 표시되어야 한다.
- 현재의 진행 시간을 ▼으로 타임 챠트에 수평 이동으로 표현되어야 한다.
- 동작이 완료되면 평상시 초기 상태가 되어야 한다.

(3) I/O 할당표

- 실습에 사용된 I/O는 다음과 같다.

구분	명칭	기능설명	I/O 할당
버튼 입력	M_STR	보행자 기동버튼	%M0.0
출력	차도_GL	차도 녹색등	%Q0.0
	차도_YL	차도 황색등	%Q0.1
	차도_RL	차도 적색등	%Q0.2
	횡단_RL	횡단 보도 적색등	%Q0.3
	횡단_GL	횡단 보도 녹색등	%Q0.4
릴레이	RY	내부 릴레이	%M0.1
타이머	T1	1주기 ON DELAY 타이머	DB1.T1

(4) 프로그램

① PLC 프로그램 작성

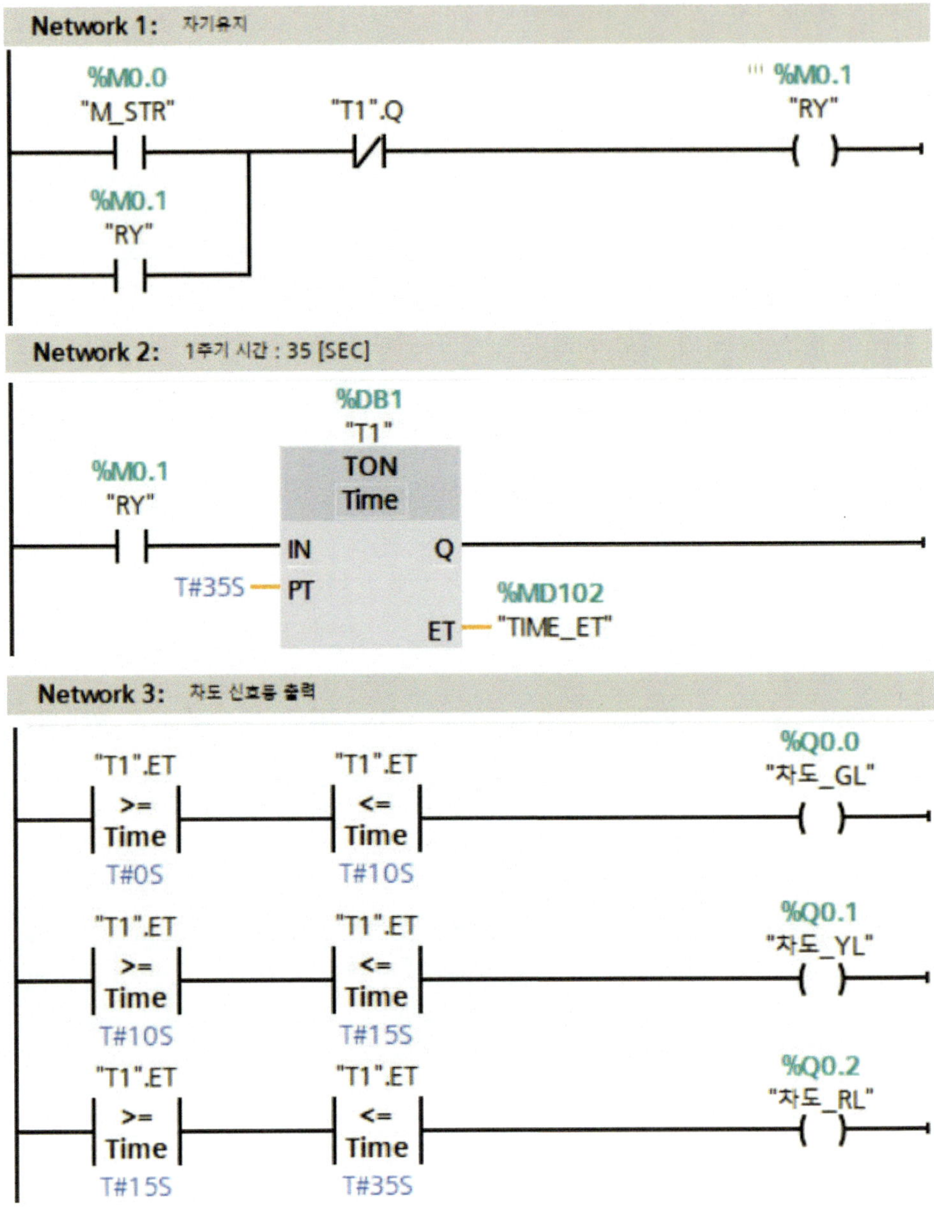

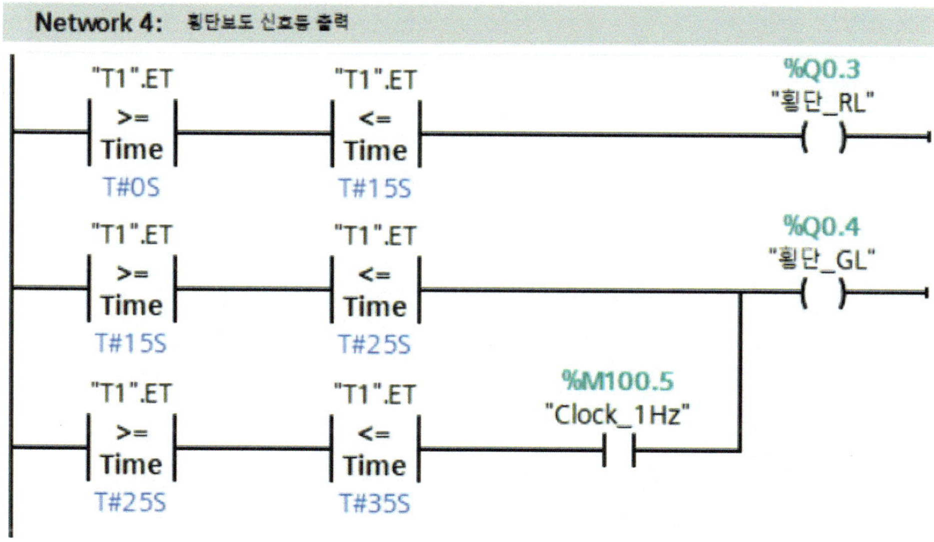

(5) PLC 통신

: 스톱워치 PLC 통신을 참고한다.

① 지멘스 PLC의 TIA 포털 Project tree에서 Device configuration을 더블클릭한다.

② CPU 부분을 더블클릭하여 아래와 같이 체크한다.
(보호 및 보안의 연결 메커니즘을 클릭하여 통신 허용란을 체크)

③ CPU 부분의 PN 통신 X-1 부분을 클릭하여 이더넷 주소를 확인하고 Add new subnet 버튼을 눌러 연결할 새로운 서버넷을 추가한다.

④ ①, ② 설정 후 Project tree에서 Device & networks를 더블 클릭하면 아래 그림과 같이 새로운 통신 네트웍이 생성되었음을 확인한다.

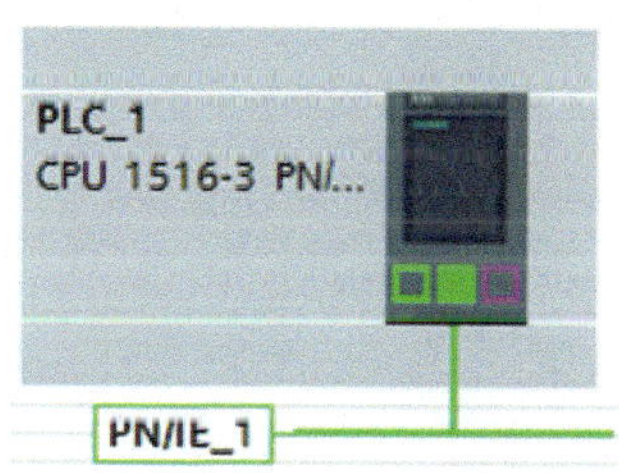

4) HMI 작업

(1) 새 프로젝트 만들기

① 새 프로젝트 만들기 창

- 프로젝트 이름 : 보행자 신호등
- 작업경로 :
- 종류 : XT10C(10.4")

② **[도구] - [페이지 환경설정]** 창

- 페이지 이름 : MAIN

(2) I/O 디바이스 설정

① I/O 디바이스 설정 창 : 새 디바이스 클릭

② I/O 디바이스 종류 선택

- 디바이스 이름 : SIE
- 디바이스 종류 : Ethernet 통신 디바이스

③ Ethernet 통신 설정 창

ⓐ 통신포트 탭

- 디바이스 종류 : SIEMENS S7 Ethernet
- 통신방식 : TCP

ⓑ 스테이션 탭 :스테이션 추가 클릭

- 스테이션 이름 : MENS
- 스테이션 종류 : S7
- IP 어드레스 : 192. 168. 0. 68 (통신할 PLC 주소)

ⓒ 스테이션 설정창에서 등록 버튼을 누르고 닫기를 누른다.

(3) 데이터베이스

① 그룹태그

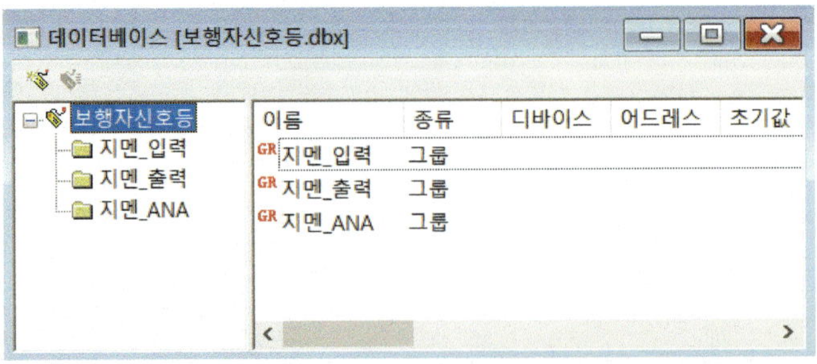

② 지멘_입력 태그

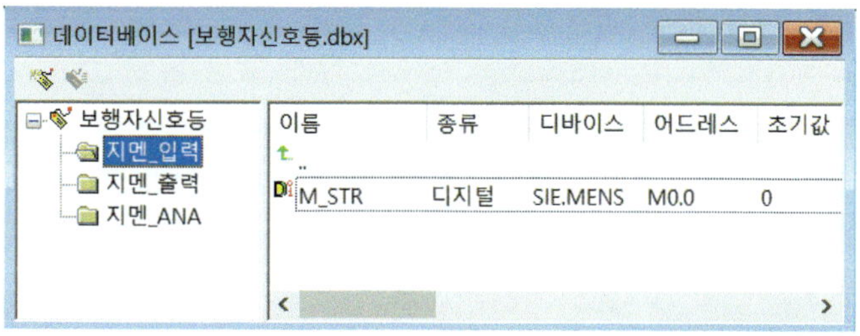

③ 지멘_출력 태그

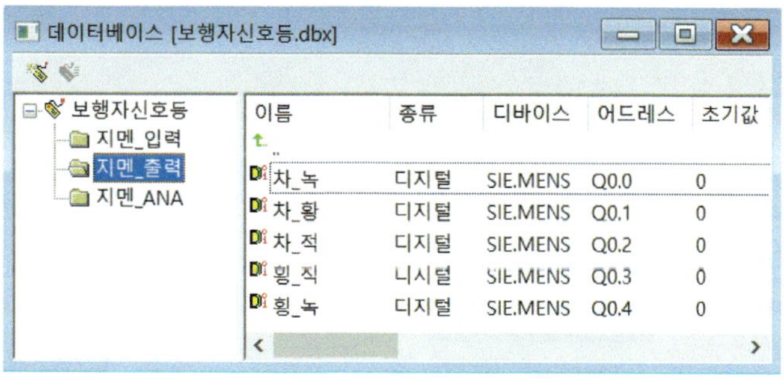

④ 지멘_ANA 태그

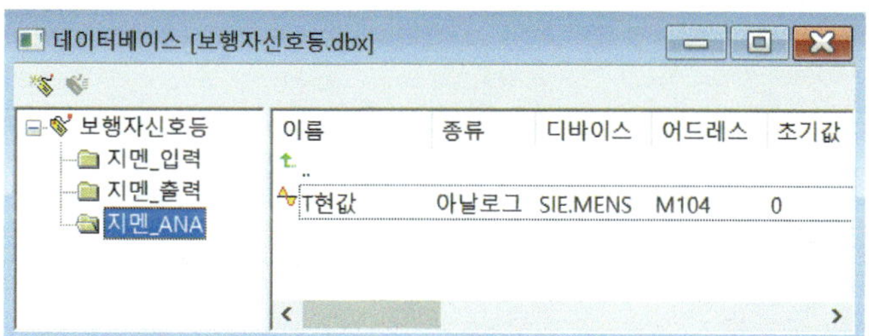

ⓐ T현값 (타이머의 현재값)

- 어드레스 : MD102(MB102+MB103+MB104+MB105)의 하위 워드는 MW104(MB104+MB105)이므로 M104
- 데이터 형태 : UINT16
- 내부데이터(CIMON) : 최소값 (0), 최대값 (35000)

(4) 작화와 기능부여

① 전체화면

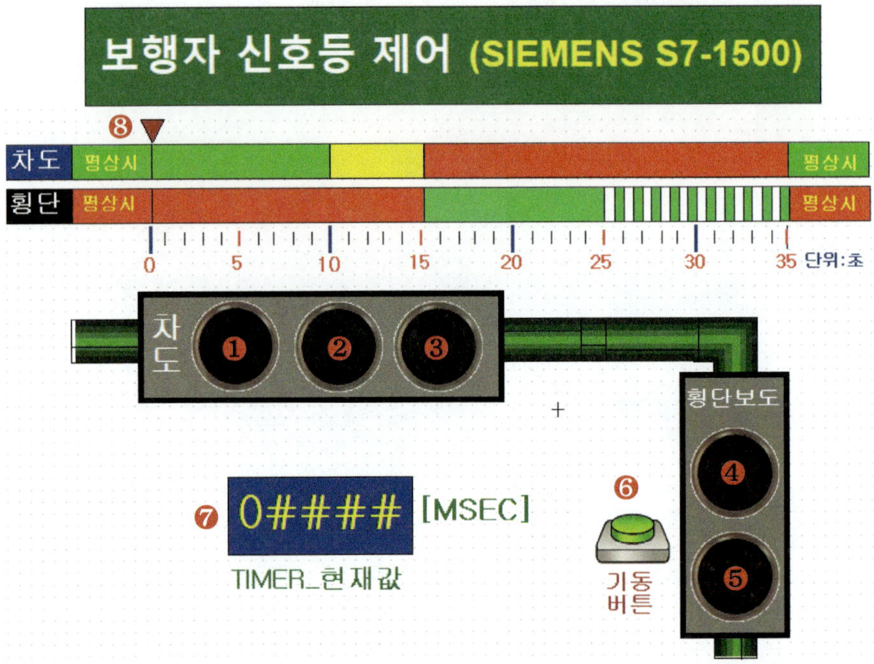

ⓐ 역할 및 태그명

번호	태그	기능	역할
❶	지멘_출력.차_적	출몰기능	차도 적색
❷	지멘_출력.차_황	출몰기능	차도 황색
❸	지멘_출력.차_녹	출몰기능	차도 녹색
❹	지멘_출력.횡_적	출몰기능	횡단보도 적색
❺	지멘_출력.횡_녹	출몰기능	횡단보도 녹색
❻	지멘_입력.M_STR	출몰기능, 터치	보행자 버튼
❼	지멘_ANA.T현값	태그값 표시	신호등 동작시간 현재값
❽	지멘_ANA.T현값	수평이동	신호등 현재값 진행표시

② 차도 램프(❶~❸), 횡단 보도 램프(❹~❺) 작화 및 기능부여

ⓐ [그림] - [라이브러리] - [3DLamp_S]를 선택하여 페이지 화면에 드래그하여 생성한다.

❶ : 차도 적색

	- 기능 : 출몰 태그이름 : 지멘_출력.차_적 출몰조건 : ON
	- 기능 : 출몰 태그이름 : 지멘_출력.차_적 출몰조건 : OFF

ⓑ 같은 방법으로 차도 램프(❷~❸), 횡단보도 램프(❹~❺)의 작화 및 기능을 부여한다.

차도				횡단 보도			
❷, ❸	기능	태그이름	조건	❹, ❺	기능	태그이름	조건
	출몰	지멘_출력.차_황	ON		출몰	지멘_출력.횡_적	ON
	〃	지멘_출력.차_황	OFF		〃	지멘_출력.횡_적	OFF
	〃	지멘_출력.차_녹	ON		〃	지멘_출력.횡_녹	ON
	〃	지멘_출력.차_녹	OFF		〃	지멘_출력.횡_녹	OFF

③ 보행자 버튼(❻) 작화 및 기능부여

ⓐ [그림] - [라이브러리] - [Button]를 선택하여 화면에 드래그하여 생성한다.

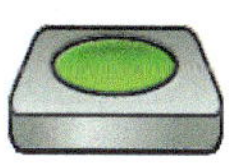	- 기능 : 출몰 태그이름 : 지멘_입력.M_STR 출몰조건 : ON	
	기능 : 출몰 태그이름 : 지멘_입력.M_STR 출몰조건 : OFF	기능 : 터치 동작 : 순간값 쓰기 태그이름 : 지멘_입력.M_STR Down-쓰기값 : 1 Up -쓰기값 : 0

- 기능 부여 후에 두 오브젝트를 겹쳐서 맞춤한다.

④ 신호등 동작시간 현재값(❼) 작화 및 기능부여

ⓐ **[그림]-[라이브러리]-[태그값 표시]**를 선택하여 화면에 드래그하여 생성한다.

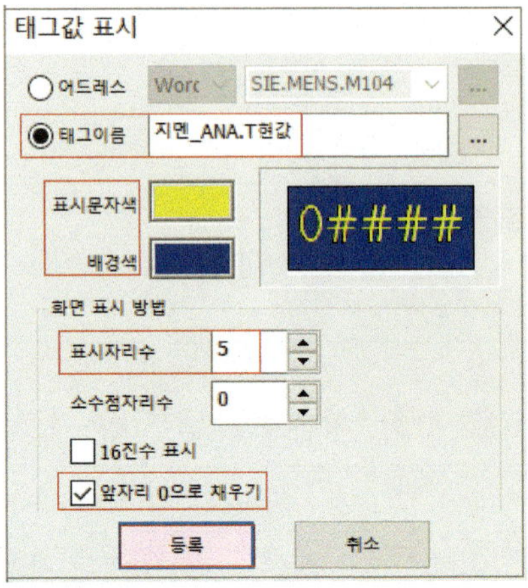

⑤ 신호등 현재값 진행표시(❽) 작화 및 기능부여

ⓐ **[그림]-[폐곡선]**을 이용하여 화면에 생성한다.

- ▼ 더블클릭하여 수평이동 기능을 부여한다.

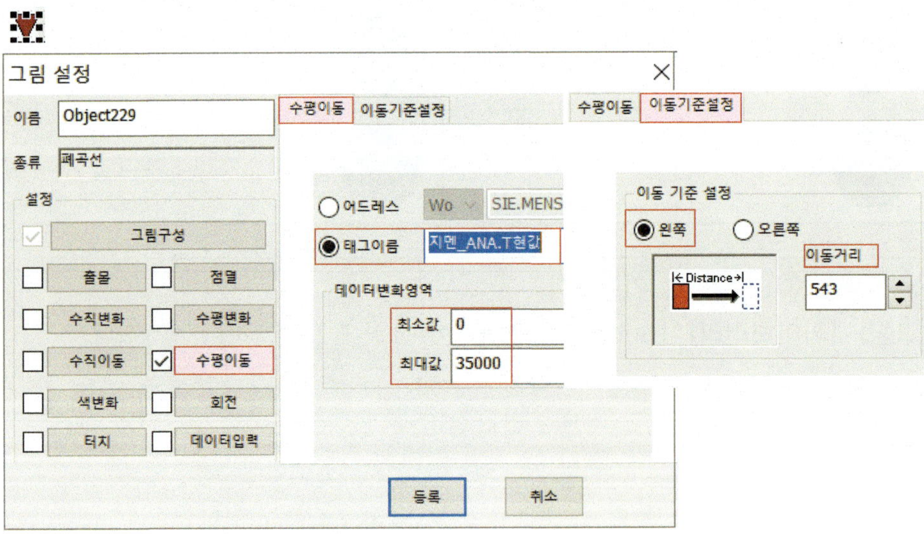

- 이동기준설정탭의 이동거리는 MAIN 화면의 우측 하단에 있는 X좌표의 차이이다.

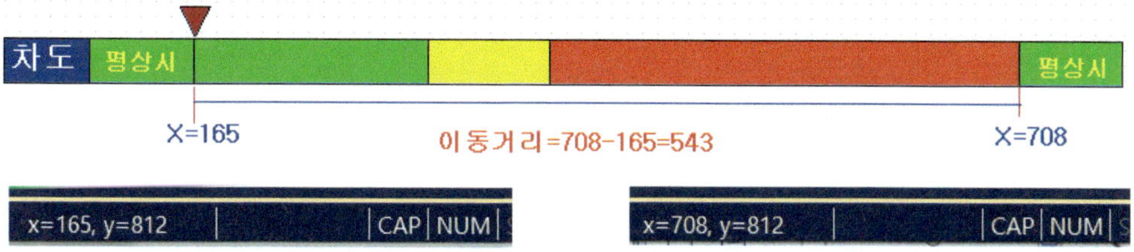

5) 초기화면 저장 및 전송

(1) 완성된 MAIN 화면을 저장 후 초기화면을 지정

[도구] - [CIMON XPANEL 동작 설정] 클릭 후 초기화면을 지정한다.

(2) 전송하기

: XPANEL-DESIGNER에서 완성된 화면을 터치패널로 전송한다.

: [온라인] - [연결 방식 설정]

① Ethernet 및 터치 PC 선택 버튼을 누른다.

② 주소를 Insert 버튼을 이용하여 터치패널의 IP 주소를 입력하고 OK 버튼을 누른다. (주소는 터치패널의 주소를 입력한다.)

터치패널의 주소(192.168.0.150)

③ Test 버튼을 누르고 OK 버튼을 누른다.

④ XPANEL에 쓰기

⑤ 완료 ⇨ 실행

⑥ XPANEL에 쓰기 완료

6.4 Flicker Lamp 제어

XGB(XGK) PLC-CIMON Xpanel Designer

1) 터치패널 모니터 전체화면

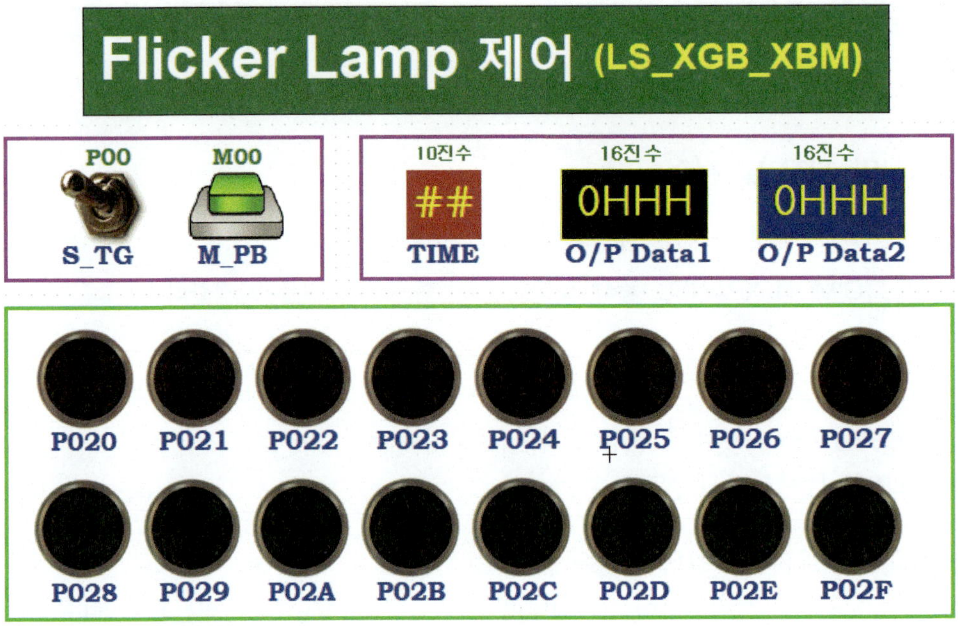

2) 제어방식

(1) 통신 케이블 : RS 232 (컴퓨터측 9핀, PLC측 원형 6핀)

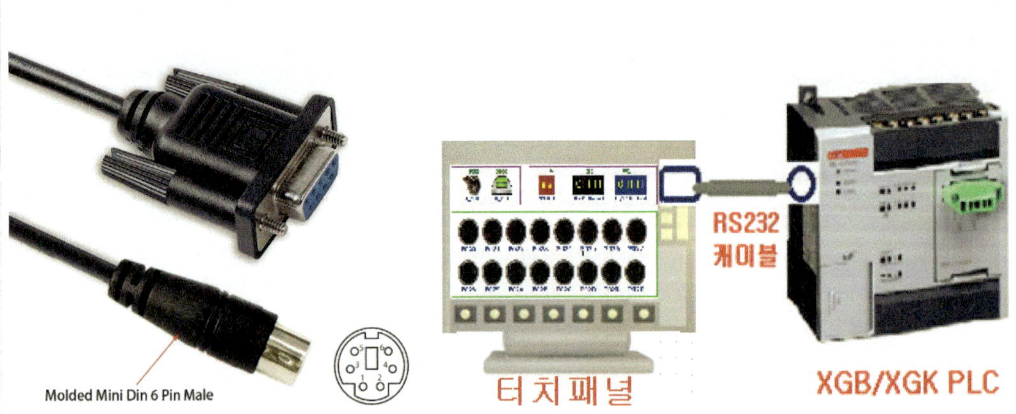

3) PLC 프로그램 작성하기

(1) 실습 목적

- 터치패넬의 작화, 기능부여, 데이터베이스 작성, PLC와 통신할 수 있다.
- 컴퓨터에서 작화된 내용을 USB를 통하여 터치패널에 전송할 수 있다.
- 터치패널과 LS PLC(XGB/XGK)간 RS-232 통신을 할 수 있다.
- 데이터를 태그값 표시창에서 입력, 표시를 할 수 있다.

(2) 동작 조건

- 10진수 클럭 TIME 데이터(msec)를 입력과 값을 표시할 수 있어야 한다.
- 16진수 출력 데이터1을 입력과 값을 표시할 수 있어야 한다.
- 16진수 출력 데이터2를 입력과 값을 표시할 수 있어야 한다.
- P0000를 ON/OFF 하면 S_TG가 모니터링되어야 한다.
- M0000(M_PB)를 터치 화면에서 ON/OFF하면 O/P Data1, O/P Data2의 데이터에 따라 P0020~P002F가 제어되어야 한다.

*** 예) TIME:5, O/P Date1:AAAA, O/P Date2:5555이면 아래와 같이 0.5초 간격으로 출력이 반복된다.

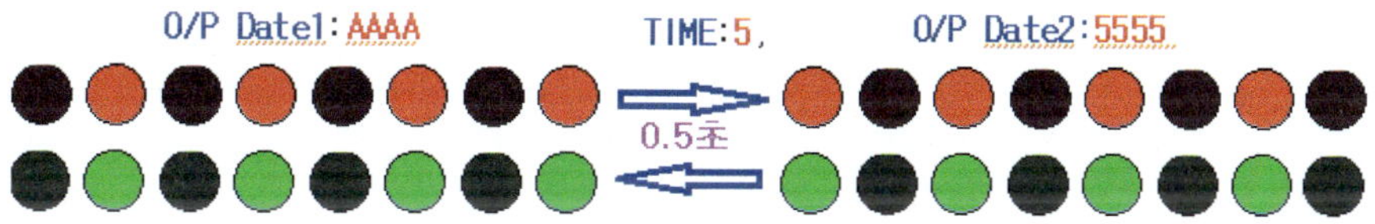

(3) I/O 할당표

- 실습에 사용된 I/O는 다음과 같다.

구분	명칭	기능설명	I/O 할당
버튼 입력	S_TG	P0000의 토글SW ON/OFF 모니터링	P0000
	M_PB	터치패널에서 ON/OFF 제어	M0000
출력	L0~L15	제어 램프	P0020~P002F
데이터 입력과 태그값표시	TIME	클럭 타임 데이터 입력과 표시	D0000
	O/P Data1	출력 데이터 1 입력과 표시	D0001
	O/P Data2	출력 데이터 2 입력과 표시	D0002

(4) 프로그램

ⓐ PLC 프로그램 작성

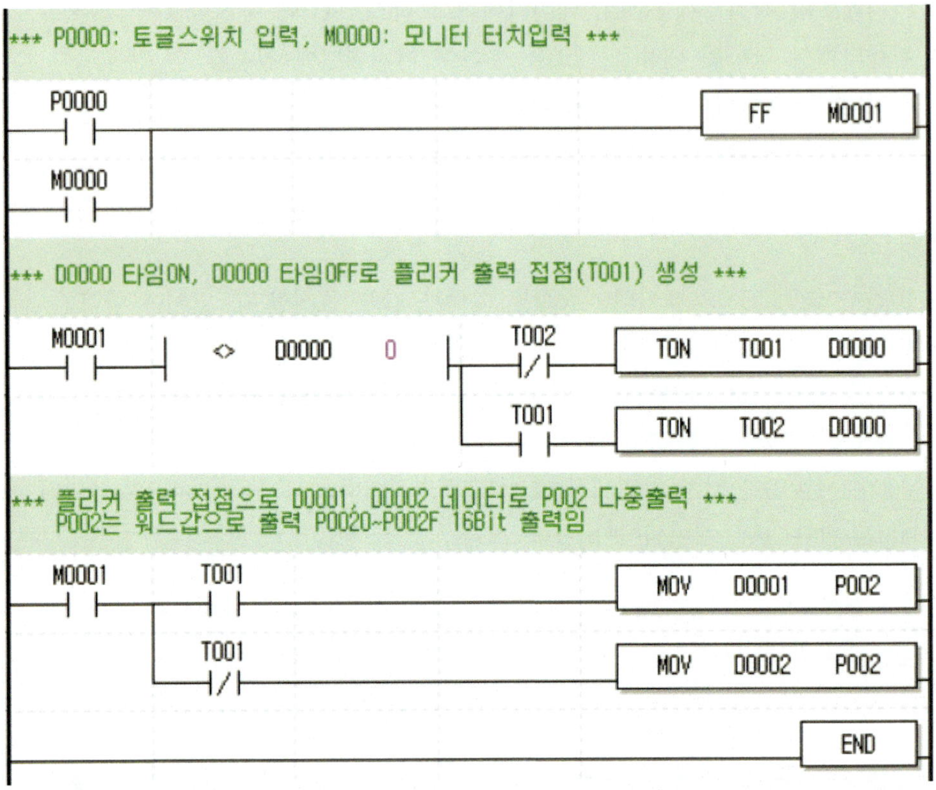

(5) PLC 통신

① PLC와 RS-232 통신을 위하여 아래와 같이 설정한다.

- 프로그램을 **[온라인]-[접속]-[쓰기]**를 한다.
- PLC 동작 확인후 RS-232 통신 케이블을 컴퓨터에 접속된 9핀 커넥터를 CIMON 터치패널 COM3 또는 COM2에 접속한다.
- 이때 통신 포터를 확인하여 HMI(터치패널) 작업시 I/O 디바이스 설정의 통신 포터와 일치하여야 한다.

4) HMI 작업

(1) 새 프로젝트 만들기

① 새 프로젝트 만들기 창
- 프로젝트 이름 : 플리커 제어
- 작업경로 : C:₩CIMON₩XpanelDesigner 2.60₩플리커 제어
- 종류 : XT10C(10.4“)

② **[도구]-[페이지 환경설정]** 창
- 페이지 이름 : MAIN

(2) I/O 디바이스 설정

: **[도구]-[I/O 디바이스]**

① I/O 디바이스 설정 창 : 새 디바이스 클릭

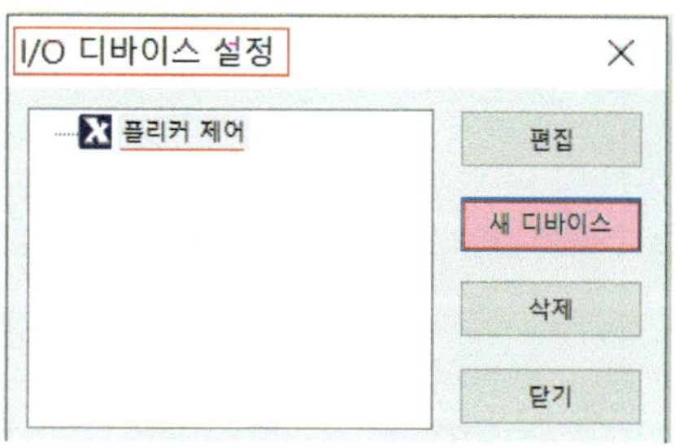

② I/O 디바이스 종류 선택
- 디바이스 이름 : XG
- 디바이스 종류 : Serial 통신 디바이스

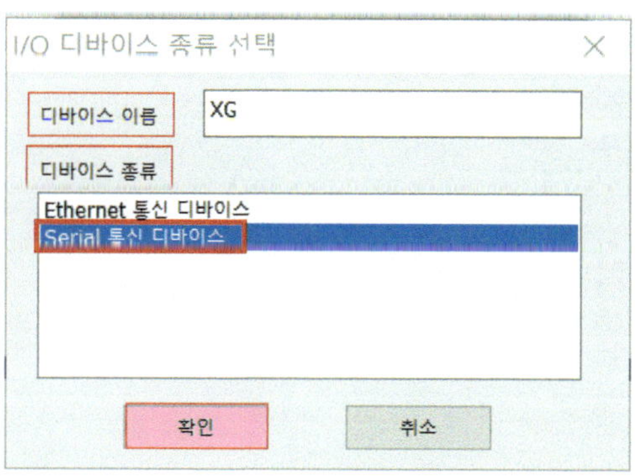

③ Serial 통신 설정 창

ⓐ 통신포트 탭

- 디바이스 종류 : LS산전 XGT/XGB 시리즈 PLC Loader
- 통신포터 : COM3(CIMON 터치패널 뒷면의 접속 통신포터)
- 전송속도 : 115,200
- 통신방식 : RS232

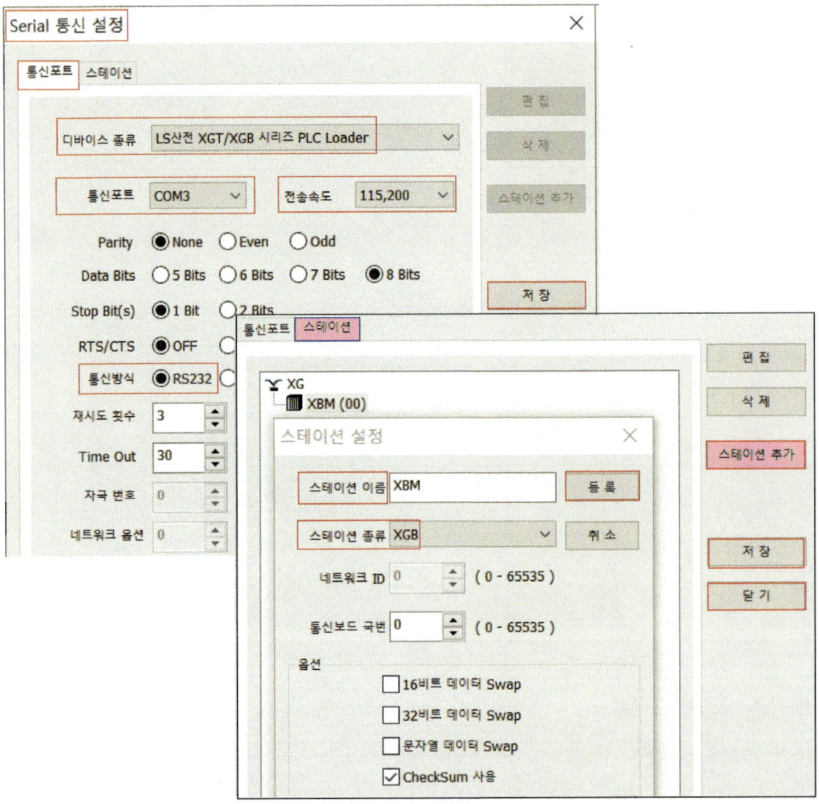

ⓑ 스테이션 탭 : 스테이션 추가 클릭

- 스테이션 이름 : XBM
- 스테이션 종류 : XGB

ⓒ 스테이션 설정 창에서 등록 버튼을 누르고 닫기를 누른다.

(3) 데이터베이스

: **[도구] - [데이터베이스]**

① 그룹태그

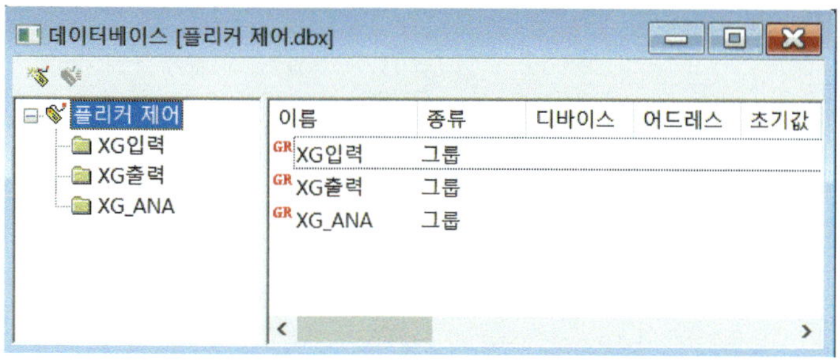

② XG입력 그룹

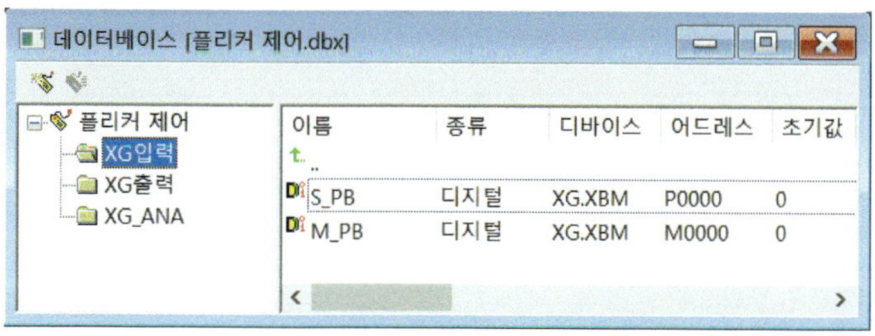

③ XG_ANA 그룹

그룹	일반설정(실태그)				고급설정		
	이름	**종류**	**I/O 디바이스**	**I/O 어드레스**	**데이터 형태**	**최소값**	**최대값**
XG_ANA	DD0	아날로그	XG.XBM	D0000	UINT8	0	50
	DD1	〃	〃	D0001	UINT16	〃	65535
	DD2	〃	〃	D0002	UINT16	〃	65535

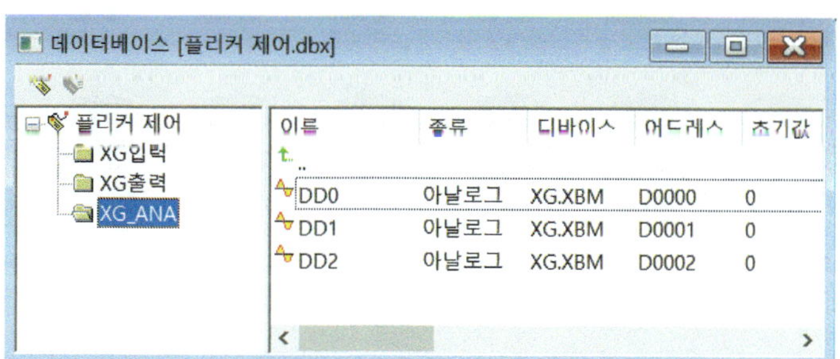

④ XG출력 그룹

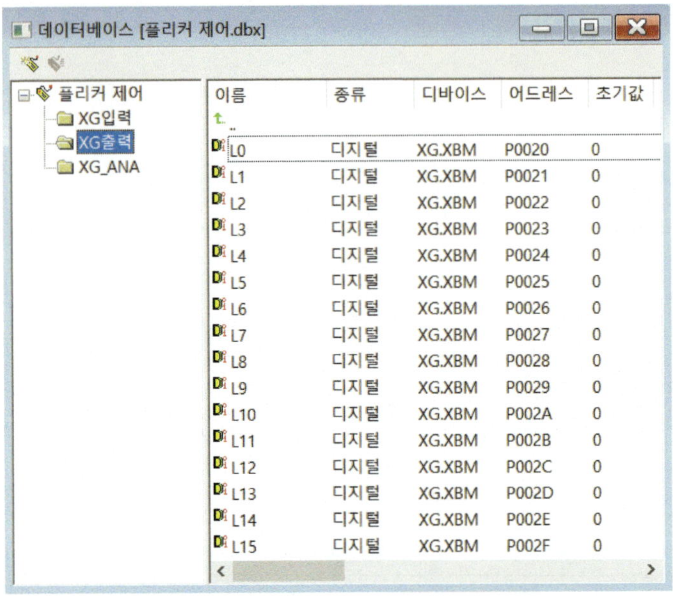

데이터베이스 [플리커 제어.dbx]

플리커 제어
XG입력
XG출력
XG_ANA

이름	종류	디바이스	어드레스	초기값
..				
L0	디지털	XG.XBM	P0020	0
L1	디지털	XG.XBM	P0021	0
L2	디지털	XG.XBM	P0022	0
L3	디지털	XG.XBM	P0023	0
L4	디지털	XG.XBM	P0024	0
L5	디지털	XG.XBM	P0025	0
L6	디지털	XG.XBM	P0026	0
L7	디지털	XG.XBM	P0027	0
L8	디지털	XG.XBM	P0028	0
L9	디지털	XG.XBM	P0029	0
L10	디지털	XG.XBM	P002A	0
L11	디지털	XG.XBM	P002B	0
L12	디지털	XG.XBM	P002C	0
L13	디지털	XG.XBM	P002D	0
L14	디지털	XG.XBM	P002E	0
L15	디지털	XG.XBM	P002F	0

(4) 작화와 기능부여

① 전체화면

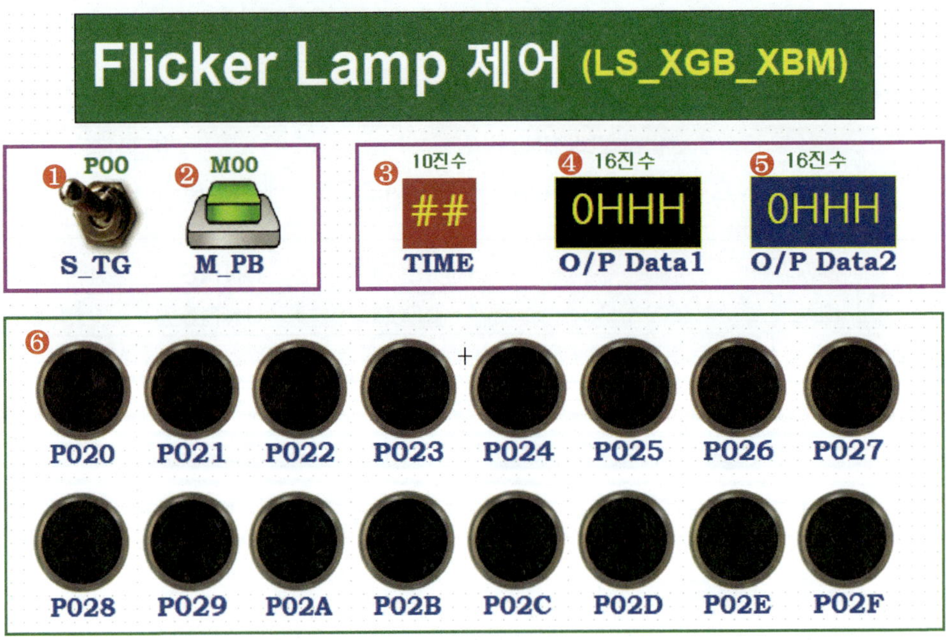

ⓐ 역할 및 태그명

번호	태그	기능	역할
❶	XG입력.S_PB	출몰기능	P0000 ON, OFF시 모니터링
❷	XG입력.M_PB	출몰기능, 터치기능	터치패널에서 ON, OFF 제어
❸	XG_ANA.DD0	태그값, 데이터 입력	클럭 타임 데이터 입력과 표시
❹	XG_ANA.DD1	태그값, 데이터 입력	출력 데이터 1 입력과 표시
❺	XG_ANA.DD3	태그값, 데이터 입력	출력 데이터 2 입력과 표시
❻	XG출력.L0~XG출력.L15	출몰기능	플리커 출력과 데이터에 따른 램프 출력제어

② S_TG, M_PB 작화 및 기능부여

ⓐ [그림]-[라이브러리]-[Switch]를 선택하여 토글 스위치를 선택하여 페이지 화면에 드래그하여 생성한다.

❶ S_TG

	– 기능 : 출몰 태그이름 : XG입력.S_PB 출몰조건 : ON
	– 기능 : 출몰 태그이름 : XG입력.S_PB 출몰조건 : OFF

- 기능 부여 후에 두 오브젝트를 겹쳐서 맞춘한다.

ⓑ **[그림] - [라이브러리] - [Button]**를 선택하여 화면에 드래그하여 생성한다.

❷ M_PB

<table>
<tr><td></td><td colspan="2">– 기능 : 출몰
태그이름 : 연산자.ADD
출몰조건 : ON</td></tr>
<tr><td></td><td>– 기능 : 출몰
태그이름 : XG입력.M_PB
출몰조건 : OFF</td><td>– 기능 : 터치
동작 : 순간값 쓰기
태그이름 : XG입력.M_PB
Down–쓰기값 : 1
Up .–쓰기값 : 0</td></tr>
</table>

- 기능 부여 후에 두 오브젝트를 겹쳐서 맞춤한다.

③ TIME, O/P Data1, O/P Data2 작화 및 기능부여

ⓐ **[그림] - [태그값]**을 선택하여 페이지 화면에 클릭하여 생성한다.

❸ TIME

- 페이지 화면에 클릭하여 태그값 창에서 아래와 같이 작성하여 등록하면

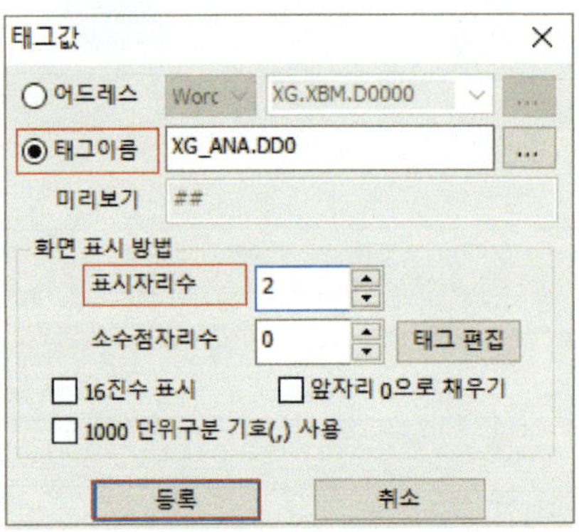

- 태그값(##)을 더블클릭하여 아래와 같이 데이터 입력 기능을 넣는다.

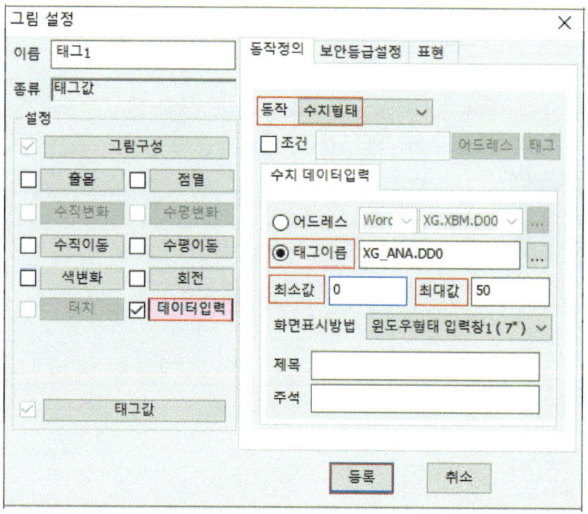

- 사각형에 바탕색(적색)을 넣고 태그값을 더블클릭하여 그림 구성에서 펜색(황색), 투명하게 그리기를 체크한다.

ⓑ 같은 방법으로 O/P Data1, O/P Data2를 생성한다.

❹ O/P Data1

<table>
<tr><td rowspan="2"></td><td>– 기능 : 태그값
태그이름 : XG_ANA.DD1
표시자리수 : 4
</td></tr>
<tr><td>– 기능 : 데이터입력
태그이름 : XG_ANA.DD1
최소값 : 0 최대값: 65535
화면 표시방법: 윈도우형태 입력창1</td></tr>
</table>

❺ O/P Data2

	– 기능 : 태그값 태그이름 : XG_ANA.DD2 표시자리수 : 4 ☑ 16진수 표시 ☑ 앞자리 0으로 채우기
	– 기능 : 데이터입력 태그이름 : XG_ANA.DD2 최소값 : 0 최대값: 65535 화면 표시방법: 윈도우형태 입력창1

④ P020~P02F 램프 작화 및 기능부여

ⓐ **[그림]** - **[라이브러리]** - **[3DLamp_S]**를 선택하여 페이지 화면에 드래그하여 생성한다.

- P020

	– 기능 : 출몰 태그이름 : XG출력.L0 출몰조건 : ON
	– 기능 : 출몰 태그이름 : XG출력.L0 출몰조건 : OFF

- 기능 부여 후에 두 오브젝트를 겹쳐서 맞춘다.

ⓑ 같은 방법으로 P021~P02F 램프 작화 및 기능을 부여한다.

- 기능이 부여된 P020 그룹 램프를 복사하여 붙여넣고 **[편집]** - **[바꾸기]** 기능을 이용하여 태그이름을 "L0"을 L1부터 L15까지 15개를 바꾸어 생성한다.

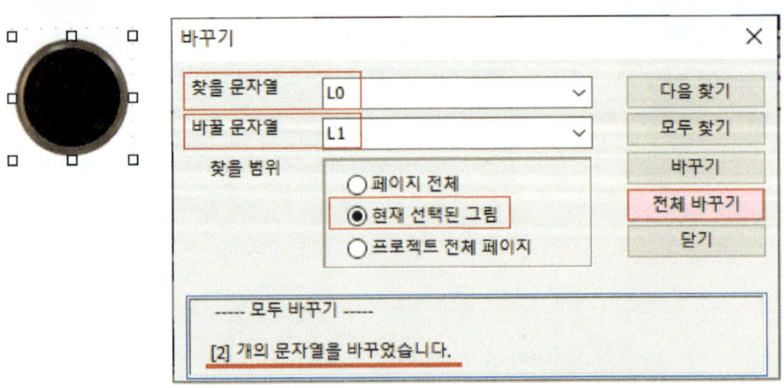

5) 저장 및 초기화면 설정

(1) 완성된 MAIN 화면을 저장 후 초기화면을 지정

[도구] - [CIMON XPANEL 동작 설정] 클릭 후 초기화면 "B0001[MAIN]을 지정한다.

(2) 전송하기

: XPANEL-DESIGNER에서 완성된 화면을 터치패널로 전송한다.

: [온라인] - [연결 방식 설정]

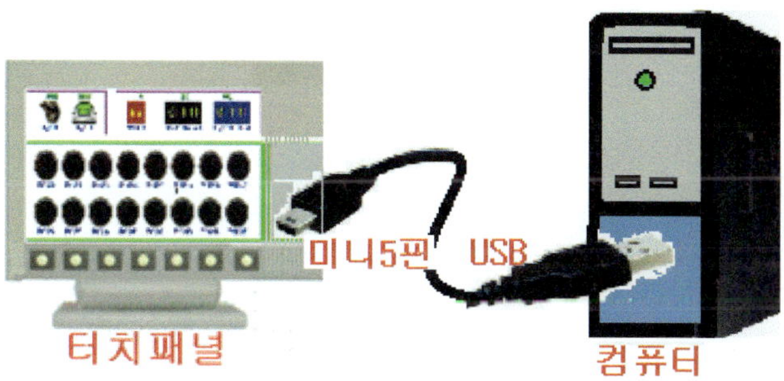

① 연결설정 창에서 연결방식 USB를 선택하고 확인 버튼을 누른다.

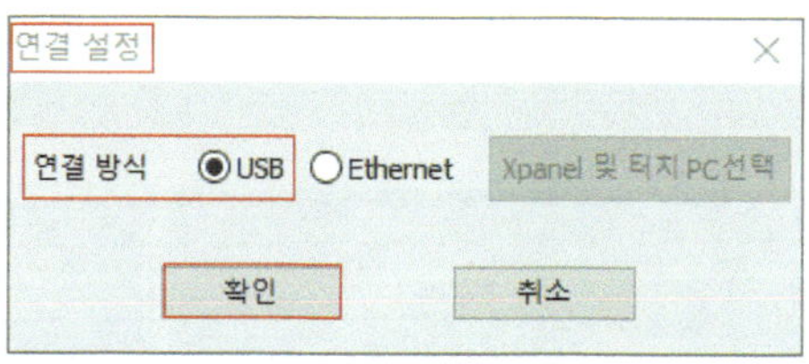

② XPANEL에 쓰기(PC ⇨ XPANEL)

- 실행용 프로젝트로 변환

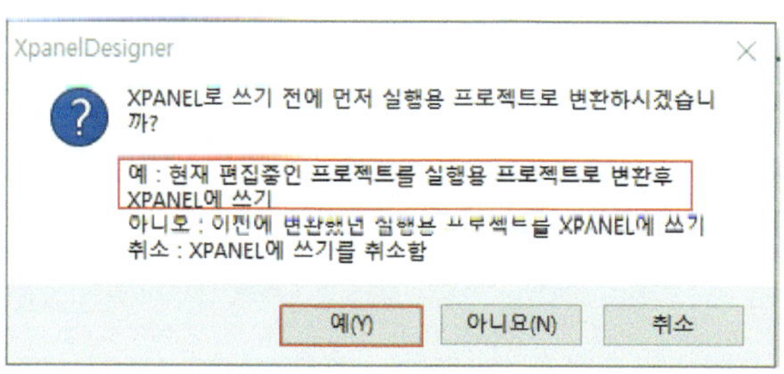

③ XPANEL(Toutch PC)에 쓰기 완료 ⇨ 실행

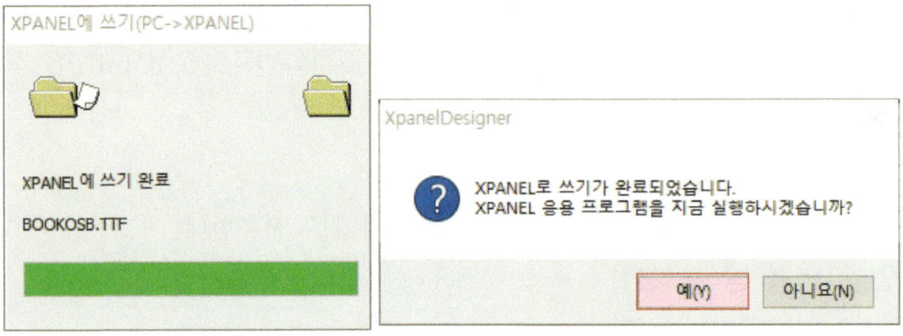

6.5 10단 STOP WATCH 제어

Melsec Q-CIMON Xpanel Designer

1) 터치패널 모니터 전체화면

2) 제어방식

(1) 통신 케이블 : RS 232 (컴퓨터측 9핀, PLC측 원형 6핀)

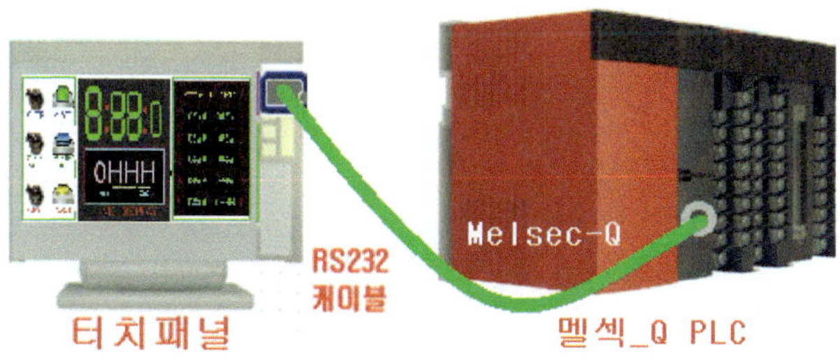

3) PLC 프로그램 작성하기

(1) 실습 목적

- 터치패널의 작화, 기능부여, 데이터베이스 작성, PLC와 통신할 수 있다.
- 컴퓨터에서 작화된 내용을 USB를 통하여 터치패널에 전송할 수 있다.
- 터치패널과 MITSUBISHI PLC(Melsec_Q)간 RS-232 통신을 할 수 있다.
- 데이터를 태그값 표시창에서 입력, 표시를 할 수 있다.

(2) 동작 조건

- X_STR을 ON 하면 스톱워치가 동작한다.
- X_STO을 ON 하면 스톱워치가 단계별 타임이 각각 저장된다.
  ON/OFF : 1회, 2회, 3회, 4회..........10회
- X_STO을 ON/OFF 10회 하면 스톱워치가 정지된다.
- X_RST ON 하면 스톱워치가 초기 상태가 된다.
- 위의 동작은 입력 버튼으로 동작하고 M_STR, M_STO, M_RST의 메모리 버튼은 터치 화면으로 동작한다.

(3) I/O 할당표

- 실습에 사용된 I/O는 다음과 같다.

구분	명칭	기능설명	I/O 할당
버튼 입력	X_STR	X0의 토글SW 기동시 ON/OFF 모니터링	X0
	X_STEP	X1의 토글SW 10단 제어시 ON/OFF 모니터링	X1
	X_RST	X2의 토글SW 리셋시 ON/OFF 모니터링	X2
	M_STR	터치패널에서 기동 ON/OFF 제어	M10
	M_STEP	터치패널에서 10단 제어 ON/OFF 제어	M11
	M_RST	터치패널에서 리셋 ON/OFF 제어	M12
출력	100ms	0.1초 단위로 디스플레이	K1Y30
	sec	1초 단위로 디스플레이	K2Y34
	min	1분 단위로 디스플레이	K1Y3C
태그값표시	STEP_TIME	1단~10단 순간 시간 표시	D101~D109
7-세그멘트	100ms	0.1초 단위로 디스플레이	K2M20
	sec	1초 단위로 디스플레이	K2M30
		10초 단위로 디스플레이	K2M40
	min	1분 단위로 디스플레이	K2M50

(4) 프로그램

① PLC 프로그램 작성

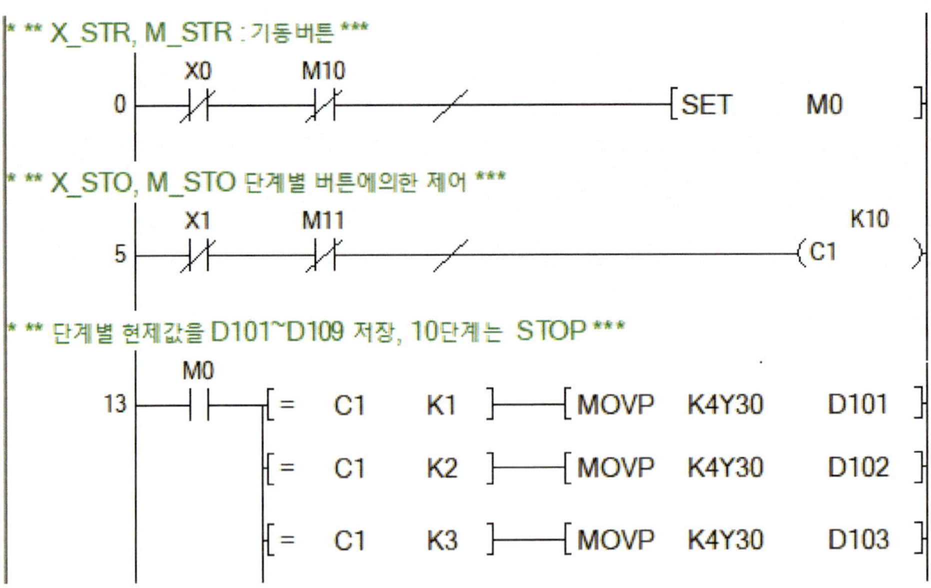

```
[=   C1   K4  ]──[MOVP   K4Y30   D104 ]
[=   C1   K5  ]──[MOVP   K4Y30   D105 ]
[=   C1   K6  ]──[MOVP   K4Y30   D106 ]
[=   C1   K7  ]──[MOVP   K4Y30   D107 ]
[=   C1   K8  ]──[MOVP   K4Y30   D108 ]
[=   C1   K9  ]──[MOVP   K4Y30   D109 ]
[=   C1   K10 ]──────────[RST    M0   ]

* ** 9분 59초 9 타이머를 이용하여 연산하여 각 데이터 생성 ***
        M0                                          K5999
74  ───| |───┬──────────────────────────────────(T1       )
             ├──────────────[/     T1     K10     D1      ]
             └──────────────[/     D1     K60     D3      ]

* ** 디스플레이에 출력 (K1Y30:0.1초, K2Y34:초, K1Y3C:분) ***
        M0
88  ───| |───┬─────────────────────[BCD    D4     K2Y34   ]
             ├─────────────────────[MOV    D2     K1Y30   ]
             └─────────────────────[MOV    D3     K1Y3C   ]

* ** 모든 데이터 초기하 ***
        X2        M12                 M0
99  ───|/|───────|/|───────/──────|/|───┬──[FMOV  K0   D1    K120 ]
                                        ├──────[MOV   K0    K4Y30 ]
                                        └──────────[RST   C1      ]

* ** 디스플레이 출력을 7-세그먼트 형식으로 출력 ***
        SM400
114 ───| |───┬─────────────────────[SEG    K1Y30   K2M20  ]
             └─────────────────────[SEG    K1Y34   K2M30  ]
```

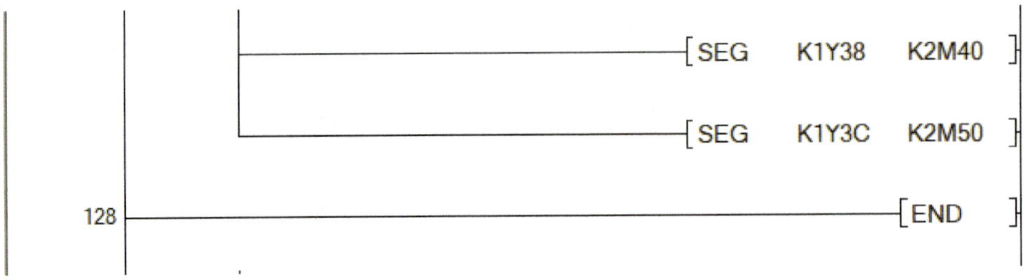

(5) PLC 통신

① PLC와 CIMON_Xpanel Designer 터치패널과 RS-232 통신을 위하여 아래와 같이 설정한다.

② 프로젝트 창에서 PLC 파라미터를 클릭하여 파라미터를 설정한다.

- 시리얼 커뮤니케이션 설정 탭을 클릭하여 다음과 같이 설정한다.
- ☑ 시리얼 커뮤니케이션 기능을 사용
- 전송속도 : 19.2kbps
- RUN중 쓰기 설정 : ☑ 허가

③ 프로그램을 **[변환/컴파일]**, **[온라인] - [PLC쓰기] - [쓰기]**를 한다.

④ PLC 동작 확인후 RS-232 통신 케이블을 컴퓨터에 접속된 9핀 커넥터를 CIMON 터치패널 COM3 또는 COM2에 접속한다.

- 이때 통신 포터를 확인하여 HMI(터치패널) 작업시 I/O 디바이스 설정의 통신 포터와 일치하여야 한다.

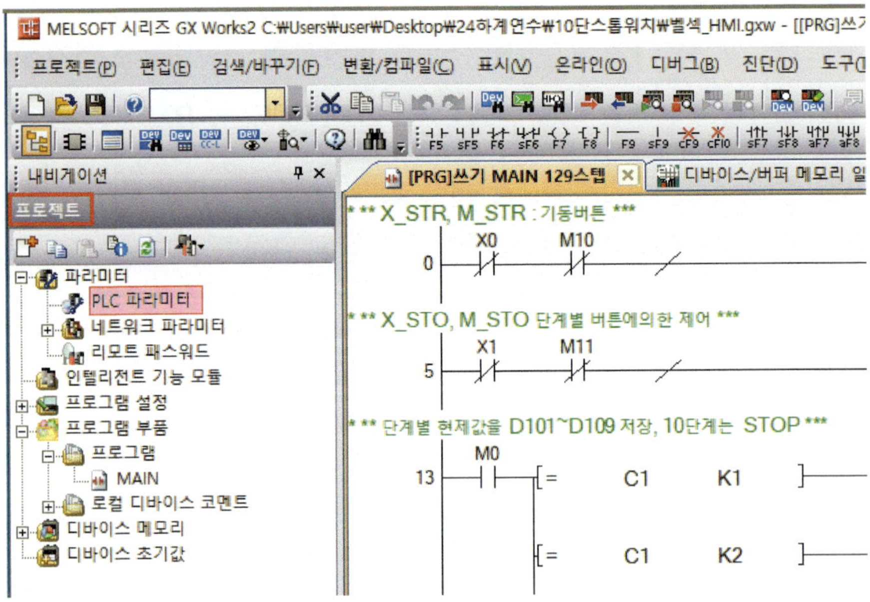

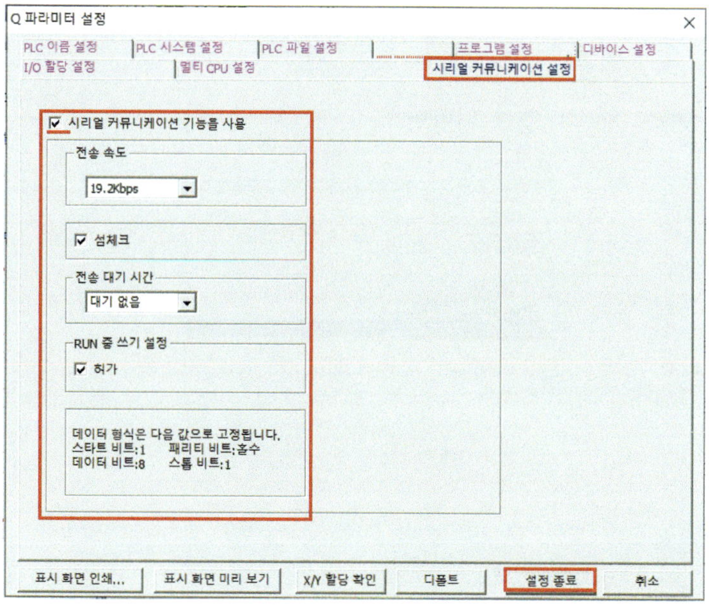

4) HMI 작업

(1) 새 프로젝트 만들기

① 새 프로젝트 만들기 창

- 프로젝트 이름 : 10단 스톱워치
- 작업경로 : C:₩CIMON₩XpanelDesigner 2.60₩10단 스톱워치
- 종류 : XT10C(10.4“)

② [도구] - [페이지 환경설정] 창

- 페이지 이름 : MAIN

(2) I/O 디바이스 설정

: [도구] - [I/O 디바이스]

① I/O 디바이스 설정 창 : 새 디바이스 클릭

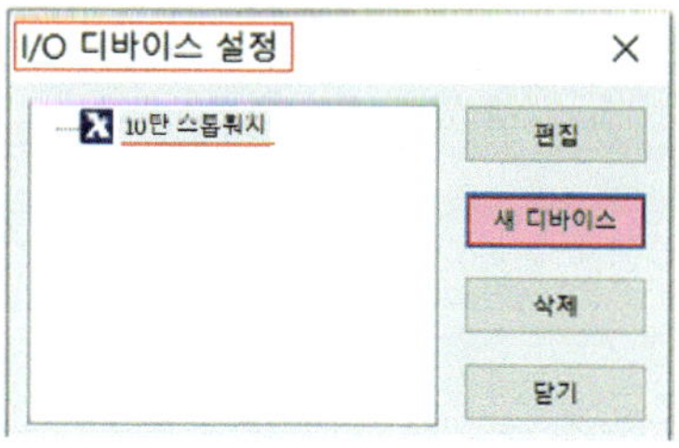

② I/O 디바이스 종류 선택

- 디바이스 이름 : MEL
- 디바이스 종류 : Serial 통신 디바이스

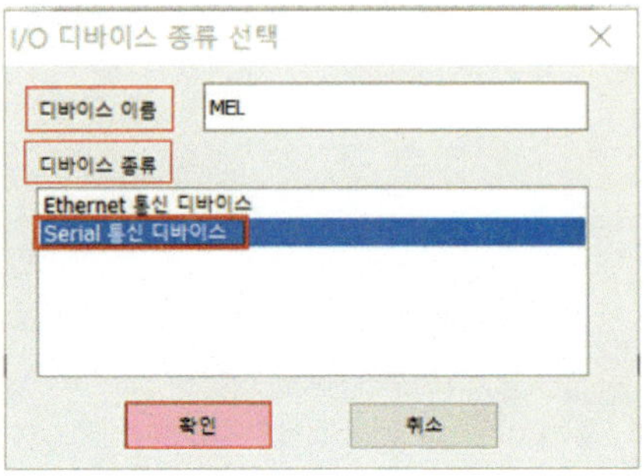

③ Serial 통신 설정 창

ⓐ 통신포트 탭

- 디바이스 종류 : MITSUBISHI MELSEC-Q Loader(
- 통신포터 : COM2(터치패널 접속 통신포터)
- 전송속도 : 19200
- 통신방식 : RS232

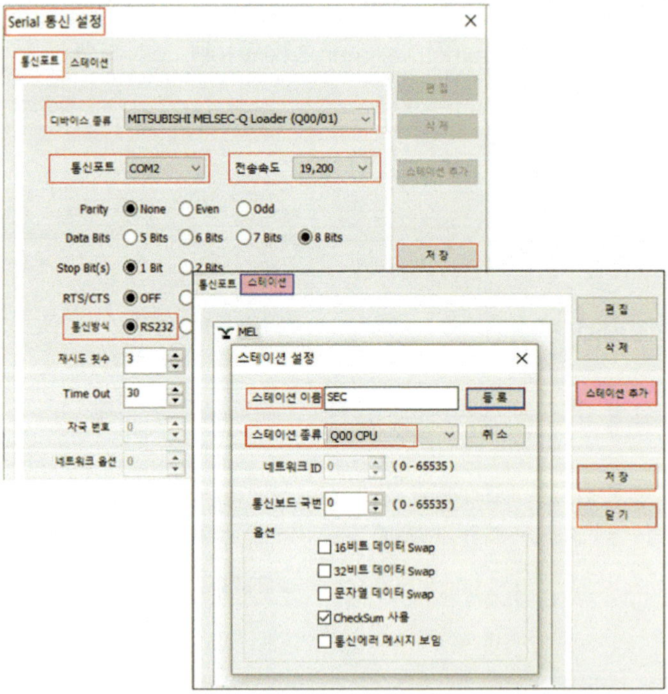

ⓑ 스테이션 탭 :스테이션 추가 클릭

- 스테이션 이름 : SEC
- 스테이션 종류 : Q00 CPU

ⓒ 스테이션 설정창에서 등록 버튼을 누르고 닫기를 누른다.

(3) 데이터베이스

: [도구] - [데이터베이스]

① 그룹태그

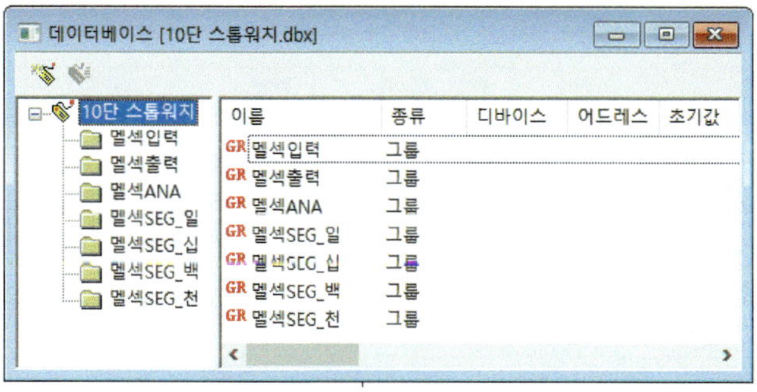

② 멜섹입력 그룹

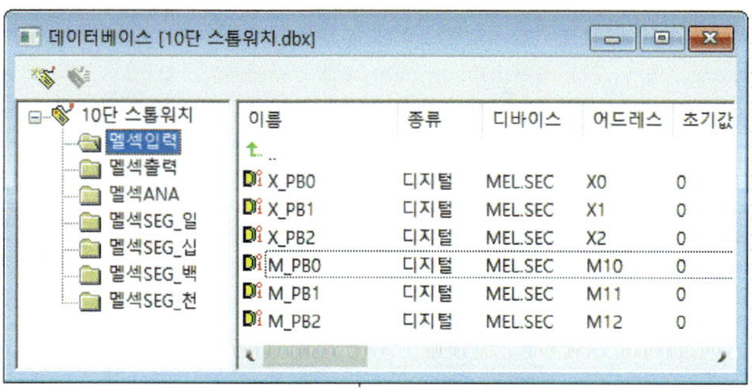

③ 멜섹출력 그룹

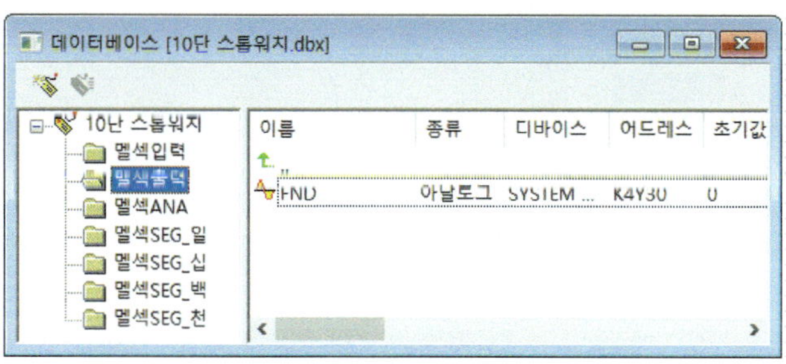

④ 멜섹ANA 그룹

그룹	일반설정(실태그)				고급설정		
	이름	종류	I/O 디바이스	I/O 어드레스	데이터 형태	최소값	최대값
멜섹_ANA	DD1	아날로그	MEL.SEC	D101	UBCD16	0	9999
	DD2	〃	〃	D102	〃	〃	〃
	DD3	〃	〃	D103	〃	〃	〃
	DD4	〃	〃	D104	〃	〃	〃
	DD5	〃	〃	D105	〃	〃	〃
	DD6	〃	〃	D106	〃	〃	〃
	DD7	〃	〃	D107	〃	〃	〃
	DD8	〃	〃	D108	〃	〃	〃
	DD9	〃	〃	D109	〃	〃	〃

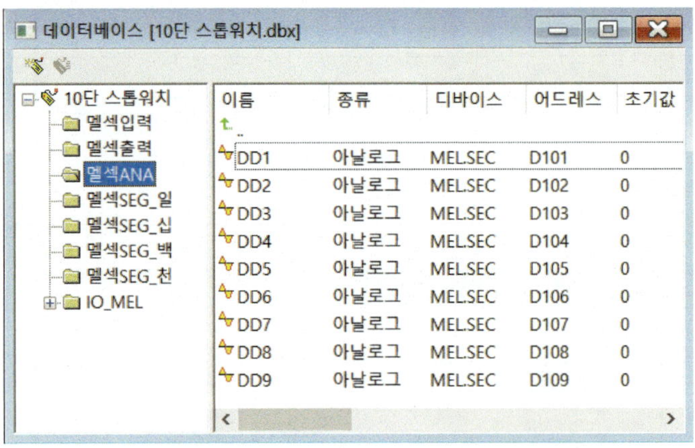

⑤ 멜섹SEG_일 그룹

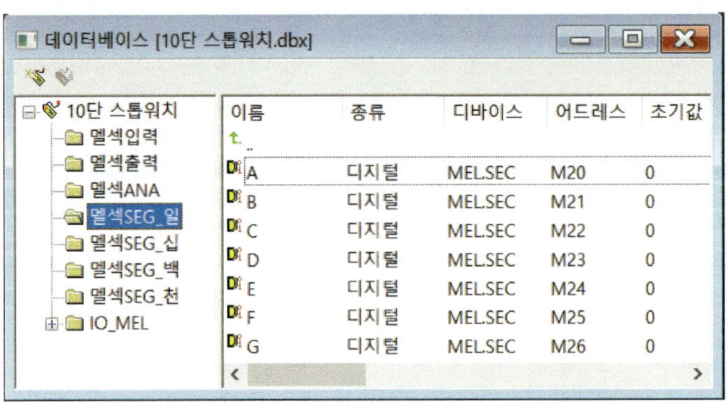

⑥ 멜섹SEG_십 그룹

- 멜섹SEG_일 그룹의 태그를 복사하여 멜섹SEG_십 그룹에 붙여넣고 **[편집]** - **[바꾸기]** 기능을 이용하여 작성한다.

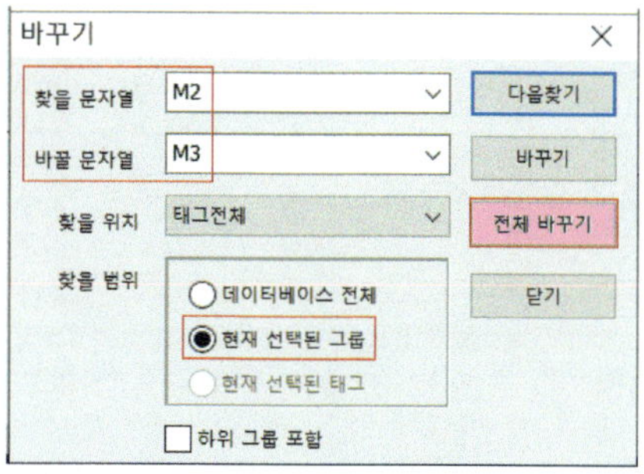

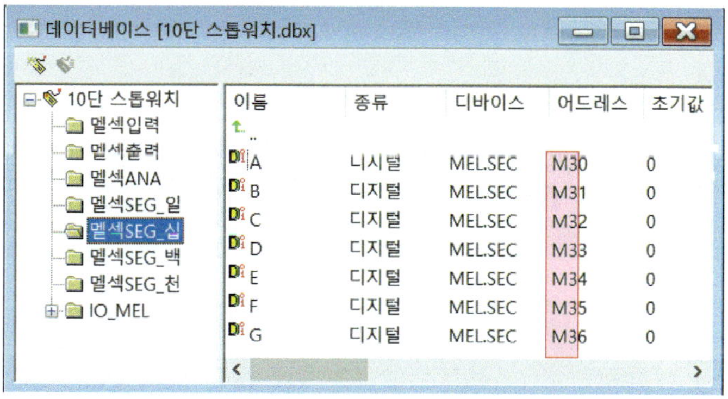

⑦ 멜섹SEG_백 그룹

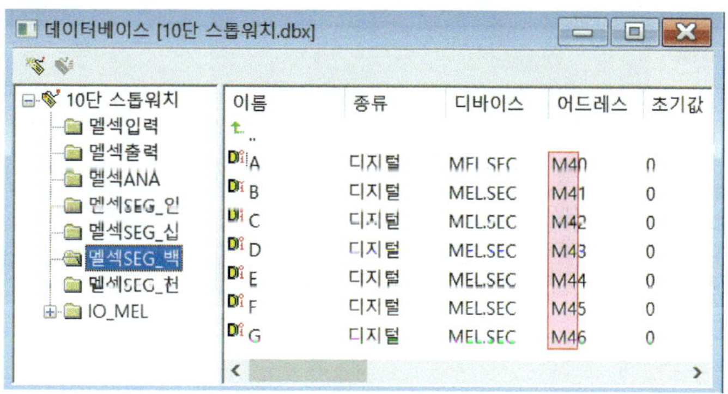

⑧ 멜섹SEG_천 그룹

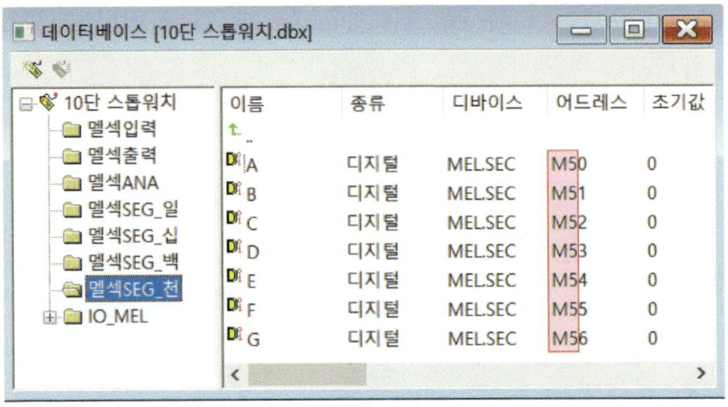

(4) 작화와 기능부여

① 전체화면

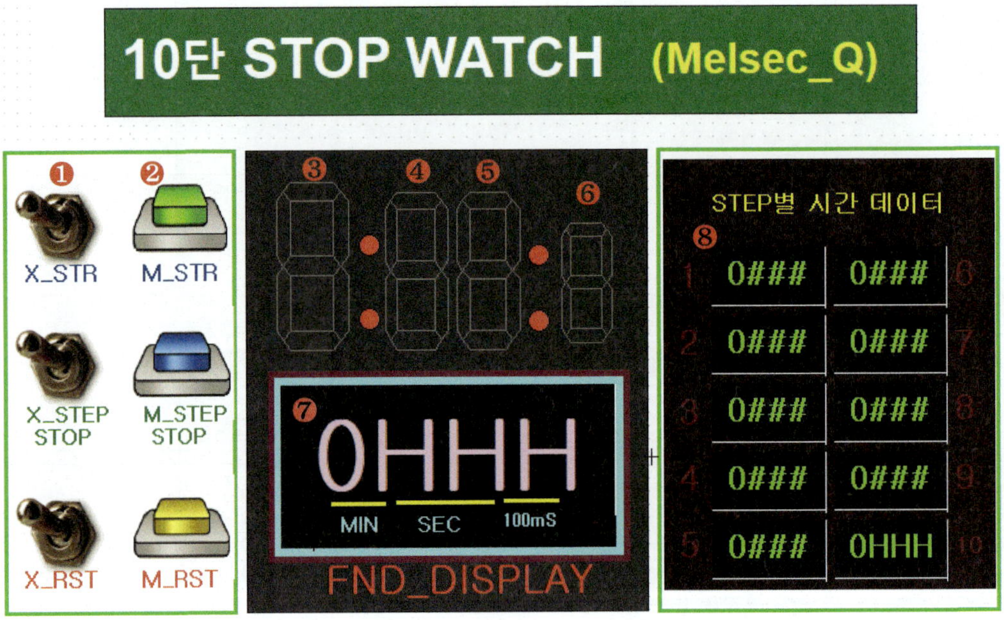

ⓐ 역할 및 태그명

번호	태그	기능	역할
❶	멜섹입력.X_PB0	출몰기능	X0 ON, OFF시 모니터링
	멜섹입력.X_PB1	〃	X1 ON, OFF시 모니터링
	멜섹입력.X_PB2	〃	X2 ON, OFF시 모니터링
❷	멜섹입력.M_PB0	출몰기능, 터치기능	터치패널에서 START 버튼
	멜섹입력.M_PB1	〃	터치패널에서 1~10단, 정지 버튼
	멜섹입력.M_PB2	〃	터치패널에서 RESET 버튼
❸	멜섹SEG_천	색변환	**0~9분(MIN) 표시**
❹	멜섹SEG_백	색변환	**0~5 초 십단위 표시**
❺	멜섹SEG_십	색변환	**0~9 초 일단위 표시**
❻	멜섹SEG_일	색변환	**0~9 100[msec] 단위 표시**
❼	멜섹출력.FND	태그값표시	**K4Y30 디스플레이 출력**
❽	멜섹ANA.DD1~멜섹ANA.DD9	태그값표시	1~10단의 데이터 표시

② X_STR, X_STEP STOP, X_RST 작화 및 기능부여

ⓐ **[그림]**-**[라이브러리]**-**[Switch]**를 선택하여 토글 스위치를 선택하여 페이지 화면에 드래그하여 생성한다.

❶ S_TG

	– 기능 : 출몰 태그이름 : 멜섹입력.X_PB0 출몰조건 : ON
	– 기능 : 출몰 태그이름 : 멜섹입력.X_PB0 출몰조건 : OFF

- 기능 부여 후에 두 오브젝트를 겹쳐서 맞춤 후 그룹화한다.

ⓑ 같은 방법으로 X_STEP STOP, X_RST의 작화 및 기능을 부여한다.

- 기능이 부여된 X_STR 그룹 토글스위치를 복사하여 붙여넣고 **[편집]**-**[바꾸기]** 기능을 이용하여 태그 이름 "PB0"을 PB1, PB2로 바꾸어 생성한다.

③ M_STR, M_STEP STOP, M_RST 작화 및 기능부여

ⓐ **[그림] - [라이브러리] - [Button]**를 선택하여 화면에 드래그하여 생성한다.

❷ M_STR

	– 기능 : 출몰 태그이름 : 멜섹입력.M_PB0 출몰조건 : ON	
	– 기능 : 출몰 태그이름 : 멜섹입력.M_PB0 출몰조건 : OFF	– 기능 : 터치 동작 : 순간값 쓰기 태그이름 : 멜섹입력.M_PB0 Down–쓰기값 : 1 Up .–쓰기값 : 0

- 기능 부여 후에 두 오브젝트를 겹쳐서 맞춤 후 그룹화한다.

ⓑ 같은 방법으로 M_STEP STOP, M_RST의 작화 및 기능을 부여한다.

	출몰		터치			
	태그이름	조건	동작	태그이름	Down	Up
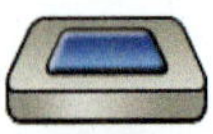	멜섹입력.M_PB1	ON				
	멜섹입력.M_PB1	OFF	순간값 쓰기	멜섹입력.M_PB1	1	0
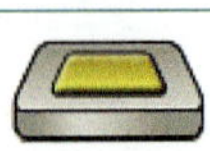	멜섹입력.M_PB2	ON				
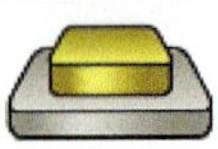	멜섹입력.M_PB2	OFF	순간값 쓰기	멜섹입력.M_PB2	1	0

④ 7-Segment (❸~❻) 작화 및 기능부여

ⓐ **[그림] - [폐곡선]**을 선택하여 아래와 같이 생성한다.

- 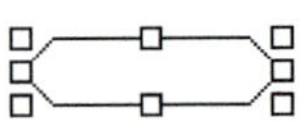

- 복사_붙이기 하여 **[정렬] - [회전]** - 90° 시계방향회전

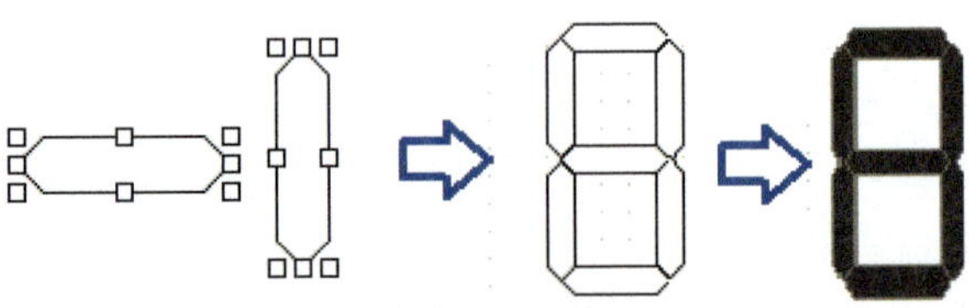

ⓑ 분 단위 7-Segment (❸)

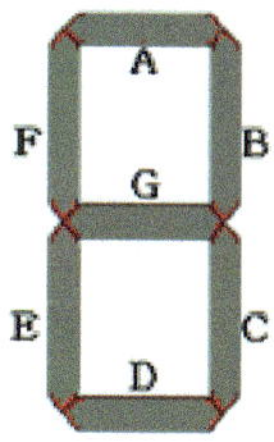

구분	기능	태그이름	배경색	태그값
A	색변환	멜셐SEG_천.A	녹색	태그값>=1
B	〃	멜셐SEG_천.B	〃	〃
C	〃	멜셐SEG_천.C	〃	〃
D	〃	멜셐SEG_천.D	〃	〃
E	〃	멜셐SEG_천.E	〃	〃
F	〃	멜셐SEG_천.F	〃	〃
G	〃	멜셐SEG_천.G	〃	〃

ⓒ 같은 방법으로 초 십단위(❹), 초 일단위(❺), 0.1초 단위(❻)의 기능을 부여한다.

ⓓ 기능이 부여된 분 단위 7-Segment를 그룹으로 만들어 붙여넣고 **[편집] - [바꾸기]** 기능을 이용하여 작성하면 더욱 편리하다.

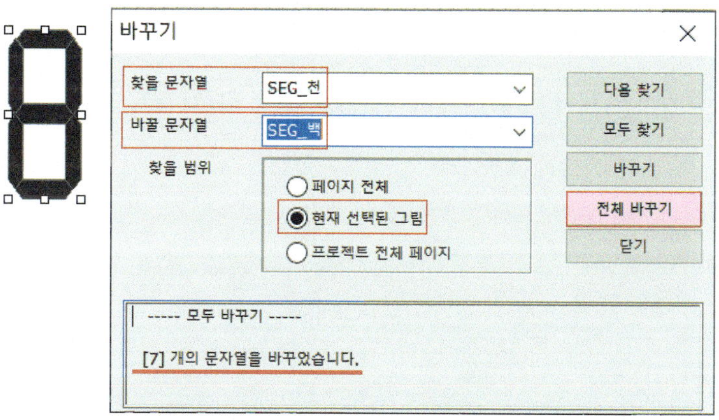

- 그룹을 해제하여 A~G를 확인하면 태그값이 아래와 같이 바뀌었음을 확인할 수 있다.
  멜셐SEG_천.A~ 멜셐SEG_천.G ⇨ 멜셐SEG_백.A~ 멜셐SEG_백.G

- 같은 방법으로 SEG_천을 SEG_십, SEG_천을 SEG_일로 바꾸기를 한다.
  멜셐SEG_천.A~ 멜셐SEG_천.G ⇨ 멜셐SEG_십.A~ 멜셐SEG_십.G
  멜셐SEG_천.A~ 멜셐SEG_천.G ⇨ 멜셐SEG_일.A~ 멜셐SEG_일.G

⑤ FND DISPLAY(❼) 작화 및 기능부여

ⓐ **[그림]-[태그값]**을 선택하여 MAIN 화면에 클릭하여 아래와 같이 입력한다.

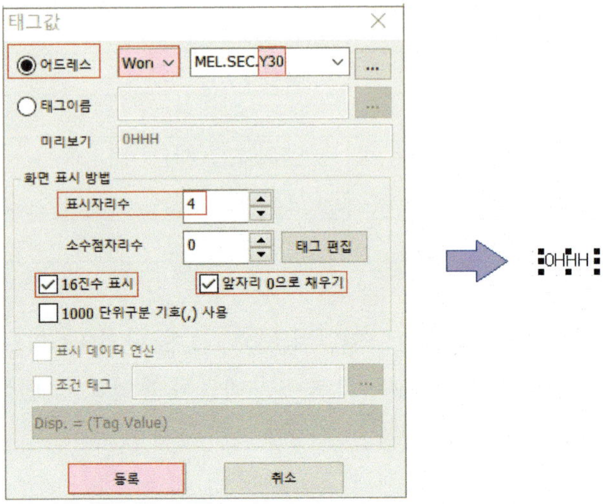

- 태그값()을 더블클릭하여 아래와 같이 나타난다.

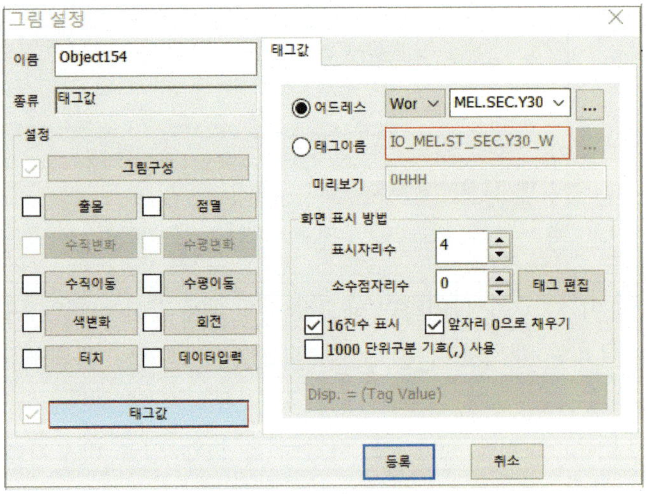

- 태그 이름에 그룹명과 태그명이 자동으로 생성됨을 볼 수 있다.
  그룹명 : IO_MEL 태그명 : ST_SEC.Y30W
- 위 그림 설정의 **[그림구성]-[선/채우기]**에서
  선색: 연분홍, 배경색: 흑색을 넣고 등록한다.

- 태그값 크기를 조정하여 글자 크기, 글꼴, 굵기, 위치를 설정한다.

⑥ STEP별 시간 데이터(❽) 작화 및 기능부여

ⓐ **[그림] - [라이브러리] - [태그값표시]**을 선택하여 MAIN 화면에 드래그하여 아래와 같이 입력한다.

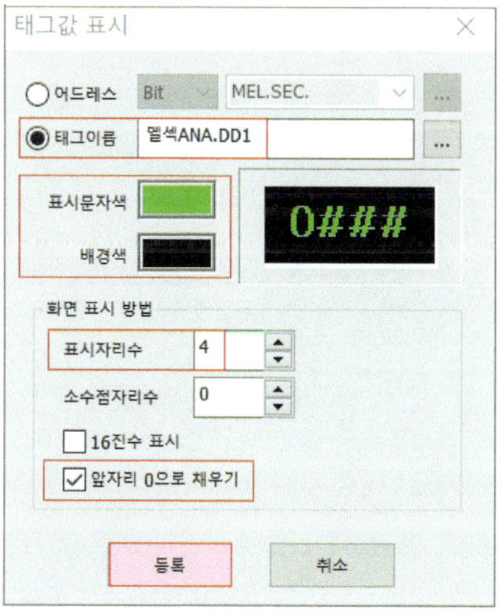

ⓑ 기능이 부여된 태그값표시()를 복사하여 붙여넣고 태그이름을 변경한다. 멜섹ANA.DD1을 멜섹ANA.DD2, 멜섹ANA.DD3, ……멜섹ANA.DD9으로

5) 초기화면 저장 및 전송

(1) 완성된 MAIN 화면을 저장 후 초기화면을 지정

[도구] - [CIMON XPANEL 동작 설정] 클릭 후 초기화면 "B0001[MAIN]"을 지정한다.

(2) 전송하기

: XPANEL-DESIGNER에서 완성된 화면을 터치패널로 전송한다.

: **[온라인] - [연결 방식 설정]**

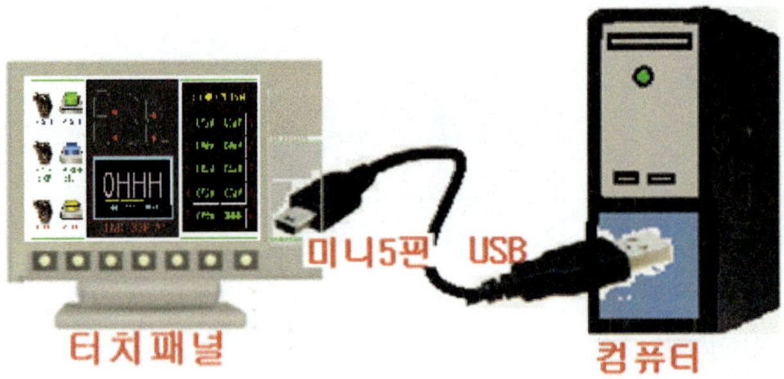

① 연결설정 창에서 연결방식 USB를 선택하고 확인 버튼을 누른다.

② XPANEL에 쓰기(PC ⇨ XPANEL)

- 실행용 프로젝트로 변환

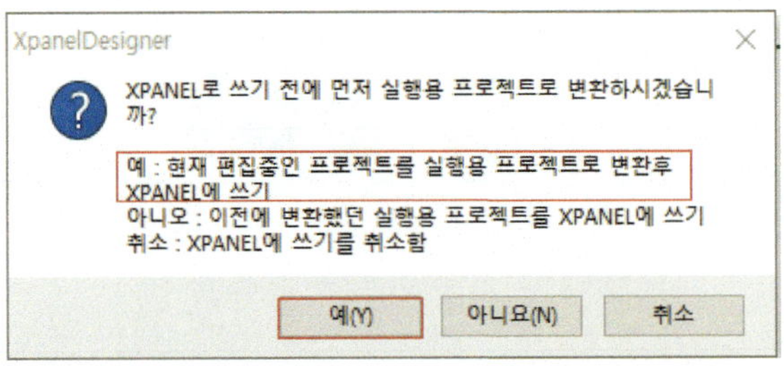

③ XPANEL(Toutch PC)에 쓰기 완료 ⇨ 실행

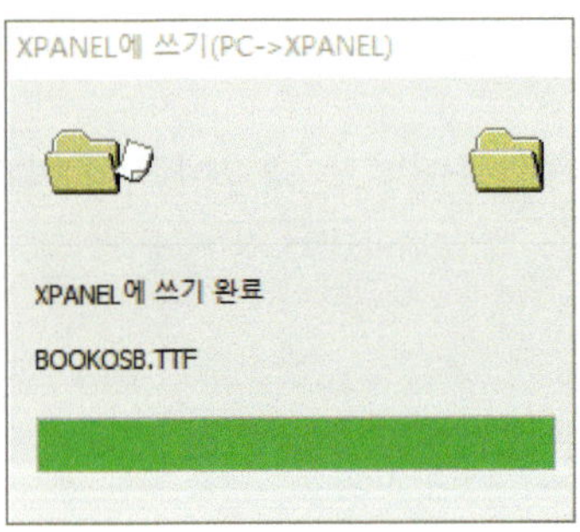

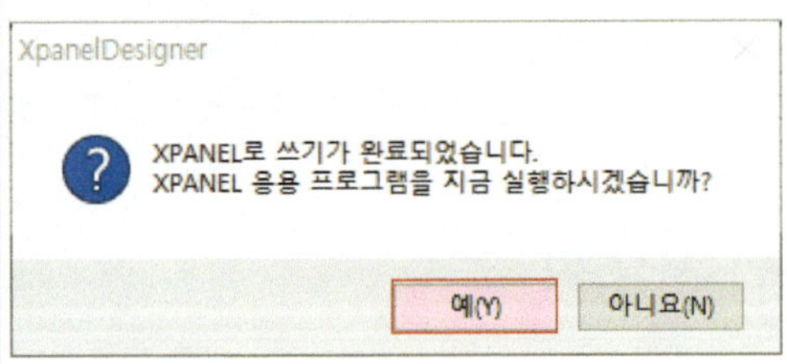

6.6 3기종^지멘스_S7, 멜섹_Q, LS_XGB^ PLC 사이먼 XPANEL 제어

과제 6-3, 과제 6-4, 과제 6-5를 이용하여 같은 프로젝트에서 3기종의 PLC를 제어한다.

1) 터치패널 모니터 전체화면

(1) LS_XGB 화면

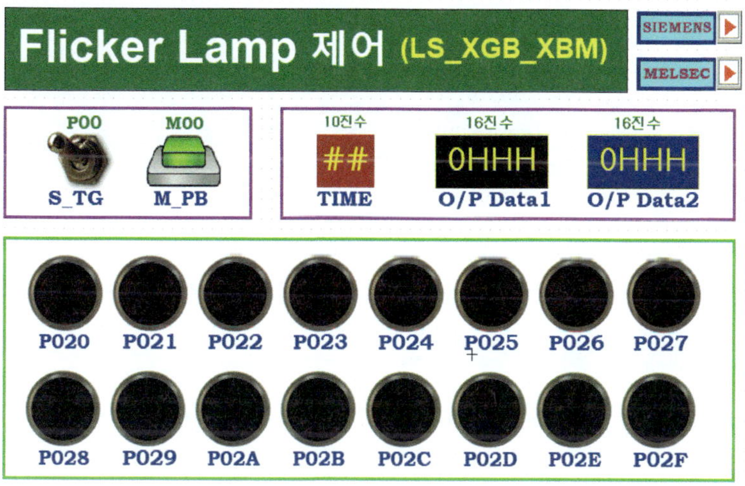

(2) SIEMENS 화면

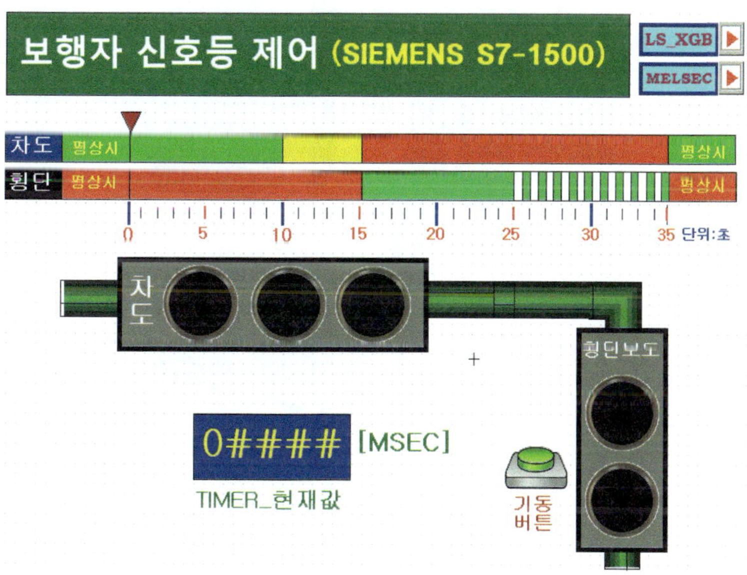

(3) MELSEC_Q 화면

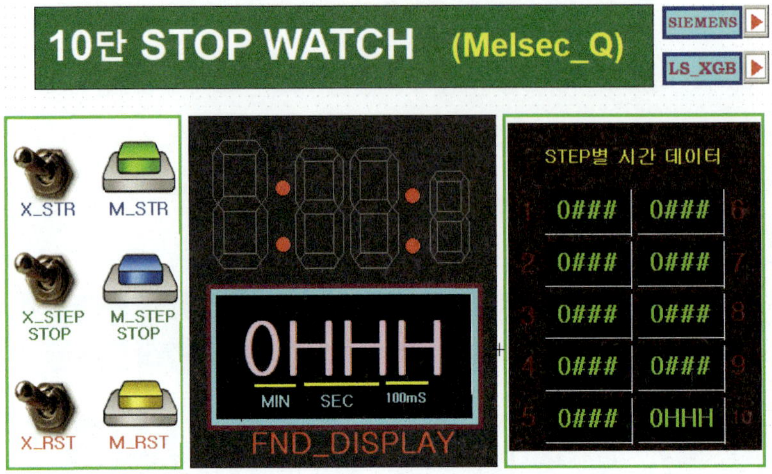

2) 제어방식

과제 6-3, 과제 6-4, 과제 6-5 참고

(1) LS_XGB PLC: RS 232 (컴퓨터측 9핀, PLC측 원형 6핀)
(2) 지멘스_S7 PLC: Ethernet 통신
(3) 멜섹_Q PLC: RS 232 (컴퓨터측 9핀, PLC측 원형 6핀)

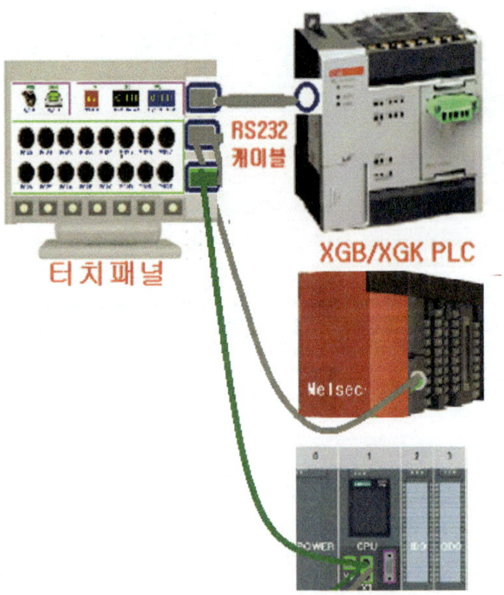

3) PLC 프로그램 작성하기

(1) 실습 목적

- 터치패널과 LS산전 PLC(XGB, XGT), SIEMENS PLC(S7-1500), MITSUBISHI PLC(Melsec_Q)간 RS-232, Ethernet 통신을 할 수 있다.
- 컴퓨터에서 작화된 내용을 USB, Ethernet 통신을 통하여 터치패널에 전송할 수 있다.

(2) 동작 조건

- 과제 6-3, 과제 6-4, 과제 6-5 참고

(3) I/O 할당표

- 과제 6-3, 과제 6-4, 과제 6-5 참고

(4) 프로그램

- 과제 6-3, 과제 6-4, 과제 6-5 참고
- 각 PLC에 프로그램을 작성하여 통신 설정 후 쓰기를 한다.

(5) PLC 통신

- 과제 6-3, 과제 6-4, 과제 6-5 참고
- 각 PLC별 통신 설정 후 쓰기를 한다.

4) HMI 작업

(1) 새 프로젝트 만들기

① 새 프로젝트 만들기 창

- 프로젝트 이름 : 3종PLC 터치제어
- 작업경로 : C:₩CIMON₩XpanelDesigner 2.60₩3종PLC 터치제어
- 종류 : XT10C(10.4")

② **[도구]-[페이지 환경설정]** 창

- 페이지 이름 : MAIN

(2) I/O 디바이스 설정

: [도구] - [I/O 디바이스]

① LS PLC _ XGB / XGT I/O 디바이스 설정

ⓐ I/O 디바이스 설정 창 : 새 디바이스 클릭

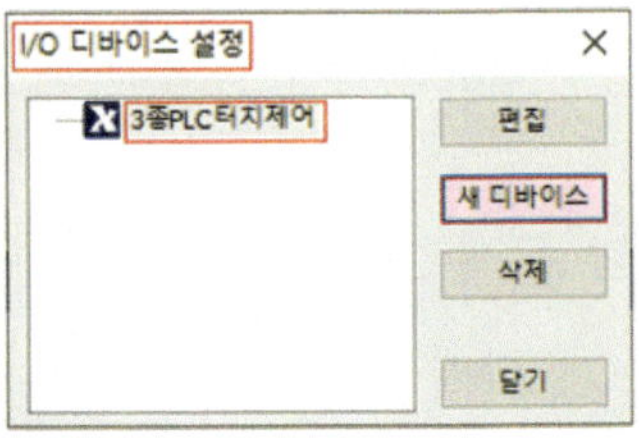

ⓑ I/O 디바이스 종류 선택

- 디바이스 이름 : XG
- 디바이스 종류 : Serial 통신 디바이스

ⓒ Serial 통신 설정 창

㉮ 통신포트 탭

- 디바이스 종류 : LS산전 XGT/XGB 시리즈 PLC Loader
- 통신포터 : COM3(터치패널 접속 통신포터)
- 전송속도 : 115200
- Parity : None
- 통신방식 : RS232

㉯ 스테이션 탭 : 스테이션 추가 클릭

- 스테이션 이름 : XBM
- 스테이션 종류 : XGB

㉰ 스테이션 설정창에서 등록 버튼을 누르고 닫기를 누른다.

② 미쓰비씨 PLC _ Melsec_Q I/O 디바이스 설정

ⓐ I/O 디바이스 설정 창 : 새 디바이스 클릭

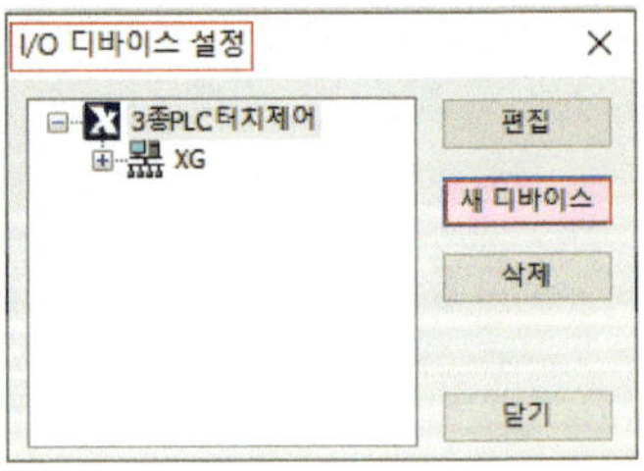

ⓑ I/O 디바이스 종류 선택

- 디바이스 이름 : MEL
- 디바이스 종류 : Serial 통신 디바이스

ⓒ Serial 통신 설정 창

㉮ 통신포트 탭

- 디바이스 종류 : MITSUBISHI MELSEC-Q Loader(Q00/01)
- 통신포터 : COM2(터치패널 접속 통신포터)

- 전송속도 : 19200

- Parity : Odd, - 통신방식 : RS232

㉯ 스테이션 탭 :스테이션 추가 클릭

- 스테이션 이름 : SEC

- 스테이션 종류 : Q00 CPU

㉰ 스테이션 설정창에서 등록 버튼을 누르고 닫기를 누른다.

③ 지멘스 PLC _ S7_1500 I/O 디바이스 설정

ⓐ I/O 디바이스 설정 창 : 새 디바이스 클릭

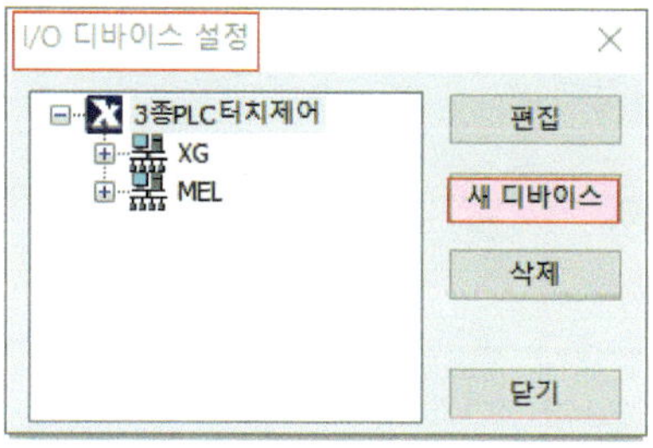

ⓑ I/O 디바이스 종류 선택

- 디바이스 이름 : SIE

- 디바이스 종류 : Ethernet 통신 디바이스

ⓒ Ethernet 통신 설정 창

㉮ 통신포트 탭

- 디바이스 종류 : SIEMENS S7 Ethernet

- 통신방식 : TCP

㉯ 스테이션 탭 : 스테이션 추가 클릭

- 스테이션 이름 : MENS

- 스테이션 종류 : S7

- IP 어드레스 : 192. 168. 0. 68 (통신할 PLC 주소)

㉰ 스테이션 설정창에서 저장 버튼을 누르고 닫기를 누른다.

- I/O 디바이스가 설정된 3종류의 PLC가 아래와 같이 저장되어 있다.

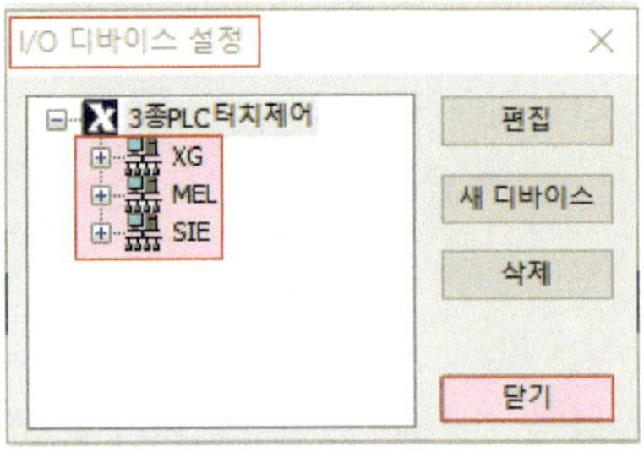

(3) 데이터베이스

① **과제 6-3, 과제 6-4, 과제 6-5**를 이용하여

- 3종 PLC터치제어 데이터베이스를 열어놓고 **[파일] - [열기]**를 한다.

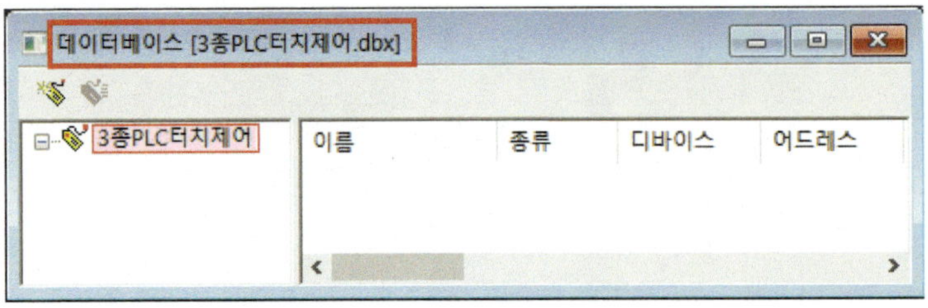

- 과제 6-4(플리커제어)의 데이터베이스 *.dbx 파일 복사한다.

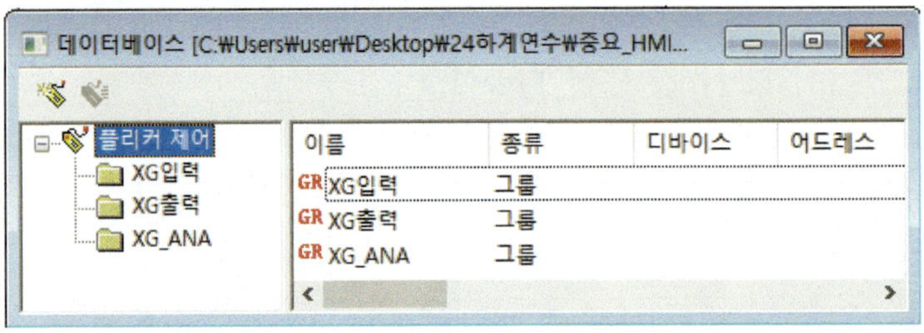

- 3종 PLC터치제어 데이터베이스에 붙이기 한다.

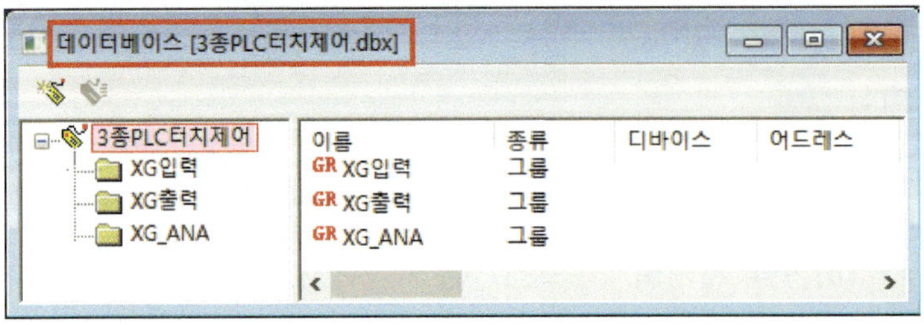

② 같은 방법으로 과제 6-3(보행자 신호등제어), 과제 6-5(10단 스톱워치)를 이용하여 아래와 같이 작성한다.

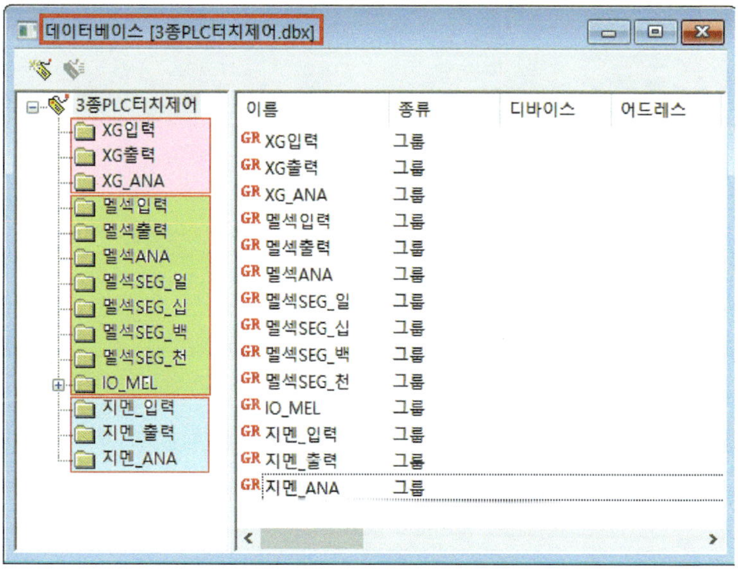

③ 각 PLC별 태그 디바이스와 I/O디바이스 설정시 디바이스와 스테이션 이름이 동일한지 확인한다.

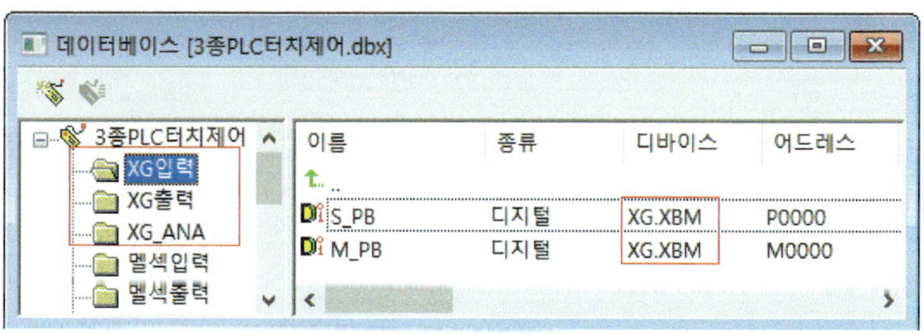

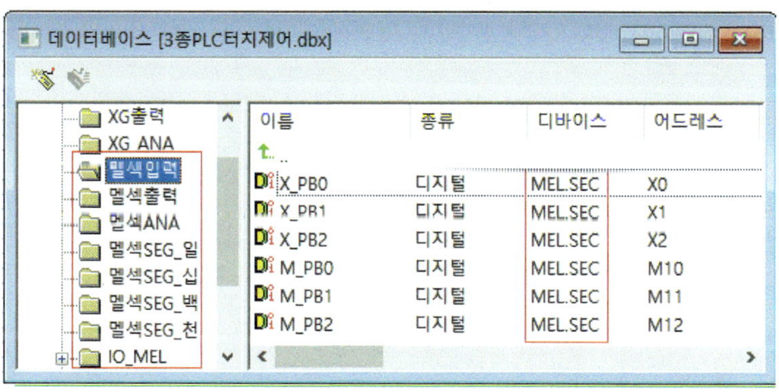

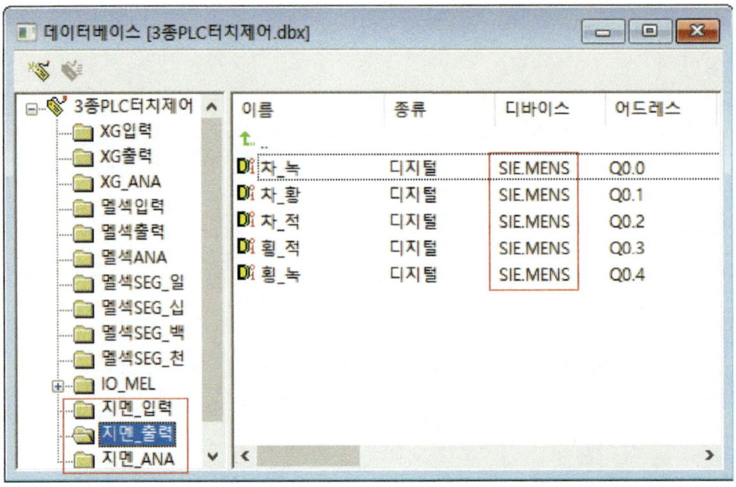

- 데이터베이스의 디바이스는 디바이스이름.스테이션이름으로 이루어진다.

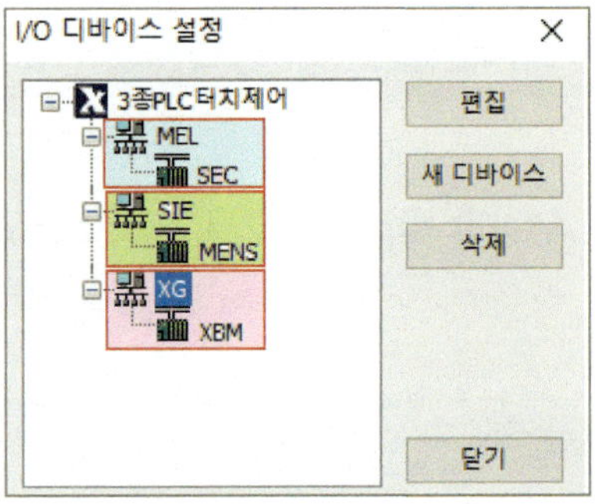

PLC 종류	디바이스이름	스테이션이름	태그 디바이스
LG: XGB, XGK	XG	XBM	XG.XBM
멜섹: Q00,Q01	MEL	SEC	MEL.SEC
지멘스: S7-1500	SIE	MENS	SIE.MENS

(4) 작화와 기능부여

① 과제 6-3, 과제 6-4, 과제 6-5를 이용하여

ⓐ LS_XGB 화면

- 3종PLC터치제어 LS_XGB 화면을 열어놓고 **[파일]**-**[열기]**를 한다.

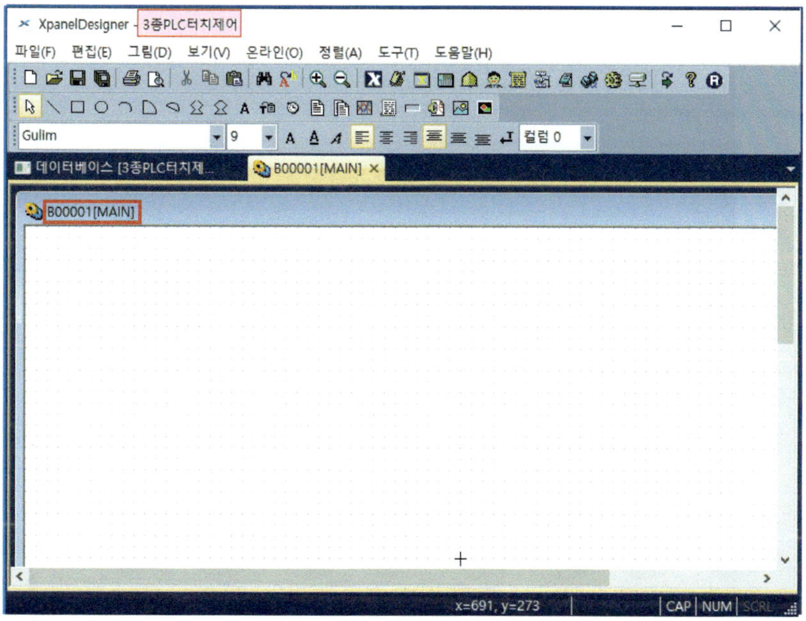

- 과제 6-4(플리커제어)의 페이지 파일(*pgx) 파일을 연다.

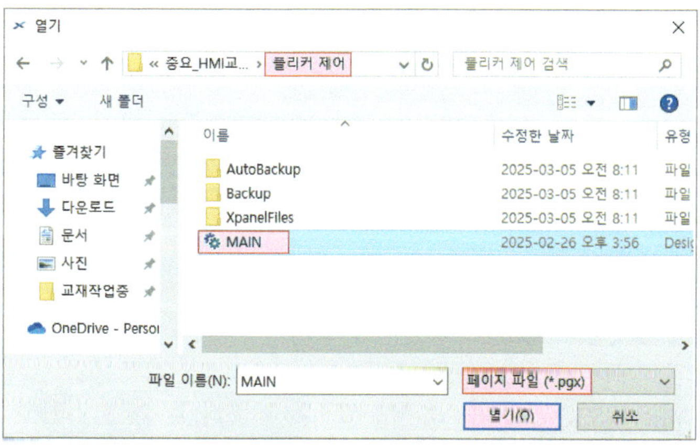

- 과제 6-4(플리커제어)의 MAIN 화면을 복사한다.

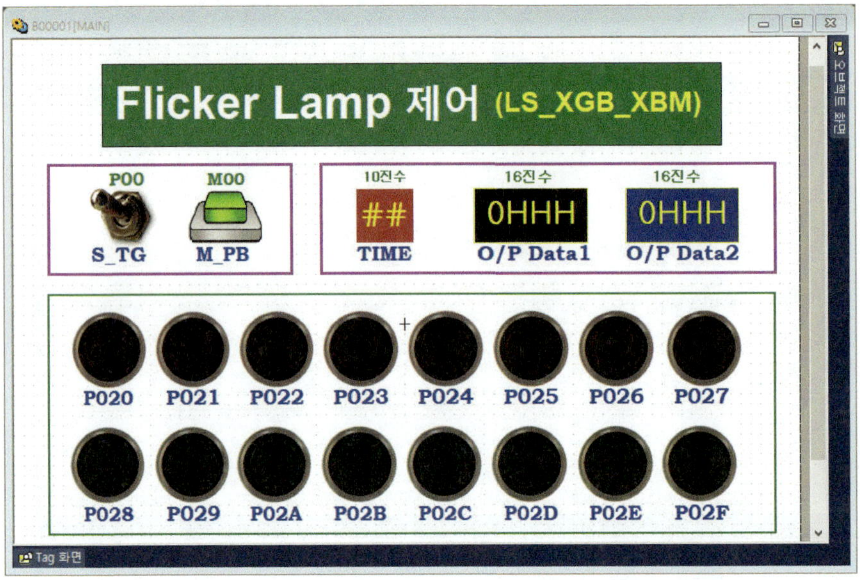

- 3종PLC터치제어 LS_XGB 화면에 붙이기 한다.

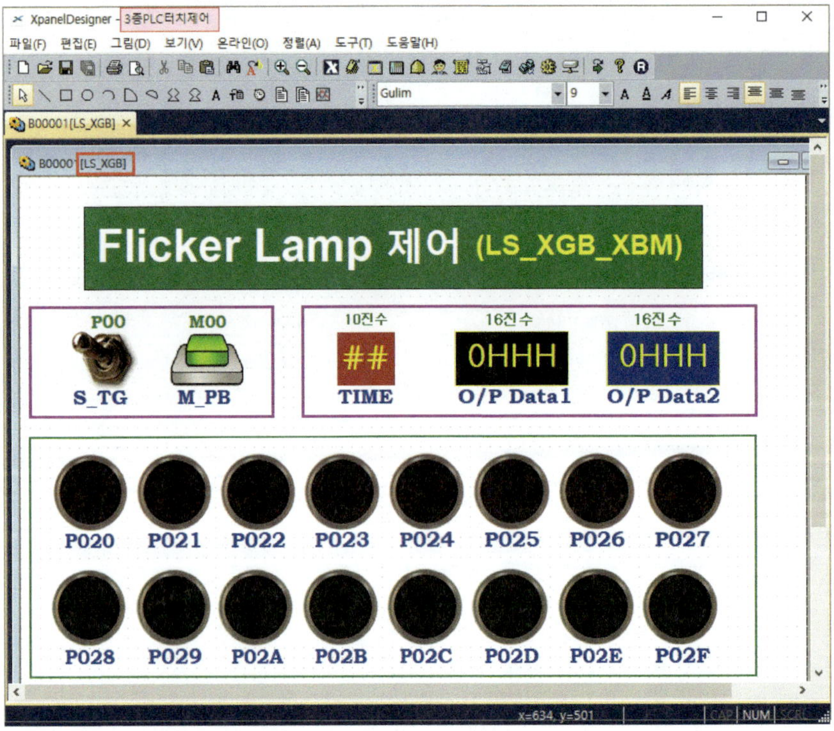

ⓑ SIEMENS_S7 화면

- [파일] - [새 페이지]를 선택한다.

  페이지 이름: SIEMENS_S7

- 3종PLC터치제어 화면을 열어놓고 [파일] - [열기]를 한다.
- 과제 6-3 보행자신호등 MAIN 화면을 복사한다.
- 3종PLC터치제어 SIEMENS_S7 화면에 붙이기 한다.

ⓒ MELSEC_Q01 화면

- [파일] - [새 페이지]를 선택한다.

  페이지 이름: MELSEC_Q

- 3종PLC터치제어 화면을 열어놓고 [파일] - [열기]를 한다.
- 과제 6-5 10단 스톱워치 MAIN 화면을 복사한다.
- 3종PLC터치제어 MELSEC_Q 화면에 붙이기 한다.

▌페이지 열기 기능 부여하기

① LS_XGB 화면에서 SIEMENS_S7, MELSEC_Q 화면으로

- [그림] - [라이브러리] - [페이지 열기] 선택하여

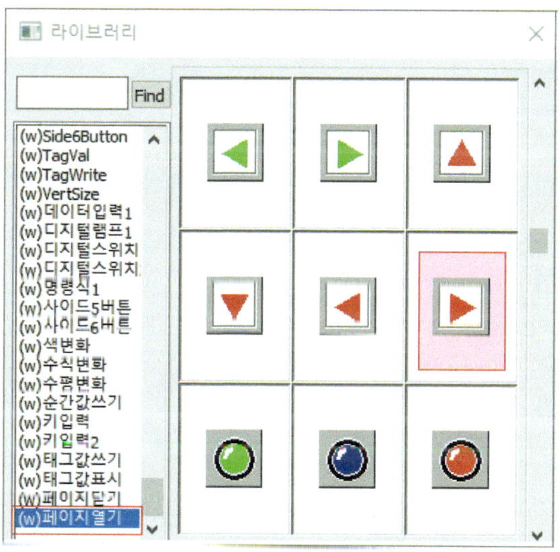

- 를 더블클릭하여 페이지를 선택하여 아래와 같이 등록한다.

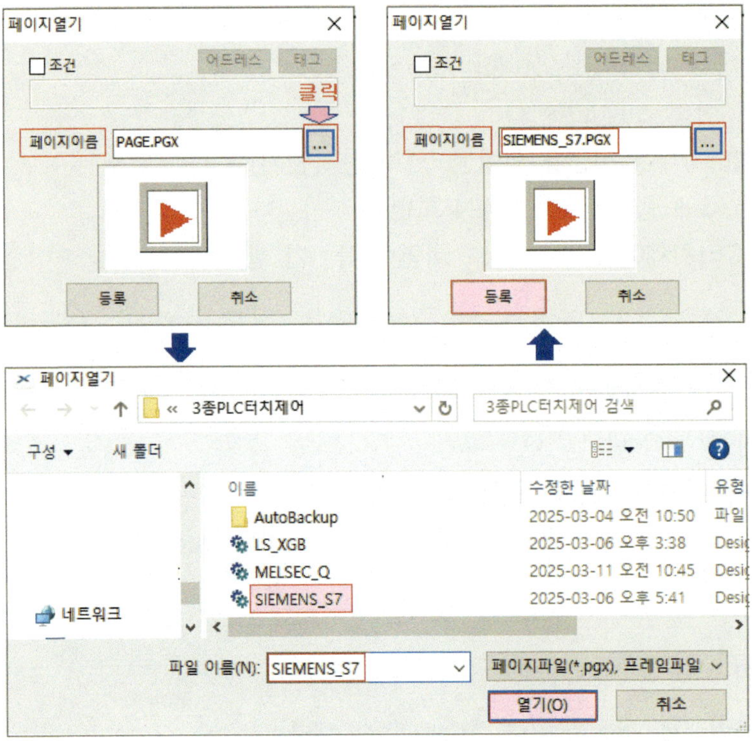

- 페이지 열기의 위치 알림을 표시한다.

- 같은 방법으로 MELSEC_Q 페이지 열기를 표시한다.

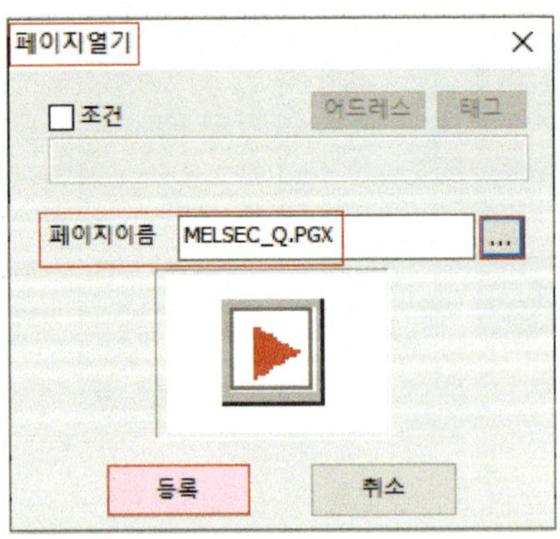

② SIEMENS_S7 화면에서 LS_XGB, MELSEC_Q 화면으로

- 같은 방법으로 LS_XGB 페이지 열기를 표시한다.

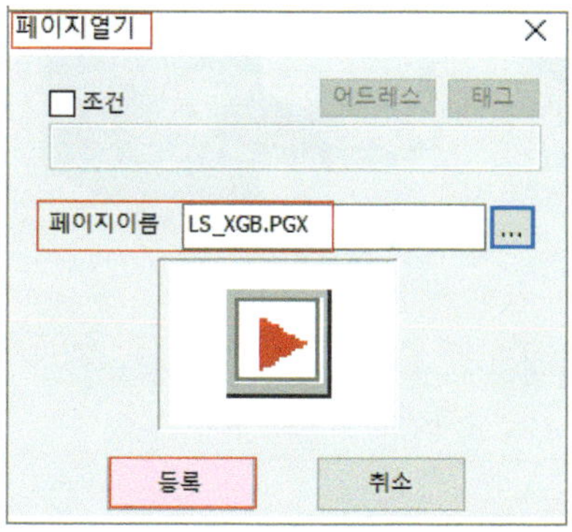

- MELSEC_Q 화면 열기는 LS_XGB 화면에서 만들어진  을 복사하여 붙인다.

③ MELSEC_Q 화면에서 LS_XGB, SIEMENS_S7 화면으로

- LS_XGB 화면 열기는 SIEMENS_S7 화면에서 만들어진  을 복사하여 붙인다.

- SIEMENS_S7 화면 열기는 LS_XGB 화면에서 만들어진  을 복사하여 붙인다.

5) 초기화면 저장 및 전송

(1) 완성된 화면을 저장 후 초기화면을 지정

[도구] - [CIMON XPANEL 동작 설정] 클릭 후 초기화면 “B0001[LS_XGB]를 지정한다.

(2) 전송하기

: XPANEL-DESIGNER에서 완성된 화면을 터치패널로 전송한다.

: **[온라인] - [연결 방식 설정]**

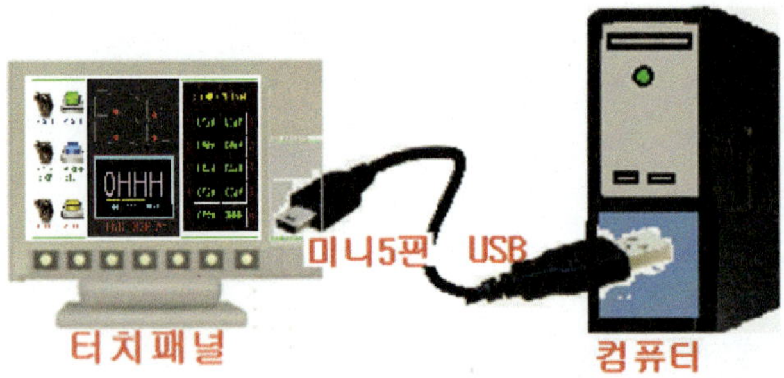

① 연결설정 창에서 연결방식 USB를 선택하고 확인 버튼을 누른다.

② XPANEL에 쓰기(PC-〉XPANEL)

- 실행용 프로젝트로 변환

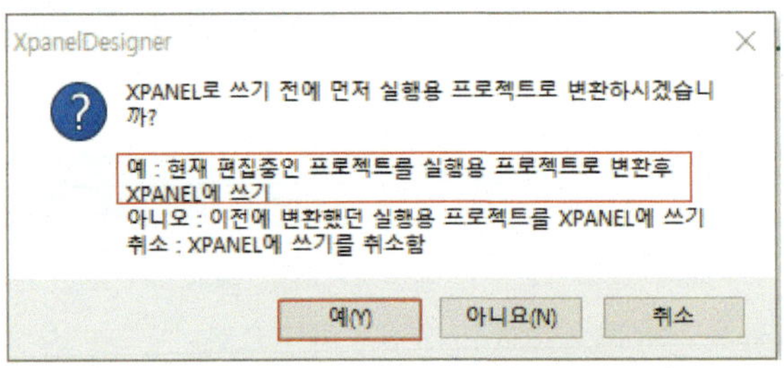

③ XPANEL(Toutch PC)에 쓰기 완료 ⇨ 실행

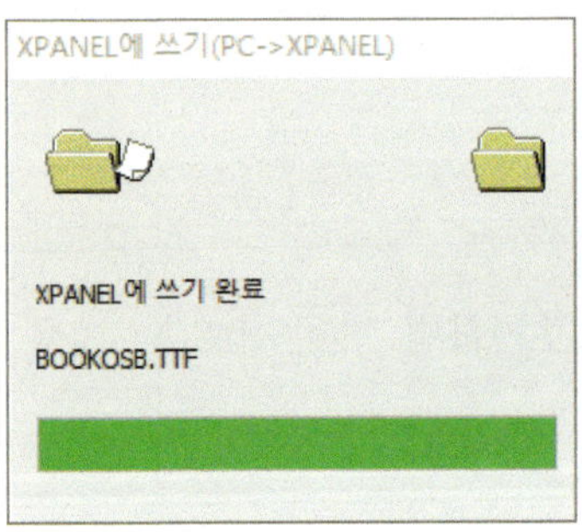

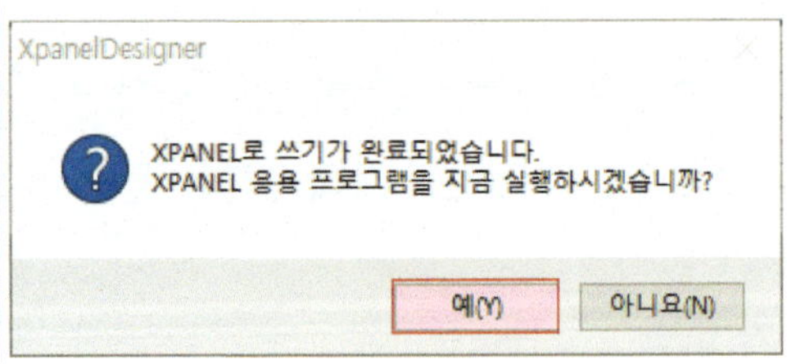

CIMON을 활용한
HMI 제어 기술

1판 1쇄	2025년 8월 5일
저 자	황석렬 / 서진우 / 김상원
발행인	송광헌
발행처	**복두(더)**
주 소	서울특별시 영등포구 경인로82길 3-4 센터플러스 807호 (우) 07371
전 화	02-2164-2580
FAX	02-2164-2584
등 록	1993. 11. 22. 제 10-902 호

정가 : 31,000원

ISBN : 979-11-6675-639-9 93560

한국과학기술출판협회 회원사